打 开 心 世 界 · 遇 见 新 自 己
HZBOOKS   PSYCHOLOGY

海蓝幸福家经典译丛

静观自我关怀专业手册

Teaching the Mindful
Self-Compassion Program
A Guide for Professionals

静观自我关怀
创始人
集大成之作

[美] 克里斯托弗·杰默（Christopher Germer）
克里斯汀·内夫（Kristin Neff）著

姜帆 译

机械工业出版社
China Machine Press

图书在版编目（CIP）数据

静观自我关怀专业手册 /（美）克里斯托弗·杰默（Christopher Germer），（美）克里斯汀·内夫（Kristin Neff）著；姜帆译 . -- 北京：机械工业出版社，2022.1
（2022.9 重印）

书名原文：Teaching the Mindful Self-Compassion Program: A Guide for Professionals

ISBN 978-7-111-69771-8

I. ①静… II. ①克… ②克… ③姜… III. ①情绪 - 自我控制 - 手册 IV. ① B842.6-62

中国版本图书馆 CIP 数据核字（2021）第 276190 号

北京市版权局著作权合同登记　图字：01-2021-2315 号。

Christopher Germer, Kristin Neff. Teaching the Mindful Self-Compassion Program: A Guide for Professionals.

Copyright © 2019 The Guilford Press.

Simplified Chinese Translation Copyright © 2022 by China Machine Press.

This edition arranged with The Guilford Press through BIG APPLE AGENCY.

This edition is authorized for sale in the Chinese mainland (excluding Hong Kong, Macao SAR and Taiwan).

No part of this book may be reproduced or transmitted in any form or by any means, electronic or mechanical, including photocopying, recording or any information storage and retrieval system, without permission, in writing, from the publisher.

All rights reserved.

本书中文简体字版由 The Guilford Press 通过 BIG APPLE AGENCY 授权机械工业出版社仅在中国大陆地区（不包括香港、澳门特别行政区及台湾地区）独家出版发行。未经出版者书面许可，不得以任何方式抄袭、复制或节录本书中的任何部分。

静观自我关怀专业手册

出版发行：机械工业出版社（北京市西城区百万庄大街 22 号　邮政编码：100037）			
责任编辑：胡晓阳		责任校对：殷　虹	
印　　刷：北京联兴盛业印刷股份有限公司		版　　次：2022 年 9 月第 1 版第 2 次印刷	
开　　本：170mm×230mm　1/16		印　　张：31	
书　　号：ISBN 978-7-111-69771-8		定　　价：139.00 元	

客服电话：(010) 88361066　88379833　68326294　　投稿热线：(010) 88379007
华章网站：www.hzbook.com　　　　　　　　　　　　读者信箱：hzjg@hzbook.com

版权所有 • 侵权必究
封底无防伪标均为盗版

作者声明

　　本书讲述了静观自我关怀课程（mindful self-compassion，MSC）的理论、研究、教学与课程设置，旨在帮助读者理解该课程的原则与实践，并将其运用于相关的专业情境。然而，在向他人教授任何形式的自我关怀课程之前，我们强烈建议读者亲自练习静观与自我关怀，并以学员的身份参加一门静观自我关怀课程，以便理解自我关怀学习过程中的精妙之处。若想教授本书所讲授的八周课程，必须接受正式的 MSC 教师培训㊀并获得相应的资格。

㊀ 更多有关教师培训途径的信息，请参见 https://centerformsc.org。

Teaching
the Mindful Self-Compassion
Program

推 荐 序

得知《静观自我关怀专业手册》即将在国内出版，我内心非常感慨。因为我深知这本书对于大众来说，是多么宝贵。在本书中，静观自我关怀（Mindful Self-Compassion，MSC）的两位创始人克里斯托弗·杰默（Christopher Germer）和克里斯汀·内夫（Kristin Neff）毫无保留地将静观自我关怀的理论背景、实验依据、课程设计和教学过程等内容与读者分享。他们将自己十余年的智慧和经验都写进了这本书，可谓倾囊相授。

静观自我关怀的力量

我与静观自我关怀的两位创始人已相识10余年。他们是我非常尊敬的老师，也是我非常喜爱的朋友。内夫博士是美国得克萨斯大学的教授，也是自我关怀研究领域的先驱。她既是一位科学家，也是一位自我关怀实践者。无论是面对曾经婚姻失败带来的羞愧，还是养育自闭症儿子产生的崩溃，她始终用自我关怀帮助自己应对这些艰难的时刻。

杰默博士是哈佛大学的临床心理学家，他个人践行静观和自我关怀近50

年。他总是神采奕奕，风趣幽默。在过去 10 年间，他先后六次到访中国，亲自带领静观自我关怀八周课和师资培训。每年春节前后，他都和我一起带领中国学员在线学习静观自我关怀。上过他的课的学生都非常喜欢他，他总是洋溢着慈爱和喜悦，仿佛身上每个细胞都充满着温暖和关怀。

2014 年夏天，杰默博士第二次来到中国，在杭州带领大家共同学习静观自我关怀。课间的一个小插曲，让在场的学员真正领悟到了关怀的力量。当时，我们正在做一个静观练习，大家沉浸其中，全场鸦雀无声。突然，音响发出刺耳的声音，是导播（也是我的一个学生）不小心碰到了一个按键。大家或多或少都受到了惊扰，这时杰默博士用慈爱的声音对大家说：如果你刚刚受到了惊吓，先把关怀给到自己，用你喜欢的方式安抚自己的心。接下来，你也可以把关怀送给你的同伴，或者你们小组的其他人，你还可以用温暖的眼神支持他人，或者用手拍拍他的后背。

当时，全场的人用关怀构筑了一个爱的海洋，大家很快就恢复了平静。我们都以为到这里就结束了，这时又听见杰默博士说："刚刚在后台不小心弄出声响的这位伙伴此刻可能会感到有些尴尬、自责，甚至有点羞愧，我们也把关怀送给他。"弄出声响的这位伙伴，原本充满尴尬和紧张的面容瞬间洋溢起笑容，这就是静观自我关怀的力量。

人人都需要静观自我关怀

如果用一句话简单描述什么是静观自我关怀，那就是像对待最好的朋友那样对待自己，爱自己。静观自我关怀的核心是改善对自己的态度，培养在困难时刻用善意回应自己的能力。我们在艰难、痛苦的时刻，都希望有一个人能够带着善意和关怀来对待自己，甚至希望身边有一个可以 24 小时这样陪伴自己的人。而这本书就可以帮助我们成为能够这样陪伴自己的人，也可以帮助更多的人成为有能力满足自己需要的人。

人是天生的负面思想家。为了生存和繁衍，大脑的默认模式会关注危险等负面信息。我们的头脑中常常充满各种各样的自我评判、自我攻击和自我怀疑。当我们遇到挫折、失败的时候，本能的反应就是逃避、对抗或是陷入其中。而静观自我关怀可以帮助我们训练大脑产生一种新的习惯，一种神经元工作的新的通路。这种通路帮助我们在面临痛苦的时候，能够给予自己善意和温暖。我们在遇到痛苦的时候，依然能够善待自己，这就是关怀。

受文化背景、社会环境和成长经历的影响，我们的自我关怀能力可能没那么强。我们需要科学的指导，循序渐进地在生活中培育这种能力。今年是我们将自我关怀引进中国的第 10 年，万千学员因此而受益。为了将自我关怀带给更多的人，我们需要培养教师、教练进行带领和传播。目前，我们已经培养 MSC 认证老师 8 位，正式老师 81 人，见习老师约 270 人。希望这本书可以让更多的人加入自我关怀的大家庭，一起传播关怀，传播爱。

这本书适合谁读

这本书是为了那些想要践行和教授自我关怀以提高心理幸福感的专业人士设计的。准确地说，这本书是静观自我关怀的师资手册，它全面、清晰地介绍了静观和自我关怀的内涵与关系，大众对自我关怀的常见误解，静观自我关怀的科学研究和八周课程设置的原理，以及如何循序渐进地学习和教授静观自我关怀等重要内容。

1. 就教授静观自我关怀而言，这本书是我读过的最系统、最实用、最温暖的手册。在帮助教师/培训师/教练教授自我关怀方面，两位作者在本书中就如何讲授课程主题，如何引导冥想，如何带领课堂练习以及如何与学员互动等重要环节做出了非常细致的分享，读者读完就能应用在自己的生活或教学工作中。

2. 就了解静观自我关怀的有效性而言，这本书对概念的阐述、科研的总结以及实践者故事的描述，其深度和细节令人佩服且难忘。如果你从事教学或科研工作,你一定会发现这本书的宝贵之处。

3. 就我个人而言,书中的金玉良言令我感动。透过书中的文字,我们完全可以感受到杰默和内夫博士充满关怀的人生状态。他们教会我们如何关怀自己,如何带着善意与慈爱去体验生命的存在,品鉴生命的美好。

在我看来:人生很短,生命中除了爱与关怀,其他都是负担。

用爱和关怀回应自己和世界,就从这本书开始吧~

海蓝博士
海蓝幸福家创始人
系列畅销书《不完美,才美》作者
静观自我关怀全球首位中国师资培训师

Teaching
the Mindful Self-Compassion
Program

前　言

作者的旅程

2008年,马萨诸塞州巴里镇的冥想协会举办了首届科学家冥想静修,本书的两位作者在静修中结识。从那以后,静观自我关怀课程便一直在不断地发展和完善。克里斯汀是一位发展心理学家,她在21世纪初给出了自我关怀的操作性定义(Neff,2003b);她还开发了"自我关怀量表"(self-compassion scale, SCS; Neff, 2003a),该领域的大多数研究都采用了该量表。克里斯[ᐧ]是一位临床心理学家,自20世纪80年代中期以来,他一直尝试将静观与心理治疗结合起来。从静修地开车前往机场的路上,我(克里斯)建议克里斯汀创建一门课程来教授自我关怀。她却答道:"什么,我吗?我这辈子都没有办过工作坊,你一直在办工作坊和教静观,都教好多年了,应该你去教。"就在那一刻,我们灵光一闪——我们应该合作!

我(克里斯汀)最初在1997年想到了自我关怀这个概念,那是我在加州大学伯克利分校攻读人类发展博士生的最后一年。为了努力完成博士学业,

---

[ᐧ] 克里斯是克里斯托弗的简称。——译者注

我承受了很多压力，这些压力通常都与写论文有关。那时，我的第一段婚姻刚刚破裂，尽管我已经开始了一段新恋情，但我依然时常感到羞愧与自我怀疑。我有一位思想开放的母亲，她在洛杉矶的郊区把我抚养长大，我从小就对东方思想感兴趣，但我从未认真练习过冥想，也没有研究过佛教哲学。尽管如此，我很快就开始阅读美国的佛教经典著作了，例如莎伦·扎尔茨贝格（Sharon Salzberg）的《慈爱》（*Lovingkindness*，1995）以及杰克·康菲尔德（Jack Kornfield）的《踏上心灵幽径》（*A Path with Heart*）。从此以后，我的人生就有了新的转折，再也不同以往了。

虽然我知道佛教徒反复强调关怀的重要性，但我从未想过关怀自己可能和关怀他人一样重要。然而，在我参加我所在城市的一个冥想小组的第一个晚上，带领这个小组的女士就谈到了，除了关怀别人，关怀自己也是至关重要的——我们需要像对待那些我们深切关心的人一样，善待自己、理解自己。我的反应是："什么？你是说我们可以善待自己？那不是很自私吗？"然而，我很快就明白了，你必须关心自己，才能真正地与他人建立联结。如果你在试图善待他人的同时，却不断地评判和批评自己，那你就是在人为地制造边界与差别，这只会让你产生疏远与孤立的感觉。这种感觉与合一、相互联结以及大爱是对立的。而无论从哪种文化传统来说，合一、相互联结和大爱都是大多数精神成长之路的终极目标。所以，我努力试着善待自己，这种新的自我关怀让我更有力量且更从容地应对生活中的难题。

获得博士学位以后，我在丹佛大学的苏珊·哈特（Susan Harter）那里接受了两年的博士后培训，她是自尊研究领域的领军人物。我想更多地了解人们如何发展自我概念以及自我价值感。我很快就了解到，心理学研究已经不再倾向于把高自尊水平作为心理健康的终极目标了。尽管已经有成千上万篇文章讨论自尊的重要性，但研究人员已经日渐明确，当试图获得并保持高自尊的时候，人们可能会掉进这些陷阱：自恋、不断与他人攀比、自我防御式的愤怒、偏见，等等。我意识到自我关怀可以完美地替代对于自尊的不懈追求。为什么？因为自我关怀与自尊一样，可以防止自我憎恨，但不需要把自己看作完美的，或是比别人更好的。

1999年，我受聘于得克萨斯大学奥斯汀分校，担任教育心理学系的助理教授，很快我就决定研究自我关怀。在那时，还没有人发表过文章来为自我关怀下定义，更不用说做过什么研究了。我决定进入这个未知的领域，并开始了这项我毕生的工作。

然而，直到几年之后，我才完全领会到了自我关怀的力量。我的儿子罗恩（Rowan）在2007年被诊断出患有自闭症。我相信，正是对自我关怀的践行，才让我在罗恩的幼年保持理智。由于自闭症患儿有很严重的感官问题，所以他们很容易暴怒。在这种时刻，这些孩子的父母唯一能做的，就是尽力保护孩子的安全，等待他们的情绪过去。每当我的儿子在商店里莫名其妙地尖叫、乱跑时，我就难免招致陌生人责备的目光，此时我除了自我关怀，也没有别的办法。在困惑、羞愧与无助中，我能做的就是安慰自己，给予自己最需要的情感支持。自我关怀逐渐帮我摆脱了自怜与愤怒，还让我在面对罗恩时保有足够的冷静与爱，尽管在面对他时，我难免会感到巨大的压力与绝望。当然，有时我还是会感到沮丧或不知所措，但我注意到，每当我因罗恩而变得烦躁时，他自己也会变得更加烦躁；相反，当我平静下来，为自己的遭遇而关怀自己时，他也会平静下来。此外，当我善待自己时，我发现自己就有了更多的情绪资源来耐心地关怀罗恩。我很快就意识到，在面临困境、身受压力的时候，践行自我关怀是帮助儿子和我的最有效的方法之一。

心理学家为自身的问题找到解决方案，便会产生新知，这种现象在心理学领域并不少见。这也是克里斯开始练习自我关怀的原因。

我（克里斯）从20世纪70年代就开始练习冥想了，当时我花了一年时间周游印度各地，拜访贤哲、医者以及冥想大师。我还在斯里兰卡的隐士那里学习了静观冥想。后来，我继续深造，获得了临床心理学博士学位，并加入了马萨诸塞州剑桥市的一个静观与心理治疗学习小组。这个小组后来演变成了冥想与心理治疗研究所,我们最终合著了一本专著——《静观与心理治疗》(现在已经出了第2版;Germer, Siegel & Fulton, 2013),开始阐述这种新的心理治疗模式。

随着这本书的首次出版,再加上公众对于静观与心理治疗的兴趣日渐浓厚,越来越多的人邀请我做公开演讲——这可是长久以来令我害怕和恐慌的根源。尽管在我的成年生活中,我坚持定期做冥想练习并接受心理治疗,但当众演讲依然让我感到无比焦虑、内心犯怵。在我准备演讲的时候,我的心会狂跳,手会出汗,我越来越难以清晰思考。为了对抗这种焦虑,我试过各种各样的办法,包括冥想、静观与接纳的策略、横膈膜呼吸法、剧烈运动、β受体阻滞剂,凡是你能想到的都没有用。有一次,我在圣菲演讲,正试着做开场白时,我的焦虑变得极其严重,以至于一位好心的听众从演讲大厅的后面向我喊道:"深呼吸!"我本该谈论静观的好处,但一个字也说不出来。

不久之后,我被安排在哈佛医学院的一场会议上发言。作为医学院的临床讲师,我已经安全地躲在暗处多年了,但这次会议则要求我站在一群同事面前,再次暴露令自己羞愧的秘密。在离会议还有4个月的时候,我参加了一次静默冥想静修,在那里我不得不面对自己的恐惧。每当我走神想起那场即将到来的会议时,我都能感觉到体内的焦虑涌动,担心自己会出丑。无论我多努力在包容的觉知中抱持这种恐惧(静观),都无法缓解这种痛苦。

最后,我拜访了一位非常有经验的冥想教师,他也是这次静修的举办者之一。我羞愧地坦言了我冥想的失败,但我太羞愧了,无法完全说出自己的痛苦。她脸上闪过了一个亲切而会心的微笑,然后提出了一个非常简单的建议。我不记得确切的话了,但大概是这样的:"只要爱你自己就好了。只要重复一些慈爱的话语,比如'愿我平安''愿我健康''愿我生活如意'。"(想到我还没能独立做到这一点,我几乎感到了惭愧。)就是这样。

当时,我已几近绝望,愿意尝试任何办法,于是回到冥想大厅,立即开始重复这些话语。作为一名心理学家,尽管我多年来一直在冥想和反思自己的内心生活，但我从未用过那种温柔、安慰的语气对自己讲话。我立刻感到了安慰。我甚至怀疑自己是不是在作弊——静修不应该是很难的吗？直到意识到内心的某种东西已经放松了，并再次感觉到自己的呼吸时，我才放下了这种疑虑。在静修期间，我的世界焕然一新。我可以真正地看到身边的人，享受静修中心美丽的环境了。就好像有人打开了通往另外一种生活方式的大门。

回到家后，我把慈爱作为我冥想练习的主要方向。每当我为即将到来的会议感到焦虑时，我就会对自己说这些慈爱的话语，日复一日、周复一周。我这样做并不是为了让自己平静下来，只是因为我需要一些安慰。（我很久以前就知道，**试图**平静下来只会让我更加焦虑。）终于，开会的日子到了。轮到我上台发言时，那种熟悉的恐惧又出现了，但这次有了一些不同——一阵微弱的声音在耳边响起："愿你平安。愿你幸福……"我看向人群时，心里想道："哦，愿大家平安。愿大家幸福……"那一刻，激动与喜悦第一次替代了恐惧。

在那意义重大的一刻究竟发生了什么？也许我之前不能接纳自己的焦虑并试图尽快摆脱焦虑的真正原因，在于我内心深处的问题。也许我公开演讲的焦虑并非一种焦虑障碍，而是一种**羞愧**障碍，羞愧实在令人难以忍受。每当我想象自己站在讲台上，浑身发抖、说不出话来时，我根本无法接纳这种焦虑的体验，因为我无法忍受那些备受尊敬的同事可能会认为我很无能，是个骗子。如果我要大谈静观的好处，却怕得说不出话来，那我当然就是个骗子！但是，随着慈爱冥想的练习，我感觉好像有一个好朋友在支持我，即使在这些黑暗的时刻，即使在场的每个人都认为我是个傻瓜，他也会继续支持我。我已经开始学习**自我关怀**了。

我意识到，有时我们所有人都需要用爱的觉知来抱持自己，然后才能用同样的态度来抱持我们的体验。这正是带着关怀进行静观练习的方法。当我们紧张不安时，我们就需要更多的支持，才能看清生活现状，采取积极的行动。此外，作为一名心理治疗师，我凭本能就知道关怀有多重要。每当新的来访者前来时，我们治疗师会本能地给予关怀，在这个基础上来探索对方的生活，尤其是充满羞愧的部分。然而，在我们最需要的时候善待自己，就完全是另外一回事了。不知是因为什么，即使是极擅长内省的人，比如静观冥想修习者或心理健康专业人士，也难以获得这种洞察力与能力。

在我产生顿悟之后，我开始试着让我的来访者学习关怀自己，尤其是那些有着与羞愧相关（"我有缺陷""我很坏"）的障碍的人，例如存在社交焦虑、复杂型创伤、成瘾与抑郁症状的来访者，他们更需要关怀自己。我写《不与自己对抗，你就会更强大》（Germer，2009）这本书是为了分享我学到的东西，尤其是要分享自我关怀如何帮助那些接受我治疗的来访者。不久之后，克里斯汀出版了《自我关怀的力量》（Neff，2011b），该书综述了有关自我关怀的理论与研究，提供了许多增进自我关怀的技巧，并讲述了自我关怀对她个人生活的影响。

2010年，我们在加利福尼亚州大苏尔地区的伊萨伦研究所（Esalen Institute）的弗里茨·皮尔斯学院（Fritz Perls house）开办了第一届静观自我关怀课程班。有趣的是，我们记得有12个人参加了我们的启动课程，第二天就有3个人退出了（也许这是因为学员能感觉到我们的犹豫，也许是因为我们的课程对情绪的挑战太大了），但我们坚持下来了。在初始阶段的艰难时期过后，我们投入了大量的时间和精力来开发为期八周的静观自我关怀课程，尽量确保课程对不同文化背景的人都是安全、令人愉悦并有效的。2012年，我们对静观自我关怀课程进行了一次随机对照试验（Germer & Neff，2013；Neff & Germer，2013）；同年，为了满足传播这门课程的需求，我们成立了一个非营利组织，命名为"静观自我关怀中心"；2014年，在加利福尼亚大学圣迭戈分校的史蒂夫·希克曼（Steve Hickman）与米歇尔·贝克（Michelle Becker）的专业指导下，我们开办了静观自我关怀教师培训课程。

时至今日，已有超过5万人上过静观自我关怀的课程，我们在全世界也拥有了超过1000名教师。教师在教授第一堂静观自我关怀课程时会接受在线咨询，我们可以根据他们的反馈进一步完善该课程。你手里的这本书是整个静观自我关怀教学社群中的一个项目，我们希望本书内容能不断地完善和充实，随着我们的实践和学习而不断地演进。

本书的目标读者

我们写这本书是为了帮助那些想要践行和教授自我关怀以提高心理幸福感的专业人士。可能大多数读者都想把自我关怀带入他们目前的工作，例如心理治疗、教练、医护、商业与教育。还有一些人已经是静观自我关怀课程的教师了，或者想要成为教师并希望充分探索该课程的理论、经验与基本教学方法。有些读者对自我关怀的兴趣主要在于学术方面（例如教授与科研工作者），还有一些读者对自我关怀感兴趣，只是出于个人原因。这本书正是为了满足这些需求而写的。

如果你的目标是教授八周的课程，那么请你理解，在开始教学之前，你还必须完成正式的静观自我关怀教师培训。要了解如何成为一名静观自我关怀课程教师，请参见 https://centerformsc.org 网站的"教学"（Teach）标签页下的信息。正式的教师培训是必需的，因为如何教学与教什么一样重要，而要将本书中有关教学方法的知识融会贯通，则需要读者与教学社群中合格的教师（培训师）一起工作。要将静观与自我关怀的精髓传授给他人，个人的践行也是必需的。因此，我们希望本书能加深你对于自我关怀的理解，激发你去关怀自我。如果你感觉不错，那就与众多对自我关怀感兴趣的专业人士联系，并与他人分享这份礼物吧。

致　　谢

许许多多才华横溢的人参与了静观自我关怀的发展，对他们的感谢再多也不为过。静观与自我关怀的实践者、教师、医生以及研究者所组成的社群正在迅速发展壮大，他们从关怀自身做起，致力于为世界带去更多的关怀，而本书正是他们的成果。

首先，我们要感谢我们的老师，包括一行禅师（Thich Nhat Hanh）、乔恩·卡巴金（Jon Kabat-Zinn）、莎伦·扎尔茨贝格、杰克·康菲尔德、塔拉·布拉赫（Tara Brach）。我们也要感谢这些诗人：鲁米（Rumi）、哈菲兹（Hafez）、玛丽·奥利弗（Mary Oliver）、内奥米·奈（Naomi Nye）、大卫·怀特（David Whyte）、约翰·奥多诺休（John O'Donohue）、米勒·威廉斯（Miller Williams）以及马克·尼波（Mark Nepo）等，他们设法找到了恰如其分的话语，把我们想说的话和想做的事都表达了出来。

我们社群的努力在很大程度上都依赖于关怀与静观领域的杰出研究者，他们不断地激励着众多世俗的冥想研习者，他们包括里奇·戴维森（Richie Davidson）、塔妮娅·辛格（Tania Singer）、保罗·吉尔伯特（Paul Gilbert）、肖娜·夏皮罗（Shauna Shapiro）、芭芭拉·弗雷德里克森（Barbara Fredrickson）、玛克·利里（Mark Leary）、朱丽安娜·布赖内斯（Juliana Breines）、埃玛·塞佩莱（Emma Seppälä）、津德尔·西格尔（Zindel Segal）、尤德·布鲁尔（Jud Brewer）、马克·威廉斯（Mark Williams）、萨拉·拉萨尔（Sara Lazar）以及丽贝卡·克兰（Rebecca Crane）；我们的工作同样依赖于冥想科学的杰出教师，他们包括里克·汉森（Rick Hanson）、丹·西格尔（Dan Siegel）、丹·戈尔曼（Dan Goleman）与凯利·麦戈尼格尔（Kelly McGonigal）；我们的工作也离不开开创性的心理治疗师，如史蒂夫·海斯（Steve Hayes）、玛莎·莱恩汉（Marsha Linehan）、马克·爱泼斯坦（Mark Epstein）、迪克·施瓦茨（Dick Schwartz）以及罗恩·西格尔（Ron Siegel）。

从一开始，许多忠实的朋友与同事就陪伴在我们身边，在我们努力寻找培养自我关怀的最佳方法时给予我们鼓励与支持。我们最早的静观自我关怀八周课程，是由在马萨诸塞州执业的苏珊·波拉克（Susan Pollak）以及在得克萨斯州执业的皮特曼·麦吉（Pittman McGehee）教授的。两年后，也就是2012年，我们找到了米歇尔·贝克，她成了第一个独立教授静观自我关怀课程的人（在加州大学圣迭戈分校的静观中心）。她的同事史蒂夫·希克曼被她对这一学科的热情所鼓舞，最终成为静观自我关怀中心的执行主任与专业培训主任。来自德国的克里斯蒂娜·布罗勒（Christine Brähler）加入了我们的团队，她在培养我们的全球视野方面发挥了重要的作用。米歇尔、史蒂夫和克里斯蒂娜也为静观自我关怀课程做出了重要的贡献，为本书的内容与风格贡献良多。还有一位早期的重要人物，那就是克丽丝蒂·阿尔邦（Kristy Arbon），她预见了人们未来对于自我关怀训练的需求，并帮助我们创建了一个组织来满足这种需求。吉姆·道格拉斯（Jim Douglass）一直在监督着我们的进展，并确保我们以可持续的方式发展。

通过各国才华横溢的教师（培训师）的交流与互动，静观自我关怀课程始终在不断地向前发展，这些培训师包括德国的希尔德·施泰因豪泽（Hilde Steinhauser）与阿尔韦·瑟曼（Arve Thurman），瑞士的雷古拉·萨纳

（Regula Saner），荷兰的米拉·德·科宁（Mila de Koning）与罗布·布兰兹玛（Rob Brandsma），中国的海蓝博士与黄小玉，韩国的曙光法师（Soegwang Snim），英国的朱迪丝·索尔斯比（Judith Soulsby）、瓦妮莎·霍普（Vanessa Hope）、阿里·兰比（Ali Lambie），澳大利亚的蒂娜·吉布森（Tina Gibson），加拿大的唐·麦克唐纳（Dawn MacDonald）和米什莱恩·圣希莱尔（Micheline St. Hilaire），以及美国的贝丝·马利根（Beth Mulligan）。此外，还有许多静观自我关怀课程的教师付出了许多努力来帮助我们改进课程，他们包括马丁·汤姆森－琼斯（Martin Thomson-Jones）、巴尔·德·比特利尔（Bal de Buitlear）、西德尼·斯皮尔斯（Sydney Spears）以及利兹·菲茨杰拉德（Liz Fitzgerald）。所有教师都熟知的、最让人感到充实的体验，就是被我们学员的真诚所感动，关于这门课程，关于我们自身，他们教给我们的东西比我们想象的还要多。

至于身边的人，克里斯汀要感谢她在得克萨斯大学奥斯汀分校的两个教育心理学研究生——马丽萨·诺克斯（Marissa Knox）与菲比·朗（Phoebe Long），以及戴尔儿童医院（Dell Children's Hospital）的克丽丝塔·格雷戈里修女（Rev. Krista Gregory），她们三人都是静观自我关怀课程的教师，感谢她们协助探索静观自我关怀如何用于卫生保健系统与学校。她还要感谢许多合作的研究者，他们为自我关怀的益处提供了大量的实证证据。克里斯特别感谢他在马萨诸塞州剑桥市静观与心理治疗研究所里的朋友，感谢他们30多年来的支持。他还要感谢后来在剑桥健康联盟静观与关怀中心结识的泽夫·舒曼－奥利维耶（Zev Schumann-Olivier）和其他同事。

至于本书的写作，我们尤其要感谢吉尔福德出版社（Guilford Press）思路清晰又耐心的资深编辑吉姆·纳若特（Jim Nageotte），感谢他给予本书机会，并且在我们逐渐学会如何教授自我关怀并为他人描述这个过程的时候，宽容我们无数次的拖稿。我们也要感谢我们的策划编辑芭芭拉·沃特金斯（Barbara Watkins），她对这类图书的了解无人能及，并帮助我们将书中的内容变得更加可读。我们还要感谢出色而宽容的文字编辑玛丽·斯普雷贝里（Marie Sprayberry），以及我们的制作编辑劳拉·施佩希特·帕奇科夫斯基（Laura Specht Patchkofsky）。

最后，我们要向我们最亲近的人表达无尽的感激，尤其是要感谢克里斯汀的儿子罗恩，以及克里斯的妻子克莱尔（Claire），感谢他们五年来对我们的爱与理解。愿所有人都能因他们的慷慨而受益。

Teaching
the Mindful Self-Compassion
Program

目　录

作者声明

推荐序

前言

致谢

第一部分　自我关怀的理论、研究与培训

第 1 章　静观自我关怀导论　/ 3

第 2 章　什么是自我关怀　/ 16

第 3 章　自我关怀的科学　/ 34

第 4 章　教授自我关怀　/ 62

第二部分　教授静观自我关怀

第 5 章　理解课程设置　/ 86

第 6 章　讲授教学主题与指导练习　/ 103

第 7 章　做一个充满关怀的教师　/ 114

第 8 章　促进团体的互动过程　/ 131

第 9 章　问询　/ 143

第三部分　课程内容

第 10 章　发现静观自我关怀 / 第 1 课　/ 162

第 11 章　践行静观 / 第 2 课　/ 195

第 12 章　践行慈爱 / 第 3 课　/ 225

第 13 章　发现你的关怀之声 / 第 4 课　/ 253

第 14 章　深刻的生活 / 第 5 课　/ 273

第 15 章　静修　/ 295

第 16 章　与困难情绪相处 / 第 6 课　/ 312

第 17 章　探索有挑战性的关系 / 第 7 课　/ 340

第 18 章　拥抱你的生活 / 第 8 课　/ 373

第四部分　将自我关怀融入心理治疗

第 19 章　静观自我关怀与心理治疗　/ 393

第 20 章　心理治疗中的特殊问题　/ 414

附录　/ 427

参考文献　/ 435

Teaching
the Mindful Self-Compassion
Program

第一部分

自我关怀的理论、研究与培训

> 很久以前我就知道，我能做的最明智的事情，就是站在自己这一边。
>
> ——玛雅·安吉罗（Maya Angelou，引自 Anderson，2012）

大多数人都以为他们对自我关怀都有些了解。毕竟，关怀他人是世上多数宗教的核心原则，被奉为黄金法则："如你希望被对待的那样去对待他人。"（Armstrong，2010）。自我关怀的含义却恰恰相反——学着用我们对待他人的本能态度（当他人感到痛苦、失败或不够好时）来对待自己。然而，这说起来容易，做起来难。如果我们闭上眼睛，集中注意力，给予自己善意与关怀，会发生什么呢？通常我们会意识到自己不可爱的部分，以及隐藏在内心深处的旧日伤痛。

第1章～第4章将提供更多有关自我关怀培训的背景信息，从而让读者更好地理解这项事业。在我们踏上旅程之前，最好先有一张地图。在第 1 章里，读者会了解到静观与自我关怀是如何相互联系的，以及静观自我关怀课程与其他实证研究支持的静观培训项目之间的具体差异。第 2 章界定了自我关怀的概念，比较了自我关怀与对他人的关怀，深化了对于静观与自我关怀关系的讨论，探讨了自我关怀的阴与阳，并指出了自尊与自我关怀的区别。第 2 章还讨论了常见的对于自我关怀的担忧。第 3 章对自我关怀的研究文献进行了全面回顾，文献表明多数关于自我关怀的担忧是不必要的。对于该领域研究的讨论可以分为以下几个类别：情绪幸福感、健康、应对、身体意象、关系、照料、临床研究对象、神经生理学等。最后，第 4 章重点关注培养自我关怀的科学，讲述了对于静观自我关怀课程等关怀培训项目的研究，研究的结果证明了关怀干预的益处。

我们，静观自我关怀课程的共同开发者，既是自我关怀的实践者，也是社会科学家。我们相信，关怀自我所能带来的益处也是人类的本性，学习自我关怀并不需要特定的信仰系统。我们的理解建立在个人的经验之上，并得到了科学研究的支持。理解自我关怀坚实的研究基础，能带来一项特别的好处，即为个人实践带来信心与灵感。研究为我们提供了一些线索，帮助我们理解自我关怀为什么有效、对谁有效；探讨了自我关怀背后的行动机制，并指出了新的培训方向。然而，最终让我们在这条道路上走得自信而从容的关键，还是自我关怀的**体验**——我们用温暖与支持的态度对待自己时所产生的直接感知。

Teaching
the Mindful Self-Compassion
Program

第 1 章

静观自我关怀导论

愿你凝视内心的时候，眼神中能充满善意。

——约翰·奥多诺休（John O'Donohue，2008，p.44）

生活对我们所有人来说都非易事。如果仔细审视每时每刻的体验，我们就会发现，从我们醒来的那一刻（"糟糕，我迟到了！"）到我们睡着的那一刻（"我今天真的应该……"），我们都处于一定的压力之下。只是我们通常没有意识到这一点。比如现在，你的身体有什么不舒服吗？你在担心什么吗？你饿吗？难道你现在不是应该查查邮件，而不是开始阅读一本新书吗？然而，认识并接纳大大小小的挑战，能极大地丰富我们的生活，这就是静观（mindfulness）。在困境中拥抱自己、关怀自己，可以让我们的生活变得更加丰富多彩，这就是自我关怀（self-compassion）。两者结合在一起，就组成了静观自我关怀的资源。

静观与关怀

在过去的 20 年里,人们对**静观**的益处进行了大量的研究,学界粗略地将其定义为"通过主动关注当下、不加评判地关注每一刻的体验而产生的觉知"(Kabat-Zinn,2003,p.145)。静观能以各种方式促进身心健康,从而为我们过上明智而饱含关爱的生活奠定了基础。静观的反面是"自动驾驶"状态,即沉溺于过去和未来的事情,我们几乎意识不到此时在自己身上或身边发生了什么。走神虽然是大脑的本能,但会把我们带入后悔与忧虑的深渊,我们可能会花上几天、几周甚至更长的时间才能摆脱这种状态。

我们现在对于静观的定义强调注意与觉知,而不是静观觉知的**品质**,如接纳、慈爱与关怀。这有些令人遗憾,而我们的语言特点肯定助长了这种对静观的不全面的看法。比如,mindfulness 这个词是对古巴利语 sati 的翻译。sati 的意思是"觉知",并且与另一个巴利语词汇 citta 有关,这个词的字面意思是"心-精神"。在英语中,没有一个词既可以描述"精神"与"觉知",并且同时表达出静观觉知的精神与情绪层面的含义。

更复杂的是,当有人说"我练习静观冥想"的时候,他们可能指的是以下三种冥想中的一种或多种:①专注冥想(focused attention);②开放监视冥想(open monitoring);③慈爱与关怀冥想(loving-kindness and compassion)(Salzberg,2011b)。**专注冥想**(或称聚焦冥想)是指一遍又一遍地将注意力集中在一个对象上(例如呼吸)的练习。集中注意力有助于让心灵平静下来。**开放监视冥想**(或称无选择觉知)是指时刻关注我们意识领域中最突出、最活跃的东西。开放监视冥想有助于修习者培养包容的觉知,理解心灵的本质。**慈爱与关怀冥想**能够培养对于自己和他人的温暖与善意,这对于培养宽容的态度和转变困难的心境是至关重要的。

大多数有关静观的研究关注的都是专注冥想与开放监视冥想的练习。然而,近年来对慈爱与关怀冥想的研究有所增加(Hofmann,Grossman & Hinton,2011)。神经科学的研究证明,这三种冥想方式会产生在一定程度上相似但又截然不同的大脑活动模式(Brewer et al.,2011;Desbordes et al., 2012; Lee et al., 2012; Leung et al., 2013; Lutz, Slagter, Dunne & Davidson, 2008)。就本书的写作目的而言，我们可以用**慈爱觉知**或**关怀觉知**来简要描述静观觉知，并且这样不会忽略其情感品质。

当我们完全处于静观的状态中时，当我们在所有的思想、情绪与感觉中找到平静又清醒的感受时，我们的觉知就充满了慈爱与关怀。完全的静观能带来与爱一样的感受。不幸的是，我们的静观很少是完整的，它往往与焦虑、渴望或困惑混杂在一起。当我们的生活中出现困难的时候，当我们感到痛苦、遭遇失败或觉得自己不够好的时候，尤其如此。此时，不仅我们的觉知被情绪所影响，我们的自我感知也往往被情绪所控制，我们会陷入自我批评与自我怀疑的重围。我们的想法会从"我**感觉很糟糕**"变成"我**不喜欢**这种感觉""我**不想要**这种感觉""我**不应该**有这种感觉""我肯定出了什么**问题**"，最后变成"我是个**糟糕的人**"。眨眼间，我们的想法就从"我**感觉很糟糕**"变成了"我是个**糟糕的人**"。这时，我们就应该自我关怀了。有时，我们需要安抚自己（体验者），然后我们才能带着静观的觉知来理解我们的体验。

当我们感到痛苦时，自我关怀就可以被视为静观的核心。静观邀请我们以包容的觉知向苦难敞开胸怀。自我关怀补充道："在痛苦中要善待自己。"静观会问："我现在有什么体验？"自我关怀还会问道："我需要什么？"在我们生命的困境中，静观与自我关怀共同构成了一种热忱、接纳的临在状态。它们就像我们最好的朋友。

研究表明，自我关怀与心理幸福感呈正相关，心理幸福感包括较少的心理病理症状（如焦虑、抑郁、压力），与较多的积极心理状态（如幸福、乐观与生活满意度）（Barnard & Curry, 2011; MacBeth & Gumley, 2012; Neff, Long, et al., 2018; Zessin, Dickhauser & Garbade, 2015）。自我关怀还与动机的增强、健康的行为和免疫功能、积极的身体意象和抗逆力应对（Allen & Leary, 2010; Braun, Park & Gorin, 2016; Breines & Chen, 2012; Friis, Johnson, Cutfield & Consedine, 2016; Terry & Leary, 2011），以及更多的照料和关怀的关系行为有关（Neff & Beretvas, 2013; Yarnell & Neff, 2012）。也就是，自我关怀有许多益处，值得培养（见第 3 章）。

静观自我关怀

静观自我关怀课程是第一个专门为公众设立的培训课程,旨在增强个人的自我关怀能力。以静观为基础的培训项目,如正念减压(mindfulness-based stress reduction,MBSR;Kabat-Zinn,1990)和正念认知疗法(mindfulness-based cognitive therapy,MBCT;Segal,Williams & Teasdale,2013),也能提高自我关怀能力(见第4章),但在这些方法中,自我关怀是一种有益的副产品,它们并不以此为主要目标。我们想知道:"如果我们把自我关怀技能明确地作为训练的重点,会发生什么呢?"

静观自我关怀课程大致与正念减压课程相似,尤其是在体验式学习、问询式教学,以及课程的结构方面(八周课程、每周一次,每次两小时以上,外加一次静修活动)。正念减压的一些关键练习也经过了调整,用于静观自我关怀课程,主要是在练习中突出了觉知的品质——温暖、善意。大多数静观自我关怀练习都是专门用于培养关怀与自我关怀的。

准确地讲,静观自我关怀课程可以被称为**基于静观的自我关怀训练**。它是静观与关怀的结合,强调自我关怀。静观是自我关怀的基础,因为我们在痛苦的时候,需要清晰地意识到我们正在受苦(这可不容易),才能用关怀应对痛苦。虽然静观本身就是自我关怀的一部分,但我们依然将这门课程命名为静观自我关怀,以强调静观在自我关怀训练中的关键作用。㊀

静观自我关怀课程是为普通大众设计的。它有治疗效果,但不是心理治疗。静观自我关怀的重点在于培养静观与自我关怀的资源。相比之下,心理治疗往往侧重于治愈往日的伤痛。由于静观自我关怀是一个结构化的课堂培训项目,具有时间限制,所以我们无法像个体治疗或团体治疗那样关注每个人的生活细节。尽管如此,许多静观自我关怀课程的学员都说这门课程对他们的心理健康有着深刻的影响,尤其是帮他们治愈了旧日的创伤。静观自我关怀的治愈效果,可以被看作培养静观与自我关怀资源的副产品。㊁

㊀ 若想了解更多有关将静观融入静观自我关怀课程的内容,请参阅第11章第2节"践行静观"。
㊁ 更多有关自我关怀与心理治疗关系的内容,见第四部分。

静观自我关怀课程

本书的第三部分会完整地呈现静观自我关怀的课程。静观自我关怀课程旨在帮助学员理解静观与自我关怀的概念，然后对这些概念产生切身的感觉，为他们提供在日常生活中运用静观与自我关怀的工具，并使他们养成静观自我关怀的习惯。课程的顺序经过了精心的安排，不同的课程内容互为基础、相辅相成。每节课都包括简短的教学主题，然后通过练习让学员对这些主题产生发自内心的感受，之后教师通过问询来探索学员的直接体验。

静观自我关怀课程学员的需求往往差别很大。我们鼓励学员勇于尝试，根据自己的需要选择、调整课程，成为自己最好的老师。静观自我关怀的教师应努力创造一个安全的氛围，每个人在练习中的体验都是值得尊重和欣赏的。

我们强烈鼓励教师找到自己的声音来教学，把书本上的课程变成自己的课程。然而，重点是"找到你自己的声音，而不是找到你自己的课程"。这在教授静观自我关怀课程的初期是特别重要的，因为只有在教授几次课程之后，课程的结构完整性才能体现出来。课程具有一定的灵活性，教师可以做一些细微的调整，比如向不同的学员讲授概念的时候应该强调什么。但是，教师不应该自创新的核心练习，或者调整超过 15% 的课程内容，否则这门课就不能叫作静观自我关怀了。而且，没有接受正式教师培训的人不应该尝试教授静观自我关怀课程。

教授静观自我关怀课程

静观自我关怀教师最强大的教学工具，就是对静观与关怀的身体力行。俗话说："如果人们知道你关心他们，他们就想了解你所知道的事情。"那些对你的生活影响最大的老师，可能是那些对你在学习过程中遇到的挑战充满关怀，并且知道如何助你渡过难关的人。因此教授自我关怀的最有效的方法就是**做一个关怀他人的人**。

静观自我关怀课程的教师需要每天做大约 30 分钟的静观与自我关怀的个人实践，尤其是在授课期间（特别是要做每周即将教授的练习）。个人实践可以让教师想起学习静观与自我关怀时的挑战，也能让教师的话语更加真诚、更有力量。教授静观自我关怀是一种心与心的交流，教师要通过与学生之间的情感共鸣来授课。在践行静观与自我关怀的教师面前，学生会体验到许多静观觉知的品质，如尊重、谦逊、自我觉察与温柔，这些品质会支持学生完成个人实践。

静观自我关怀课程中有一种特殊的师生互动方式，即**问询**（inquiry）。那些已经受训，准备教授静观课程的教师会很熟悉这个概念。问询是一种"我与他"的互动，可以为学生镜像呈现出一种静观的或关怀的"我与我"的关系。教师通常在非正式练习或课堂练习之后开始问询，通常以"你注意到了什么"或"你有什么感受"这样的问题开始。教师通过温和的、不评判的提问来启发学生去探索自己的直接体验。当某种体验难以承受时，教师会引导学生去发现如何将静观与关怀带入到这种体验中去。例如，教师可能会问"你能为那种体验带去一些善意吗""你认为你现在**需要**什么"或者"如果你的朋友有这样的感受，你会对他说什么"。静观自我关怀课程有自己的问询风格，这是教学的关键，所以静观自我关怀教师培训课程中有一半的实践课程都在练习问询的艺术。在本书的第三部分，几乎每一个冥想、非正式与正式练习之后，都有问询的例子。

其他静观自我关怀课程的教学方式包括讲授主题、引导冥想、带领课堂练习以及读诗。所有这些教学方法都有一个共同的特点——**由内而外地教学**。例如，讲授的主题应该以教师自己真实的声音来讲述，教师在引导冥想的时候应当遵循自己的指导语。当教师感到自己的语言发自内心时，他们就可以更容易地调节课堂练习的气氛。如果教师能对文字产生共鸣，读诗也能传达微妙的心境。

静观自我关怀课程与静观训练

静观自我关怀课程的目标是培养静观与自我关怀，没有静观我们就不能真正做到关怀，我们也需要关怀才能完全做到静观。静观在本课程中有四个主要作用：①帮助学生看到自己的痛苦；②当学生的情绪被激活时，将他们的觉知锚定在当下；③培养对身体里的情绪的觉知，从而调节情绪；④培养平静的心境，为关怀的行动创造空间。你们可能会问："静观自我关怀课程与已有的静观训练项目有何相似或不同？"

目前传播最广的静观训练是正念减压，这种方法最初是由乔恩·卡巴金（1990）开发的，他开发这种技术是为了帮助一所大学附属医院的慢性疼痛及其他难治疾病的患者缓解痛苦。正念减压的三个核心练习分别是呼吸冥想、身体扫描与静观运动。正念减压的教师在与学生互动的过程中，表现出慈爱、关怀的品质，并鼓励学生以友善的态度对待所有体验，从而潜移默化地将那些品质教给学生。在正念减压的全天静修中，教师也会教授慈爱冥想，但正念减压的主要目的是借助对当下的、不带评判的觉知，在压力重重的生活事件中培养平静的心态。

正念认知疗法是正念减压与认知行为疗法相结合的产物，用于治疗反复发作的抑郁症，是由津德尔·西格尔及其同事（2013）共同开发的。研究证明正念减压与正念认知疗法都可以增强练习者的自我关怀能力（见第 4 章）。正念认知疗法中不包括慈爱冥想，因为治疗师担心慈爱冥想会过度激活脆弱的来访者的情绪，这种方法更注重对抑郁思维培养去中心化的静观觉知。

我们改编了正念减压与正念认知疗法中的三个核心练习，用于静观自我关怀课程。在我们的课程中，这些练习会更加明确地强调温暖与善意。例如，"关爱呼吸冥想"是静观自我关怀中的一种呼吸冥想，而它会邀请学员品味呼吸的温和节奏，尤其是身体里被呼吸摇晃与抚慰的体验。这种冥想不太关注注意力集中，而是为了让人感受呼吸的滋养，被呼吸所抱持，这种感觉必然会增强一个人的注意力。静观自我关怀中的关怀身体扫描与正念减压中的身体扫描类似，但侧重于感谢身体的每一部分如何努力地为我们服务，并为身体的每个部位送去美好的祝愿，当情绪或身体出现不适的时候，让我们的心柔软下来，充满关怀。静观自我关怀也包含一种运动练习——"关怀的运动"。在这项练习中，我们要让练习者把意识集中在身体充满压力的部位，并鼓励他们允许自己的身体自发地做出动作，从而减轻压力。

在正念减压课程中，慈爱冥想通常只在静修日练习，但在静观自我关怀课程中，它是一种核心的冥想方法。（静观自我关怀中另有一项练习，能帮助学员发现自己的慈爱与自我关怀的话语。）相反，身体扫描是正念减压课程的核心冥想，但在静观自我关怀课程里，通常只在静修日教授。正念减压与静观自我关怀的这些差异，反映了这两种课程的相对侧重点：正念减压侧重包容的、当下的觉知，静观自我关怀侧重对自己的温暖与善意。两种课程教授的技能可以相互补充。

从我们的经验来看，教师如果有教授正念减压和正念认知疗法的经验，可以很容易地学会如何教授静观自我关怀。正念减压与正念认知疗法的教师通常具有一些宝贵的技能，即个人冥想的践行，他们能感觉到"消除"痛苦和与痛苦"在一起"的区别，理解善意在教学与实践中的核心地位，知道如何以包容、不评判的态度与一群人打交道。

我们发现，最擅长关怀的教师往往时刻都有静观之心，正如最好的静观教师都充满了关怀。**自我关怀**训练为静观训练带来了新的视角。当学员陷入困境时，教授静观的教师可能会问"你能给这种体验一些空间吗"或者"你能用温柔的觉知来抱持这种体验吗"，而教授自我关怀的教师可能还会问"此时此刻，你能给**自己**一些**善意**吗"或者"你觉得自己现在**需要**什么"。静观关注每一刻的体验，而关怀则关注受苦的人，或者说，关注"自我"。

教授静观的教师可能对静观自我关怀心存疑虑，这些疑虑反映了这两种方法的不同之处。我们接下来会讨论其中的一些疑虑。

用善意与关怀来温暖觉知，难道不是一种委婉地对抗当下体验的方式吗？ 这确实是践行自我关怀的内在风险。初学的学员可能会试图用关怀来对付痛苦、令其消失，从而将一种努力、对抗的元素带入了当下的体验。然而，随着时间的推移，学员会发现自我关怀意味着放弃努力与对抗，允许我们的心在痛苦的热浪中融化。虽然自我关怀可能会使觉知的温暖变得更为刻意，但这并不需要付出更多的努力。静观与自我关怀都能让学员放下对抗不适的本能。

为什么我们需要关怀训练？关怀与自我关怀不是已经在静观训练中了吗？ 完全的静观的确充满了善意与关怀。然而，要面对强烈而痛苦的情绪，譬如羞愧，并保持完全的静观是非常困难的。比如，当我们感到羞愧时，我们的觉知范围会因恐惧而缩小，我们的注意力会因厌恶而转移。羞愧还会使我们与自己的身体分离，削弱自我观察的能力。此时我们就需要关怀来重建对自我的观察。关怀的怀抱让我们感到更为安全，这样我们就能再次保持静观。

如果我们在痛苦时关怀自己，我们会不会错过重要的人生教训，如无常、痛苦与无私？ 诚然，自我关怀的确可以被用来粉饰困难的体验、妨碍学习。任何方法都可能被误用。这就是为什么我们在用关怀来安慰自己之前，首先需要用静观的觉知来对痛苦**敞开心扉**。在关怀自己之前，我们需要允许多少苦难进入我们的生活，则在一定程度上取决于我们想在练习中获得的是智慧还是关怀。追求智慧的修习者可能会希望在痛苦中多停留一些时间，从而得到更多的领悟，如令人痛苦的无常；追求关怀的练习者可能更愿意培养一颗温柔而从容的心，能迅速、自然而然地减轻痛苦。

自我关怀会激活旧日的关系创伤。在为期八周的课程中这样做不是很危险吗？ 自我关怀训练的基础就是安全感（见第 8 章）。在整个课程中，我们会教静观自我关怀的学员如何保证自己的情绪安全，并且鼓励他们这样做。这可能意味着，如果学员觉得自己太过脆弱，就**不要**练习，或者用喝杯茶或散散步这样的**行为**来关怀自己。我们每天都不断地在开放与封闭自身体验的状态中交替，如果学员需要封闭自己的体验，我们就鼓励他们封闭。在我们应该封闭的时候，强迫自己开放，可能会导致情感伤害，而不是自我关怀。因此，长期地学习正式的冥想，可能会让一些学员感到不堪重负。相比之下，在静观自我关怀中，知道我们何时遭受了痛苦（静观），并以善意做出回应（自我关怀）是更重要的。

从何开始

许多人想知道，他们是应该先学习静观，还是先从自我关怀训练入手。这是一个重要的实证研究问题，应在未来的几年加以解决。在那之前，我们可以遵循一些初步的指导原则。

准确的信息

明智的学员通常对自己的需求非常了解，如果他们能得到准确的信息，就可以自己决定哪种训练最适合自己。前文的课程介绍有助于学员的选择。

自我批评

如果不能直面内心的批评，自我批评的静观修习者可能难以长时间地练习静观。因此，在接受静观训练之前，自我批评的人可能会从自我关怀的练习中受益。相反，自我批评较少的人可能没有那么需要自我关怀，在练习自我关怀以前，在静观上打下坚实的基础，可能会受益更多。

投入

对于每个人来说，最好的练习就是最投入的练习。因此，学员在尝试了不同的静观与自我关怀练习之后，有责任成为自己最好的老师。也就是说，他们要知道哪些练习对自己来说是最愉悦、最有意义和最有效的，并且要定期练习。

自我关怀与关怀他人

静观自我关怀的重点是关怀自己，而非关怀他人，有些人会因此感到不舒服。以下是一些这方面的常见问题。

在自我关怀中关注"自我"，这样带来的痛苦会不会超过缓解的痛苦？ 我们完全同意，僵化、孤立的自我是生活中最不必要的痛苦情绪的来源，尤其是为了对抗永无止境的、真实或想象的威胁，为了保护自我、让自我感觉良好的斗争，更让我们苦不堪言。然而，矛盾的是，如果我们在痛苦中关怀自己，我们的孤立感就会开始消失。比如，当我们陷入困境的时候，我们要是把手放在心上，安慰自己、支持自己，就会产生这样的现象。这种善意的行为往往能让我们从指向自我的反刍式思维中解脱出来，用新的眼光来看待这个世界。

难道没有比"自我关怀"更好的词了吗？ 我们的语言往往会让理念变得更为坚实。自我关怀的同义词是"内在关怀"。我们称其为"自我关怀"，是因为与自己对抗的入门修习者能够理解这个词。当练习者通过冥想的探寻，发现没有固定的"自我"，此时"内在关怀"就是更合适的表达了。

难道自我关怀训练不会激起情绪吗？ 在自我关怀训练中，每个人都可能重温困难的记忆。静观自我关怀的目的就是以健康的新方式来面对旧日的创伤——用静观与关怀的方式。情绪的激活是转变过程中必不可少、不可避免的一部分。静观要与自我关怀一同教授，其重要的原因就在于，这样学员能够在强烈的情绪下稳定自己的觉知。团体的支持是自我关怀训练的另一个重要部分——在充满善意的氛围里抱持痛苦。

静观自我关怀不是应该既专注于培养自我关怀，也要培养对他人的关怀吗？ 静观自我关怀从来就不是一门全面的关怀培训课程。在我们看来，全面的关怀应该包括内在与外在。不幸的是，世界上存在一种普遍的偏见，认为关怀他人比关怀自己更重要。因此，我们特别关注自我关怀，就是为了纠正这种不平衡。我们的目标其实非常谦卑，即将我们自己**纳入**这个关怀的范围里。静观自我关怀也会教导对他人的关怀，但要将其与自我关怀联系起来，因为后者是我们的重点。研究表明，静观自我关怀课程能培养对他人的关怀（Neff & Germer, 2013），与此同时，对他人的关怀也有助于我们在自我关怀中成长（Breines & Chen, 2013）。

我们开始吧

现在，我们将引导你了解静观自我关怀的课程。第一部分的其余章节讲述了自我关怀与自我关怀训练的理论与研究基础（见第 2 ～ 4 章）。第二部分介绍了自我关怀训练的教学方法。第 5 章阐述了静观自我关怀的结构与课程设置；第 6 章总结了如何教授各个教学主题，以及如何带领冥想和课堂练习；第 7 章着重讲述了如何践行自我关怀，并成为一个充满爱心的教师；第 8 章提供了管理团体活动过程的经验与建议；第 9 章则开始探讨问询式学习与教学。

第三部分深入阐述了静观自我关怀的八节课（每章讲一课），再用单独一章的篇幅讲述半天的静修。每章都会以课程（或静修）的大纲开始，然后会讲述教学主题，接下来是每次冥想、非正式练习、课堂练习的完整指导语，以及体验性活动后的问询范例。（本书的附录部分包含了学习、练习和教学的更多资源。）

第四部分着重探讨了自我关怀如何融入心理治疗。这一部分概述了静观自我关怀与心理治疗的相似与不同之处，并更加详细地探讨了一些特殊问题，如创伤与羞愧。

在本书中，谈及个体时，我们会交替使用男性和女性的代词。随着我们的语言和文化的不断发展，我们做出这样的选择是为了使阅读更为顺畅，而非对认同另一种人称代词的读者不敬。我们真心地希望每个人都能感到自己参与到了这本书中。最后要说的是，我们经常在冥想指导语中用表达"现在"含义的语言，在书中读起来可能会有些奇怪，但用口语说出来时，这些语言有助于传达连续性与联结感。

我们很感谢你开始了这趟自我关怀的内心旅程，我们希望本书中的材料能有助于你的个人生活与工作。在读完这本书后，如果你想教授八周的静观自我关怀课程，请查看 https://centerformsc.org 的教师培训方案，以获取更多的信息。无论教师先前的技能与经验如何，都必须接受正式的静观自我关怀教师培训，这样才能做好教授该课程的准备。此外，由于静观自我关怀可能会激起一些情绪，所以为了确保学员的安全，接受面授的教学培训与指导是必要的，尤其是在遇到困难的时候。

本章要点

- 完全的静观充满了慈爱与关怀的情感品质。情感品质对于静观觉知来说是至关重要的,尤其是在困难的情绪下。这些品质可以通过练习来培养。
- 静观自我关怀是以静观为基础的自我关怀训练。
- 静观自我关怀是一门开发资源的课程,授课对象是普通大众。该课程的重点是,与情绪痛苦和我们自身建立一种静观与关怀的关系,而不是要治愈旧日的伤痛。不过,在自我关怀训练的过程中,旧的伤痛往往会浮现并发生转变。
- 本课程包含了多个正式冥想、非正式练习以及课堂练习,并阐述了所有这些练习的原理。有了这些技能与理解,我们就可以鼓励学员去做自己的老师。
- 静观自我关怀借鉴了正念减压八周课程的训练结构和问询式的教学方法,也借鉴并改编了正念减压的三个练习——呼吸冥想、身体扫描、静观运动。
- 静观自我关怀是第一个专门为培养自我关怀能力而设计的结构化课程。
- 要安全、有效地教授本书中的课程,就需要接受正式的静观自我关怀教师培训。

第 2 章

什么是自我关怀

> 如果我发现……我需要的是自己的善意——必须去爱这个与我为敌的自我,那该怎么办?
>
> ——C. G. 荣格(C. G. Jung, 1958/2014, p.520)

自我关怀其实与关怀他人没有多大的区别。它们的感受是一样,体验也是一样的。两者的不同之处在于,人们往往把自己排除在他们关怀的范围之外——他们更容易关怀别人,而不是自己(Knox, Neff & Davidson, 2016)。因此,从更广泛的意义上来探讨何谓关怀,能帮助我们理解关怀,尤其是如何关怀自己。

在《韦氏在线词典》(Merriam-Webster online dictionary)中,**关怀**(compassion)的定义是"同情并渴望减轻他人的痛苦"。戈茨、凯尔特纳与西蒙-托马斯(Goetz, Keltner & Simon-Thomas, 2011)将其定义为"看到别人受苦时产生的感觉,并激发了随后想要帮助别人的愿望"(p.351)。与受苦之人相互联结,也是关怀定义里的核心要素(Cassell, 2002);**关怀**一词的拉丁文词根的字面意义,正是"受苦"(passion)和"在一起"(com)。布卢姆(Blum, 1980, p.511)

写道："关怀包含一种共通人性的感觉，即把他人视为同胞的情感。"因此，如果我们关怀他人，就愿意与他人的痛苦待在一起，并感受到一种人与人之间的相互联结。我们也会对他人的痛苦产生一种关切的担忧，想要伸出援助之手。

比如，假设你在上班的路上看到了一个流浪汉在乞讨。你可能不会立即匆匆走过，或者认定他是个没用的酒鬼，你可能会停下来思索这个人的生活有多艰难。发生了什么？他得到他所需要的精神健康服务了吗？只要你把他看作一个真正受苦的人，你的心就会与他相连。你不会对他视而不见，而会被他的痛苦所打动，并感到想要设法帮助他的冲动。重要的是，如果你感受到的是关怀，而不只是怜悯，你就会对自己说："他和我一样，也是一个活生生的人。如果我生在另一个环境里，或者只是不够幸运，我可能也会活得很艰难。我们都很脆弱。"

当然，在那时你的心也可能彻底地冷酷起来，你害怕自己会流落街头，因此可能疏远他，甚至不把他当成人来看待。这种内心的冷酷，往往会让你觉得自己比那个无家可归的人更优越，但这最终可能只会让你感到孤立与孤独。我们姑且假设你真的对这个人产生了关怀。感觉怎么样？其实，那感觉挺不错的。当你敞开心扉的时候，你会感觉好极了——你立刻就会觉得与外界的联系更紧密，更有活力，更能活在当下了。

可是，如果他只是在讨钱买酒呢？你还应该关怀他吗？应该。如果你觉得给他钱是不负责任的，你当然不必给，但他还是值得我们去关怀的，我们每个人都值得。不仅那些无可指摘的受害者值得关怀，那些因为个人的失败、弱点或糟糕的选择而遭受痛苦的人也值得关怀。我们每天都在面临那些困境。我们是有意识的人类，在地球上生生不息，这一事实本身就意味着我们具有内在的价值，值得关爱。

我们不需要争取得到关怀的权利，那是我们与生俱来的。我们是人，我们具有感受与思考的能力，再加上我们想要快乐而不想受苦的愿望，这些都是得到关怀的正当理由。

自我关怀的元素

自我关怀与关怀他人具有同样的特点，只不过这种关怀是指向内心的。自我关怀要求我们清楚地看到我们的痛苦，对我们的痛苦给予关爱的回应，这种回应则包含了伸出援手的愿望，并且认识到痛苦是我们共同的人生境遇的一部分（Neff，2003b）。自我关怀的各组成部分在概念上是不同的，涉及了每个人对痛苦的不同情感回应方式（善意的回应，而不是评判）、对困境的不同认知（将困境看作人生体验的一部分，还是看作让自己与世隔绝的遭遇），以及对痛苦的不同关注方式（静观，而非过度认同）(Neff，2016b)。请注意，我们用"**痛苦**"这个词来泛指任何时刻的疼痛或不适，无论这种感受是大还是小。无论是我们面对生活中无法控制的痛苦，还是在考虑个人的不足、错误与失败，自我关怀都与我们息息相关（Germer，2009）。

善待自己 vs. 评判自己

如果我们的朋友和所爱的人犯了错误，觉得自己不够好，或是遭遇了不幸，我们大多数人都会试图给他们善意与体贴。我们可能会说一些支持或理解的话语，让他们知道我们的关心，甚至可能做出一些表达感情的身体动作，比如拥抱。我们可能会问他们："你现在需要什么？"并且思考我们能做些什么来帮助他们。奇怪的是，我们对待自己的态度却常常是截然不同的。我们会对自己说一些永远不会对朋友说的苛刻的、残酷的话。事实上，我们对自己的态度，往往比我们对那些不太喜欢的人更为严苛。然而，自我关怀中的善意制止了我们多数人习以为常的、持续的自我评判以及自我贬低的内在评论。我们的内在对话会变得仁慈又鼓舞人心，不会严厉地贬低我们，从而对自己表达更友好、更支持的态度。我们会开始**理解**自己的弱点与失败，而不是因此谴责自己。我们会承认自己的缺点，也会无条件地接纳自己——有缺陷、不完美的人。最重要的是，我们还会认识到无情的自我批判给自己造成的伤害，并选择另一种方式来对待自己。

然而，善待自己不仅仅是停止自我批评，还要对自己**主动地敞开心扉**，对我们的痛苦做出回应，就像我们对待需要帮助的朋友那样。除了不加评判地接纳自己以外，我们还可以在情绪不安时安抚、关照自己。我们有帮助自己的动力，并且会尽可能地减轻自己的痛苦。通常情况下，如果我们遇到了不可避免的问题，比如不可预见的事故，我们会更多地关注解决问题，而不是关心自己。我们对待自己的态度是冷漠的，缺乏温暖、温柔的关心，总是直接进入解决问题的心态。然而，通过善待自己，我们能学会在生活遇到困难时滋养自己，为自己提供支持与鼓励。我们会允许自己被痛苦所触动，并停下脚步，说道："现在真的很难。此时此刻，我该怎么照顾自己呢？"如果我们受到了威胁，我们会主动保护自己不受伤害。

我们不可能做到十全十美，生活中总是充满了困难。如果我们否认或抗拒自己的不完美，我们就会感到压力、挫折、自我批评，进而加剧自己的痛苦。然而，如果我们以仁慈和善意来回应自己，我们就会产生爱与关心的积极情绪，帮助自己应对困难。

共通人性 vs. 孤立

自我关怀蕴含在一种相互联结的感觉里，而不在分离的感觉里。自我评判的最大问题之一，就是它往往让我们感到孤立、与他人分离。如果我们觉得自己在某方面失败了，或者不够好，我们就会产生一种非理性的感受："其他人都很好，而我是唯一无可救药的失败者。"这不是一个逻辑思维过程，而是一种情绪反应，这种反应缩小了我们的认知范围，并且歪曲了现实。当生活出了问题时，即使我们不责怪自己（可悲的是，在大多数事情上我们都会责怪自己），我们往往也会觉得别人的生活更轻松，而我们的处境是不正常的。我们这样行事，就像是出生前签了一份书面合同，承诺我们会十全十美，并且生活会永远按照我们想要的方式发展："抱歉，一定是弄错了。我签了《直到我寿终正寝那天，一切都会很完美》的合同。能把钱退给我吗？"这很荒谬，但当我们遭遇失败或者生活出现意外的时候，我们大多数人都认为生活出了大问题。正如塔拉·布拉赫（2003，p.6）所说："缺乏价值的感觉，和与他人分离、与生活分离的感觉是相辅相成的。如果我们有缺陷，我们怎么还能有所归属呢？"这就产生了一种可怕的隔离感与孤独感，极大地加剧了我们的痛苦。

然而，通过自我关怀，我们能认识到生活的挑战与个人的失败都是生而为人的一部分，这些经历是我们人人都有的。事实上，正是我们的缺陷与弱点，让我们成为人类的一员。共通人性也能帮助我们区分自我关怀与纯粹的自我接纳或自爱。尽管自我接纳与自爱很重要，但它们本身是不完整的。它们忽略了一个重要的因素——他人。从定义上讲，关怀涉及人际关系，源于承认人生经历的不完美，蕴含着一种基本的相互关系——我们都会感到痛苦。否则，在安慰犯错的人时，我们为什么会说"这是人之常情"？自我关怀尊重"人人都可能犯错"的事实，犯错是生活中不可避免的一部分。（常言道，问心无愧通常是一种健忘的表现。）只要我们体验到共通人性，我们就会记得每个人都有感到自己不够好和失望的时候。我在困难时刻感受到的痛苦，与你在困境里的痛苦是一样的。其诱因、环境与痛苦程度可能不同，但这个过程是一样的。有了自我关怀，每个痛苦的时刻都是一个机会，能让你感觉与他人更加亲近，联系更加紧密。自我关怀提醒我们，我们并不孤单。

静观 vs. 过度认同

为了关怀自己，我们就要愿意面对自己的痛苦，并且用静观的态度来承认痛苦。静观是一种平衡的觉知，既不对抗、不回避，也不夸大我们即刻的体验。乔恩·卡巴金（1994，p.4）写道，静观就是"以特定的方式集中注意力，要有目的、活在当下、不带评判"。在这种接纳的心态下，我们会开始意识到自己的消极想法与感受，并与这些感受与想法原本的模样共处，而不对抗或否认它们。我们能意识到自己的痛苦，而不会立即去改变我们的感受，让痛苦消失。

我们可能会认为，我们不需要用静观的态度来觉察自己的痛苦。痛苦是显而易见的，不是吗？并非如此。我们当然会感受到失望的痛苦，但我们的头脑倾向于关注失败本身，而不是失败带来的痛苦。这是一个重要的区别。当我们的注意力完全被我们感知到的不足所吸引时，我们就无法走出自身的限制了。我们会过度认同我们的消极想法与感受，并且被我们的厌恶反应所吞没。这种反刍式的思维会让我们的关注范围变得狭隘，并夸大失败对于自我价值的影响（Nolen-Hoeksema，1991）："我不仅是失败了，我本身就是个失败者。我不仅很失望，我的生活本身就很令人失望。"过度认同意味着我们把瞬间的体验看得具体而实在，将短暂的现象视为不变的永恒。

然而，只要有了静观，一切就都改变了。我们不会把消极的自我概念与真实的自我混淆，而是会认清我们想法和感受的真面目——只是想法和感受而已。这样有助于我们放下那种认为自己不够好、没有价值的执念。静观就像一汪清澈、静止、没有涟漪的水池，它反映了正在发生的事情，没有任何歪曲，这样我们就可以更加客观地看待自己与生活。静观也为我们提供了心理的空间与宁静，让我们可以用不同的方式来看待事情与做事。当我们在静观的时候，我们就能做出明智的决定，在我们需要的时候，采取最佳的行动来帮助自己，即便是仅仅把我们的体验抱持在温柔、慈爱的觉知里。面对痛苦、承认痛苦是需要勇气的，但如果我们想要敞开心扉、面对痛苦，这种勇气就是必不可少的。我们无法治愈我们感觉不到的东西。因此，静观是自我关怀的支柱。莎伦·扎尔茨贝格（2011a，p.181）写道：

> 静观将我们从厌恶的感觉中解放出来，让我们的注意力变得灵活、轻快、宽广。这样一来，我们就能灵活地从不同的角度来看待自己的经历，超越僵化的标签，比如"我很笨，我永远都很笨"或者"你很坏，你永远都很坏"。静观敞开了心扉，让爱与关怀进入内心。

虽然自我关怀的各组成部分在概念上是不同的，也不会发生同步的改变，但这些部分的确会相互影响。例如，静观的接纳心态有助于减少自我评判，帮助我们产生足够的领悟，以便认识到我们的共通人性。同样，善待自我可以减少消极情绪体验的影响，使我们更容易对它们保持静观。意识到痛苦与个人的失败是他人也会有的经历，能减少自责，也有助于减轻过度认同。这样一来，我们可以把自我关怀视为一个动态的系统，代表了各个要素之间相互作用的协同状态（Neff，2016b）。

自我关怀与静观的关系

关于静观对幸福感的好处，已经有了很多论述（Davis & Hayes，2011；Keng, Smoski, Robins, Ekblad & Brantley，2012）。静观是自我关怀的核心

组成部分。因此，静观与自我关怀在结构上有何异同，是一个值得考虑的问题。毕晓普及其同事（Bishop et al., 2014）发表了一篇颇有影响力的论文，文中写道，一个学者团队将**静观**定义为一种元认知技能，即将注意力集中在当下的体验上，并对该体验保持好奇、不评判的态度。这两个因素都能说明为什么静观如此强大。关注当下，可以让我们避免沉浸在对过去的沉思或者对未来的焦虑中。接纳我们的体验，可以帮助我们避免因为抵制和对抗我们不喜欢的东西而产生沮丧和压力。换句话说，接纳意味着我们不会用头去撞现实的墙壁，让本已困难的情况变得更糟。

应该注意的是，自我关怀中的静观，比一般意义上的静观在范围上要狭窄一些。自我关怀的静观特指对**消极**想法与感受的觉知。然而，一般意义上的静观，则是指平静地专注于任意体验的能力，无论体验是积极的、消极的，还是中性的。虽然我们可以静观吃葡萄干的过程（一种常用来教授静观的练习，见Kabat-Zinn, 1990），但因为吃葡萄干而关怀自己是没有道理的，除非你小时候有过吃葡萄干的创伤经历！

自我关怀作为一个整体概念，其范围也比毕晓普及其同事（2004）所定义的静观更广泛，因为它包含了善待自我和共通人性的元素：在痛苦的时候主动地安抚自己，并记住这是生而为人的一部分。这些品质并不是狭义上静观的固有成分。当然，静观痛苦的体验可能会伴随着善待自我与共通人性的感受，所以，自我关怀往往与静观一起出现。然而，这两者并不会完全同步出现。对痛苦的想法与感受有一定的静观觉知，但不去主动安抚自己，也不能记起这是人类共同的经历，这种情况也是可能出现的。我们并非总能保持完全的静观。有时候，我们需要特别努力，才能关心自己的痛苦，当我们的痛苦想法与情绪包含自我评判和自己不够好的感觉时更是如此。

静观与自我关怀的另一个区别，在于它们各自的目标。静观是一种看待体验的方式，而自我关怀则是看待痛苦的人的方式（Germer, 2009；Germer & Barnhofer, 2017）。静观是不加评判地接纳此刻的意识中所产生的想法、情绪与感受。关怀则意味着希望所有人都能够幸福并免于苦难（Salzberg, 1995）。比如，如果你能静观膝盖上的刺痛感，这意味着你能觉察到一阵阵火辣辣的痛，既没有评判也没有抗拒，为这种感觉本身提供了心理空间。然而，当你因为痛苦而产生自我关怀时，你还会因为膝盖疼痛而感到关心和担忧。这意味着，如果你带着静观的态度接纳当下的体验，而不加以对抗，希望痛苦的人，即你自己，在未来某个时刻摆脱痛苦的愿望也就出现了。

静观与自我关怀包含了一个悖论。静观邀请我们与体验"在"一起，而自我关怀要求我们更多地"做"事。自我关怀让我们在遇到困难时尽可能地安抚、支持自己（例如，站起来做些伸展运动也许可以缓解膝盖的疼痛）。我们之所以既能"在"又能"做"，是因为"做"正是一种理解产生体验的这个人的特殊方式。当我们关怀自己的时候，我们会因为自己在受苦而心怀关爱地拥抱自己，而不是持有这样的态度："我要善待自己，从而摆脱这种痛苦！"如果我们错把自我关怀用来对抗自己的体验，就会增加痛苦，而不是减轻痛苦。静观能帮助我们保持接纳的包容态度。

在理解他人的痛苦时，也会产生同样的过程。如果别人告诉你一件痛苦的事情，你并没有真正地倾听和理解他的痛苦，而是马上给出解决问题的建议（从而消除自己的不适感），这并不是真正的关怀。关怀需要静观，才能正视痛苦，并毫不对抗地接纳痛苦的存在。虽然关怀的重点在于减轻痛苦，但它并不依附于或依赖于关怀的结果（比如，"即使痛苦没有减轻，我也会保持善意与理解"）。相反，关怀为我们提供了情绪上的安全，这样我们才能敞开心扉，充分地感受、接纳痛苦的存在——静观。因此，静观与关怀是相互增强的，是交织在一起的整体。

自我关怀的阴与阳

我们在探讨自我关怀中发挥作用的属性时，会发现有些看似相反的品质是相互补充、相互依赖的，就像中国传统哲学思想中的阴阳概念。自我关怀的"阴"包括了以关怀的态度陪伴自己的要素——**安慰**、**安抚**自己，**认可**自己的感受。自我关怀的"阳"则是"采取行动"——**保护**、**满足**、**激励**自我。

阴

- **安慰**。我们既可以安慰正在面临困境的挚友，也可以安慰自己。这意味着为我们的情绪需求提供支持。
- **安抚**。安抚是另一种让我们感觉好起来的方法，这种方法尤其能让身体感觉更加平静。
- **认可**。认可意味着我们清楚地理解自己的体验，我们能用语言来表达自己的体验，也能用和善、温柔的语气对自己说话。

阳

- **保护**。走向自我关怀的第一步就是感到安全，不受伤害。保护意味着对伤害我们的人说"不"，或者对我们给自己造成的各种伤害说"不"。
- **满足**。满足意味着给予自己真正需要的东西。首先我们必须**知道**自己需要什么，说"好的"，然后我们就可以试着满足自己的需要了。
- **激励**。我们每个人都有一些对我们不再有益的行为模式，我们需要放弃这些行为。我们还有一些想要追求的梦想与愿望。自我关怀能像一个好教练一样激励我们，给我们鼓励、支持和理解，而不是严厉的批评。

自我关怀的"阴"能让我们不再挣扎，保持开放的心态，停留在当下。有一个很好的比喻：自我关怀的"阴"就像父母抱着哭泣的孩子，轻轻摇晃。当我们受伤或觉得自己不够好时，我们可以用温柔的态度来关心自己，承认我们的痛苦，接纳我们本来的样子。自我关怀的"阳"提供了行动的能量。有个很好的比喻，把自我关怀的"阳"比作"熊妈妈"。当幼崽受到威胁时，它就会保护幼崽，它也会抓鱼来喂养幼崽，或者愿意离开舒适却资源耗尽的家，去寻找一片有更多资源的领地。自我关怀的"阳"有时非常**有力量**——我们会亮出自己的底线，会说"不"，会维护自己。我们力争满足自己的情绪、身体和精神需求，因为我们知道这些需求很重要。我们用建设性的批评来激励自己做出改变，那是因为我们关心自己，不想遭受痛苦，而不是因为我们害怕自己没有价值。

"现在我需要什么？"这是一个重要的问题。在这个世界上，有时我们需要挺身而出、果断地采取行动，有时我们要温柔地对待自己。这两方面我们往往都需要做到。作为自我关怀的练习者，我们可以记住关怀的不同品质，并运用我们的智慧来决定何时该做什么。最重要的是，我们既需要尊重自我关怀充满力量的一面，也要尊重它温柔的一面。如果自我关怀达到了阴阳的平衡与整合，就会表现为一股关爱的力量。当我们在给予关怀而不是专注于减轻痛苦的时候，付出的努力才是更有效的。这正是甘地（Gandhi）、特蕾莎修女（Mother Teresa）和马丁·路德·金（Martin Luther King, Jr.）所传递出来的信息，他们通过包含关怀的行动来影响社会的变革。我们也可以让这股力量转向内部，用自我关怀的"阴"与"阳"来应对困境，培养内在的力量，并找到真正的平静与幸福。

自我关怀的根源

关怀聚焦疗法（compassion-focused therapy, CFT）的创立者保罗·吉尔伯特（2009）从演化心理学的角度来看待自我关怀的发展，他提出，我们对待自己的方式可以影响我们的生理。比如，自我批评能激活威胁防御系统（与危险的感觉以及交感神经系统的激活有关）。杏仁核是大脑中最古老的部分之一，它的功能就是快速检测环境中的威胁。如果我们感到危险，杏仁核就会发出信号，提高血压，增加肾上腺素和皮质醇的分泌，动员所有我们面对威胁或避免危险所需的力量与能量。虽然这个系统是演化而来的，用于处理外在的、真实存在的危险，但也同样容易被威胁我们内在自我的事物所激活。我们用自我批评这种糟糕的方式来对抗我们心中对于自我价值的挑战。当我们批评自己的时候，我们既是攻击者，也是受攻击者，此时交感神经系统会变得特别活跃。

吉尔伯特（2009）认为，自我关怀与之相反，通常与哺乳动物的照料行为有关（自我安慰、归属感、安全感以及副交感神经系统的激活）。与爬行动物相比，哺乳动物在演化上的进步在于，哺乳动物的幼崽在出生时很不成熟，所以它们需要较长时间的发育期来适应环境。哺乳动物能给予并接受支持、保护和抚育，也就是说，父母不会在孩子出生后就立即抛弃他们，孩子也不会独自在危险的野外游荡（Wang，2005）。感受情感与联结的能力，是我们生物本性的一部分。**我们天生就会关心他人。**

我们可以根据交感神经和副交感神经之间的平衡状态（见第 3 章）来界定自我关怀的各个要素。众所周知，这两个神经系统在不断地相互作用和共同变化（Porges，2007）。当我们的自我概念受到威胁时，自我评判、孤立与过度认同都算是转向内部的应激反应。自我评判是一种表现为自我批评和自我攻击的"战斗"反应。孤立则代表了一种"逃跑"反应——想要从他人身边逃离，满怀羞耻地隐藏起来。过度认同可以被视为一种"僵住"的反应——过度关注自我，陷入"我没有价值"的反刍式思维的循环中。与此同时，在面对威胁时，善待自我、承认共通人性以及静观则可以产生安全感。善待自我包括保护、滋养和支持自己，可以抵消自我批评的"战斗"反应。共通人性能产生联结感和归属感，可以抵消孤立的"逃跑"反应。自我关怀也蕴含着静观，能够让我们看到事物的本质，提供心理灵活性，从而抵消过度认同的"僵住"反应（Creswell，2015；Tirch, Schoendorff & Silberstein，2014）。当然，在所有的系统成分之间，存在着大量的相互作用，而这是一个简化的模型。事实上，研究表明，在压力事件之后，自我关怀的各个组成部分与交感神经反应减弱的标记物（例如 α- 淀粉酶、白细胞介素 -6）之间的关联并没有显著的差别（Neff, Long, et al., 2018）；与迷走神经介导的心率变异性⊖之间的关系也是如此（Svendsen et al., 2016）。波格斯（2003）阐述得很清楚，这两类自主神经系统反应同属于一个系统，会相互作用、共同变化。

自我关怀与自尊的关系

弄清自我关怀与自尊的区别是很重要的，尤其这两者很容易混淆（Neff，2011b）。**自尊**是指我们自我评价的积极程度，而这种评价通常建立在与他人做比较的基础之上（Harter，1999）。人们普遍认为，自尊对于良好的心理健康是至关重要的，而缺乏自尊则会破坏幸福感，助长抑郁、焦虑和其他病理现

⊖ 该指标代表副交感神经反应的增强。

象（Leary，1999）。然而，高自尊也有潜在的问题，但问题不在于拥有高自尊，而在于获得并保持高自尊（Crocker & Park，2004）。

在美国文化中，高自尊要求你在人群中脱颖而出、与众不同，表现强于平均水平（Heine，Lehman，Markus & Kitayama，1999）。如果有人称你的工作表现、育儿技能或智力为"平均水平"，**你会有什么感受？**太难受了！问题是，不可能每个人都同时超过平均水平。虽然我们可能在某些方面很出色，但总有人比我们更有魅力、更成功、更受欢迎。每当我们和比自己更"好"的人做比较，我们就可能会觉得自己像个失败者。

另外，想要自己比一般人更好的愿望，可能会导致一些彻头彻尾的恶劣行径。为什么青少年会开始欺负别人？比起刚刚被我欺负过的那个小屁孩，如果别人能把我看作一个更酷、更强壮的孩子，我的自尊就会得到提升（Salmivalli，Kaukiainen，Kaistaniemi & Lagerspetz，1999）。为什么我们有那么多偏见？如果我认为我的种族、性别、国籍或党派比你们的好，我的自尊又会得到提升（Fein & Spencer, 1997）。

诚然，美国社会对自尊的重视已经导致了一种令人担忧的趋势：圣迭戈州立大学的琼·特文格（Jean Twenge）与佐治亚大学的基思·坎贝尔（Keith Campbell）对1987年以来的大学生自恋水平进行了追踪调查，发现现代大学生的自恋程度到达了有史以来的最高水平（Twenge，Konrath，Foster，Campbell & Bushman，2008）。尽管自恋者有着极高的自尊，但他们也有虚假的权利感，对自己有着膨胀且不切实际的看法，随着时间的推移，这种想法往往会让他们众叛亲离（Twenge & Campbell，2009）。研究者将自恋水平的提高归因于好心办坏事的父母和老师，他们总是试图提高孩子的自尊，告诉孩子他们有多么特别、多么棒。

自我关怀与自尊不同。虽然两者都与心理健康密切相关，但自尊是对自我价值的积极评价，而自我关怀则根本不是一种评判或评价。相反，自我关怀是**一种理解**不断变化的自我形象的方式，是一种善意和接纳的态度，在我们失败或觉得自己不好时尤其需要自我关怀。

自尊在本质上是脆弱的，会根据我们最近的成功或失败而上下波动

（Crocker，Luhtanen，Cooper & Bouvrette，2003）。自尊如同一个不能患难与共的朋友，在一帆风顺时陪伴着我们，在时运不济时弃我们而去。但自我关怀始终在我们身边，即使我们的处境一落千丈，它也会一如既往地给我们支持。丢脸的时候，我们依然很难受，但我们可以善待自己，正是**因为**我们很难受："哇，太丢人了。很遗憾。不过没关系，这是常有的事。"

自尊需要我们感觉自己比别人好，而自我关怀只需要承认我们也有人类的不完美。也就是说，我们不需要觉得自己比别人更好，才能自我感觉良好。自我关怀比自尊更有利于情绪的稳定，因为它始终在我们身边——无论我们是春风得意，还是遭遇坎坷。无论我们身处顺境还是逆境，自我关怀都是我们可以依靠的好朋友，而且我们可以时刻把它带在身边。

对于自我关怀的常见疑虑

在西方文化中，自我关怀遇到了许多障碍，这些障碍往往源于人们对其意义与后果的误解（Robinson et al.，2016）。第 3 章中有一些研究可以消除这些误解，但值得在此考虑的是，我们对于自我关怀的常见担忧有哪些。

第一个常见的误解是，自我关怀是**自私**的。许多人认为，花费时间经历善待、关心自己，意味着他们必然会出于自我关注的目的而忽视所有的他人。但是，关怀真的是一场零和游戏吗？想想你在自我批评的痛苦中迷失的时候，你是在关注自己还是关注他人？你给别人的资源多了还是少了？大多数人会发现，当他们沉浸在自我评判中的时候，他们其实几乎没法去思考任何事情，除了他们那不够好、没价值的自我。

不幸的是，谦虚、自谦、关心他人的福祉往往伴随着不能善待自己的倾向。这一点在女性身上表现得尤为明显。研究发现，尽管女性往往更关心他人、更有同理心、更乐于助人，但她们的自我关怀水平却比男性略低（Yarnell et al.，2015）。考虑到社会总是要求女性无私地关心他们的伴侣、孩子、朋友和年迈的父母，却可能没人教她们关心自己，这种现象就不那么奇怪了。虽然女性主义革命有助于拓展女性角色的范畴，而且我们在商界和政界见到的女性领导人比以往更多，但女性应该无私照顾他人的观念并没有真正消失。只不过现在的女性除了要成为家里的终极养育者以外，还应该在事业上取得成功。

矛盾的是，善待自己实际上给了你善待他人的情绪资源，而对自己严苛只会成为你的阻碍。比如，研究表明，伴侣往往会认为自我关怀的人在关系中更贴心、更愿意付出（Neff & Beretvas，2013）。这是有道理的。如果我对自己很冷漠，依靠伴侣来满足我的所有情感需求，那么一旦这些需求没有得到满足，我就会表现得十分糟糕。但如果我能关心和支持自己，从而直接满足自己的许多需求，我就会有更多的情绪资源可以给予伴侣。

另一个有关自我关怀的常见误解是，自我关怀意味着为自己感到难过——那只是一种精心掩饰的自怜。其实，自我关怀正是治愈自怜，让我们不再抱怨运气的一剂良药。这并不是因为自我关怀会排除不好的东西。事实上，自我关怀能让我们更愿意接纳、体验并带着善意去承认那些困难的感受，这反而能帮助我们消解发生在我们身上的坏事，继续前行。自我关怀的人不太可能被自怜的想法所吞没，也不会始终想着事情有多糟糕（Raes，2010）。这似乎是自我关怀的人心理健康状况更好的原因之一。自怜强调的是以自我为中心的分离感，夸大了个人痛苦的程度，而自我关怀却允许我们把自己的痛苦与他人的痛苦联结起来。自我关怀软化了我们与他人之间的内在界限，而不是强化这种界限。此外，认识到共通人性有助于客观看待我们自己的境况。这并不意味着我们在否认自己的痛苦，而是当我们从更广的视角考虑问题时，我们会发现自己的问题可能没有我们想的那么糟糕。

有些人担心自我关怀是软弱或懦弱的，或者至少是被动的。这样的想法把关怀的感受与始终保持"友善"混淆了。然而，正如前面所提到的，阳性的自我关怀可能是有力的，会采取坚决而有力的立场来反对任何可能伤害自己的东西。自我关怀并非软弱，而是应对能力与抗逆力的重要来源。当我们经历重大的生活危机（如离婚、遭遇重大疾病或创伤）时，自我关怀就会极大地影响我们在逆境中生存甚至茁壮成长的能力（Brion，Leary & Drabkin，2014；Hiraoka et al.，2015；Sbarra，Smith & Mehl，2012）。在这种时候，决定我们能否成功渡过难关的因素，不仅仅是我们在生活中要面对什么，还包括我们在遇到困难时如何看待自己——把自己看作内在的盟友还是敌人。

另一个有关自我关怀的常见忧虑是，它会导致**自我放纵**。难道善待自我不正是意味着给自己想要的任何东西吗？（"我感到很难过。嗯……那桶巧克力冰激凌现在看起来格外诱人。"）我们必须记住，自我关怀有其自身的目标——缓解痛苦。然而，自我放纵则是以长期伤害为代价，给予自己短期的快乐。关心孩子的母亲不会让女儿不加节制地吃冰激凌，不会让她随意逃课，不是吗？那是放纵。相反，一位充满关怀的母亲会让孩子去做作业、吃蔬菜。自我关怀会避免自我放纵，因为那会伤害我们，而长期的健康和幸福往往需要延迟满足。

许多人怀疑自我关怀的价值，他们会问："难道我们不需要偶尔批评自己吗？"在这种情况下，人们往往混淆了严苛的自我评判与建设性的批评。自我关怀要求放下那些贬损自己的评判，如"我是个懒惰、无用的失败者"。然而，如果我们关心自己，我们就会建设性地指出如何把事情做得更好。然而，这种批评始终针对的是具体的行为，不涉及全面的自我评价。比如，自我关怀的内在声音可能会说："你已经六个月没去健身房了，你现在既疲惫又不健康。也许你该做些改变了。"这种反馈比"你是个懒虫！"更有建设性（肯定也会让我们更好受）。一般而言，传递信息的语气决定了批评是建设性的还是破坏性的。

许多人以为自我关怀只涉及自我接纳（阴），却不知道它也涉及采取行动（阳），因此他们担心自我关怀会削弱他们改善自己的**动力**。他们认为，如果没有达到自己的标准却不批评自己，就会自动地屈服于懒惰的失败主义。不幸的是，这是自我关怀的主要障碍。让我们想想关心孩子的父母会如何成功地激励孩子。如果你十来岁的儿子有一天带着不及格的英语成绩回家，你可能会面露厌恶的神色，对他嗤之以鼻："傻孩子，什么都干不好。我的脸都被你丢尽了。"（听起来挺可怕的，不是吗？如果我们没能达到自己的高期望，我们恰恰会这样对自己说话。）最有可能的是，这种羞辱非但不会激励你的儿子，反而会让他对自己失去信心，归咎于外界因素（考试不公平），最后完全放弃尝试。

或者，你可以用关怀的语气说道："哦，真糟糕，你肯定很难过。来，给我一个拥抱。我们每个人都会遇到这种情况，但是我们需要提高你的英语成绩，因为我知道你想进一所好大学。你需要我做些什么来帮你、支持你，这样你下次才能做得更好？我相信你。"请注意，你需要真诚地承认失败，同情孩子的难过，并且鼓励他克服或避开这种暂时的困难。在理想的情况下，这种关爱的回应会帮助他保持自信，并在情感上支持他。这样也会为他提供安全感，让他能够仔细地审视哪里出了问题（也许他应该多学习，少玩电子游戏），这样他才能从错误中吸取教训。

在思考健康的育儿方式时，我们似乎很容易看到这一点，但要把同样的逻辑用到我们自己身上，就不那么容易了。我们十分依赖自我批评，在某种程度上，我们认为痛苦是有益的。在一定程度上，自我批评的确能起到激励作用，因为我们会力图避免失败时的自我批评。但是，如果我们知道失败后会招致一连串的自我批评，有时甚至会不敢尝试。这就是为什么自我批评往往与缺乏成效和自我妨碍的策略（如拖延）联系在一起（Powers, Koestner & Zuroff, 2007）。当我们面对自己的缺点时，也会用自我批评来羞辱自己。然而，如果我们为了避免自我指责而不承认缺点，这种方法就会适得其反（Horney, 1950）。然而，有了自我关怀，我们努力的原因会完全不同——因为我们**关心**自己。可以说，**自我关怀背后的动力是爱，而自我批评背后的动力则是恐惧**。如果我们真的关心自己，就会做一些让我们快乐的事，比如接受有挑战性的新项目，或是学习新技能。由于自我关怀给了我们承认自身缺点所需的安全感，所以我们就更能改善自己。

通往幸福的道路

下一章所概述的研究表明，自我关怀是我们在生活中获得幸福与满足的一种有效方式。给予我们自己无条件的善意与支持，接纳我们人生中的不完美，有助于缓解痛苦的心理状态，如抑郁、焦虑和压力，同时培养积极的心态，例如幸福与乐观（Zessin et al., 2015）。即使在艰难时期，自我关怀的滋养也能让我们茁壮成长，欣赏生活的美好。与其试图控制生活和我们对生活的情绪反应，或者在事情不如意的时候变得愤怒和沮丧，我们可以选择一条不同的道路。我们可以用阴性自我关怀来安抚我们焦躁的心灵，并善用阳性自我关怀的力量，从而更好地应对挑战。

自我关怀为我们提供了一个避难所，让我们远离正面与负面自我评判的惊涛骇浪，这样最终我们就能停止发问："我和他们一样好吗？我足够好吗？"自我关怀的快乐不依赖于比别人都好，也不依赖于通过努力获取成功。自我关怀的快乐源于敞开心扉，面对生活的不完美，面对自我的不完美。

我们能为自己提供我们深切渴望的温暖、支持与照料。只要我们挖掘内心深处的善意之源，承认人生境遇的共同本质，面对当下的现实，我们就会感到更充实、更有活力。自我关怀的过程就像炼金术，可以把痛苦转化为快乐。正如我们的同事米歇尔·贝克所指出的那样，当我们敞开心扉拥抱自己的痛苦时，就会产生一种新的状态，一种"慈爱与联结的临在状态"，这正好对应了自我关怀的三个组成部分。尤其是自我关怀温柔的治愈力量与减轻痛苦的坚定承诺结合在一起时，我们就能在挑战与改变中茁壮成长。

本章要点

- 自我关怀就是转向内心的关怀，适用于任何痛苦的时刻，无论大小。
- 自我关怀有三个主要组成部分：①善待自我 vs. 自我评判；②共通人性 vs. 孤立；③静观 vs. 过度认同。
- 静观通常与慈爱的、对**体验**的觉知联系在一起。自我关怀则是对**体验者**的慈爱觉知。
- 自我关怀的"**阴**"就是以接纳的态度与自己在一起——安慰、安抚、认可我们的痛苦。自我关怀的"**阳**"指的是采取行动来减轻痛苦——在需要时保护、满足和激励自己。
- 自我关怀和自尊都是对待自己的积极方式，但自尊是一种基于成功的、有条件的自我价值评估，而自我关怀则是指即使在失败时，也要无条件地接纳自己。

- 关于自我关怀的常见误解可以从下面的角度来消除：
  - 自我关怀不是自私，也不是以自我为中心。它给了我们关心他人所需的情绪资源。
  - 自我关怀不是自怜。它让我们看到使我们与他人相互联结的体验，却不加以夸大。
  - 自我关怀不是软弱，反而可能是有力的自我保护和自我支持。在有挑战性的情况下，自我关怀是力量与抗逆力的来源。
  - 自我关怀不是自我放纵。因为自我关怀的最终目标是减轻痛苦，所以它会让人选择长期的幸福而不是短期的快乐。
  - 自我关怀包括建设性的批评和洞察，而不是严苛的、贬损的自我评判。
  - 自我关怀会增强而不会削弱动力。与自我批评不同，自我关怀用关爱、支持和鼓励来激励我们，而不用恐惧与羞愧。

Teaching
the Mindful Self-Compassion
Program

第 3 章

自我关怀的科学

> 在我们生活的这个时代,科学正在验证人类自古以来所知的一切:关怀不是一种奢侈,它对我们的幸福、抗逆力与生存来说,都是必需的。
>
> ——琼·哈利法克斯(Joan Halifax,2012b)

在我们这个日益世俗化、多元化的世界里,科学研究是理解我们的生活、区分事实与幻想的重要方式。研究也给了我们尝试新鲜事物的信心,比如走上充满挑战的自我关怀之路。自我关怀的研究正在呈指数级增长(见图 3-1),其增长势头与静观的研究相似,静观和自我关怀现在正在融入现代社会的各个方面。本章回顾了关于自我关怀的现有研究,并描述了研究中的共性。

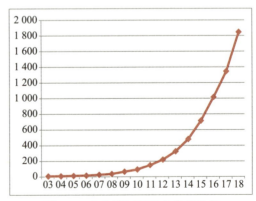

图 3-1 自我关怀的研究发表数量
(2003～2017)

注:N=1840,基于谷歌学术中对标题中带有"自我关怀"的条目的搜索结果。

自我关怀的研究方法

到目前为止，多数自我关怀的研究都采用了"自我关怀量表"（Neff, 2003a），该量表是一个由 26 道题组成的自陈式量表，旨在测量内夫所界定的自我关怀（2003b）。研究也常常采用 12 道题的简版"自我关怀量表"（SCS-SF），因为它与完整版的相关性近乎完美（Raes, Pommier, Neff & Van Gucht, 2011）。"自我关怀量表"是一种直接的评估方式，可以用来衡量人们产生各种想法、情绪和行为的频率，这些想法、情绪和行为对应了自我关怀的不同维度。"自我关怀量表"的目的是测量自我关怀的整体结构，该量表的六个分量表则可以单独用于测量自我关怀的各个方面，这些方面与困境中积极自我回应的增加、消极自我回应的减少有关。分量表的题目包括：善待自我（"当我感到痛苦时，我会试着去爱自己"）、自我评判（"我对自己的缺点和不足持否定和批判的态度"）、共通人性（"当事情不顺利时，我会把困难看作每个人都要经历的、生活中的一部分"）、孤立（"当我想到自己的不足之处时，我往往会感到更加孤独、与世隔绝"）、静观（"当我情绪低落时，我会试着以好奇和开放的态度去面对我的感受"）、过度认同（"当有事让我心烦时，我的情绪会变得过于强烈"）（也见第 2 章）。负面的题目是反向计分的，所以较高的得分代表缺乏关怀的自我回应相对较少。

"自我关怀量表"的内部一致性很高（Neff, 2003a），并且涉及了他人可以轻易观察到的行为。比如，自我关怀的自评分数，与长期关系中伴侣所做出的评估是高度相关的（相关系数为 0.70）（Neff & Beretvas, 2013）。个人在 https://self-compassion.org 上做一做"自我关怀量表"，获得系统自动计算的分数。这是一种跟踪自我关怀技能学习进展的有效方法，在心理治疗、静观与关怀训练或是我们的生活中，都可以使用。

有些研究者建议，"自我关怀量表"应该分别衡量关怀与缺乏关怀的自我回应，同时采用积极与消极的自我关怀得分，而不应只计算一个自我关怀总分（例如 Costa, Marôco, Pinto-Gouveia, Ferreira & Castilho, 2015; Gilbert, McEwan, Matos & Rivis, 2011; Muris, 2015）。然而，是否支持对"自我关怀量表"做双因素处理，研究者却莫衷一是（例如 Cleare, Gumley,

Cleare & O'Connor，2018；Neff，Whittaker & Karl，2017）。内夫、托特 – 基拉伊（Tóth-Király）、亚内尔（Yarnell）及同事（2018）提出，由于"自我关怀量表"的六个组成部分被视为一个动态的系统，所以在考察该量表时，将双因素的方法与探索性结构方程模型（ESEM）相结合，在理论上是最合适的方法。在一项大型的国际合作研究中，他们在 20 个不同的样本中（N=11 685）使用了双因素探索性结构方程模型，考察了"自我关怀量表"的因子结构。在每个样本中，研究者都发现了支持使用六个分量表得分或支持使用总分的证据，但没有发现支持分别使用积极、消极自我回应分数的证据。除此之外，有 95% 的可靠变异可归因于一个一般因素。

绝大多数考察自我关怀变化的干预研究都发现，被试在"自我关怀量表"的三个积极分量表的分数都有上升，并且在三个消极分量表上的分数都有下降，升降的幅度大致相同。这种现象支持了这个观点：自我关怀应该被视为由六个相互作用的元素所组成的系统。考察各种干预方法的研究都发现了这种分数变化的趋势，比如自我关怀冥想训练（Albertson，Neff & Dill-Shackleford，2015；Toole & Craighead，2016；Wallmark, Safarzadeh, Daukantaite & Maddux, 2012）、线上心理教育（Finlay-Jones, Kane & Rees, 2017；Krieger, Martig, van den Brink & Berger, 2016）、关怀聚焦疗法（Beaumont, Irons, Rayner & Dagnall, 2016；Kelly & Carter, 2015；Kelly, Wisniewski, Martin-Wagar & Hoffman, 2017）以及静观自我关怀训练（Finlay-Jones, Xie, Huang, Ma & Guo, 2018；Neff, 2016a）等方面的研究。基于静观的干预也提高了"自我关怀量表"的积极分量表的得分，并且降低了消极分量表的得分（Birnie, Speca & Carlson, 2010；Greeson, Juberg, Maytan, James & Rogers, 2014；Raab, Sogge, Parker & Flament, 2015；Whitesman & Mash, 2016）。自我关怀的六个组成部分同时发生改变，这说明自我关怀是以整体形式运作的。

值得注意的是，还有一些测量自我关怀的方法，也被研究者所采用。例如，吉尔伯特、克拉克、亨普尔、迈尔斯与艾恩斯（Gilbert, Clarke, Hempel, Miles & Irons, 2004）制作了"自我批评与自我安慰量表"（Forms of Self-Criticism and Self-Reassuring Scale），用于测量这两种对待自己的方式。

近年来，吉尔伯特与同事（Gilbert et al., 2017）开发了"关怀投入与行动量表"（Compassion Engagement and Action Scales），该量表采用了广泛使用的关怀定义，即对痛苦的敏感性，以及减轻痛苦的决心（Goetz, Keltner & Simon-Thomas, 2010）。"关怀投入与行动量表"包含了一个自我关怀的分量表，其中涉及沉浸于痛苦情绪中的题目（例如忍受痛苦与对痛苦的敏感性）和减轻这种痛苦的动机（例如思考并采取减轻痛苦的行动）。值得关注的是，"关怀投入与行动量表"并没有将温暖、善意、关心或共通人性作为关怀的特征，所以该量表所代表的自我关怀与内夫（2003b）所提出的概念有很大的不同。

越来越多的研究人员放弃了自我报告的方式，选用其他实证方法来考察自我关怀对幸福感的影响。这些方法包括通过写作实验来诱导自我关怀的心理状态（例如 Breines & Chen, 2012）、观察书面或口头对话中的自我关怀程度（例如 Sbarra et al., 2012），以及短期与长期的自我关怀干预（例如 Neff & Germer, 2013；Smeets, Neff, Alberts & Peters, 2014）。无论是采用"自我关怀量表"还是其他方法来考察自我关怀，各项研究都得出了一致的结论，为自我关怀研究的整体领域带来了更多的信心（Neff et al., 2017）。

举例来说，"自我关怀量表"的得分越高，个人的幸福感、乐观程度、生活满意度、对自身的欣赏程度、对自己能力的评价以及动机水平就越高（Hollis-Walker & Colosimo, 2011；Neff, Hsieh & Dejitterat, 2005；Neff, Pisitsungkagarn & Hsieh, 2008；Neff, Rude & Kirkpatrick, 2007），而抑郁、焦虑、压力、反刍式思维、自我批评、完美主义、身体羞耻感以及对失败的恐惧就越少（Breines, Toole, Tu & Chen, 2014；Finlay-Jones, Rees & Kane, 2015；Neff, 2003a；Neff et al., 2005；Raes, 2010），并且在压力下的生理反应也更为健康（Breines, Thoma, et al., 2014；Friis, Johnson, Cutfield & Consedine, 2016）。行为干预或情绪操控等提高自我关怀的实验方法也得到了相同的结果（Albertson et al., 2015；Arch et al., 2014；Breines & Chen, 2012；Diedrich, Grant, Hofmann, Hiller & Berking, 2014；Johnson & O'Brien, 2013；Leary, Tate, Adams, Allen & Hancock, 2007；Mosewich, Crocker, Kowalski & DeLongis, 2013；Neff & Germer, 2013；Odou & Brinker, 2014；Shapira & Mongrain, 2010；Smeets et al., 2014）。

自我关怀与情绪幸福感

大量的实证研究支持自我关怀与幸福感之间存在关联（MacBeth & Gumley, 2012; Neff, Long, et al., 2018; Zessin et al., 2015）。其中最为一致的发现是，自我关怀越多，抑郁、焦虑和压力就越少。事实上，有一项针对20项研究的元分析（MacBeth & Gumley, 2012）探讨了自我关怀与心理病理症状之间的关系，并发现了很大的效应量。虽然大多数探讨自我关怀与心理病理症状之间关联的研究都以成年人为对象，但有一项元分析支持青少年的自我关怀与心理困扰之间同样存在这种负相关，并且也具有很大的效应量（Marsh, Chan & MacBeth, 2018）。当然，自我关怀的一个关键特征就是不自我批评，而众所周知，自我批评是焦虑与抑郁的一个重要预测因素（Blatt, 1995）。然而，当研究控制了自我批评与消极情绪的因素时，自我关怀依然能保护个体，使其免受焦虑和抑郁困扰（Neff, 2003a; Neff, Kirkpatrick & Rude, 2007）。除此之外，在控制了神经质水平的情况下，自我关怀能够预测幸福感（Neff, Tóth-Király & Colisomo, 2018; Stutts, Leary, Zeveney & Hufnagle, 2018）。

已有多项研究考察了自我关怀对心理病理症状的预防作用。例如，研究发现，诱导出的自我关怀心境可以减少学生在演讲之前的预期性焦虑（Harwood & Kocovski, 2017）。斯塔茨与同事（Stutts et al., 2018）的研究发现，被试在基线水平的自我关怀能够预测其未来6个月后具有较低水平的抑郁、焦虑和消极情绪，并且减少了压力的影响，从而使压力不再与消极的后果紧密相关。同样地，研究发现，在抑郁症患者的样本中，自我关怀可以保护患者免受走神⊖（mind wandering）的负面影响（Greenberg, et al., 2016）。重要的是，在没有临床病症的人群中，自我关怀与较少的自杀意向和非自杀的自伤相关（Chang et al., 2016; Jiang et al., 2016; Kelliher Rabon, Sirois & Hirsch, 2018; Xavier, Gouveia & Cunha, 2016）。

尽管自我关怀可以减少消极思维（Arimitsu & Hofmann, 2015），但它不

⊖ 走神，也见文献译作心智游移，是指个体在清醒状态下自发产生的一种意识状态，此时内源性心理表征在没有外显目标引导的情况下被个体意识到，而个体对这个过程缺乏控制（宋晓兰，王晓，唐孝威，2011）。——译者注

仅仅是让人看到事物的光明面、避免痛苦情绪这么简单（Krieger, Altenstein, Baettig, Doerig & Holtforth, 2013）。自我关怀的人能意识到自己的痛苦，还能在这些时刻善待自己，看到自己与其他人的联结。举例来说，有一项研究考察了自我关怀的人处理负面生活事件的方式，该研究要求被试报告其 20 天内所遭遇的问题（Leary et al., 2007）。自我关怀程度高的人对自己的问题有着更全面的看法，也不太容易因为困境而感到孤独。在他们想到自己的问题时，体验到的焦虑与局促不安的感觉也更少。同样地，自我关怀的人在写到自己的缺点时，也会使用与他人关联更强的词语，较少使用第一人称单数代词，如"我"，而更多地使用第一人称复数代词，如"我们"，并且还会更多地以朋友、家人和其他人为参照（Neff, Kirkpatrick & Rude, 2007）。

自我关怀与较高的情商相关（Heffernan, Griffin, McNulty & Fitzpatrick, 2010；Neff, 2003a；Neff, Long, et al., 2018），这说明自我关怀是一种处理困难情绪的更明智的方法。比如，比起那些自我关怀程度较低的人，自我关怀的人更不容易沉湎于消极的想法和情绪（Fresnics & Borders, 2017；Odou & Brinker, 2015；Raes, 2010），也就是说，他们不会陷入消极思维的泥潭。他们有更好的情绪应对技能，包括从消极的心境中恢复的能力（Diedrich, Burger, Kirchner & Berking, 2017；Neely, Schallert, Mohammed, Roberts & Chen, 2009；Neff et al., 2005；Sirois, Molnar & Hirsch, 2015）。

自我关怀似乎也能帮助人们处理羞愧情绪。有一项研究要求被试回忆他们过去为自己感到羞愧的一件事，然后要求他们带着自我关怀写下这件事（Johnson & O'Brien, 2013）。比如，研究者会要求他们"写一段话来表达对自己的理解、善意和关心，就像你对有过这种经历的朋友表达关心一样"。那些带着自我关怀写作的人（与表达性写作的对照组相比）所报告出的羞愧等消极情绪显著减少了。自我关怀的人在按照要求完成一项困难的任务（尽可能快地计算某个四位数减去 17 的结果）后，在接受社会评价时更不容易对自己的表现感到羞愧（Ewert, Gaube & Geisler, 2018）。同样地，与对照组相比，那些学过用自我关怀的方式来面对令人羞愧的育儿事件的父母，所体验到的内疚与羞愧更少（Sirois, Bogels & Emerson, 2018）。在近期自杀未遂的非裔美籍被试中，自我关怀在羞愧与抑郁之间起到了缓冲作用（Zhang et al., 2018）。

除了减少消极心态之外，自我关怀似乎还能促进积极心态。比如，较高水平的自我关怀与较多的心理幸福感、生活满意度、希望、快乐、乐观、感恩、好奇、活力以及其他积极情绪有关（Breen, Kashdan, Lenser & Fincham, 2010; Gunnell, Mosewich, McEwen, Eklund & Crocker, 2017; Hollis-Walker & Colosimo, 2011; Hope, Koestner & Milyavskaya, 2014; Neff, Long, et al., 2018; Neff, Rude, & Kirkpatrick, 2007; Umphrey & Sherblom, 2014; Yang, Zhang & Kou, 2016）。自我关怀也与更加真诚的感觉相关（Zhang et al., 2019）。自我关怀与更强的自主性、胜任力以及与他人的关联感有关（Neff, 2003a; Gunnell et al., 2017），说明这种支持性的自我立场有助于满足德西和瑞安（Deci & Ryan, 1995）所提出的这些基本心理需求，他们认为这些需求是幸福的基础。一项纵向研究考察了连续5天给自己写一封自我关怀的信的影响，结果发现，这项活动不仅在3个月内降低了抑郁水平，而且在6个月内提高了幸福感（Shapira & Mongrain, 2010）。这就是自我关怀的美好之处：将我们的痛苦拥入自我关怀的温暖怀抱，便可以产生充满关爱、关联的临在感，从而改善我们的消极情绪。

自我关怀 vs. 自尊

研究表明，虽然自我关怀对心理健康的好处与自尊相似，但它没有与自尊相同的缺陷。例如，荷兰的一项大型社区调查发现（Neff & Vonk, 2009），与自尊特质相比，"自我关怀量表"的较高得分与自我价值感有着更加稳定的关系，这种效应的持续时间超过了8个月（其间测量了12次）。这种现象可能与自我关怀的特点有关：与自尊相比，自我关怀不那么依赖于外貌、成功等个人特质。研究结果表明，与自尊相比，自我关怀与较少的社会攀比、公开场合的自我暴露、自我反刍、愤怒以及封闭心态有关。此外，自尊还与自恋密切相关，而自我关怀则与自恋无关。这些发现表明，与自尊水平高的人相比，自我关怀的人不太注重自我评价、比他人更优越的感觉，不太关注捍卫自己的观点，也较少对那些与自己意见相左的人产生愤怒的反应。

自我关怀似乎比自尊更有助于提高个体应对压力的能力。一项研究要求被试连续14天、每天两次用智能手机报告他们的压力水平和情绪（Krieger, Hermann, Zimmermann & Holtforth, 2015），研究发现，在压力情境中，自我关怀的总体水平能预测较少的消极情绪，而整体自尊水平却不能。自我关怀也可以减少低自尊对幸福感的影响。比如，一项针对青少年的纵向研究发现，与那些自我关怀程度较低的九年级学生相比，低自尊但自我关怀程度较高的学生在一年后的心理更健康（Marshall et al., 2015）。

利里及其同事（Leary et al., 2007）开展了一项研究，在接受反馈方面对自我关怀与自尊进行了比较。在研究中，研究者要求被试制作一段录像来介绍和描述自己，然后告知被试，有人会看他们的录像，并就他们的热情、友好、聪明、可爱与成熟的程度给予反馈（反馈是由一位研究者的同事给出的）。其中一半的被试得到了积极的反馈，另一半则得到了中性的反馈。无论反馈是积极的还是中性的，自我关怀的人都表现得相对淡定，愿意承认这些反馈是根据自己的性格做出的。然而，自尊水平高的人在得到中性的反馈时，往往会感到不高兴（"什么，我只是个普通人？"）。他们更有可能否认中性的反馈是基于自己的个性而做出的，将其归因于观察者的情绪等因素。这表明，无论从别人那里得到多少赞扬，自我关怀的人都能更好地接纳自己本来的样子。而自尊只有在人们得到良好的评价时才会增加，在有可能面对有关自己的、不愉快的事实时，自尊可能会导致人们采取逃避策略（Swann, 1996）。

自我关怀与静观的比较

自我关怀和静观与幸福感是否有着不同的关系，一些研究人员对此很感兴趣。尽管自我关怀包括静观与自我相关的负面想法，但还增加了善待自我与共通人性的成分，这两个因素可能会对心理健康做出额外的贡献。例如，如果我们在中、重度焦虑/抑郁患者身上考察静观、自我关怀与幸福感的关系，我们会发现，自我关怀比单一的静观更能解释焦虑、担忧、抑郁和生活质量方面的差异（Van Dam, Sheppard, Forsyth & Earleywine, 2011）。同样地，在大学生群体中，自我关怀对于抑郁、焦虑、幸福、积极和消极情绪以及生活满意度的预测作用似乎比静观更强（Woodruff et al.，2014）。研究者还发现，对于现在或曾经患有抑郁症的人来说，针对悲伤情绪诱导自我关怀的反应，比静观接纳的策略更能有效地减少抑郁情绪（Ehret，Joormann & Berking，2018）。

有趣的是，自我关怀能反向预测羞愧倾向，而静观则不能（Woods & Proeve，2014），这说明为了防止与自我相关的负面想法变成羞愧，我们需要善意与关联感。此外，在精神病患者与HIV病毒感染者身上，静观与自我关怀似乎在自我耻辱感与幸福感之间的关系中起到了不同的作用（Yang & Mak，2016）。静观主要在精神病患者自我耻辱感的自动化思维与幸福感之间的关联中起调节作用⊖，而自我关怀则主要在HIV感染者耻辱的身份认同与幸福感之间的关联中起调节作用。

一些研究人员比较了静观与自我关怀在与冥想结合时对幸福感的提升作用。尽管静观与自我关怀的提升都有助于解释冥想与幸福感之间的关联（Campos et al.，2016），但自我关怀比静观更能够预测冥想者的心理健康，即使在冥想经验的因素得到控制的情况下也是如此（Baer，Lykins & Peters，2012）。有一项研究考察了参加5天冥想静修的青少年（Galla，2016），该研究发现，在感知压力、反刍式思维、抑郁症状、生活满意度、积极和消极情绪方面，自我关怀水平的提升比静观水平的提升更能预测幸福感。研究人员还发现，在冥想之前给予被试简短的指导语，让他们对自己心怀温暖与关怀，能使他们更愿意继续练习冥想（Rowe，Shepstone，Carnelley，Cavanagh & Millings，2016）。

自我关怀与动机

尽管有些人担心自我关怀会导致自满，但有充足的实证证据表明，自我关

⊖ 调节作用考察的是变量A对变量B的影响，是否会受到调节变量C的干扰。如果会，就说明存在调节作用。——译者注

怀会增强动机，而不会削弱动机。比如，尽管自我关怀与完美主义之间呈现负相关，但它与个人对自己表现水平的标准无关（Neff，2003a）。自我关怀的人也会把目标定得很高，但他们也能认识到并接纳自己并不能总是达到目标。研究已经证明，短程自我关怀训练可以提高个人的主动性，即充分发挥自己潜力的愿望（Dundas，Binder，Hansen & Stige，2017）。研究发现，与缺乏自我关怀的人相比，自我关怀的人更少产生动机性焦虑，也更少做出诸如拖延等自我妨碍的行为（Sirois，2014；Williams，Stark & Foster，2008）。他们较少受到所谓的"冒名顶替现象"（imposter phenomenon）的折磨，这种现象会抑制学术领域的成就动机（Patzak，Kollmayer & Schober，2017）。自我关怀水平较高的人也更有可能在求职遇到困难时保持积极的心态（Kreemers，van Hooft & van Vianen，2018）。此外，内夫及其同事（Neff et al.，2005）还发现，自我关怀与掌握目标（学习与成长的内在动机）呈正相关，与表现目标（提高自我形象的愿望；Dweck，1986）呈负相关。因此，自我关怀的人满怀取得成就的动机，但这是出于内在的原因，而不是因为他们想获得社会的认可。一项纵向研究探讨了入学前大一新生的自我关怀如何影响他们在第一学年目标受挫时的反应（Hope et al.，2014）。研究发现，在没有实现目标的时候，自我关怀的水平越高，消极情绪越少。该研究还发现，比起成功地达成目标，自我关怀的学生更关心他们的目标是否对个人有意义。因此，自我关怀似乎有助于个人以明智的方式实现目标，而不那么执着于结果。

自我关怀的人对失败的恐惧更少（Neff et al.，2005），如果他们真的失败了，他们更有可能继续尝试（Neff et al.，2009）。因此，自我关怀可以让人们从失败中学习，而不是被失败击垮。例如，有些研究者开展了一系列研究，来探讨自我关怀如何影响人们对过去后悔的行为的看法（Zhang & Chen，2016）。其中一项研究对博客上的文字所表现出来的自我关怀水平进行了编码。根据研究者的评定，在描述自身经历时自我关怀水平更高的人，也表现出了更多的个人进步。第二项研究发现，更高水平的自我关怀特质，能够预测个人从回忆遗憾经历中得到更多的进步，无论这种进步是由个人自我报告的还是由观察者评定的，都是如此。第三项研究帮助被试以关怀和理解的角度来看待回忆中的遗憾经历，结果表明这些被试所报告的个人进步比另外两个对照组（"认可你的积极品质"或"想想你喜欢的业余爱好")的被试更多。总而言之,这些结果表明,**在面对遗憾时,自我关怀能够促进积极的成长**。

另一项研究考察了自我关怀如何影响在失败后学习经验教训的动机(Breines & Chen, 2012)。研究中的学生参加了一项难度很高的词汇测试,他们的成绩都很差。研究者让其中一组学生对自己的失败持自我关怀的态度,对第二组学生的自尊给予鼓励(例如,"你要是能考上这所大学,你肯定很聪明"),而对第三组学生则不给予任何指导。接下来,研究者告诉这些学生,他们之后会接受第二次词汇测试,并且会得到一张单词与释义清单,在测试前想用多长时间学习都可以。研究者用学习时间来衡量提高成绩的动机。第一次考试失败后,被要求自我关怀的学生比另外两组学生的学习时间更长,而学习时间与被试在测试中的实际成绩相关。这些结果表明,当我们失败或犯错误时,善待自我可以为我们提供必要的情感支持,让我们尽最大努力、越挫越勇。这也说明**自我关怀有助于培养面对失败时的坚毅与抗逆力**,而研究者逐渐认识到这些品质正是人生成功的关键(Duckworth, 2016)。

研究表明,自我关怀也能增强运动领域内的动机。研究发现,自我关怀的人更热衷于锻炼,他们的锻炼目标更多与健康有关,而不是与自我的担忧有关,例如要比别人更好(Magnus, Kowalski & McHugh, 2010;Mosewich, Kowalski, Sabiston, Sedgwick & Tracy, 2011)。研究还发现,在运动中遇到情绪困难时,自我关怀的运动员会产生更多建设性的反应(例如积极的、坚持不懈的、负责任的反应)与较少的适应不良的反应(例如反刍式思维、被动、自我批评的反应)(Ferguson, Kowalski, Mack & Sabiston, 2015)。此外,莫斯维奇及其同事(Mosewich et al., 2013)发现,为期一周的自我关怀训练能有效帮助运动员以更有效的方式(减少自我批评、反刍式思维以及对错误的担忧)应对运动中的挫折。

尽管有些人可能担心自我关怀意味着为自己开脱,但研究表明,**自我关怀也能增强我们为自己的行为承担责任的动机**。例如,在一项研究中,研究者要求被试回忆最近让他们感到内疚的一个行为(如考试作弊、对爱人说谎,或说了一些很糟糕的话),而且在想起这件事时,仍然感觉自己很糟糕(Breines & Chen, 2012)。研究人员发现,学着对近期的过失保持自我关怀的被试,比两个对照组的被试更有动力为自己所造成的伤害道歉,也更有决心不再重复这样的行为。一项类似的研究调查了在中美两国文化中,学生的自我关怀与对自己道德过失的接受度之间的联系(Wang, Chen, Poon, Teng & Jin, 2017)。结果表明,在这两种文化中,自我关怀的增加与在游戏任务中对偷窃、剽窃或其他自私行为的接受度降低有关。因此,虽然自我关怀增加了对自我的接纳,但不会导致我们接受不良的行为。

只有一组研究发现了不同于这种模式的例外情况(Baker & McNulty, 2011)。研究者对性别、责任心、自我关怀以及在浪漫关系中解决人际问题的倾向(例如,找到问题的解决之道)之间的关联很感兴趣。自我关怀、有责任心的男性更愿意修复关系,而自我关怀、缺乏责任心的男性则不太愿意。这说明,这些人以自我关怀为借口,不去做正确的事。值得注意的是,自我关怀的人通常更有责任心。因此,考虑到在这个特殊群体中(高自我关怀、低责任心的男性)的特别发现,在做出推论时应保持谨慎。尽管如此,这个结果依然是一个有用的提醒:如果一个人的动机不纯,任何事物都可能被滥用。

自我关怀与健康

人们普遍担心自我关怀会导致自我放纵,但研究表明,自我关怀会促进与健康有关的行为(Biber & Ellis, 2017; Homan & Sirois, 2017)。例如,研究表明自我关怀是健康衰老的一个重要特征(Allen & Leary, 2014; Brown, Huffman, Bryant, 2018),自我关怀的老年人更愿意在需要的时候求医(Terry & Leary, 2011)或使用助行器等辅助设备(Allen, Goldwasser & Leary, 2012)。在一组的三项研究中,研究者发现,自我关怀的人比缺乏自我关怀的人更有动力去维持健康,因为健康问题而求医(Terry, Leary, Mehta & Henderson, 2013)。此外,他们还发现,主动善待自我与充满善意的自我对话在自我关怀与主动的健康行为之间起到了调节作用。自我关怀与更强的对健康的自我效能感(如相信自己能采取重要的行动来照顾自己的健康)相关,也与实际的健康行为有关,诸如均衡饮食、规律运动、充足睡眠(Sirois & Hirsch,

2019；Sirois，Kitner & Hirsch，2015）。自我关怀与乳糜泻患者更强的饮食依从性相关（Dowd & Jung，2017），也与糖尿病患者更好的自我照料相关（Ferrari，Dal Cin & Steele，2017）。事实上，一项针对艾滋病患者的大型国际性研究发现，那些自我关怀程度较高的人不太可能从事危险的行为，如无保护措施的性行为（Rose et al.，2014）。

自我关怀似乎也能帮助人们戒烟或减少吸烟。接受了为期三周的关怀聚焦治疗并被教导要对戒烟的困难持有关怀态度的人，比那些在训练中被要求反思并监控自己吸烟行为的人戒烟力度更大（Kelly，Zuroff，Foa & Gilbert，2009）。自我关怀的干预对于那些高度自我批评或抗拒改变的人尤其有效。另一项研究表明，自我关怀的人不太容易对巧克力上瘾（Diac，Constantinescu，Sefter，Rașia，& Târgoveçu，2017），更高的自我关怀程度有助于酒精依赖者减少饮酒（Brooks，Kay-Lambkin，Bowman & Childs，2012）。

自我关怀、压力与应对

研究已经证明，自我关怀是应对困难与压力情绪体验的有效方法（Allen & Leary，2010）。比如，自我关怀似乎是帮助人们适应离婚后生活的关键。研究者要求离异的成年人记录自己4分钟内意识中流动的、有关离婚经历的想法，并由独立的评判者来评判他们内心对话的自我关怀程度。研究证明，那些在谈到离婚时表现出更多自我关怀的人，表现出了更好的心理调节水平，不仅在离婚时如此，而且在9个月后依然如此（Sbarra et al.，2012）。研究发现，自我关怀也有助于适应大学生活：在面对学业压力和社交困难时，自我关怀程度较高的本科生所体验到的心理压力更少（Kyeong，2013），并且在第一个学期内，他们的想家情绪也更少（Terry，Leary & Metta，2013）。一项纵向研究（Gunnell et al.，2017）发现，大学新生自我关怀水平的变化与幸福感的变化相关，其中部分原因在于自我关怀与更大的心理需求的满足相关。

研究表明，自我关怀也是成功应对各种健康挑战的有力工具。例如，自我关怀的人在日常生活中更能够保持情绪的平衡，更好地应对日常生活，慢性病给他们带来的主观疼痛感也更少（Costa & Pinto-Gouveia, 2011; Wren et al., 2012）。同样地，对于 HIV 病毒感染者（Brion et al., 2014）与癌症患者（Gillanders, Sinclair, MacLean & Jardine, 2015）来说，自我关怀与更好的适应水平相关，包括更少的压力、焦虑和羞愧。事实上，有研究表明，自我关怀有助于女性面对乳腺癌的治疗，包括减轻心理压力，更好地适应与癌症相关的身体变化（Przezdziecki et al., 2013）。自我关怀也与脊柱裂（Hayter & Dorstyn, 2013）与多发性硬化症（Nery-Hurwit, Yun & Ebbeck, 2017）成年患者的抗逆力相关。与之相似，在面对有关不育的压力时，自我关怀似乎能起到减缓的作用（Galhardo, Cunha, Pinto-Gouveia & Matos, 2013）。西罗伊斯、莫尔纳与赫希（Sirois, Molnar & Hirsch, 2015）发现，自我关怀程度更高的慢性病患者所体验到的压力更小，因为他们有更多的适应性的应对方式（如积极重构或接纳现实），并且少有适应不良的应对方式（如放弃或自责）。研究也证明，自我关怀能帮助面对外阴疼痛问题的夫妻在心理、性与关系方面做出调整（Santerre-Baillargeon et al., 2018）。

自我关怀似乎是经历创伤后应激的人的一个重要保护因素（Beaumont, Galpin & Jenkins, 2012; Thompson & Waltz, 2008），也许这不足为奇。比如，研究人员在对从伊拉克或阿富汗回到美国的退伍军人的心理健康功能进行检查时发现，自我关怀程度更高的退伍军人在日常生活中的各项功能更为良好，包括较少的创伤后应激障碍（PTSD）症状，即接触战争的后遗症（Dahm et al., 2015）。事实上，研究发现，低水平的自我关怀比经历高强度的战争本身更能预测 PTSD 症状的发展（Hiraoka et al., 2015）。令人欣慰的是，研究发现，为期 12 周的慈爱训练课程能够减轻退伍军人的抑郁和 PTSD 症状，训练课程中提升的自我关怀水平有助于解释这些改善（Kearney et al., 2013）。在一场严重的森林大火摧毁了部分社区之后，一项研究调查了其中的青少年的心理健康，该研究发现，自我关怀更多的青少年在 6 个月后的 PTSD、焦虑、抑郁症状及自杀倾向都更少（Zeller, Yuval, Nitzan-Assayag & Bernstein, 2015）。最后值得一提的是，自我关怀似乎能通过情绪调控技能的作用机制，来减少经历过严重且反复的人际创伤的女性的 PTSD 症状（Scoglio et al., 2018）。总而言之，这些研究证明了**自我关怀是帮助一个人应对生活中最艰难挑战的力量**。

自我关怀、身体意象与进食障碍

通过对文献的系统性综述，研究者发现，有证据表明自我关怀与更积极的身体意象以及进食障碍症状的减少有关（Braun et al.，2016）。研究发现，高水平的自我关怀与较少对身体感到不满、羞耻以及较少对身体意象感到担忧相关（Daye, Webb & Jafari, 2014；Ferreira, Pinto-Gouveia & Duarte, 2013；Mosewich et al., 2011；Przezdziecki et al., 2013；Wasylkiw, MacKinnon, & MacLellan, 2012；Webb, Fiery, & Jafari, 2016）。自我关怀似乎还与外貌的社会比较（即通过与他人比较外貌来评估社交吸引力的倾向）呈负相关（Duarte, Ferreira, Trindade & Pinto-Gouveia, 2015；Homan & Tylka, 2015）。除此之外，对于外表方面的担忧，自我关怀似乎是一种比自尊更具有适应性的反应。莫菲特、诺伊曼与威廉姆森（Moffitt, Neumann & Williamson, 2018）发现，与提升自尊的情况相比，在身体意象受到威胁后加强自我关怀能够减少对身体的不满，增加自我完善的动机。除了减少对于自己身体的不满以外，自我关怀似乎还能增进女性欣赏自己身体的能力（Homan & Tylka, 2015；Marta-Simões, Ferreira & Mendes, 2016；Pisitsungkagarn, Taephant & Attasaranya, 2013；Wasylkiw et al., 2012）。这里的"对身体的欣赏"（body appreciation）是指，无论自己的体重、身材如何，身体有哪些不完美之处，女性依然能喜爱、接纳并尊重自己身体的程度，这是一种积极的心理力量，与乐观主义及生活满意度相关（Avalos, Tylka & Wood-Barcalow, 2005）。带着关怀之心接纳不完美的身体，一个人就更能够感恩身体的馈赠。

我们似乎可以通过教育来帮助人们对自己的身体怀有更多的自我关怀。例如，研究发现，短程自我关怀写作干预可以帮助乳腺癌幸存者对与痛苦身体意象相关的记忆保持更加自我关怀的态度，从而减少消极的情绪体验（Przezdziecki & Sherman, 2016）。研究发现，为期3周的自我关怀冥想训练可以帮助不同年龄段的女性提高她们对身体的满意度（Albertson et al., 2015）。研究表明，与等待对照组相比，干预组的被试对身体的不满和羞愧等有了显著下降，依赖外貌的自我价值也显著减少了，同时对身体的欣赏也显著增加了。在干预的3个月后，再对被试进行评估时发现，所有这些改善都得到了维持。一项研究考察了自我关怀冥想对于身体意象的影响（所用的方法与Albertson et al., 2015 中的相同），该研究发现，与等待对照组相比，为期仅 1 周的训练就提高了被试对身体的欣赏，并减少了依赖外貌的自我价值感以及对身体的监控（Toole & Craighead, 2016）。有一款旨在帮助青少年对自己的身体产生自我关怀的手机 App，名为 BodiMojo。研究发现，这款 App 能增加与外貌相关的自尊（Rodgers et al., 2018）。

自我关怀也能对与进食相关的病理现象起到缓冲作用。研究发现，自我关怀不但与临床进食障碍的女性患者的症状缓解相关（Ferreira et al., 2013），还与暴食现象的缓解相关（Webb & Forman, 2013）。一系列纵向研究（Kelly & Carter, 2014, Kelly, Carter, & Borairi, 2014, Kelly, Carter, Zuroff & Borairi, 2013）发现，在进食障碍治疗早期提高自我关怀，能够预测后来进食障碍症状的减少。为了考察大学生自我关怀与进食障碍之间的关联，研究者设计了一项日记练习，该研究发现，当被试对自己的外貌表现出较高水平的自我关怀时，他们的进食障碍行为就会减少（Breines, Toole, et al., 2014）。由此可见，自我关怀似乎有助于个体坚持更健康的饮食行为。不但如此，这种技能还是可以教授的。

有一项研究将暴食障碍的患者随机分配到自我关怀治疗组、认知行为治疗组以及等待对照组中（Kelly & Carter, 2015）。该研究发现，自我关怀干预在减少病理性进食、进食担忧以及减轻体重方面是最有效的。还有一项研究则有助于阐明自我关怀如何促进健康饮食。节食者往往会表现出一种自相矛盾的倾向：如果他们打破自己的节食计划，吃一些高热量的食物，之后他们往往会吃得更多，从而减少与这种与过失相关的不良情绪（Heatherton & Polivy, 1990）。亚当斯与利里（Adams & Leary, 2007）开展了一项研究，要求女大学生（以研究进食习惯为由）吃甜甜圈。在吃完甜甜圈后，他们会给予一半被试额外的指导语："有几个人告诉我，她们对于在研究中吃甜甜圈感到自责，所以我希望你们不要对自己太苛刻。每个人都会在某些时候吃一些不健康的食物，而且参与研究的每个人都吃了甜甜圈，所以我认为没必要为此感到难过。"而他们没有对对照组说这些话。研究者发现，身处对照组的节食女生报告了内疚、羞愧等情绪。除此之外，在后来的"味觉测试"环节中，被试有机会随心所欲地吃糖，而这些对照组的节食女生吃得比其他组的女生更多（甚至比不节食的人还多）。然而，那些被鼓励对吃甜甜圈的行为保持自我关怀的节食者，在吃了甜甜圈后对自己会怀有更多的善意，也不那么难过。她们在味觉测试环节吃的糖果也比其他人更少。由此可见，自我关怀似乎有助于人们坚持健康的饮食习惯。

自我关怀的群体差异

自我关怀的程度可能会因年龄、性别与文化的不同而有所不同。比如，有一项元分析（Yarnell et al., 2015）发现，自我关怀会随着年龄的增长而增加，但女性的自我关怀程度却比男性更低。然而，该结果的效应量很小。虽然造成这些差异的原因尚不清楚，但据推测，可能是因为在较年轻的时期（分析中包含的大多数年轻人都是大学本科生），个体努力地寻找自己在世界上的位置，此时他们对自己的接纳程度较低。性别之间的差异可能是由于女性比男性更倾向于自我批评，有更多的反刍式思维（Leadbeater, Kuperminc, Blatt & Hertzog, 1999；Nolen-Hoeksema, Larson & Grayson, 1999）。然而，这项元分析还发现，性别与年龄之间存在着显著的交互作用，即性别差异在年龄较小时较为明显，在年龄较大时则不明显。因此，随着年龄的增长与身心的日趋成熟，女性可能会学习善待自己的技能来对抗她们的自我批评。有趣的是，在青少年的自我关怀水平中，研究者也发现了年龄与性别的交互作用（Bluth & Blanton, 2015）。与年龄较小的女初中生相比，年龄较大的女高中生的自我关怀更少，只有年龄较大的女生报告出的自我关怀比男生更少（Bluth, Campo, Futch & Gaylord, 2016）。这些结果表明，从自我关怀的角度来讲，青春期后期对于女生来说尤其具有挑战性，这种情况可能与电影《贱女孩》（*Mean Girls*）中所强调的受欢迎程度以及对身体意象的关注有关（Michaels & Waters, 2004）。不过，幸运的是，这些差异往往会随着时间的推移而消失。

此外，在思考自我关怀的性别差异时，考虑到性别的复杂性也很重要。比如，支持两性统一性别角色规范的女性，似乎不比男性缺乏自我关怀；性别差异主要体现在认同女性角色规范的女性身上（Yarnell, Neff, Davidson &

Mullarkey，2018）。很可能自我牺牲的女性角色规范引导女性较少关注自身的需要。同样地，高度服从男性性别角色规范的男性，其自我关怀的程度也较低，这表明坚持男性行为的传统期望（如情绪控制和强势），可能会削弱男性自我关怀的能力（Reilly，Rochlen & Awad，2014）。希思、布伦纳、福格尔、兰宁与斯特拉斯（Heath，Brenner，Vogel，Lannin & Strass，2017）发现，在对男性角色规范的服从与男性对寻求心理健康咨询的抵触之间的关联中，自我关怀起了调节作用，也就是说更加自我关怀的男性在寻求帮助时，更不容易体验到自我的耻辱感，也不害怕向咨询师表露自我。因此，自我关怀与性别角色规范之间的交互作用很复杂，而且这种作用可能是双向的。

鲜有研究考察基于其他人口统计学特征的自我关怀差异。一项研究调查了向大学心理健康中心寻求帮助的大学本科生（被试来自美国6个州的10所大学），该研究发现，自我关怀的程度并不因种族、性取向或年级的不同而有所不同（Lockard，Hayes，Neff & Locke，2014）。然而，完全"出柜"的女同性恋者、男同性恋者、双性恋者、跨性别者与酷儿[⊖]（queer）有较高水平的自我关怀（Crews & Crawford，2015），并且在这个群体中，自我关怀与更高的幸福感相关（Greene & Britton，2015）。

自我关怀似乎也存在着跨文化的差异，但不仅仅是单纯的东西方差异。一项研究调查了泰国、中国台湾与美国的自我关怀水平，发现泰国的自我关怀水平最高，中国台湾最低，而美国居中（Neff et al.，2008）。这可能是因为泰国人深受佛教的影响，泰国人的育儿与日常互动都注重关怀的价值。相比之下，中国台湾人受儒家思想影响更深，他们的文化强调羞愧与自我批评，父母与社会通过这种方式来施加控制。在这项研究中，美国人的自我关怀水平居中，这也许是因为美国文化在积极的自我关注方面所传递的信息是混合的（例如，特别强调自尊，但也伴随着一种孤立、竞争的精神）。事实上，美国人的自尊水平显著高于另外两组被试。不过，在这三种文化中，高水平的自我关怀都显著地预测了更少的抑郁和更大的生活满意度。这表明，尽管自我关怀在普遍性上存在着文化差异，但它可能具有普适的好处。

⊖ 泛指所有在性倾向方面与主流文化和占统治地位的社会性别规范或性规范不符的人。——译者注

自我关怀与关系

有证据表明，自我关怀有利于个体的心理健康，不但如此，还有证据表明，自我关怀也有益于人际关系。在一项针对异性恋夫妇的研究中（Neff & Beretvas，2013），与缺乏自我关怀的人相比，伴侣对能够自我关怀的人的评价更高，他们的情感联结更紧密，彼此更接纳，更支持伴侣的自主性；他们彼此不疏远，控制欲较弱，言语和身体上的攻击性也较少。自我关怀也与更高的关系满意度和依恋安全感相关。因为自我关怀的人会关心和支持自己，所以他们似乎有更多的情绪资源，能给予他们的伴侣。自我关怀的特质能反向预测浪漫关系中的嫉妒，这种关联在一定程度上是由于自我关怀的人更愿意原谅伴侣（Tandler & Petersen，2018）。自我关怀似乎也能帮助一方患有癌症的情侣：有一项研究发现，自我关怀程度较高的人对癌症的担忧更少，更善于谈论与癌症相关的问题（Schellekens et al.，2016）。此外，从伴侣相互影响的角度来看，如果一个人的伴侣表现出了高度的自我关怀，那么此人的自我关怀水平与痛苦的关联就不那么紧密了。换句话说，如果一方的自我关怀较少，那么另一方较高水平的自我关怀就可以做出补偿，有助于减轻伴侣双方的痛苦。

研究发现，在朋友、室友关系中，自我关怀的大学生更倾向于抱有关怀性的目的，即他们倾向于给予社会支持并鼓励人际间的信任（Crocker & Canevello，2008；Wayment, West, & Craddock，2016）。另一项研究（Yarnell & Neff，2013）发现，在与父母、伴侣发生冲突时，自我关怀的人更愿意寻求共识，而那些缺乏自我关怀的人则倾向于让自己的需求服从于对方。这种现象是说得通的，因为自我关怀程度高的人说，他们对自己往往和对别人一样友善，而自我关怀程度低的人说，他们往往对别人比对自己更友善（Neff，2003a）。这项研究还表明，在解决人际关系的冲突时，自我关怀的人的感受更为真实，体验到的不安更少，并且在关系中有更大的幸福感。与之相似，自我关怀与对他人较少的病态关心相关，所谓病态的关心，即过度满足他人的需求，压抑或否认自身需求的倾向（Gerber, Tolmacz & Doron，2015）。最后值得一提的是，自我关怀与道歉、修复过去关系中的伤害的倾向相关（Breines & Chen，2012；Howell, Dopko, Turowski & Buro，2011；Vazeou-Nieuwenhuis & Schumann，2018），这也促进了关系的和谐。

有一组两项的研究进一步说明了自我关怀如何影响人们在人际关系中道歉和接受道歉的方式（Allen，Barton & Stevenson，2015）。第一项研究让被试假想一个场景并考察了被试对这个场景的反应。在这个场景中，被试在无意间让别人失望了（例如，由于工作上的紧急情况，去接好朋友的孩子放学时迟到了45分钟）。结果发现，关于这个失误，自我关怀的人说，他们更可能对失望的人说一些体现自我关怀的话（例如"出了一些状况，让我没能做到想做的事"），不太可能说一些自我批评的话（例如"我觉得我真糟糕，明知道你这么信任我，还让你失望"）。第二项研究使用了类似第一项研究的假想场景，考察了如果他人在无意间让被试失望了，在理想情况下被试希望别人如何回应——自我关怀还是自我批评。研究者发现，自我关怀的被试更喜欢自我关怀的回应，并且无论得到哪种类型的回应都愿意原谅对方。然而，缺乏自我关怀的人则更喜欢自我批评的表述，并且更愿意原谅自我批评的人。这表明，虽然在让别人失望的时候，自我关怀是一种更具适应性的内部反应，但在与自我批评的人打交道时，对自己犯的错误采用自我批评的外在反应可能更有效。

自我关怀与对他人的关注

有一个有趣的问题：自我关怀是否与对他人的关怀有关？培养对自身的开放态度，认识到人们之间的相互联系，在理论上有助于对他人的善意、宽容和共情。虽然对此还需要更多的研究，但初步研究结果表明，自我关怀与对他人的关注是相关的，但这种关联会因为年龄和生活经历而有所不同。

内夫与波米耶（Neff & Pommier，2013）的一项研究考察了在大学生、更年长的社区样本及练习佛教冥想的人之中，自我关怀与对他人的关注之间的联系。在这三个群体中，自我关怀的人经历个人痛苦的可能性较小，这说明他们更有能力面对他人的痛苦，不会因此而不堪重负。此外，自我关怀与更多的宽恕与观点采择[⊖]显著相关。这些行为要求人们理解他人行为的许多原因和条

⊖ 观点采择（perspective taking）是指推断别人内部心理活动的能力，即能设身处地理解他人的思想、愿望和情感等。——译者注

件。因此，宽恕与理解自身人性缺陷的能力似乎也能作用于他人。在社区样本与佛教人群中，自我关怀与对他人的关怀、共情性关注及利他主义有着显著但微弱的相关。这种关联不如预期中的大，因为多数人对他人的关怀比对自己的更多（Knox et al., 2016），从而削弱了这种关联。有趣的是，在大学生群体中，研究并没有发现自我关怀与对他人的关注（如关怀、共情性关注与利他主义）之间的联系。这可能是因为年轻人往往很难意识到他们生活经历中的共性，高估了自己与他人的区别（Lapsley, FitzGerald, Rice & Jackson, 1989）。因此，他们关于"自己为何应该得到关心"以及"他人为何应该得到关心"的信念，可能并没有很好地整合起来。在冥想练习者身上，自我关怀与对他人的关注之间的关联最强，这可能是慈爱冥想等练习的结果，而这些练习的目的就在于培养对于自己和他人的关怀（Hofmann et al., 2011）。事实上，受过慈爱冥想训练的人对他人和对自己的关怀都会更多（Weibel, 2008）。对静观自我关怀课程的研究（见第4章）也发现，自我关怀训练能增加对自己和对他人的关怀（Neff & Germer, 2013）。这表明，尽管我们可能会关怀他人而不关怀自己，但提高自我关怀却往往会增加对他人的关怀。

其他研究表明，增加自我关怀可以增加利他行为。例如，有一项研究发现，通过自我肯定的写作来增加自我关怀，可以使被试在实验里的"书架倒塌事件"中做出更多的助人行为，比如，在实验者离开房间、书架意外倒塌时，会捡起掉在地上的物品。（Lindsay & Creswell, 2014）。还有一项研究发现，自我关怀程度高的人更愿意帮助那些陷入困境的人，尽管他们的困境在一定程度上是由自己的错误造成的（Welp & Brown, 2014）。也许这是因为自我关怀的人把犯错看作人之常情，所以他们愿意帮助别人，而不是指责别人。总而言之，这些研究表明，自我关怀有助于产生对他人的关注。

照料者的自我关怀

研究表明，自我关怀是照料者的一项重要资源（Raab, 2014）。举例来说，更多的自我关怀与较少的**照料者疲劳**（与患者的痛苦产生共鸣而带来的压力与倦怠等消极情绪）、较高的**关怀满意度**（在工作中体验到的积极情绪，如精力充沛、快乐和为世界做出贡献的感激之情）相关，而且这种现象存在于许多不同职业的照料者身上，如心理治疗师、护士、儿科住院医生、实习医生、助产士和神职人员（Atkinson, Rodman, Thuras, Shiroma & Lim, 2017; Barnard & Curry, 2012; Beaumont, Durkin, Hollins Martin & Carson, 2016a, 2016b; Durkin, Beaumont, Hollins Martin & Carson, 2016; Olson, Kemper & Mahan, 2015; Richardson, Trusty & George, 2018; Ringenbach, 2009）。高水平的自我关怀与医生的个人抗逆力相关（Trockel, Hamidi, Murphy, de Vries & Bohman, 2017），与医疗保健从业者较少的睡眠问题相关（Kemper, Mo & Khayat, 2015），即使在压力水平得到控制的情况下也是如此。研究表明，自我关怀对非专业的照料者也有帮助。比如，在照料阿尔茨海默病患者的人群中，自我关怀与照料者较少的负担感以及较多的压力应对有效策略相关（Lloyd, Muers, Patterson & Marczak, 2018）。与此相似，一项针对自闭症患儿父母的研究发现，较高水平的自我关怀与较少的压力和抑郁相关，并且与较高的生活满意度和希望感相关（Neff & Faso, 2014）。实际上，与自闭症症状的严重程度本身相比，自我关怀更能够预测父母的适应程度。这表明，比父母面临的照料困难程度更重要的是，他们在困境之中如何对待自己。

幸运的是，研究表明，我们可以训练照料者的自我关怀。一项针对医疗保健从业者的研究发现，静观训练提高了被试的自我关怀，进而预测他们的压力水平会降低（Shapiro, Astin, Bishop & Cordova, 2005）。此外，研究发现，为期六周的线上自我关怀指导，能减少实习心理治疗师的压力，提高情绪调节能力与幸福感（Finlay-Jones et al., 2015）。因此，关怀自己似乎能提供照料他人所需的情绪资源。

从另一角度来看，照料他人可以帮助人们懂得如何自我关怀。研究表明，人们学会自我关怀的方式之一，就是熟知如何支持他人，并以这样的经验为原型，建立支持性的内心对话。在一组四项的研究中，布赖内斯和陈（Breines & Chen, 2013）检验了这一假设：激活"给予支持"的模式能增强自我关怀状态。在前两项实验中，被试首先回忆了一件过去的负面事件，或者经历了实验室测试的失败；然后，经过随机分配，他们回忆了一段支持他人的经历，或者与他人一起玩乐的经历；最后，他们要填写一份自我关怀状态的测量问卷。那些回想起助人经历的人会更加关怀自我。后两项实验考察了真正给予他人支持（通过书面建议的形式）与不给予支持或只是阅读他人的困难故事相比，带来的效果有什么不同。结果发现，给予支持能增强自我关怀的能力。

自我关怀与早年家庭史

研究表明，早年的家庭经历可能在自我关怀的发展中起到关键作用。比如，依恋史似乎与自我关怀相关。与安全型依恋者相比，不安全型依恋者的自我关怀程度较低（例如 Joeng et al., 2017；Mackintosh, Power, Schwannauer & Chan, 2018；Raque-Bogdan, Ericson, Jackson, Martin & Bryan, 2011；Wei, Liao, Ku & Shaffer, 2011）。尽管多数研究只探讨了相关关系，但研究者发现，在实验中启动的安全型依恋（例如要求被试想象一个特定的人，与这个人在一起让他们感到舒适、安全，并且他们在难过的时候会向这个人求助）能提高状态性的自我关怀，这说明其中存在因果关系（Pepping, Davis, O'Donovan & Pal, 2015）。同样地，早年间温暖与安全的记忆也与自我关怀呈正相关（Kearney & Hicks, 2016; MartaSimões, Ferreira & Mendes, 2018），而父母的排斥、批评、过度保护和紧张的家庭关系则与自我关怀呈负相关（Neff & McGehee, 2010；Pepping et al., 2015）。

不足为奇的是，童年时期的情感虐待与低水平的自我关怀相关（Barlow, Turow & Gerhart, 2017），有创伤史的人自我关怀的程度较低，会有更多的情绪困扰，更有可能酗酒或尝试自杀（Tanaka, Wekerle, Schmuck, Paglia-Boak & MAP Research Team, 2011）。研究表明，自我关怀的减少是早年创伤导致日后的心理机能障碍的一个重要途径。例如，研究发现，自我关怀在童年虐待与后来的情绪失调（Vettese, Dyer, Li & Wekerle, 2011）以及 PTSD 症状（Barlow et al., 2017）之间的联系中起到了中介作用㊀。与之相似，研究还发现，对于接受心理治疗的成年人来说，自我关怀在感知到的父

㊀ 中介作用考察的是变量 A 是否会通过中介变量 C 去影响变量 B，也就是说，如果存在 A→C→B 这样的关系，就说明存在中介作用。——译者注

母虐待（打骂或冷漠）与心理健康症状的严重程度之间的关系中起到了中介作用（Westphal, Leahy, Pala & Wupperman, 2016）。这可能表明，如果有创伤史的人能学会关怀自己，可能就会以更有建设性的方式来面对自己的过去。事实上，自我关怀与更多的创伤后成长及治愈都有相关关系（Wong & Yeung, 2017）。然而，童年经受过虐待的人往往对自我关怀有着更大的恐惧（Boykin et al., 2018），这种情况与静观自我关怀课程中所定义的"**回燃**"（backdraft）有关（见第11章）。回燃可能是开发自我关怀这种资源的一个重大障碍。

临床人群的自我关怀

与普通人群相比，那些符合精神疾病诊断标准的人的自我关怀水平往往较低，比如双相障碍患者（Døssing et al., 2015）、抑郁症患者（Krieger et al., 2013）、广泛性焦虑障碍患者（Hoge et al., 2013）、社交焦虑障碍患者（Werner et al., 2012）、物质使用障碍患者（Phelps, Paniagua, Willcockson & Potter, 2018）或者有被害妄想的患者（Collett, Pugh, Waite & Freeman, 2016）。研究还表明，自我关怀有助于解释临床人群的心理健康水平。比如，在精神分裂症（Eicher, Davis & Lysaker, 2013）、强迫症（Wetterneck, Lee, Smith & Hart, 2013）与广泛性焦虑障碍患者（Hoge et al., 2013）中，较高水平的自我关怀与症状的缓解相关。对于社交焦虑障碍患者而言，自我关怀能预测他们对负面评价的恐惧的减少（Werner et al., 2012）；对被诊断患有纵欲障碍（hypersexual disorder）的人来说，自我关怀则能够预测羞愧、反刍式思维与纵欲症状的减少（Reid, Temko, Moghaddam & Fong, 2014）。

在单相的抑郁症患者中，自我关怀与较少的抑郁症状相关，而对于消极情绪的容忍能力则在这种关联中起到了中介作用（Diedrich et al., 2017）。此外，重度抑郁的患者似乎也可以学会自我关怀。在一项实验研究中，迪德里克与同事（Diedrich et al., 2014）通过让被试阅读一系列陈述句（如"我觉得我是个失败者"）并且播放忧伤的背景音乐来诱导抑郁情绪，然后再要求被试评价自己的情绪状态。接下来，研究者将被试分配到等待组或三个情绪调节组。在三个情绪调节组里,研究者会引导被试去关怀自己,或者对自己的想法进行认知重评,或者先接纳自己的情绪,然后再次评估自己的情绪。这些被试一开始有强烈抑郁情绪,而自我关怀组的被试比等待组、认知重评组和接纳组的被试受益更多。有趣的是,这些研究者(Diedrich, Hofmann, Cuijpers & Berking, 2016)还发现,在认知重评的过程中,那些被教导以自我关怀作为预备策略的重度抑郁患者,其抑郁情绪比等待对照组的患者有了更大的缓解,这表明这些不同的情绪调节技能可能有相互支持的作用。

自我关怀的变化似乎是心理治疗起作用的一个关键机制(Baer, 2010; Galili-Weinstock et al., 2018; Germer & Neff, 2013)。例如,内夫、柯克帕特里克和鲁德(Neff, Kirkpatrick & Rude, 2007)进行了一项研究,追踪了心理治疗来访者在一个月内的自我关怀变化。研究中的治疗师使用格式塔的双椅技术来帮助来访者减少自我批评、更加关怀自己(Greenberg, 1983; Safran, 1998)。结果表明,在一个月的时间里(以一项不相干的研究为由来进行评估),自我关怀水平的提升与自我批评、抑郁、反刍式思维、思维压抑以及焦虑的减少相关。另一项研究发现,自我关怀似乎在 C 型人格障碍患者的治疗中发挥了作用(Schanche, Stiles, McCullough, Svartberg & Nielsen, 2011)。其研究结果显示,治疗早期至后期自我关怀的提升,可以显著地预测治疗前后的精神病症状、人际问题以及人格病理症状的减少。

在治疗过程中,自我关怀与心理病理现象之间的联系方向性如何,是一个有趣的问题。有一项研究使用交叉滞后时间分析法,来考察门诊患者的自我关怀与抑郁发作之间关系的方向性,并且在治疗结束时、6 个月后、12 个月后分别对这种关联进行直接评估(Krieger, Berger & Holtforth, 2016)。研究发现,"自我关怀量表"的分数增加可以预测日后抑郁症状的缓解,但抑郁症状并不能预测后来的自我关怀水平,这表明自我关怀与抑郁症状的减轻存在因果关系。同样,研究者也考察了自我关怀是否会影响 PTSD 患者在治疗中的改变过程(Hoffart, Øktedalen & Langkaas, 2015)。在 10 周的治疗中,研究者每周都会评估患者的自我关怀水平。结果发现,自我关怀的变化可以预测 PTSD 的症状(自我关怀的增加可以预测症状的减轻),而反之则不然。这表明自我关怀可能是患者在治疗中发生改变的一个重要原因。

自我关怀的神经生理学

自我关怀似乎能促进身体及情绪的健康。比如，高水平的自我关怀与较少的自我报告的健康问题相关，如腹痛、皮疹、耳朵疼痛或呼吸问题（Dunne, Sheffield & Chilcot, 2018；Hall, Row, Wuensch & Godley, 2013）。在患有自身免疫性疾病——硬皮病的患者之中，较高的自我关怀得分与较低的过度警觉水平相关，过度警觉与面对压力事件时的免疫功能障碍相关（Kearney & Hicks, 2016），在患有乳腺癌的女性身上也发现了同样的现象（Kearney & Hicks, 2017）。后一项研究还发现，自我关怀与较晚的癌症发病年龄相关，研究者认为这可能是由于自我关怀的个体免疫功能较强。事实上，研究者发现，教授自我关怀进行干预能增强免疫功能，这种功能的增强是通过测量免疫球蛋白 A（IgA）来衡量的。

越来越多的研究表明，自我关怀能影响自主神经系统，可以激活更强的自我安抚反应，并减少威胁反应的激活（Kirschner et al., 2019），这些发现与吉尔伯特（2009）所提出的理论是一致的。换句话说，自我关怀似乎能抑制交感神经系统的活动，并刺激迷走神经，增加副交感神经的活动，从而减少个体对于威胁的反应（Porges, 2003）。例如，罗克利夫、吉尔伯特、麦克尤恩、莱特曼与格洛弗（Rockliff, Gilbert, McEwan, Lightman & Glover, 2008）要求被试想象得到关怀的感觉，并且要在身体里感受到这种关怀。研究发现，这种想象降低了唾液内的皮质醇水平（交感神经系统活动的指标）并提高了心率变异性（副交感神经系统活动的指标，与灵活变通的反应及在压力下自我安抚的能力相关；Porges, 2007）。另一项研究（Herriot, Wrosch & Gouin, 2018）发现，对于自我报告了较强的后悔情绪、较多的身体健康问题或身体机能障碍的老年人来说，高水平的自我关怀与较低的日常皮质醇水平相关。高水平的自我关怀还与较高的迷走神经介导的心率变异性相关（Svendsen et al., 2016），在实验诱导的压力作用下也是如此（Luo, Qiao & Che, 2018）。有一项研究要求被试回想他们最近对自己感到羞愧或失望的一件事，然后对着镜子里的自己用关怀的口吻说话。结果发现，自我关怀增加了令人宽慰的积极情绪，并提高了心率变异性（Petrocchi, Ottaviani & Couyoumdjian, 2016）。研究发现，在标准化的实验压力源（特里尔社会应激测试，Trier Social Stress Test）的作用下，较高水平的自我关怀与较低的交感神经唤醒相关，该结果是通过唾液α-淀粉酶（Breines et al., 2015）及白细胞介素-6（Breines, Thoma, et al., 2014）的水平来测量的。与此相似，研究发现，与对照组相比，自我关怀冥想的短程训练可以减少唾液α-淀粉酶以及对于压力的主观焦虑反应，并且使心率变异性变得稳定（Arch et al., 2014）。

有初步的神经学证据表明，心理幸福感与自我关怀之间存在关联。帕里什及其同事（Parrish et al., 2018）进行了一项功能性磁共振成像（fMRI）研究，发现腹内侧前额皮质—杏仁核的连通性与整体的自我关怀水平之间存在负相关。研究者认为，腹内侧前额皮质对杏仁核内与威胁相关的活动有直接影响，所以腹内侧前额皮质—杏仁核的连通性可能是自我关怀保护我们免受压力和消极情绪影响的机制。在另一项fMRI研究中，皮雷斯与同事（Pires et al., 2018）发现，自我关怀程度较高的女性管理者在面对令人情绪不安的图像时，楔前叶（与自我参照加工相关的脑区）的激活水平较高，但压力与抑郁情绪较少。这表明，自我关怀可以允许个体更多地关注消极情绪，但不会被情绪压垮。

最后值得一提的是，弗里斯及其同事（Friis et al., 2015）的一项研究发现，自我关怀水平能够缓解与糖尿病相关的痛苦对于糖化血红蛋白（HbA_{1C}）测试（测量平均血糖水平）结果的负面影响，对于自我关怀水平较高的人来说，痛苦并没有导致糖化血红蛋白水平的提升。这些研究者还对糖尿病患者进行了静观自我关怀课程的随机对照试验（Friis et al., 2016）。他们发现，与等待对照组相比，静观自我关怀组被试与糖尿病相关的痛苦减少了，糖化血红蛋白水平也降低了，而这些改善在3个月后依然存在（见第4章）。这就是自我关怀的魔力：通过在困境中支持自己，我们可以减少痛苦，增进身心的幸福。

本章要点

- 自我关怀的研究正在呈指数级增长。该领域的研究主要是使用"自我关怀量表"的相关研究，但其他研究方法的应用也越来越多，比如研究自我关怀训练的结果，或者使用实验性情绪操控技术。各种方法的研究结果趋于一致。
- 科学研究有力地挑战了对于自我关怀的误解。自我关怀程度高的个体倾向于：
  - 在失败后更加自信，更有改善的动力。
  - 愿意为错误承担更多的责任。
  - 更愿意做健康的事情。
  - 在应对生活中的困境时更有力量。
  - 体验到更多充满关爱的人际关系。
- 自我关怀与以下方面相关：
  - 消极状态较少，如抑郁、焦虑和羞愧；积极状态较多，如幸福与高生活满意度。
  - 与争取自尊相关的问题更少，例如自恋、社会比较、有条件的自我价值以及不稳定的情绪。
  - 身体意象更健康，进食障碍行为较少。
  - 照料者倦怠较少。
  - 身体更健康，免疫功能更好，其中部分原因在于副交感神经系统激活的增加以及交感神经系统激活的减少。
- 虽然性别角色取向、年龄与文化会影响自我关怀，但女性往往比男性略微缺乏自我关怀。
- 虽然自我关怀与更加关心他人相关，但与对待自己相比，人们往往更加关怀他人。
- 早年积极的家庭互动往往会增加自我关怀，而早年的创伤通常会降低自我关怀的水平。
- 患有临床障碍的个体的自我关怀往往较少，而自我关怀的增加似乎是治疗中发生改变的重要机制。

第 4 章

教授自我关怀

> 人心中既有最深切的关怀，也有最无情的冷漠。我们完全能够滋养前者，超越后者。
>
> ——诺曼·卡森斯（Norman Cousins，1974/1991，p.72）

既然自我关怀的益处已经得到了充分的验证，那么一个关键的问题就呈现在了我们面前：人们能否**学着**更加关怀自己。答案是明确的"可以"。研究表明，有许多方法都可以增强自我关怀。本章回顾了对于培训的研究，并且在可能的情况下给出了自我关怀（"自我关怀量表"总分）的增长百分比。

培养自我关怀的一个途径是以身体为基础的方法，比如瑜伽。例如，与同人口统计学变量相匹配的对照组相比，参加为期四个月的住宿制瑜伽课程的年轻人，其自我关怀的水平有所提高（11%），而这种自我关怀的提高与生活质量的提高及压力的减少相关（Gard et al.，2012）。有一项质性研究探讨了瑜伽对于性虐待受害者自我关怀的影响（Crews，Stolz-Newton & Grant，2016）。该研究的一些发现表明，瑜伽是一种重要的自我照料形式。一位被试解释道：

"以前，我从不会为自己做任何事。而这，就是属于我的一点点时间……是我用来'爱我'的时间。我会放松身体、肩膀、心灵，有时我想在垫子上打个盹。你知道吗？就是这么放松……你能在身体里感觉到……用我的身体去做这件事，看见我正在为自己的身体做这件事，能帮我……治愈自己的伤痛。(瑜伽)帮助我告诉自己，'嘿，我很好。'"(p.148)

对于这些被试来说，通过瑜伽来接纳并温柔地对待自己的身体，是接纳并温柔对待整个自我的直接途径。

慈爱冥想似乎也是一种增强自我关怀的有效方法。慈爱冥想要求修习者对一系列对象——自我、帮助过自己的人、情感上中立的人、在情感上带来挑战的人产生善意，并最终对所有人产生善意。可以用如下话语来表达良好的意愿："愿你平安。愿你幸福。愿你内心平和。愿你生活如意。"如果接受善意的客体是处于痛苦中的自己，慈爱冥想也可以用于培养自我关怀(见第13章)。在传统的慈爱冥想中，自我只是众多对象中的一个，但花些时间祝福自己，似乎可以提高自我关怀的水平(见综述 Boellinghaus, Jones & Hutton, 2014)。例如，有一项初步研究探讨了为期 12 周的慈爱冥想课程对于患有 PTSD 的退伍军人的影响，结果发现，他们的自我关怀显著增加了(25%)，这些改善有助于解释被试在培训过程中 PTSD 与抑郁症状的减少(Kearney et al., 2013)。与之相似，有一项随机对照试验研究(Shahar et al., 2015)发现，与等待对照组相比，有严重自我批评现象的人在接受了七周慈爱冥想训练后，其自我关怀水平有了显著的提高(17%)。

基于静观与接纳干预中的自我关怀

基于静观的干预是另一种培养自我关怀的重要方法，这不足为奇，因为静观是自我关怀的核心组成部分。在基于静观的干预中，传播最广泛的是正念减压，这是一种体验性的课程，包括为期八周、每周一次的团体课程，半天的静修，以及正式与非正式静观冥想练习的核心课程（Kabat-Zinn，1990）。正念认知疗法是正念减压的一种变体，它日益流行，已被应用于临床，尤其是用于预防抑郁复发（Segal et al.，2013）。许多元分析表明，对于许多人群来说，正念减压与正念认知疗法对其身体和心理功能都有显著的改善作用（Chiesa & Serretti，2009；Grossman，Niemann，Schmidt & Walach，2004；Hofmann，Sawyer，Witt & Oh，2010）。

越来越多的证据表明，接受基于静观的干预，能够增强自我关怀。例如，一些研究发现，正念减压能够提高"自我关怀量表"的得分（Birnie et al.，2010[16%]；Evans，Wyka，Blaha & Allen，2018[17%]；Raab et al.，2015[10%]；Shapiro，Brown & Biegel，2007 [16%]），正念认知疗法也是如此（Goodman et al.，2014 [26%]；James & Rimes，2018 [35%]；Proeve，Anton & Kenny，2018 [26%]；Rimes & Wingrove，2011 [7%]；Taylor，Strauss，Cavanagh & Jones，2014 [33%]）。虽然正念减压与正念认知疗法不会明确教授自我关怀的技能，但这些课程的教师经常通过回答学员的问题并表现出温暖的整体品质来传达友善、温柔地对待自己的重要性。在上述研究中，被试自我关怀量表得分的提高量之所以不同，可能在一定程度上是由于教师表现出的温暖不同，不过仍需通过研究来考察这个问题。除此之外，在正念减压中，慈爱冥想通常在为期一天的静默冥想静修中教授，而静默冥想静修则是课程的一部分（Santorelli，Meleo-Meyer & Koerbel，2017）。众所周知，慈爱冥想能提高自我关怀水平。当然，考虑到静观是自我关怀的一个基本要素，关注消极想法与情绪也能增强自我关怀能力，这也是有道理的。

正念减压与正念认知疗法增强自我关怀能力的主要方式之一，就是帮助学员感受其他团体成员的关心与支持。例如，在一项针对正念认知疗法的质性研究中（Allen，Bromley，Kuyken & Sonnenberg，2009），一位学员（p.420）写道："我没有感到内疚。我认为这是一种安全感，每个人都有同样的问题，你可以去参加那个团体聚会，这样你就会知道不会有人说'行了，振作起来吧'或者……每个人都能理解你的感受。"

有些研究者提出，自我关怀可能是基于静观的干预提高幸福感的关键机制（Baer，2010；Evans et al.，2018；Hölzel et al.，2011；Wyka，Blaha & Allen，

2018）。另一项研究支持了这一观点：与等待对照组相比，参加了正念减压课程的医疗保健从业者所报告的自我关怀程度有了显著的提高（22%），并且压力有所减少；自我关怀水平的提高在压力减少与课程之间的关系中起到了中介作用（Shapiro et al., 2005）。一项相似的研究发现，与等待对照组相比，正念减压课程的学员在自我关怀方面有了显著的提高（24%），而自我关怀水平的提高在课程对担忧与恐惧情绪的影响方面起到了中介作用（Keng, Smoski, Robins, Ekblad & Brantley, 2012）。库肯及其同事（Kuyken et al., 2010）认为正念认知疗法预防抑郁复发的作用与维持型抗抑郁剂相当，他们的研究发现，在15个月后的随访中，被试的静观与自我关怀能力的提升（12%），都在正念认知疗法与抑郁症状之间的关系中起到了中介作用。然而，他们发现，自我关怀的增强减弱了认知反应性[⊖]与抑郁复发之间的联系，而静观却没有这个作用。格林伯格及其同事（Greenberg et al., 2018）也发现，正念认知疗法能增强自我关怀（24%），而自我关怀的增强能预测正念认知治疗中抑郁症状的改善，具体而言，这种效果是通过保护个体免受走神的负面影响而产生的。

接纳承诺疗法（acceptance and commitment therapy，ACT）是一种流行的、基于静观的治疗模式，这种疗法也间接地教授了自我关怀（Neff & Tirch, 2013）。接纳承诺疗法的许多主要原则都鼓励善待、关怀自我。例如，其中的接纳原则就包括接纳自己的缺点和痛苦的经历，解离原则就包括意识到自我批判的思维，"以自我为情境"（self-as-context）的概念则要求用更灵活、更有同理心的方式来对待自己，而核心价值观往往强调善待自我和自我照料（Luoma & Platt, 2015）。有一项随机对照试验研究将时长6小时、针对自我关怀的接纳承诺疗法工作坊与等待对照组进行比较，结果发现前者被试的自我关怀程度有了显著提升（23%），并且一般心理痛苦与焦虑也有所下降（Yadavaia, Hayes & Vilardaga, 2014）。此外，接纳承诺疗法培训所带来的心理灵活性在自我关怀的改变和其他结果之中起到了显著的中介作用。与之相似，有研究发现（Viskovich & Pakenham, 2018），基于网络的接纳承诺疗法培训可以提高大学生的自我关怀水平（12%）。

⊖ 认知反应性（cognitive reactivity）指的是悲伤情绪与功能失调的态度之间的内在关联强度（Zhang, Cole, Mick, Lovette & Gabruk, 2020）。——译者注

虽然研究已经证明，基于静观的干预可以增强自我关怀，但这些项目并没有明确地教授自我关怀技能，而是主要聚焦于提高静观的技能。希尔德布兰特、麦考尔和辛格的研究发现（Hildebrandt, McCall & Singer, 2017），明确强调关怀的情绪训练（8%）比单一的静观训练（4%）更有助于自我关怀水平的提升。这说明，明确地训练自我关怀可能有助于培养这项技能。

因此，研究者已经开发了一些专门关注培养关怀自己与关怀他人的干预措施。研究表明，这些基于关怀的干预在提高自我关怀水平和提升幸福感方面是有效的（Kirby, 2017；Kirby, Tellegen & Steindl, 2017；Møller, Sami & Shapiro, 2019；Wilson, Mackintosh, Power & Chan, 2018）。

其他培养关怀的项目

除了静观自我关怀以外，目前还有三个结构性、有时限、实证支持的项目，是专门设计用于培养关怀能力的。它们分别是关怀培养训练（compassion cultivation training，CCT；Jazaieri et al., 2013）、认知关怀训练（cognitively-based compassion training，CBCT；Pace et al., 2009）以及静观关怀生活法（mindfulness-based compassionate living，MBCL；Bartels-Velthuis et al., 2016；van den Brink & Koster, 2015）。此外，还有关怀聚焦疗法（Gilbert, 2009），这种心理治疗模式有清晰的理论基础和大量的实用练习。这些基于关怀的项目都有不同的理论来源和重点，它们的形式与目标受众也各不相同，但它们都有一个共同的目标——培养对自己和他人的关怀。现在我们把静观自我关怀与这些项目进行比较，指出各自的独特优势，并考察它们的实证基础。

关怀培养训练

关怀培养训练的重点在于培养全方位的关怀之心。在为期八周的课程中，有一节课专门致力于训练善待自我，还有一节课着重关注自我关怀。关怀培养训练的培训顺序如下：静观，给所爱的人慈爱与关怀，给自己慈爱与关怀，培养共通人性的意识，善待有挑战性的、难以相处的人，最后是主动的关怀。关怀培养训练中处处渗透着对自己的关怀，但不如静观自我关怀中那么明显。相反，静观自我关怀中渗透着对他人的关怀（有7种课后与课堂练习培养对他人的关怀），但这种强调没有关怀培养训练那么突出。这表明，这两种课程并不是重复的，而是互补的。

在关怀培养训练中，多种冥想练习系统地建立在彼此的基础之上，最终达成主动的关怀，即施受法（tonglen）[⊖]冥想。在传统的施受法练习中，冥想者用吸气吸入他人的痛苦，想象痛苦消融在自己心中的光芒里，然后向受苦的人呼出关怀。静观自我关怀已经将施受法改编为"给予与接受关怀"冥想，在这个冥想中，练习者既要吸入关怀，也要呼出关怀——"吸气为我，呼气为你"。在实际的练习中，施受法冥想和给予与接受关怀冥想都提供了一种将痛苦和关怀吸入、呼出的感觉，不过这两种冥想有不同的侧重点。这两种冥想也能软化孤立的自我感，培养共通人性的体验。

研究已经明确了关怀培养训练的益处。一项随机对照试验（Jazaieri et al., 2013）发现，与等待对照组相比，关怀培养训练的学员对于关怀他人、接受他人关怀以及自我关怀的恐惧都降低了。关怀培养训练还能增强自我关怀（15%）。对相同的样本进行研究之后，贾扎耶里与同事（Jazaieri et al., 2014）发现，与对照组相比，关怀培养训练学员的静观与幸福感都提升了，而担忧与情绪压抑减少了。在这两组分析研究中，正式冥想的练习量与结果的改善相关。还有两项研究对同一样本的关怀培养训练学员进行了考察。在为期八周的关怀培养训练课程中，贾扎耶里与同事（2016）每天与被试联系两次，以确定他们走神时出现愉快、中性和不愉快想法的频率，并评估他们对自己或他人的关爱行为。结果表明，关怀冥想减少了走神时出现中性想法的频率，增加了对自己的关爱行为。路径分析也显示，增加关怀冥想的练习频率，与走神时出现的不愉快想法的减少以及愉快想法的增加相关，而这两者都与关爱自己和他人的增加相关。贾扎耶里与同事（2018）发现，关怀培养训练的学员对焦虑或压力等消极情绪状态的接纳程度也有所提高，随着时间的推移，他们的平静感也有所增加。

⊖ 施受法，即给予和接受的意思。——译者注

研究者在智利对关怀培养训练进行了另一项随机等待对照试验（Brito-Pons, Campos & Cebolla, 2018）。与等待组相比，关怀培养训练的学员在与关怀相关的方面有了显著的改善：自我关怀（28%）、共情性关注、对他人的关怀、对全人类的认同，以及生活满意度、幸福感与静观都有所提升，而抑郁、压力和个人痛苦都减少了。最后值得一提的是，一项初步研究考察了医护人员参与关怀培养训练的结果（Scarlet, Altmeyer, Knier & Harpin, 2017），该研究发现，被试的自我关怀（16%）、对关怀的恐惧、静观以及工作中所体验到的人际冲突都有所改善。此外，研究结果还显示，被试自我报告的工作满意度也有显著的提高。总而言之，这些研究表明，尽管关怀培养训练主要关注培养对他人的关怀，但也能提高关怀练习者的幸福感。

认知关怀训练

认知关怀训练旨在减少狭隘的自我导向思维，拓展并增强对他人的关爱与关心。认知关怀训练的引导课程主要关注训练注意力的稳定性和对每时每刻体验的开放性（静观）。该课程会教授分析冥想，其中包含四个模块：①自我关怀；②共通人性；③相互依赖、欣赏与友爱；④共情性关注与投入的关怀（Ozawa-de Silva & Dodson-Lavelle, 2011）。这些分析性的模块要求学员用批判性的思维来审视可能对自己和他人产生误导和伤害的自动化情绪与行为反应。通过留意并理解这些行为和心理模式，再加上提高自己的注意力稳定性，学员可以保持认知洞察力以及对自己和他人的亲社会情感（例如感恩与善意）。在认知关怀训练中，自我关怀被视为一种健康的动机，能够促使人们对困难的生活情境保持现实而积极的态度。

关于认知关怀训练的效果，研究者至少进行了九项随机对照试验。例如，冈萨雷斯 – 埃尔南德斯及同事（Gonzalez-Hernandez et al., 2018）研究了认知关怀训练对于乳腺癌幸存者的影响，结果发现该训练增加了自我关怀（17%），减少了害怕癌症复发而带来的压力。多兹及其同事（Dodds et al., 2015）发现，与等待对照组相比，针对乳腺癌患者的认知关怀训练提高了静观与身体健康水平，减少了功能障碍、回避与疲劳。马斯卡罗及其同事（Mascaro et al., 2018）发现，认知关怀训练增强了医学生的关怀水平，增进了他们日常生活中的身心功能。与等待对照组相比，随机分配到认知关怀训练组的医学生报告说，他们的关怀增加了，孤独和抑郁也减少了。对于那些在基线时期抑郁水平很高的个体来说，关怀的改变是最为明显的，这表明认知关怀训练可以打破个人痛苦和随之而来的关怀水平下降之间的关联，从而使那些最需要帮助的人受益。其他有关寄养青少年的认知关怀训练研究发现，练习时长与抗炎症标记物（唾液 C-反应蛋白浓度；Pace et al.，2013）的减少以及希望的增加（Reddy et al.，2013）相关。综上所述，这些发现都表明，认知关怀训练是增强关怀、改善身心健康的有效方法。

静观关怀生活法

静观关怀生活法是由荷兰的两位开创性的静观教师共同开发的，他们分别是精神病学家、心理治疗师埃里克·范登布林克（Erik van den Brink）以及冥想教师弗里茨·科斯特（Fritz Koster），他们在一家精神卫生中心帮助那些得益于静观练习，但觉得有必要进一步学习善待与关怀自我的人。该课程越来越多地面向公众，是为那些已经熟悉静观练习的学员所设计的深化课程，参与该课程的学员最好是学过正念减压、正念认知疗法或同等课程的人。

静观关怀生活法是西方心理学与佛教心理学的独特融合，结合了保罗·吉尔伯特（2009）、塔拉·布拉赫（2003）与我们的工作成果（Germer，2009；Neff，2011a）。静观关怀生活法结合了关怀聚焦疗法中的演化心理学原则，尤其是关怀聚焦疗法中的情绪调节与关怀想象方法，还包括积极心理学和世俗化的传统佛教冥想练习，例如慈爱（metta）冥想和施受法冥想。"善意与关怀的呼吸空间"是静观关怀生活法中很重要的非正式练习，该练习改编自正念认知疗法中的"三分钟呼吸空间"。与静观自我关怀类似，静观关怀生活法也会明确地培养善意、关怀、随喜与平静的品质。我们在静观关怀生活法中发现了一些静观自我关怀的元素，包括"即时自我关怀""品鉴行走""自我关怀身体扫描""日常生活中的自我关怀"以及"回燃"的概念。也许，静观自我关怀与静观关怀生活法最明显的区别在于，静观自我关怀尤其注重自我关怀的培养。值得注意的是，静观关怀生活法与静观自我关怀都受到了静观传统的影响，而其他的关怀培训项目则有着更强的西藏风格。虽然过去学员在参加静观关怀生活法课程之前，要先学习正念减压与或正念认知疗法，但现在这一要求有所放宽。

一项初步研究考察了在当地静观培训中心学习完八周静观关怀生活法课程的门诊患者，该研究发现，这些患者报告的自我关怀（13%）与静观水平有所提高，而抑郁症状减少了（Bartels-Velthuis et al.，2016）。另一项初步研究（Schuling et al.，2018）也发现静观关怀生活法能提高自我关怀水平（14%）。此外，针对复发性抑郁症患者的随机对照试验的初步结果（Schuling，2018；Schuling et al.，2016）表明，与常规治疗的对照组相比，在学过正念认知疗法后学习静观关怀生活法的被试所报告的自我关怀（15%）、静观、生活满意度均有了显著提高，而抑郁和反刍式思维则显著降低了。

关怀聚焦疗法

关怀聚焦疗法是由著名英国心理学家保罗·吉尔伯特（2000，2005，2009）开发的，旨在解决精神病院住院病人的自我批评和羞愧问题。关怀聚焦疗法的理论基础是演化心理学、认知行为疗法以及佛教心理学。关怀聚焦疗法包含了一系列范围很广的练习，即关怀心训练（Compassionate Mind Training；Gilbert & Proctor，2006；Matos，Duarte，Duarte，Gilbert & Pinto-Gouveia，2018），该训练主要是为了培养自我关怀，以减轻个人痛苦为首要任务，而这正是我们对于临床项目的期待。在关怀聚焦疗法里，静观的作用主要是在关怀训练中稳定注意力，专注于人类内心的运作方式，尤其是在应对威胁时的运作方式。这种形式的治疗可以帮助患者培养自我关怀的技能和态度，尤其是在他们更习惯用羞愧和自我攻击来对待自己的时候，更需要这些技能与态度。

关怀聚焦疗法提高了人们对于自动化情绪反应的意识与理解，比如人类长久以来演化出的自我批评，并增强了人们对于童年早期经历如何影响这些心理模式的认识。关怀聚焦疗法的主要原则包括帮助人们给予自己温暖与理解；鼓励他们关心自己的幸福；帮助他们对自己的需求变得更加敏感，容忍个人的痛苦，并减少自我评判的倾向（Gilbert，2009）。虽然关怀聚焦疗法是一种个体心理疗法，但它有时是以限时的团体治疗的形式进行的，其时长可以为 4～16 周不等。

从时间上看，关怀聚焦疗法的发展要早于静观自我关怀，其中的一些元素也已为静观自我关怀所用，例如，关怀的生理基础根植于哺乳动物的照料行为系统（见第10章），想象一个理想中充满关怀的形象来激发关怀之心（见第17章"心怀关爱的友人"冥想），以及找到与呼吸的舒缓节奏相协调的感觉（见第11章"自我关怀呼吸"冥想）。关怀聚焦疗法有三种不同的方法可以唤起自我关怀，静观自我关怀也采用了这些方法：自我对他人的关怀（例如"你会怎样对待朋友"）、他人对自己的关怀（例如"关怀你的朋友会对你说什么"），以及自己对自己的关怀（例如"关怀你自己时会说什么"）。教授静观自我关怀的心理治疗师往往对关怀聚焦疗法也很熟悉。

关于关怀聚焦疗法，有大量实证文献，无法在此一一提及（综述可参阅Kirby, 2017; Leaviss & Uttley, 2015）。这些研究表明，关怀聚焦疗法有效地增加了自我关怀，并且能有效治疗患有各种临床问题的个体。例如，一项针对进食障碍门诊患者的随机对照试验发现，与常规治疗相比，12周的关怀聚焦治疗能让患者的自我关怀（34%）、羞愧和进食障碍病理症状有更大的改善（Kelly et al., 2017）。另一项随机试验（Gharraee, Tajrishi, Farani, Bolhari & Farahani, 2018）发现，12周的关怀聚焦治疗提高了社交焦虑个体的自我关怀水平（28%）和生活质量，并且减轻了他们的焦虑症状。帕里与马尔帕斯（Parry & Malpus, 2017）的研究发现，8周的关怀聚焦治疗增加了持续性疼痛患者的自我关怀（32%）并减少了抑郁和焦虑。布罗勒与同事（Brähler et al., 2013）开展了一项随机对照试验，比较了16次关怀聚焦治疗与常规治疗对精神分裂症患者的作用，研究发现，对于精神病所带来的痛苦，关怀聚焦治疗组的被试表现出了更多的关怀，并且有更大的临床改善。除此之外，被试的抑郁和被社会边缘化的感觉也大幅减少。总而言之，即使各种临床障碍的患者更习惯以适应不良的方式来对待自己，但是在帮助他们培养自我关怀方面，关怀聚焦疗法依然表现出了极大的潜力。

研究表明，关怀聚焦疗法的关怀心训练对于非临床群体也是有效的。博蒙特、雷纳、德金与鲍林（Beaumont, Rayner, Durkin & Bowling, 2017）发现，受训的实习心理咨询师接受了6次关怀心训练之后，自我关怀水平有所提升（12%）。与之相似，马托斯与同事（Matos et al., 2018）发现，仅仅两小时的关怀心训练再加两周的练习，就可以显著提高积极情绪，改善心率变异性，增加对自我与他人的关怀，并显著减少压力、羞愧、自我批评以及对关怀的恐惧（该研究使用"关怀投入与行动量表"来测量自我关怀，而非"自我关怀量表"）。

对于静观自我关怀的研究

虽然本书中所概述的静观自我关怀课程仍处于早期发展阶段，但越来越多的证据表明，该课程在增强自我关怀、增进其他方面的心理健康上是有效的，而且随着时间的推移，在该课程中所学到的自我关怀技能会一直保持下去。本书会较为详细地讲述这部分研究，因为这些研究为本书其余部分所讲述的课程提供了实证支持。我们首先对静观自我关怀课程进行了小规模的初步研究（Neff & Germer，2013），其中包括 21 名被试（95% 为女性，平均年龄为 51.26 岁）。我们发现，课程学员的自我关怀（34%）、静观、社会联结、生活满意度与幸福感均有了显著提升，而抑郁、焦虑与压力水平降低了。基于这个激动人心的结果，我们接下来对静观自我关怀课程进行了随机对照研究（Neff & Germer，2013），该研究比较了 51 名被试（77% 为女性，平均年龄为 50.10 岁）的结果，这些被试被随机分配到了静观自我关怀组或等待对照组。绝大多数的被试（76%）都报告说有静观冥想的经验。研究要求两组被试在静观自我关怀课程开始前两周和结束后两周填写一系列自陈式量表，并分别在 6 个月后和 1 年后再次对静观自我关怀组的被试进行评估。所用的问卷评估了自我关怀、静观、对他人的关怀、生活满意度、社会联结、幸福感、抑郁、焦虑、压力以及情绪回避。

在这些测试中，两组被试的前测结果没有差异。然而，在后测中，静观自我关怀组被试的自我关怀水平显著高于对照组（43%），表现出了很大的效应量。静观自我关怀组的被试在静观、对他人的关怀、生活满意度方面有了更显著的提高，在抑郁、焦虑、压力和情绪回避方面也有了更显著的降低。

值得注意的是，在幸福感与社会联结方面，研究并没有发现显著的组间差异。然而，在进一步检查结果时，我们发现，由于等待对照组的情况也有所改善，所以才没有出现组间差异。比较前后测，静观自我关怀组被试的各项指标得分均有所提高，而对照组的自我关怀、静观、幸福感与社会联结也有显著提高。这有助于解释，为什么与对照组相比，静观自我关怀组被试在幸福感与社会联结方面的提升并没有显著差异。然而，这个问题依然存在：为什么对照组的结果也会改善？为了进一步探索这个问题，我们在研究结束时联系了对照组的被试，询问他们是否在研究期间进行了一些提高自我关怀的活动。具体而言，我们询问了他们是否读过有关自我关怀的书（例如 Germer，2009；Neff，2011a），或访问过一些提供自我关怀相关信息或可下载自我关怀冥想资料的网站。我们还问了他们是否尝试过在日常生活中更加关怀自己。几乎所有对照组的被试都回答了我们的问题。读过书或在网上学习自我关怀的对照组被试占比 50%，在生活中有意识地践行自我关怀的被试则占比 77%。这个结果实际上增强了我们对于研究结果的信心，因为等待对照组的被试也在相对主动地尝试增加自我关怀，从而使干预组的相对变化更为显著。

在自我关怀的时间跨度方面，我们发现，与前测相比，静观自我关怀组被试在课程结束 3 周后的自我关怀得分有所增加，并且在 3～6 周内又有增长，但从 6 周后到后测期间，该得分没有显著增加。此外，对静观自我关怀组被试在 6 个月后（92% 的干预组被试参与了随访调查）和 1 年后（只有 56% 的被试接受了 1 年后的随访）进行调查发现，他们的自我关怀没有显著的变化。这些结果表明，静观自我关怀课程中传授的自我关怀技能是逐渐习得的，但一旦习得，就会保持相对稳定。我们还询问了被试每周做几次正式冥想，或者在每周的日常生活中做几次自我关怀技能的非正式练习。被试练习自我关怀的频率能够预测他们自我关怀的增长程度。在预测自我关怀的增长方面，正式练习与非正式练习并没有差异。有关静观训练的研究已经证实了非正式练习的重要性（Elwafi，Witkiewitz，Mallik，Thornhill & Brewer，2013）。总而言之，我们的研究表明，自我关怀是一种可以教授的技能，并且其提升程度依赖于练习量。也就是说，练得越多，学到的就越多。

6 个月后与 1 年后的随访也都证明了其他方面的结果改善也得到了保持。事实上，从课程结束到 1 年后的随访期间，被试的生活满意度一直都有提高，这表明持续练习自我关怀能够持续提高被试的生活质量。然而，考虑到 6 个月后至 1 年后随访期间的被试流失，我们应谨慎解读这些结果，因为那些对自己生活最满意的被试，也是最有可能参与 1 年后随访调查的人。

由于缺乏有效的对照组，这项研究受到了进一步的限制，这是在未来研究中需要改善的一个缺陷。除此之外，考虑到大多数被试都有静观冥想的经验，我们不能确定课程中教授的练习是否只对那些已经知道如何冥想的人有效。从另一角度来看，尽管大多数人都有冥想的经验，但静观自我关怀组被试的幸福感依然有所提升，这说明静观自我关怀比单一的冥想更能带来切实的益处。

研究者已经对静观自我关怀进行了第二项随机对照试验（Friis et al., 2016）。这项研究包括了 63 名被试（68% 为女性，平均年龄为 42.87 岁），他们均患有 1 型或 2 型糖尿病。该研究比较了那些随机分配到静观自我关怀组（n=32）和等待对照组（n=31）的被试的结果。在研究开始时、结束时以及 3 个月后，研究者分别对自我关怀、抑郁症状、糖尿病相关的痛苦以及血糖控制（以 3 个时间点的糖化血红蛋白值来表示）进行了测量。

在前测时，这些指标均没有组间差异。然而，在 3 个月后的随访调查中，与对照组相比，静观自我关怀组的被试表现出了更多的自我关怀（27%），抑郁和糖尿病的困扰也有所减少。从基线时间至 3 个月后的随访期间，静观自我关怀组被试的糖化血红蛋白的均值也有了下降，下降的程度在临床上和统计上都是有意义的。等待对照组的总体情况没有变化。这些发现表明，学会善待自己（而不是严厉地批评自己）可能对糖尿病患者的情绪和新陈代谢都有好处。

还有的研究考察了静观自我关怀培训对于医疗保健从业者的影响。德莱尼（Delaney, 2018）开展了一项小规模的静观自我关怀初步研究，研究主题是护士的护理疲劳和抗逆力。结果表明，培训提高了自我关怀（24%）、静观、抗逆力和关怀满意度，同时减少了继发性的创伤应激与倦怠。该研究的结果得到了质性数据的支持：护士们表示培训提高了他们的应对能力，减少了自我批评，并且增强了积极的精神状态。

静观自我关怀的益处似乎并不仅仅存在于西方文化中。在中国北京，一项静观自我关怀初步研究调查了 44 名社区中的女性（平均年龄为 36.6 岁；Finlay-Jones，Xie，Huang，Ma & Guo，2018）。被试在课程前后及 3 个月后的随访时要填写一系列自陈式量表。在课程进行过程中，我们观察到了被试显著的改善，如自我关怀（43%）、对他人的关怀、静观的增加，以及对自我关怀的恐惧、反刍式思维、适应不良的完美主义、抑郁、焦虑和压力的减少，并且在这些改变中观察到了很大的效应量。大部分改善在 3 个月后的随访中依然得到了维持。这表明，静观自我关怀课程对于非西方群体的自我关怀与幸福感也是有效的。

洛兰·霍布斯与卡伦·布卢特（Hobbs & Bluth，2016）改编了一门青少年版的静观自我关怀课程，名叫"与自己交朋友"（making friends with yourself，MFY）。在这门八周课程中，每周课程的主题与成人课程相似。总的来说，该课程与成人课程的不同之处在于时长较短（约 90 分钟），更偏重活动，指导性冥想也更短，说明这些课程更适宜孩子的发展阶段。"与自己交朋友"包含一些鼓励学员自己探索静观与自我关怀的实践活动。例如，其中一个练习包括角色扮演，展现了我们如何理解我们对待自己的方式，并且为自我关怀练习奠定了基础。其中，还有一项艺术活动，体现了不完美的价值。关于青少年大脑发育的讨论也贯穿了整个课程。

布卢特、盖洛德、坎波、玛拉基与霍布斯（Bluth, Gaylord, Campo, Mullarkey & Hobbs, 2016）对"与自己交朋友"课程进行了一项混合方法研究，对象是 34 名青少年（74% 为女生，年龄在 14～17 岁之间）。研究比较了随机分配到"与自己交朋友"组（n=16）和等待对照组的被试（n=18）的结果。研究要求两组被试在基线时间与课程结束时填写一系列自陈式量表，从而评估他们的自我关怀、静观、生活满意度、社会联结、抑郁、焦虑以及积极、消极情绪。上课过程也经过了录音与转录，这些青少年也对课程的可接受度给出了口头反馈。

与等待对照组相比，"与自己交朋友"组的被试在自我关怀（11%）和生活满意度方面有了更大的提高，在抑郁和焦虑方面有所减轻，在静观和社会联结方面有了显著提高。鉴于样本量较小，可能需要更多的被试，这些趋势才会显著。多数青少年也对该课程给予了积极的反馈。正如一位青少年所说：

"我觉得，我要感谢我学会使用的那些工具。我对学校有很多焦虑。在过去几周，我感觉我的焦虑有所下降，因为我学会了静观和关怀自己。我觉得我对那些不得不做的事情感觉好多了，因为我知道，无论我做不做那些事，都不是世界末日。"（p.486）

布卢特与艾森洛尔－莫尔（Bluth & Eisenlohr-Moul，2017）也对参与"与自己交朋友"课程的 5 组青少年（N=47，53% 为女生，年龄为 11～17 岁）的情况进行了研究。被试在前测、后测和 6 周后随访时填写了自陈式量表。多层成长分析（Multilevel growth analyses）表明，随着时间的推移，被试在自我关怀（17%）、静观、抗逆力、好奇心/探索性以及感恩方面有所提升，并且在感知到的压力方面有所下降。与之相似，坎波及其同事（Campo et al.，2017）对"与自己交朋友"的改编版本进行了一项研究，这一改编版本通过网络向年轻女性癌症幸存者教授自我关怀（N=25，年龄为 18～29 岁）。被试不仅表示很喜欢这门课程，还认为它很有帮助，研究证明她们的自我关怀（29%）、静观、身体意象、创伤后成长有了改善，社会孤立、焦虑和抑郁则有所减少。这些发现是激动人心的，因为这说明我们可以为很年轻的学员教授静观自我关怀技能，这可能会改变年轻人的成长轨迹，令他们受益终生。

最后值得一提的是，研究者也对基于静观自我关怀原则的短程自我关怀培训进行了研究。比如，斯梅茨、内夫、艾伯茨与彼得斯（Smeets, Neff, Alberts & Peters，2014）开展了一项研究，研究了一门为期 3 周的课程对女大学生的效果。该课程中包含了改编自静观自我关怀的练习（例如"即时自我关怀""给自己写一封关怀的信""寻找自己的慈爱话语"）。研究对象包括 49 名来自欧洲大学的心理学专业女生（平均年龄为 19.96 岁），她们都是即将读大一或大二的学生。她们被随机分配到自我关怀干预组（n=27）或主动时间管理对照组（n=22）。在连续的 3 周内，研究对两组被试进行 3 次简短的干预，前两次积极干预大约持续 90 分钟，最后一次收尾会谈持续约 45 分钟。被试分别在干预的 1 周前和 1 周后填写各项自陈式量表。研究发现，与对照组相比，短程静观自我关怀干预使自我关怀（21%）、静观、乐观以及自我效能得到了显著提升，并且减少了反刍式思维。

这个短程培训取得了成功，十分鼓舞人心，这说明自我关怀可以在无须冥想的情况下间接地传授。因此，我们目前正在对教师、慢性病患儿的父母以及有职业倦怠风险的医疗保健工作者等人群开展初步研究，考察简版静观自我关怀课程的作用。我们对儿童医院的医疗保健工作者进行了随机等待对照试验，考察一共 6 次、每次 1 小时的简版课程的作用。初步结果显示，短程干预对于这个群体是有效的。被试不仅表示喜欢这门课程，而且在自我关怀（16%）、静观、对他人的关怀、关怀满意度等方面有了显著提升，压力则有了显著下降。结果中还存在一种调节效应，即最初自我关怀程度低的被试，其抑郁程度显著降低了（最初自我关怀程度较高的被试没有表现出这种现象）。而且，所有的成果在 3 个月后的随访时依然得到了保持。这些短程干预很有前景，因为它们需要投入的时间较少，可能更适合那些不愿练习冥想、更喜欢简单地将自我关怀练习融入日常生活的人。然而，这方面的研究还处于早期阶段，至于需要多少练习才能培养出自我关怀的新习惯并产生长期的影响，还有待进一步的观察。

自我关怀的间接训练 vs. 直接训练

虽然研究已经证明，基于静观的干预（如正念减压和正念认知疗法）可以提高自我关怀，而且自我关怀的增加似乎是这些干预的关键机制，但对于自我关怀应该以直接还是间接的方式传授，还存在着一些分歧。乔恩·卡巴金（2005）写道，正念减压的教师"一直在试图身体力行慈爱的品质……所以在我看来，对此没必要明确地说出来。最好的做法是尽我们所能，使我们的身上和我们所做的每一件事上，都充满爱心与善意，这样就可以了"(p.285)。西格尔及其同事（Segal et al., 2013）在他们的正念认知疗法培训手册中也表达了同样的观点，他们认为，自我关怀最好通过间接的方式来传授：

> 在正念认知疗法中，如果自我关怀的培养是间接的、无处不在的，甚至隐含在我们的指导语里，那么体现自我关怀的大部分责任都落在了教师身上。善意最初是通过教师个人的温暖、关心和接纳的姿

态来传达的，并且在整个课程中，通过对学员的温和态度来强化，尤其是在有消极情绪的情况下，如悲伤或愤怒。如此一来，静观与关怀就凝结在了我们的一举一动里，而没有直接地传授。（p.140）

这种方法认为，自我关怀的技能完全可以通过间接的方式来增强，例如教师温暖待人，以及回应学员的问题与评论。

传授自我关怀到底哪种方式更有效，间接还是直接，这最终是一个实证的问题。据我们所知，只有一项研究探讨了这个问题。布里托–庞斯及其同事（Brito-Pons et al., 2018）比较了智利一所大学参加关怀培养训练（n=26）与正念减压课程（n=32）的被试，不过需要注意的是，被试并未随机分配到这两组。尽管如此，这项研究还是为关怀的直接和间接教学之间的潜在差异提供了初步的认识。两组被试在自我关怀方面都有显著提高（关怀培养训练组为28%，正念减压组为15%）。虽然关怀培养训练组的收益更大，但与正念减压组没有显著差异。关怀培养训练组的结果也表明，他们对于他人的关怀（8%）、共情性关注（14%）以及对人性的认同（15%）均有了显著的提高。参与正念减压的被试在这些方面则没有显著的提高（分别为3%、2%与−1%）。有趣的是，两组被试在静观方面几乎获得了同样显著的提高（关怀培养训练组为17%，正念减压组为16%），这说明这方面的结果并不完全取决于各个课程的主题。

我们还需要更多的研究来直接比较正念减压、正念认知疗法与静观自我关怀等课程的相对影响，然后才能了解它们之间的共同与独特之处。可能每种课程在提高某些技能方面都比其他课程更有效。例如正念减压与正念认知疗法更有可能影响认知灵活性、注意功能与内感受（interoception）等方面（Keng et al., 2012），而基于关怀的课程则更有可能增加自我关怀以及对他人的关怀。因此，基于关怀的课程很可能是正念减压或正念认知疗法的有效补充，对于那些倾向于自我批评的人尤其有益。

有些人尝试开发新的干预方法，直接将静观训练与自我关怀训练结合起来，用于应对特定的疾病。例如，帕尔梅拉、平托–戈维亚与库尼亚（Palmeira, Pinto-Gouveia & Cunha, 2017）开发了一门为期12周的减肥课程，名为"轻松瘦身"（Kg-Free），该课程就利用了静观、接纳承诺疗法以及基于关怀的方法。一项随机对照试验发现，与常规治疗的对照组相比，"轻松瘦身"组被试的自我关怀（13%）、健康行为明显增加，心理功能以及生活质量都有了显著提高，并且他们与体重有关的消极体验有了显著减少。我们目前还不清楚这种综合性的方法是否比只专注于一种训练的方法更为有效，但结果说明，还需要更多的研究。

事实上，未来研究的一个重要领域，就是确定个体差异变量是否在每种培养幸福感的课程中发挥了作用。比如，正念减压与正念认知疗法可能对先前静观水平较低的人更有效，而静观自我关怀可能对那些自我关怀水平低的人更有效。研究也可以探讨，同时参与这两种课程，是否能带来最大化的幸福感，如果真是如此，干预的顺序又该是怎样的，这个研究方向也许大有可为。从直觉上讲，在学习自我关怀之前学习静观似乎是最好的，因为对痛苦的静观可以为自我关怀奠定基础。然而，有严重羞愧感或自我批评的人，可能需要首先培养自我关怀，从而获得情绪安全感，才能用静观的态度面对自己的痛苦。不管怎样，直接教授静观与直接教授自我关怀的干预可能都是需要的。在传统佛教里，静观与关怀被认为是鸟的两翼（Kraus & Sears，2009），都是飞翔所必需的。

未来研究的另一个重要领域，就是在现场之外的情境中培养自我关怀。如前所述，坎波及其同事（Campo et al.，2017）发现，线上实时的自我关怀训练似乎对癌症幸存者是有效的。麦克尤恩与吉尔伯特（McEwan & Gilbert，2016）发现，在两周的时间里，每天在网上花 5 分钟练习关怀想象可以提高自我关怀水平（17%），而这种效果在最初自我批评程度高的人身上表现得更为明显。线上练习也减少了不够好的自我感觉、抑郁、焦虑和压力，而且在 6 个月后的随访评估中，大部分成果都得到了保持。自我关怀似乎可以通过多种方式来学习。萨默斯–斯派克曼、特龙佩特、施罗伊斯、波尔梅耶尔（Sommers-Spijkerman, Trompetter, Schreurs, Bohlmeijer, 2018）研究了自助书籍对于自我关怀的影响。他们在荷兰进行了一项随机对照试验，给 120 名幸福感在较低至中等水平的被试（n=120）发一本基于关怀聚焦疗法原则的书，让他们在家阅读，将他们的结果与等待对照组（n=122）进行比较。干预组被试每周都会收到指导练习的电子邮件。与对照组相比，阅读自助书籍被试的自我关怀水平有了显著提升（25%），其情绪、心理、社会幸福感（通过多种方式测量）也都有了改善。此外，9个月后的随访表明，干预组在许多幸福感指标上有了进一步的改善，其中包含自我关怀（30%）。考虑到自助书的便利性及普遍性，这些结论很值得进一步探讨推广。

手机App则是另一种训练自我关怀的方式。马克及其同事（Mak et al., 2018）在中国香港地区进行了一项随机对照试验，分别给予被试三种App：基于静观的App（n=753）、基于认知行为的心理教育App（n=753）以及基于静观自我关怀的"心·活"（Living with Heart）App（n=705）。研究者要求被试在28天内使用这些App，不过在1周后，使用量急剧下降。完成训练的被试在不同的组内大致是平均分布的：自我关怀组为122人，静观组为104人，认知行为组为126人。使用自我关怀App（12%）和使用认知行为App（7%）的人比使用静观App（2%）的人在自我关怀方面有了更显著的提升。然而，各组在与其他幸福感相关的结果上则没有差异。

最后值得一提的是，福尔克纳及其同事（Falconer et al., 2014）利用虚拟现实技术来教授自我关怀，取得了不小的成功。研究者向患有复发性抑郁症的被试展示一个痛苦的孩子的虚拟图像，并记录他们关怀那个孩子的情况。研究者将被试随机分配到两组：一组从第一人称的视角观看自己的虚拟现实形象关怀自己的情景（n=22），另一组被试则从第三人称视角来观看这个事件。结果显示，与第三人称组（-1%）相比，第一人称组被试的自我关怀水平有了显著的提高（28%）。在这两组的条件下，被试自我批评的减少程度相同，实验处理对情绪的影响也没有差异。

考虑到这些技术手段的简便与廉易，这些结果非常鼓舞人心。新方法的发展与完善，可以帮助人们在舒适的家中学习自我关怀，无论是通过在线干预、自助书籍、移动App还是虚拟现实，这意味着能够学习这项重要生活技能的人可能达到数百万之多。

本章要点

- 我们可以通过多种方法学习自我关怀，包括瑜伽和慈爱冥想。
- 研究证明，基于静观与接纳的干预，如正念减压、正念认知疗法以及接纳承诺疗法也能增强自我关怀。在这些静观的方法中，虽然自我关怀的教授是间接的，但它似乎是这些项目产生效用的一个关键机制。
- 有两个主要关注关怀他人的关怀训练项目，即关怀培养训练与认知关怀训练，它们似乎也能增强自我关怀与个人幸福感。
- 静观关怀生活法是另外一门结构化的关怀课程，该课程教授关怀与自我关怀，并且得到了初步的实证支持。
- 关怀聚焦疗法是一种专门用于培养关怀与自我关怀的心理治疗模式。研究已经证明了关怀聚焦疗法能让各种临床人群受益。
- 有两项关于静观自我关怀的随机对照试验表明，它可以增强自我关怀并促进身心健康，而一项来自中国的初步研究表明，静观自我关怀对于非西方人群也是有效的。
- "与自己交朋友"是静观自我关怀的青少年版，已有一项随机对照试验和两项初步研究支持了该课程的有效性。
- 未来的研究需要比较增强自我关怀的直接与间接方法，并且明确参与者之间的个体差异是否会对结果产生影响。另外一个值得研究的领域是考察学员学习静观、关怀他人与自我关怀的不同顺序所带来的相对益处。
- 一些其他的技术也可以用于培养自我关怀，比如线上培训、自助书籍、手机应用软件或者虚拟现实。这些不同的方法都有应用前景，值得进一步探索。

Teaching
the Mindful Self-Compassion
Program

第二部分

教授静观自我关怀

> 真正的熟能生巧,意味着人能长期从错误中得到有益的反馈,并且学有所得。
>
> ——丹尼尔·卡内曼(Daniel Kahneman,2011)

静观自我关怀课程是一个体验性的学习过程(Kolb,2015)。每节课的教室都是一个实验室,每次练习都是一次实验。我们向学员介绍各种各样的练习,如"品鉴呼吸"或"重复慈爱的话语",然后通过合作问询和团体讨论探索每个学生的体验。我们鼓励静观自我关怀的学员去发现对自己有用的练习:怎样做能意识到当下的体验(静观),是什么让自己做出善意与理解的回应(自我关怀)。一位学员曾这样总结自己学习静观自我关怀的体验:"其实很简单,坐下即可,看看会发生什么,然后给自己爱。"话虽如此,教授自我关怀有时还是相当困难的,尤其是当我们对自己的学员了解得相对较少时。对于这个问题,并没有简单的解决办法。

要教授静观自我关怀，就需要具备一些特定的技能或者能力领域。丽贝卡·克拉内及其同事（Rebecca Crane et al., 2013）详细阐释并验证了实施基于静观的干预（如正念减压和正念认知疗法）所需的六大能力领域。静观自我关怀在很大程度上也包含这些领域，但静观自我关怀的重点是训练自我关怀，而不是静观，所以这些领域也会略有调整。比如，在克拉内及其同事所提出的模型中，讲授教学主题与问询的能力会被视为同一能力领域，但在静观自我关怀中则属于不同的领域，因为静观自我关怀的问询主要是一种非言语的情感共鸣练习，与传授课程主题关系不大。随着我们在体验上和经验上逐渐理解并完善教授静观自我关怀所需的技能，这些能力领域肯定会继续发展。

本书的这一部分所提出的六大能力领域是：

1. 理解课程设置。
2. 讲授教学主题与指导练习。
3. 践行自我关怀。
4. 关怀他人。
5. 促进团体的互动过程。
6. 问询。

总览这些教学能力领域可以让读者了解教授自我关怀所需的技能与态度，即使读者自己并不打算教授静观自我关怀，也能从中获益。

在接受静观自我关怀教师培训课程之前，每名教师都需要先学习静观自我关怀的课程，我们建议读者在任何专业情境下教授自我关怀之前都要如此。要使自己的理解发生长期的改变，就必须亲身体验自我关怀（Kang, Gray & Dovidio, 2015）。亲身体验也有助于教师了解学习过程中难免出现的障碍，以及克服障碍的方法。想要了解更多有关参加静观自我关怀课程的信息，请访问网站 http://centerformsc.org，并点击"训练"（Train）标签。要教授八周静观自我关怀课程，就需要接受正式的教师培训。如前所述，自我关怀可能会激活各种情绪，所以为了知晓如何安全有效地教授这门课程，教师就必须接受培训。鲁伊格罗克-勒普顿、克拉内与多尔吉的研究（Ruijgrok-Lupton, Crane, Dorjee, 2017）表明，与教师的冥想或静观教学经验相比，教师的受训水平对于参加静观课程的学员的幸福感有着更大的影响。要了解有关静观自我关怀教师培训的信息，请点击 http://centerformsc.org 网站上的"教学"（Teach）标签。

接下来的第 5 章将概述静观自我关怀的结构与课程设置。第 6 章将总结各个教学主题、指导性冥想与课堂练习。第 7 章主要讨论两个相关的能力领域：践行自我关怀以及做一个充满关怀的教师。第 8 章会给出促进团体互动过程的经验与建议。第 9 章则开始探讨问询式学习与教学。

Teaching
the Mindful Self-Compassion
Program

第 5 章

理解课程设置

我从不教学生，只是尝试为他们提供学习的条件。

——阿尔伯特·爱因斯坦（Albert Einstein，引自 King，1964，p.126）

　　静观自我关怀教师的第一个能力领域就是**理解课程设置**。本章首先会概述教授八周静观自我关怀课程的实用细节。我们将阐述课程的基本结构，包括合作教学和学员的选择，开设课程所需的物理环境与材料，以及每节课的组成部分（例如主题、冥想、非正式练习、练习、问询）。在本章的结尾，我们会讨论静观自我关怀课程的各种变体。

　　在完成静观自我关怀教师培训后和第一次教授静观自我关怀课程之前，教师往往会对课程的综合性以及教授课程所需的多种技能感到害怕。教师要做的事情的确很多，但这门课程已经过多年精心打磨，教师能够通过谈话、课堂练习、冥想、诗歌、电影、运动和团体讨论等各种形式，引导学员一步步地深入理解自我关怀。教师通常要教上三四遍静观自我关怀课程才会感到轻松自如。因此，教师应该对自己作为教师的成长轨迹保持耐心，允许自己处于当前的特定能力水平。每个人都有各自的起点。课程本身就已经是很大的助力了，新手教师只需要以一种让所有人感觉自然、包容的方式，把课程展现出来就行了，每次向学员呈现课程的一个元素就好。

静观自我关怀的基本结构

静观自我关怀课程包括八周课程，每周一次，每次课程的时长是 2 小时 45 分钟（包括 15 分钟的课间休息时间），再加上 4 小时的静修，总共有 24 小时的教学时间。在为期八周的课程开始前，教师可以为有意参加课程的学员上一节独立的介绍性课程。理想的团体规模为 8～25 名学员，以及两名合作的教师。

合作教学

在理想情况下，静观自我关怀课程是由两名训练有素的教师讲授的。静观自我关怀教师的主要任务是授课，并关注团体的情绪需求。我们之所以推荐合作教学，是因为这两项任务很难兼顾。比如，当一位教师在带领一项有挑战性的练习时，另一位合作教师可以走到哭泣的学员面前，为他递上一张纸巾，以表达关心。

合作教师还可以为彼此提供情绪支持。关怀训练会激活多种情绪，教师难免会对学员的困境感同身受。有些学员会通过干扰团体互动过程来表达自己身陷困境。在这种情况下，有一位合作教师在身边就是一种安慰，他能以不同的方式与学员产生联结，帮助学员在课堂上保持积极的态度。

但我们并非总能有合作教师在身边一同工作。比如，在某一地区可能没有两名受过训练的静观自我关怀教师，或者班级规模太小，经济上不允许配备两名教师。在这种情况下，静观自我关怀教师可以选择与**助教**一同工作。助教是指具有教授静观自我关怀课程相关技能，如能够教授静观，但尚未接受过静观自我关怀正式培训的人。助教通常已经以学员的身份完成了静观自我关怀的课程。助教可以偶尔带领一次冥想，促进团体讨论，或者协助课程管理。受过训练的教师仍要对课程的内容和质量负责。我们还建议两位教师中要有一位是受过训练的心理健康专业人员。受过训练的心理健康专业人员担任助教，也就是**心理健康助教**。心理健康助教可能已经上过静观自我关怀课程，也可能没上过。有时他们以团体成员的身份免费参加课程，但他们也会关注其他团体成员的需求，并且在个别紧急情况下挺身而出。例如，如果一名学员在课堂上表现得情绪激动，难以平静下来，心理健康助教可以陪同学员走出教室，进行私下交流，而教师可以继续指导团体活动。是否需要心理健康助教，在很大程度上取决于团体成员的情绪抗逆力。

学员甄选

甄选静观自我关怀课程学员的最佳方式，就是帮助他们做出自己的选择。教师在描述课程时应该传达准确的信息，这样潜在的团体成员对课程的期望就可以与课程本身相符。比如，课程描述应该指出，静观自我关怀是一个体验式的工作坊，而不是静修（尽管其中包含了半天的静修）。人们一般认为，与工作坊相比，静修通常会更安静、更放松，也不会激起那么多的情绪。课程描述还应声明，静观自我关怀主要是自我关怀的训练，而不是静观训练。最后，课程描述还应该澄清，静观自我关怀是具有治疗性的课程，但不是团体心理治疗。静观自我关怀是一门结构化的课程，旨在培育静观与自我关怀的资源，而不是治愈旧日的伤痛。

有些学员的参与并不是完全出于自愿，他们是由医疗保健机构介绍来的，或者是在家人的劝说下参加的。随着静观自我关怀越来越受欢迎，越来越多的专业人士推荐学员前来上课。教师需要确保这些报名者理解课程的性质，并承诺全程参与。否则，学员的矛盾心理会对其他组员产生影响。对于教师来说，最好从一群在课程开始时就下决心迎接情绪挑战的人开始教起。

学员报名参加静观自我关怀课程时，他们需要填写一个背景信息表。通常，该表格包含：

- 联系信息。
- 参与该课程的原因。

- 以前或目前的冥想练习。
- 身体健康与其他限制。
- 心理历史：
  - 目前面临的压力，以及报名者是如何应对压力的。
  - 目前接受的治疗，包括用药情况。
  - 治疗提供者的联系信息。

报名者需要在背景信息表上签名并确认：他们愿意参加每一节课程；准备每天花 30 分钟练习静观与自我关怀（正式与非正式练习结合）；在上课的过程中，他们要对自己的安全和健康负责。有些教师会要求报名者签署一份更详细的知情同意书，在其中列出与课程相关的情绪风险及益处（也见 Santorelli et al., 2017）。

教师根据这些背景信息来判断每位潜在的学员能否从课程中受益。静观自我关怀是为教授普通人群而设计的，而不是为了治疗临床病症。也就是说，未来的学员必须能自我反省，探索自己的内心，而不会被轻易压垮。如果教师对报名者怀有顾虑，他们可能会联系报名者，讨论该报名者是否合适在此时参与课程。教师不应该接受让他们感到不安的报名者，如果不确定是否应该接受某位报名者，就应与同事协商。

排除标准

排除报名者的主要原因是情绪失调。情绪失调的学员可能需要教师给予过多的关注，并且难以和其他学生一起完成课程。有些人容易再度陷入创伤记忆，导致日常功能受到干扰，对于这样的人，应推迟他们的学习，直到情绪更加稳定之后，再让他们参与课程。排除报名者的另一个原因，是此人可能会干扰团体学习的体验。比如，如果学员有分裂团体或与教师争夺控制权的倾向，就不应参与课程。

精神病学诊断本身并不应该妨碍学员参加静观自我关怀的学习。这是因为，一些有精神病史的人已经学会了控制自己的症状，而他们能从自我关怀的学习中受益良多。然而，静观自我关怀可能不适合那些处于精神疾病急性期（如抑郁、焦虑、自杀倾向等）的患者，以及目前正在吸毒、酗酒或刚刚戒除毒瘾、酒瘾的人。那些最近经历过创伤（如离婚、暴力事件、所爱的人去世）的人，在学习静观自我关怀之前，应该先接受个体心理治疗，让情绪稳定下来。我们也建议正面临严重健康危机（如化疗或是正从严重的身体伤害中康复）的人等待一段时间，直到他们能全身心投入时再参与课程。要了解更多有关筛选报名者和确保安全的信息，我们建议读者查阅"布朗大学冥想安全工具箱"（https://www.brown.edu/research/labs/britton/resources/meditation-safety-toolbox）。

在选择学员时，我们应根据每个人的优势和弱点来考虑。上述建议适用于标准的静观自我关怀课程以及一般的静观自我关怀教师。一些教师具有针对特定人群（如边缘性人格障碍、创伤、物质滥用人群）的专业知识，而且针对特殊群体需求的静观自我关怀课程版本也正在开发之中。

组成团体

教师应该认真考虑在课堂上将哪些学员组合在一起。比如，对于身为心理治疗师的教师来说，如果其他团体成员不是他们的来访者，他们可能希望，也可能不希望让来访者参与他们的静观自我关怀团体。如果学员来自同一工作单位，教师就需要考虑把不同级别的人（老板与雇员）分配在同一团体是否合理。重要的是，让所有学员都感到安全，并愿意与他人分享自己的事情。一般而言，同质团体（如年龄、种族、性别认同、社会经济地位或智力水平相近的学员）比异质团体更容易带领，但异质团体可能会提供更深层的共通人性的体验。

团体集会的**地点**很重要。理想的地点要私密、中性、安全、有吸引力。在静观自我关怀的课程中，教师要尝试创造一个特殊的文化氛围——一种善意的文化。比如，在工作场所举办团体活动，可能会受到工作场所文化的影响，并引起熟悉的、工作中的互动。

团体规模是另一个需要考虑的问题。静观自我关怀课程是为 8～25 人的团体设计的，但团体规模是可变的，因为课程还提供了许多供小型团体互动的活动。对于内向或害羞的人来说，大型团体（20 人以上）可能是有挑战性的。6 人及以下的团体可能就太小了，因为一旦有人缺席，其他组员就会有很强烈的感受。事实上，对于教师来说，带领小团体可能要做更多的工作，因为团体成员更容易要求得到个人的关注。在考虑团体规模与团体成员时，教师应该考虑自身的情况，并判断对于这样的安排他们自己是否感到舒服。

环境设置与材料

一般而言，静观自我关怀课程在教室内进行，椅子要排成一圈。这样安排座位可以让组员看到彼此，促进团体的凝聚力。如果学员超过25人，可以在外圈再放置半圈椅子。一些有冥想经验的学员喜欢坐在地上的坐垫上，或者在课程中交替坐椅子和垫子。

房间里通常要有一张桌子，上面放着与这节课有关的材料。这些材料通常包括：

- **名牌**。在每节课上，尤其是在大型团体中，佩戴名牌能促进组员之间的联结。
- **考勤表**。考勤表可以帮助教师掌握出勤率。出勤率可用于各种目的，比如知道谁缺课、需要特别关注，为专业人士的继续教育提供学分，或者明确那些申请参加教师培训的学员是否修完了80%的课程。
- **教辅资料**。强烈建议教师为学生提供《静观自我关怀：勇敢爱自己的51项练习》(*The Mindful Self-Compassion Workbook*；Neff & Germer, 2018)⊖作为课程的辅助材料。
- **每周反馈**。教师要求学员每周写作书面反馈，内容包括他们的课程体验，尤其是关键的领悟或挑战、特别有用或不太有用的练习，以及学员可能希望让教师知道的保密信息。
- **闹钟**。教师可以在练习时或休息后用钟声提醒学员注意时间，或者表示练习或课程的结束。
- **零食与饮料**。在休息时提供一些零食，来帮助团体成员获得身体和情绪上的滋养。

⊖ 《静观自我关怀：勇敢爱自己的51项练习》(*The Mindful Self-Compassion Workbook*) 已由机械工业出版社（华章分社）出版。本书后文将此书简称为《静观自我关怀》。

- **挂纸板或白板**。教师在做简短的讲座时可以使用海报纸或白板作为视觉辅助，这样能帮助学员写下概念性的问题与论点，以供之后讨论。
- **纸笔**。我们鼓励学员在听课时做笔记，并记录下他们在实践和练习时的体验。
- **鲜花**。有些教师喜欢在靠墙的桌子或地板上放一束鲜花来美化房间。

课程内容概述

静观自我关怀课程有着精密的架构，每一节课的内容都建立在前一节课的基础上。

- **第 1 课**是迎接学员的课程，要向学员介绍本课程，并让学员彼此认识。第 1 课还提供了自我关怀的概念介绍，以及可以在这周做的非正式练习。
- **第 2 课**主要是静观训练。为学员教授正式与非正式的静观练习，以及静观自我关怀课程中的静观基本原理。学员还会学习回燃的概念（自我关怀激活困难的情绪），以及如何通过冥想练习来应对回燃。比起之后的课程，第 1、2 课包含较多讲授的内容，以便为整个课程建立概念基础。
- **第 3 课**介绍慈爱的概念以及主动觉知温暖的练习。慈爱应在教授关怀之前培养，因为慈爱不是直接针对痛苦的，所以挑战性较小。在这节课中，学员可能会发现他们愿意在冥想中使用的慈爱话语。人际练习有助于在团体成员间发展亲密感、安全感和信任感。
- **第 4 课**拓展了慈爱冥想，将其融入与自我的关怀对话，并且关注如何用善意来激励自己，而非自我批评。到了第 4 课的时候，许多学员会发现自我关怀比预期中的更具挑战性，因此教师需要探讨进步的意义，并鼓励学员在遇到挫折或感到自己无法胜任自我关怀的学习任务时给予自己关怀。
- **第 5 课**的重点在于核心价值观与关怀倾听的技巧。与其他内容相比，这些话题与练习在情绪上没有那么大的挑战性，并且是在课程中间引入的，能够给学员一个情绪上的休息时机，但同时依然能深化自我关怀的实践。
- **第 5 课之后的静修**。静修能为学员提供一个机会，让他们沉浸在已经学过的练习中，在这 4 小时的静默中，学员可以把静观与自我关怀应用于自己头脑中浮现的任何事物上。静修也会引入一些需要身体活动的新练习——行走、拉伸、户外活动。
- 第6课让学员有机会将他们的静观与自我关怀技能运用于困难的情绪上。学员还会学习一种新的处理困难情绪的非正式练习。这节课还会讲述羞愧情绪，消除这种情绪的神秘感，因为羞愧经常与自我批评联系在一起，与"黏性"情绪（如内疚与愤怒）纠缠在一起。
- 第7课讨论具有挑战性的关系。人际关系是大多数情绪痛苦的根源。这节课会激起一些情绪，但多数学员在练习了六周静观与自我关怀之后，已经做好了准备。第7课的主题是关系中的愤怒、照料者疲劳以及宽恕。
- 第8课是本课程的尾声，学员会学习积极心理学的内容，并学习品鉴、感恩与自我欣赏的练习。这三者相互关联，是拥抱生活中美好事物的方法。在课程结束后，还要邀请学员复习他们所学的、想要记住的，以及他们想要练习的内容。

表5-1给出了整个静观自我关怀课程的概述，其中包含了每节课的特定主题、冥想、非正式与正式的练习。

每节课的组成部分

每节静观自我关怀课程都遵循特定的活动顺序。（下面的图标是用来表示活动类别的，这些图标将在第三部分介绍每节课的详细内容时再次出现。）

 开场冥想

课程应准时开始，迟到的学员可以在到达后安静地坐在座位上，加入开场冥想。开场冥想会持续20～30分钟，包括冥想后的沉淀/反思与问询（见下文）。以冥想开始每一节课，其目的是强调个人练习的重要性，唤起静观与关怀的心态，为学习做准备。课堂上的所有冥想都由教师引导。（关于冥想的更多信息，请参阅后文。）

表 5-1 静观自我关怀课程概览

课程编号	标题	主题	冥想(M)与非正式练习(IP)	课堂练习
1	发现静观自我关怀	• 欢迎 • 具体细节 • 如何学习静观自我关怀 • 何谓自我关怀 • 关于自我关怀的疑惑 • 自我关怀的研究（可选）	• 放松触摸（IP） • 即时自我关怀（IP）	• 我为什么到这儿来 • 指导原则 • 我会怎样对待朋友 • 自我关怀的姿势（可选）
2	践行静观	• 走神 • 何谓静观 • 对抗 • 回然 • 静观与自我关怀 • 话语练习	• 自我关怀呼吸（M，核心） • 脚底静观（IP） • 日常生活中的静观（IP） • 日常生活中的自我关怀（IP） • "此时此地"石（IP，可选）	• 我们如何给自己造成不必要的痛苦
3	践行慈爱	• 慈爱与冥想 • 慈爱冥想 • 话语练习	• 自我关怀呼吸（M，核心） • 给所爱的人慈爱（M） • 自我关怀动作（IP，可选） • 找到慈爱的话语（IP）	• 唤醒我们的心
4	发现你的关怀之声	• 进步的阶段 • 自我批评与安全	• 给自己慈爱（M，核心） • 给自己写一封关怀的信（IP）	• 我的静观自我关怀进展如何 • 用关怀激励自己
5	深刻的生活	• 核心价值 • 在痛苦中找到隐藏的价值 • 用关怀去倾听	• 给予和接受关怀（M，核心） • 活出生命的誓言（IP） • 自我关怀倾听（IP）	• 发现我们的核心价值 • 黑暗中的光明
静修	静修	• 介绍静修 • 姿态指导	• 自我关怀身体扫描（M） • 品鉴行走（IP） • 品鉴食物（IP） • 脚底静观（IP） • 给自己慈爱（M，核心）	• 走出静默

6	面对困难的情绪	• 接纳的阶段 • 面对困难情绪的策略 • 羞愧	• 自我关怀动作 (IP) • 给予和接受关怀 (M、核心) • 自我关怀行走 (IP、可选) • 给自己慈爱 (M、核心) • 处理困难情绪 (IP) • 处理羞愧情感 (IP、可选)
7	探索有挑战性的关系	• 有挑战性的关系 • 失去联结的痛苦 • 宽恕（可选） • 联结的痛苦 • 照料者疲劳	• 心怀关爱的友人 (M) • 关系中的即时自我关怀 (IP) • 平静的关怀 (IP) • 满足未被满足的需求 • 滑稽的动作（可选）
8	拥抱你的生活	• 培养幸福感 • 品鉴与感恩 • 自我欣赏 • 坚持练习的建议	• 关怀自我与他人 (M) • 为小事感恩 (IP) • 欣赏我们的美好品质 (IP) • 我想记住什么

沉淀与反思

在每次冥想结束时，给学员几分钟的静默时间，让他们沉淀心绪，反思刚才的体验。许多学员也喜欢写下他们的观察结果。

问询

在沉淀与反思的阶段过后，教师对几个学员分别进行短暂的问询，在此期间，学员可以将冥想的直接体验与整个团体分享。问询通常以这样的问题开始："你注意到了什么？"或者也可以从一个关于之前练习的、更具体的问题问起。第9章详细讲述了问询的过程。重要的领悟往往会在问询的过程中产生，或者由教师在问询的过程中加以确认。

练习讨论

对开场冥想进行问询之后，教师邀请学员谈谈他们过去一周在家的练习。练习讨论可以从"一个词分享"开始，即每个学员用一个词来描述自身体验，如"心不在焉""放松""眼泪"或"好奇"。对于教师来说，"一个词分享"是一种了解团体情况的简单方法。

然后，教师通常会开始讨论，可能会从一些问题引入，如"上周练习时有没有什么值得注意的事情发生"或者"你遇到过什么挑战吗"。像往常一样，我们鼓励学员描述他们练习的直接体验，而不是讲述他们的生活故事。练习讨论需要10～15分钟，但如果整个团体都对某位学员的问题感兴趣，可能讨论会持续更长的时间。

课程主题

在家庭练习讨论之后，教师要给出这节课的标题/主题，并解释为什么在课程的这个时间点探讨这个主题。

主题

静观自我关怀包含 34 个主题，每节课通常会包含两个或更多的主要主题。每个主题的讲授都要尽可能简洁，最好用愉快、互动的方式来讲授。由于静观自我关怀是一门体验性的学习课程，教学主题的主要目标是让学员为随后的冥想、非正式练习以及课堂练习做好准备。

练习

静观自我关怀课程中的"练习"指的是 3 个正式（核心）冥想、4 个其他的冥想、20 个非正式练习，以及 14 个课堂练习。

 冥想

冥想（或称正式冥想、正式冥想练习、正式练习）是指在一段特定的时间内用特定的方式练习，每次不超过 30 分钟。正式练习是一场在不同时刻发现我们觉知领域动向的实验，例如在我们品鉴呼吸的节奏、对自己说慈爱的话语、向不同的身体部位表达善意与欣赏等时刻。我们可以用各种姿势进行正式的冥想练习，坐、躺、站或走都行。静坐冥想是最常见的正式冥想类型，但不应认为其他姿势的练习层次较低。静观自我关怀中的三个核心冥想分别是"自我关怀呼吸""给自己慈爱"以及"给予和接受关怀"。核心冥想在课程中会讲授两三次（通常为 20～30 分钟，其中包括问询的时间），这些冥想构成了静观自我关怀的实践基础。另外四种冥想是"给所爱的人慈爱""自我关怀身体扫描""心怀关爱的友人"以及"对自我和他人的关怀"。

 非正式练习

非正式练习是指在日常生活中运用静观或自我关怀的技巧，例如，在开车时、工作时，或者在与他人交谈时。静观自我关怀中的 20 个非正式练习只会在课程中教授一次，但可以应用于任何场所、任何时间。我们也可以把 7 个正式冥想提炼为非正式练习，比如把"自我关怀呼吸"转换为几分钟的品鉴呼吸

的节奏。

非正式练习在静观自我关怀训练中有着重要的作用，因为我们需要痛苦来唤起关怀，而痛苦则更有可能出现在我们的日常生活中。在理想情况下，静观自我关怀的学员既做正式练习，也做非正式练习，因为这些方法是相辅相成的。初步研究（Neff & Germer，2013）表明，在增强静观自我关怀学员的自我关怀方面，正式与非正式练习同样有效，这一发现也得到了静观研究的证实（Elwafi et al.，2013）。

 课堂练习

课堂练习的目的是亲身体验课堂上讨论过的概念。练习通常是在半冥想的指导语下进行的，常会涉及回忆学员过去或现在的困难，从而提供唤起自我关怀的契机。在一些课堂练习中，学员要用纸笔写下他们的体验。

课堂练习不适合在家做，因为这些练习往往会激起许多情绪，因此最好在相对安全的教室中进行。练习后，学员通常会以两三人一组，讨论他们刚才的体验，这样有助于整合遗留下来的情绪。课堂练习中的一些元素可以用于日常生活中的非正式练习，但我们一般不鼓励学员回家做完整的课堂练习。

 休息

每节课的中途都会有一次茶歇。休息时间是团体成员相互交流、使用卫生间、吃零食或放松的机会。即使教师感觉时间紧迫，每节课间也应该有休息时间，来创造轻松的氛围。教师自己也需要放松一下。

 软着陆

在休息过后，教师通常会带领1～2分钟的"**软着陆**"。这种练习可以帮助学员回到课堂，也可以向学员展示如何在日常生活中运用即时的静观与自我关怀。"软着陆"的例子有：把手放在心上，感受脚下坚实的地面，品鉴呼吸的运动，在心中给自己一个微笑，身体运动或者低声对自己说几句鼓励的话。

更多的主题与实践

在休息之前，通常会讲授一两个主题，并进行相应的实践活动；在休息之后，则会讲授另一两个主题并进行相关的实践。在课堂的后半程，团体的能量往往会下降，所以后面的主题应该以更为吸引人的方式来呈现，或许应该让学员之间有更多的互动，从而让他们保持清醒与投入。正如前面所说，在课堂上讲完所有的主题和练习，不如维持愉快的气氛重要。

 ### 家庭练习

静观自我关怀教师的一个关键任务，就是帮助学员养成静观与自我关怀的日常练习习惯。在每节课结束前，要花 5 分钟的时间来复习学员刚刚学过的练习。教师会邀请学员在家尝试这些新的练习，以及任何以前学到的、让他们感到愉快或有益的练习。我们建议学员每天练习的时间长度为 30 分钟，可以将正式与非正式练习进行任意的组合。再次说明，任何在课程中学到的练习方法都是可以用的。我们鼓励所有学员成为自己最好的老师，使用那些最适合自己，或最能引起深刻共鸣的练习。

在课程间隙，教师通常会与学员保持联系，支持学员的家庭练习。大多数教师用电子邮件发送练习提醒、文章、引文或学员可能觉得有启发或有趣的网络链接。学员也可以使用电子邮件或其他线上平台在课程间隙相互联系。

 ### 结束

在下课前，通常会有片刻的静默、一首反映课程主题的诗歌，或者全体师生以静观方式倾听铃声。在结束的时候，教师也可以借此机会向学员表达谢意，感谢他们的支持、勇气和对练习的投入。在课程结束前，教师也可以提醒学员下节课把他们的每周反馈表带来。

静观自我关怀的变体

事实证明，在训练有素、经验丰富的教师的带领下，基础的静观自我关怀课程对广泛的人群都是安全有效的。不过，如果静观自我关怀专门为某些群体或人群做出调整，他们可能会受益更多。比如为青少年研发"与自己交朋友"（见第 4 章）就比标准的静观自我关怀课程包含更多的人际互动，反思练习也更少，其中还增添了艺术项目，课程的时长也缩短为 1.5 小时。至于其他人群，例如专业群体（如医疗保健工作者、教育工作者、商业工作者或军人）和临床群体（如焦虑、抑郁、创伤、癌症或慢性疼痛的患者），经过调整的静观自我关怀能够更符合他们的身体和情绪状况。

静观自我关怀可以为大多数群体量身定制，而无须过多改变课程的内容。例如，在第 3 章所提到的弗里斯及其同事的研究中（2016），研究者将静观自我关怀教授给了糖尿病患者。干预过程并没有特别涉及糖尿病（尽管每个人都很清楚大家为什么来上这门课），但静观自我关怀对学员的血糖水平产生了积极的影响，并且降低了他们与糖尿病相关的痛苦。

有经验的教师常常发现，针对不同的特定群体，他们的表达方式也会有所不同。例如，由于课程的学员以女性居多，所以静观自我关怀的语言往往反映了女性的敏感。然而，男性群体可能希望听到更多科学的依据，关注自我关怀的内在力量，讨论自我关怀作为一种工具的价值（比如将其作为一种增强情绪抗逆力、增进身心健康或改善关系质量的手段），并更多地关注自我辅导（"阳"的品质）而不是自我安抚（"阴"的品质）。经验丰富的教师通常会做出这样的调整，而不改变课程的基本内容。

教师也应该留心团体成员的文化需求。例如，如果在课程中过多地引用佛教的资料，有些基督徒可能会受到冒犯。有色人群可能会感受到种族主义的伤害，而来自主流文化的教师可能会对此毫无意识。文化上的失误是难免的，当这种情况出现的时候，教师可以谦逊地承认自己的错误，并做出必要的调整。静观自我关怀的目的是开发静观与关怀的普适资源，而不是要给任何人灌输特定的文化。

名称中包含了什么

静观自我关怀中心（the Center for MSC，CMSC）拥有静观自我关怀课程的商标，并负责以完整、一致、高质量的方式传播该课程。如果一门专门化的课程包含了静观自我关怀课程85%的内容，就可以被视为静观自我关怀的特殊应用，即使该课程主要关注特定的人群，也可以在课程标题中包含"静观自我关怀"或"MSC"的字样（如"男性的静观自我关怀"或"糖尿病患者的静观自我关怀"）。如果变体所包含的静观自我关怀课程不足85%，那么经过静观自我关怀中心批准后，也可以在副标题中使用"静观自我关怀"的字样，例如"抗逆力训练：医生的静观自我关怀"。并非每种变体都需要得到静观自我关怀中心的批准，只有那些在标题中带有"静观自我关怀"或缩写"MSC"的课程才需要。静观自我关怀的特殊应用及变体，只应当分别由受过训练、得到认证的静观自我关怀教师来开发。

尽管如此，我们依然衷心地鼓励读者在他们的专业活动中运用本书中的任何材料，例如在教授育儿课程、为组织提供静观指导，或者在做心理治疗的时候。这就是本书写作的主要目的。若要摘录书中的材料，应该以常见的方式来引用，若要出版本书的原始或改编文本，则需要得到出版社的许可。除此之外，要在结构化的培训课程中大量使用静观自我关怀的课程（包含8个或更多的主题或练习），则需要获得静观自我关怀中心的许可。获得静观自我关怀中心的许可是相对容易的，因为支持在不同人群和情境中传播静观与自我关怀的实践方法，是该中心的使命。静观自我关怀中心的网站提供了有关许可与变体批准的新版详细指南。

本章要点

- 静观自我关怀包含8节课（每节课2小时45分钟），再加上4小时的静修以及一节可选的迎新课程。课程包含讲授、冥想、课堂练习、非正式练习、问询、讨论、运动、视频与诗歌。理想的团体规模为8～25人。

- 在可能的情况下，静观自我关怀教师最好请一位合作教师或助教，以帮助授课并满足学员的情绪需求。我们还建议教室内随时都有一名受过训练的心理健康专业人士。
- 甄选学员的最好方法就是提供准确的信息，让学员自己做出选择。他们应该根据自己能否全身心地参与课程来做出选择。由于静观自我关怀课程会激活许多情绪，有严重的身体、情绪问题的学员应该推迟学习该课程。
- 每节课的主题与练习都经过精心的安排，互为基础。学习过程主要以体验为主。教学主题打开了练习的大门，然后教师再对学员的直接练习体验进行问询。
- 我们鼓励学员每天在家花30分钟练习静观与自我关怀，将正式与非正式练习结合起来。日常生活中的练习与正式的冥想同样重要。
- 可以定制静观自我关怀的课程与实践，以满足不同人群的需求。名称中带有"静观自我关怀"或缩写"MSC"的变体课程需要得到静观自我关怀中心的批准。若非如此，变体课程则不需要得到批准。然而，如果变体中包含8个或更多的静观自我关怀主题与练习，仍然需要得到许可。
- 我们非常鼓励专业人士将（本书中的）静观自我关怀的原则与实践整合到他们当前的工作中去。对于这样的专业化应用，只要不公开发表，并且适当地标注材料引用来源，就很少需要得到许可。

第 6 章

讲授教学主题与指导练习

> 毫无疑问,我们所有的知识都始于体验。
>
> ——伊曼努尔·康德(Immanuel Kant,1781/2016)

静观自我关怀教师的第二个能力领域,就是**讲授教学主题与指导练习**,包括带领课堂练习与读诗。要运用这些技能,就需要"由内而外地教学"。静观与自我关怀在本质上是对前概念的体验,帮助学员培养这些能力,就好比用手去指月亮。然而,如果教师的讲授能从内在体验出发,追随自己对于这门课程的热情,学员的身心就能与教师的身心产生共鸣,并且更加深刻地理解教师所要表达的内容。

觉知三角

我们已经仔细地阐述了静观自我关怀的课程,使教师有一个坚实的平台,在此基础上教学。教师应该把课程看作一个起点，而不应止步于此。不过，教授课程中的某些部分却比其他部分更需要忠于书面文本。例如，严格遵守课堂练习的指导语就很重要，因为课堂练习往往会激起强烈的情绪，而那些指导语经过多年的完善，既安全又有效。教学主题则不需要如此忠于文本，对教师来说，用自己的话来讲授这些主题更为重要。正式与非正式的冥想练习最大限度地为教师提供了机会，让他们将自己的肺腑之言讲出来，用语调、韵律和话语的内容来传达他们希望学员在自己身上发现的东西。

在教学中，教师需要同时注意三个觉知的领域：①**内在觉知**；②**文本**；③**团体**（见图6-1）。这个觉知三角是从静观自我关怀教师罗布·布兰兹玛的静观教学模式（2017，p.65）改编而来的。教师对这些领域的重视程度取决于他所教的内容。例如，当一个教师诵读诗歌时，理解听众（团体）的确有所帮助，但不如从内心（内在觉知）讲出诗人所写的文字（文本）来得重要。当一个教师在讲授教学主题时，在与团体成员的互动对话中与组员联结尤其重要。与充满热情和兴趣地传达理念相比，实际的文本是次要的。只有当教师需要在讲授中找到自己的声音时，内在觉知才是重要的。

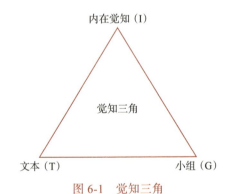

图 6-1　觉知三角

注：觉知三角源于布兰兹玛的理论（2017，p.65）。

表6-1指出了在教授课程的五大内容——冥想、非正式练习、教学主题、课堂练习与诗歌时，分别应该在觉知三角的各方面集中多少精力。（在讨论这个问题时，我们把冥想和非正式练习放在一起讲，因为它们都是以相同的、冥

想的方式传授的。)这种教学模式是一种指导精神,而不是需要严格遵照的规定。如前所述,所有的教学方式都需要一定程度的"由内而外的教学"。比如,即使教师必须准确背诵一首诗或练习的指导语,教师也应该在内心体会这些文字,然后在开口时把自己的感受表达出来。在讲授教学主题时,教师应该把自己从书本中解放出来,这样才更有可能由内而外地教学。与其逐字逐句地照本宣科,教师不如提前把想说的话按照优先次序整理好,找到自己的讲授方式,然后在教学的过程中偶尔浏览自己的笔记,以确保教学的方向正确。然而,有些课堂练习需要按照文本来朗读,"唤醒我们的心"(见第 3 课)就是一个这样的练习。即使是静观自我关怀的开发者,我们(克里斯与克里斯汀)在带领这项练习时也需要朗读超过 90% 的指导语,因为这些指导语经过精心编写,能够最大限度地保证学员的安全。下面的内容就是讲授教学主题、引导冥想和非正式练习、带领课堂练习以及阅读诗歌时需要考虑的要点。

表 6-1 各部分教学的关注点

教学部分	优先级		
	内在觉知	文本	团体
冥想/非正式练习	高	中	低
教学主题	低	中	高
课堂练习	中	高	中
诗歌	中	高	低

教学主题

静观自我关怀课程的一个重要目标,就是让学员成为自己最好的老师。因此,在学生做任何新的练习之前,都要告诉他们这些练习的基本原理。例如,在教授"即时自我关怀"之前,我们要给自我关怀的组成部分下定义(它们也是这项练习的组成部分)。任何教师在练习之前没时间讲的教学要点都可以在练习后再讲。直接的体验通常是不言自明的。

静观自我关怀课程包含 34 个教学主题。这里是一些关于教授这些主题的建议:

- **保持简洁**。教学主题的讲授通常要控制在15分钟以内，经验丰富的教师尤其要注意这一点。教师应该把教学主题看作预告而不是正式的课程，它们是开胃菜而不是主菜。大部分的学习都是在练习中进行的。
- **追随你的能量与热情**。在教师最有热情的话题上，学员学到的东西最多。教师应该弄清某个主题领域内的哪些要点最能让自己感到兴奋、充满能量，然后围绕这些要点来组织自己的课程。
- **增强互动**。教师应尽量使用引导性的问题，让学员联系自身经历，并得到他们的回应。教学主题应该像一个**相互学习**的经历。
- **增强趣味性**。每个人都会对开怀大笑心怀感激，尤其是在教授自我关怀的时候（需要触及痛苦情绪）。教师可以随意讲讲幽默逸事、笑话，分享一些个人的缺点。讲授不需要很严肃，也能很有意义。
- **举例子**。对于自己所教的每个主题领域，教师都应该准备一则简短的个人的例子。在理想情况下，教师的个人例子会增强学员的体验，或使他们的体验得到认可。教师也可以搜集一些故事来阐明自己的观点。重点在于用生动的形象来展示概念，而不仅仅是阐述概念。
- **教学方法多样化**。学员通常很喜欢教师使用不同的教学方法，如讲授、视频、诗歌、运动、音乐、阅读、讨论、研究、问答等。除非某个话题非常简短，否则教师应该尝试改变自己的授课方式。

在本书记载的静观自我关怀课程中，每个话题都包含了许多信息和支撑材料，教师在上课的时候是用不完的。新手教师往往觉得他们必须把能找到的所有信息都讲出来。然而，在教室中维持愉快的、相互联结的气氛，比在课堂上讲完所有的知识点更重要。学员更容易记住自己的感受，而不是他们听到的东西。随着时间的推移，教师会发现如何在不带笔记的情况下，简洁有趣地讲授每个话题。**静观自我关怀的重点在于转变，而不是信息。**

冥想与非正式练习

带领正式冥想与非正式练习是一种精妙的技艺，会随着时间的推移而逐渐纯熟。在静观自我关怀中，正式与非正式的练习都以冥想的方式教授，从而让学生亲身体会这种练习的感觉。我们鼓励教师录制三个核心冥想的音频，以帮助学生开始练习。或者，教师可以在本书的配套网站（见附录C）上播放或下载核心冥想及某些其他静观自我关怀练习的录音。《静观自我关怀》（Neff & Germer，2018）一书也有相应的配套网站，学员可以在那里找到录音。

在引导冥想和非正式练习时，记住如下几点可能会很有帮助。

- **理解练习的目的**。教师必须知道他们所引导的每一次冥想或非正式练习的目的。比如，"自我关怀呼吸"不仅是让学员不断关注呼吸的注意力练习，还是一种品鉴的练习，学员在练习时能够允许有节奏的呼吸轻轻地摇晃与抚慰自己。如果老师明白指导语的目的，冥想与非正式练习的正确指导语就会自然地浮现出来。本书的第三部分给出了每次冥想与非正式练习的目的。
- **自我引导**。我们鼓励教师"深入内心"，感受自己的冥想觉知。在引导冥想和练习时，教师的眼睛在大部分时间都是微睁或完全闭着的。如果教师给自己足够的时间去倾听自己的指导语，并体验自己邀请他人所做的事情，他们就能掌握好自己的语速。
- **呼吸**。有时，对教师来说，在说指导语时呼吸一次或多次会有所帮助，这样能让他们自己和其他人有机会更充分地体会指导语。
- **找到自己的声音**。书本上的冥想、非正式练习指导语只能作为教师的指南。教师可以偶尔看一眼指导语，但他们应该根据自己的冥想经验，用自然流露的语言来说指导语。如果教师的指导语听起来像是在念课文，学员可能会从冥想状态中脱离出来。
- **用自然的声音讲话**。关怀的冥想与练习可能听起来比静观练习更舒缓，但教师也不应该让自己的指导语变得像催眠或者像糖浆一样甜腻。我们鼓励教师用自然的声音讲话，就像和好朋友说话一样。如果教师处于关怀的心境，处于慈爱、联结的临在状态，就会自然地找到正确的语调，学生也会自然而然地听进去教师所表达的内容。
- **邀请听者**。教师要欢迎听者进入冥想的体验，而不是试图诱导一种特定的情绪或精神状态。要培养邀请的语言风格，有一种简单的办法，即强调此刻的状态。比如，与其说出"感受你的呼吸"这样的指导语，不如说"感受你**此刻**的呼吸"。强调此刻的状态，暗示了正在进行的活动，也传达了一同练习的感觉。教师的**语气**也能反映出邀请的风格。比如，想象一下给司机指路（"在红绿灯处左转"）和邀请朋友来吃晚饭（"周五晚上你有空来吃晚饭吗"）之间的区别。声音的微妙变化可以传达出邀请的风格。

- **平衡觉知**。在引导冥想与练习时，教师的主要任务是维持内在觉知，只需偶尔看看团体的反应或查阅书面指导语。
- **后退**。教师负责引导冥想的过程，不负责结果。在一个10人的班里，对于同一个冥想或练习可能产生10种不同的反应。因此，教师"后退一小步"会有所帮助。教师无法控制每个人身上所发生的事情，但他们可以用静观与关怀的方式做出回应。
- **巩固体验**。如第5章所述，在每次冥想之后，会有一段沉淀与反思的时间。在这段时间内，教师可以鼓励学员将自己的体验铭记于心（Hanson，2013）。沉淀与反思有助于将冥想的状态拓展为一种特质，制造持久的改变（Fredrickson，2004a；Garland et al.，2010）。

课堂练习

冥想与非正式练习是在课堂上教授、回家练习的，而课堂练习则是专门为课堂所设计的。课堂练习中的一些元素可以在家练习，但学员不应在家做完整的课堂练习，因为课堂练习会激活许多情绪，需要熟练的教师指导。课堂练习通常以这句指导语开始："回想一下让你感到情绪不适的场景。"在学员（还有教师）的生活中，不请自来的痛苦情绪已经够多了，没有人需要再去寻找更多的痛苦去练习自我关怀。

教师在带领课堂练习时，（觉知三角中）文本与团体处于最重要的地位。教师应该严格遵照书面的指导语来带领练习。他们还需要观察团体，以确保每个人的状态良好。在课堂练习中，教师的内在觉知不如在冥想中那么重要，因为课堂练习唤起了对于个人的挑战，而教师在带领练习时并没有回忆自己真实的生活情景。相反，教师只需要与练习中的情绪基调产生联结就足够了。

静观自我关怀中有 14 个课堂练习。与引导冥想或讲授教学主题相比，教授课堂练习需要更多的准备，更需要关注细节。课堂练习中有许多元素，比如睁眼和闭眼、写作与反思、感受以及回忆。有几个课堂练习需要用到纸笔。教师在带领练习时，有时会觉得自己像一个舞台导演。

以下三个课堂练习可能尤其容易激起学员的情绪：

- 唤醒我们的心（第 3 课）
- 用关怀激励自己（第 4 课）
- 满足未被满足的需求（第 7 课）

对于大多数人来说，有了教师与同学的支持，这些练习就是安全有效的。

有些非正式练习也像课堂练习一样，需要在教学时具有同样的安全意识，因为这些非正式练习也可能在情绪上构成挑战。这些练习是：

- 找到慈爱的话语（第 3 课）
- 自我关怀行走（可选，静修）
- 处理羞愧感（可选，第 6 课）
- 欣赏我们的美好品质（第 8 课）

如果用于应对日常挑战，而不是将其作为引起困难情绪的沉思性练习，课堂练习和非正式练习通常是安全的，而且往往能带来极大的宽慰。此外，课堂练习的组成部分可以用于日常生活，而整个课堂练习则不可以。

保证安全

教师的首要任务是确保团体成员的安全（见第 8 章）。在安全与冒险学习新事物之间始终存在权衡。如果学员知道他们可以回到安全的情境中，他们就更愿意挑战自己。然而，太多的挑战可能会让学员的情绪不堪重负，削弱他们的学习能力。

虽然学员已经得到了完全相反的告诫,但他们在课堂练习或非正式练习中处理生活问题时,依然时常会选择过于艰难的问题。如果问题太困难,学生就会分神或崩溃,而学不到自我关怀。因此,教师应该鼓励学员关照自己的安全感。他们可以在愿意的时候挑战自我,但要避免让自己不堪重负。学员的情绪安全感,应该主要由学员自己负责。

教师要在第 1 课时将图 6-2 发给学生,帮助他们监控自身的安全感水平。该模型的基础是耶克斯 – 多德森定律(Yerkes & Dodson, 1908),该定律指出了养成习惯的最佳唤醒水平,并被应用于教育(Luckner & Nadler, 1997)与商业咨询领域(Senge et al., 1999)。学习的最佳区域是"**挑战区**",它介于感到安全的"舒适区"以及不堪重负的"危险区"之间。在创伤研究中(Ogden, Minton & Pain, 2006; Siegel, 2012),挑战区也被称作"耐受域"(window of tolerance)。

图 6-2　监控安全感

多数学生都错在对自己要求太高——通过强行克服情绪上的不适,来**努力**学习自我关怀。这样一来,他们往往会陷入不堪重负的区域。为了安全起见,我们鼓励自我关怀的学员学得慢一点。

在教授具有挑战性的课堂练习之前,教师要评估团体里每个人是否在情绪上做好了准备,是否能从练习中获益。如果学员做好了准备,也要向他们做出如下的安全说明:

- "不参加练习也是可以的,这也是自我关怀。"
- "在练习中选择一个轻微至中等难度的情境即可,而不要选择严重或重大的问题。"
- "随时都可以睁开或闭上眼睛。"
- "不跟随指导语也是可以的。"

- "可以将注意力锚定在呼吸、脚底等任何感觉客体上。"
- "可以做一些有益的、分散注意的事情,比如列出本周的购物清单。"
- "可以在需要的时候求助,也可以随时离开教室。"
- "可以在练习后或下课后向教师求助。"

在带领练习的时候,教师可以将这些安全建议放在自己的指导语中。

教师可以通过调整指导语的节奏与语调,来调节练习的强度。长时间的停顿可以鼓励学员更深入地探究他们的内心体验。教师的声音越柔和,学生的体验就越深刻。如果教师加快语速,提供更多的信息,再加上轻快的语调,学生的体验会更浅。教师可以感受团体的能量与情绪,从而确定如何引导每一项练习。

学员处理信息的速度也不一样。有些学员天生内向,思考缓慢而深刻,而另一些学员则喜欢在内心世界里跳跃。在写作练习中,有些学员在其他人还没有开始之前就做完了。要想找到完全适合每个人的节奏是很难的,所以教师应留出中等长度的时间。对于速度较慢的学员,如果他们愿意,教师可以邀请他们在家继续练习。

诗 歌

诗歌也能阐明课程的主题。第三部分的每一章都概述了一节静观自我关怀课程,其中就包含了对于诗歌的建议。诗歌有一种独特的能力,能唤起听者内心的微妙状态。诗歌可以在指导性冥想结束后,或者休息结束后(作为"软着陆")诵读,也可以用于阐明教学主题,或者用于结束当天的课程。

诗歌不过是纸页上的墨迹,直到遇上一个活生生的读者,那些文字才能变得鲜活起来。最适合诵读的诗歌,是那些教师觉得最能鼓舞人心的诗。当学员感受到教师声音传递的激情时,他们就会被诗歌所打动。因此,教师在读诗时与内在觉知保持联结是很重要的,要发自内心地读。

有些诗,即使是那种很短的诗,诗人也要花上好几年才能写出来。因此,诗歌的文本非常重要。在读诗之前，我们鼓励教师先去找到他们想要强调的字句。由于读者对于字句的看重程度不同，一行诗的意思可能会发生根本性的变化。

一首诗的结构，包括字句在页面上的排列方式，都可以为如何阅读这首诗提供额外的线索。教师在给学生读诗歌之前，应该先练习朗诵这首诗。读诗的语速要足够慢，这样听众才能听清每一个字，并感受到内心被唤起的情绪。如果教师留出足够的时间，允许诗句深入自己的心中，那么读诗的节奏通常就是合适的。最后，如果我们把诗歌作为礼物送给别人，往往会得到衷心的感谢。

培养"阴"与"阳"

静观自我关怀包含了各式各样的实践与练习，供每个人细细探索。有些练习倾向于培养"阴"的品质（与我们的痛苦在一起），强调安抚、安慰与认可。另一些练习则倾向于培养"阳"的品质（在客观世界中采取行动），强调保护、满足与激励（见第2章）。表6-2列出了静观自我关怀中的练习，这些练习分别倾向于挖掘"阴"或"阳"的自我关怀品质。不过，大多数静观自我关怀练习既包含"阴"也包含"阳"。

表6-2 培养自我关怀的"阴"与"阳"的练习

阴（课程编号）	阳（课程编号）
即时自我关怀——"阴"的语言（1）	即时自我关怀——"阳"的语言（1）
放松触摸（1）	日常生活中的自我关怀（2）
自我关怀呼吸（2）	用关怀激励自己（4）
自我关怀行走（3）	给自己写一封关怀的信（4）
找到慈爱的话语（4）	发现我们的核心价值（5）
自我关怀身体扫描（静修）	活出生命的誓言（5）
处理困难情绪（6）	关系中的即时自我关怀（7）
心怀关爱的友人（7）	满足未被满足的需求（7）
欣赏我们的美好品质（8）	平静的关怀（7）

在不同的情况下，我们需要不同的自我关怀属性，但我们的终极目标是发

扬并融合"阴"与"阳"的品质。我们可以调整各项练习的指导语，以便学员根据"我现在需要什么"这个问题的答案来强调"阴"或者"阳"。自我关怀阴阳两方面的共同点，就是关爱的态度。

本章要点

- 我们鼓励静观自我关怀教师在教授五大内容（冥想、非正式练习、教学主题、课堂练习与诗歌）时，采用"由内而外"的教学方法。
- 教师应将自己的注意力在内在觉知、书面文本以及团体成员的体验这三方面之间进行分配。对于"觉知三角"中各部分的关注程度，则取决于教授的内容。
- 正式冥想与非正式练习都是以冥想的方式教授的，从而让学生亲身体会练习的感觉。引导冥想和练习的关键，是引导自身的体验。
- 我们鼓励教师在教学中找到自己的声音。其他关于教学主题的建议是：保持简洁、互动性、有趣；追随自己的热情；引用自己的个人事例；通过视频、诗歌、研究、运动等方式多样化教学。
- 课堂练习是最复杂的教学内容，因为它们的目的是激起困难的情绪，并且包含许多组成部分（如反思、写作、睁眼与闭眼）。
- 在静观自我关怀课上，教师要监控学生体验的困难程度。教师应该帮助学生感到安全或迎接挑战，但不要进入不堪重负的区域。
- 诗歌能给学生一个机会，借助相对较少的文字便能切身体验教学的主题。教师应该只诵读那些他们觉得对自己有意义的诗歌，并允许自己在诵读时被诗歌打动。
- 自我关怀的练习包含温柔的阴性品质和有力的阳性品质，这些品质都反映出了一种关爱的态度。在不同的情况和时间里，学员可以探索那些吸引他们的品质与练习。

Teaching
the Mindful Self-Compassion
Program

第 7 章

做一个充满关怀的教师

> 当我们扪心自问"谁是我们生活中最重要的人"时,我们往往会发现,这些人没有给我们建议、解决方案或灵丹妙药,而是选择分担我们的痛苦,用温暖又温柔的手来抚慰我们的伤痕。
>
> ——亨利·卢云(Henri Nouwen,2004,p.38)

教授自我关怀的最好方法,就是做一个有关怀之心的人——既关怀自己,也关怀他人。学员通常需要先感受教师的关怀,然后才能感觉到对自己的关怀。因此,静观自我关怀教师的第三、第四个能力领域就是**践行自我关怀**与**关怀他人**,这两个领域都将在本章中讨论。我们会探讨做一个充满关怀的教师会遇到哪些障碍,以及教师在这条道路上该如何支持自己。

践行自我关怀

我们把自我关怀的三个组成部分,善待自我、共通人性与静观当下,描述为**慈爱、联结的临在状态**。当我们处于一种慈爱、联结的临在状态时,就做到了自我关怀。在静观自我关怀中，自我关怀成了一种存在的方式，体现在教师的语言、与他人的互动，以及教室的氛围中。

教师不一定要完美地体现自我关怀。正如尤金·根德林（Eugene Gendlin，1990，p.205）所说："与他人共事的本质，就是做一个有生命的人，与他人相伴。这是一种幸运，因为如果我们必须做一个聪明、善良、成熟、明智的人，那我们可能会陷入麻烦。"事实上，自我关怀的教学可能会因为教师的错误而受益。

> 新手教师珍妮弗曾对我们说，她为自己上的第一堂静观自我关怀课做了精心的准备，却在上课前不久时发现，她把笔记忘在家里了。在陷入了片刻的困惑与焦虑后，她意识到："这就是一个痛苦的时刻！"然后，她把自己的窘境和尴尬分享给了团体成员。他们都被逗乐了，也被珍妮弗对待自身困境的坦诚与自我关怀所打动了。然后，珍妮弗就在第1课里，用她当下的困境阐明了自我关怀的含义。在课后评估中，珍妮弗的几位学员写道，她对这种情况的处理方式，是整节课中最有教育意义的部分。

践行自我关怀的一个主要障碍是羞愧。那些想把工作做得十全十美的教师，在遇到困难时更容易感到羞愧。羞愧是一种"我不够好"的感觉，这种感觉可能会在遇到一些普通的挑战时产生，比如误解学生的话，权威受到学生质疑，或者有学生离开时。幸运的是，自我关怀是治愈羞愧的良药（见第16章）。当静观自我关怀教师意识到羞愧出现时（静观），他们可能也能意识到，其他人在这种情况下也会有类似的感受（共通人性），而他们可以对自己的困境心怀同情（善待自我）。这样对待羞愧的教师，尤其是在学员的面前这样对待羞愧，可以树立一个践行自我关怀的榜样。

我们鼓励教师践行自我关怀的一个原因，就是人类的心灵能够在神经系统上彼此产生共鸣。这使得身体力行成为一种重要的教学方式。如果教师处于接纳、温暖、平和、包容的心境中，这种态度就会扩散到整个教室。如果教师感到焦虑，学员也会焦虑。我们的情绪和态度会不可避免地影响他人。共鸣是社会神经科学领域的一个重要课题（Bernhardt & Singer, 2012；Decety & Cacioppo, 2011；Singer & Lamm, 2009）。

教师对自我关怀的践行也会影响他们在课堂上所做的决定。例如，新手教师常犯的一个错误，就是在课堂上安排太多的内容（讲的教学要点过多，让太多的学生发言，等等）。然而，如果教师能做到自我关怀，他们很可能会注意到他们何时把自己置于了不必要的压力之下。自我关怀的教师会确保所有团体成员（包括自己）都处在一个温暖、包容的学习环境中。

个人练习

当然，我们教师也是人，在一天的不同时间里，我们践行静观与自我关怀的水平也会不同。在教授静观自我关怀课程时，我们需要做些什么才能增强我们的静观与自我关怀呢？个人练习！上文讲到的新手教师珍妮弗，在上第一节静观自我关怀课之前已经练习了两年多的静观与自我关怀，所以她已经准备好以相应的方式来应对痛苦的时刻了。在她走进教室的时候，静观与自我关怀已经成了习惯。

关于静观冥想的研究表明，我们练得越多，就越擅长静观（Lazar et al., 2005；Pace et al., 2009；Rubia, 2009）。然而，仅仅坐下来冥想并不意味着我们真的在冥想。可能我们冥想了多年，只是强化了我们做白日梦的习惯。同样地，我们也可能只是专心致志地练习了一小段时间的冥想，就发现自己的生活因此而发生了转变。那些坚持练习的人通常在练习的质与量之间找到了平衡。

定时做正式的冥想是很难的。谁有这个时间呢？此外，我们往往会低估改变行为的难度。只要想想你上次试图改变饮食或运动习惯的情形，或者你有多快就放弃了新年计划，你就能明白了。作为一名静观自我关怀教师，你**首先需要弄清如何坚持个人练习，然后才能为他人提出建议**。下面是一些坚持每天练习正式冥想的窍门。

保持愉悦

为了鼓励自己定时练习，冥想必须是愉悦的。这不是说冥想必须始终是愉悦的，但要足以愉悦到让你愿意再做一次。怎样才能使冥想像呼吸一样简单，或者像被爱一样愉快？如果冥想开始变得像工作一样，你可以问问自己："我是否应该放弃一些不必要的努力？"也许你的冥想是一种工作，因为你主要是为了某些外在的目的而练习，比如减轻压力、训练大脑，或者做一个更幸福的人。或者，你能否让自己随着呼吸的节奏摇摆，或在自己的耳边一遍又一遍地低声说善意的话语？那也是冥想。

感觉舒适

确保你在冥想时感到身体舒适。调整你的姿势，让自己无须费力地支撑身体。如果身体疼痛，你就不愿冥想了。对于冥想，你可以坐着练、站着练，或躺着练。盘腿不是必需的。找一个能让你保持平静和清醒的姿势即可。

放下期待

在练习冥想的时候，放下期待是很重要的，尤其是要放下那些自己要感觉良好的期待。在冥想的过程中，不愉快的心理状态会来来去去，而你的任务就是用包容、慈爱的觉知去迎接这些心理状态。有了不愉快的状态，并不一定是你的练习出了问题。请在冥想之后，或者隔几个月再评估你的练习效果，不要在冥想期间评估。

从小做起

先入为主地认为冥想该做多久，会妨碍你的练习。重要的是**开始做**。你能否拿出一些时间坐上几分钟，看看会发生什么？只要停下生活的脚步就好，比如在早上打开邮件前坐下来冥想，你就能克服最大的障碍。在你开始冥想之后，即使你之前认为自己没有足够的时间，你可能也会想要继续做下去。

与你的核心价值观结合起来

冥想在你的生活中有意义吗？冥想能否支持你的核心价值观，如过上充满爱与关怀的生活，或者意识到每一刻都弥足珍贵？把每天的冥想与更大的生活目标结合起来，会给练习注入能量与意义。

找到社会支持

有些人对冥想失去了兴趣,是因为那种感觉太孤独了。如果你遇到了这种情况,可以试着找一位教师,加入一个冥想团体,听有指导语的冥想录音,在网上寻求帮助,或者去参加静修吧。社会支持是行为改变的关键因素(Gallant,2014)。对于培养冥想的习惯,社会支持可能更为重要,因为冥想的回报并不那么有形。与教师和冥想同伴的联结,能为冥想的过程增添光明与价值,并且能够鼓励你继续练习。

用自我关怀来激励自己

自我关怀是激励自己练习的好方法。如果你的冥想练习偶尔出现失误,请留意任何自我批评或羞愧的内心声音(例如"我是个骗人的教师")。羞愧是一种情绪负担,会让你难以回到冥想练习中去。请想想自己的核心价值观,想想你从练习中获得的快乐与益处,试着理解你的生活有多复杂,然后给自己一份冥想的礼物——一段冥想的时间,在这段时间里,你能明白何谓活着,也能得到自己需要的爱。

参加静修

静修是体验冥想转化作用的良机。比如,你可能会发现一些无意识的心理习惯(如完美主义或自我评判的倾向),要试着放下这些习惯。有时候,在持续的练习之后,你会产生一些全新的领悟,比如亲身体会到了体验的无常,或者感受到了与所有人的联结。在静修中深入地冥想,可能会激励你在回家后定期练习。

练习中的领悟

持续的个人练习可能会让你产生许多领悟。这些领悟能帮助我们教师更好地践行自我关怀,支持我们当下的练习;当我们的学员在前进路上遇到类似的障碍时,这些领悟也更能让我们给出关怀的回应。

我不太擅长自我关怀。在学习静观自我关怀的时候,学员最早的发现往往是,他们没有想象中的那么关怀自己。这可能让人有些沮丧,但也是一个有用的领悟。我们大多数人通常不会听到脑海中有个负面的声音在喋喋不休，也不会意识到我们对自身的需求视而不见。如果我们对慈爱与关怀敞开心扉，就会意识到我们生活的常态与我们的希望之间所存在的鸿沟。发现自己不太擅长自我关怀，意味着我们开始更清晰地倾听内心的话语了。这一发现所带来的痛苦，也是一个以自我关怀来回应自己的机会。

我对自我关怀感到不安。我们大多数人都对自我关怀有些疑虑。比如，如果花时间关注自己的内在体验、善待自己，我们会担心自己变得以自我为中心或放纵自我。事实上，研究给出了完全不同的结论：研究表明这些疑虑实际上是一种误解（见第2章）。即使我们用理性消除了这些疑虑，它们依然会持续很长时间，因为它们深受我们的童年早期经历与文化规范的影响。记住这一点可能会有所帮助：**自我关怀是一门谦逊的艺术，我们只不过是把自己也包含在了关怀的范围里而已。**

自我关怀是做得更少，而不是做得更多。在醒着的大部分时间里，我们都在努力追求这样或那样的目标，如认可、联结、名声、财富或舒适。这种努力的态度自然也会影响我们学习自我关怀。我们其实并不是在学习自我关怀，而是在学着拥抱自己的不完美。努力关怀自己并不是自我关怀。自我关怀本身就像长长地舒一口气，或者舒舒服服地放松下来。这是在做减法，不是加法。

爱会揭穿一切不像爱的事物。自我关怀能让我们仔细审视我们生活中关系，以及我们过去的依恋。给予自己无条件的爱，通常会揭露我们过去没有得到爱的真相（例如，与早年照料者的互动、现在的关系或文化偏见）。这种现象叫作**回燃**，是疗愈过程的一个重要部分（见第11章）。当学会自我关怀的技能时，我们自然会对往日关系中的痛苦敞开心扉。作为静观自我关怀的教师，我们和学员要学会为回燃做好准备，并用静观与自我关怀的资源来面对它。

越练越不完美。当有些人第一次听说自我关怀时，他们以为自我关怀能解决他们所有的问题——情绪困扰、关系困扰，等等。最后他们发现，虽然他们尽了最大的努力，但生活还是有很多困难，而他们还是和以前一样。这种情况可能令人非常失望，但实际上这是进步的标志。关于这个问题，冥想教师罗布·奈恩（Rob Nairn，2009）可能说得最为透彻："练习的目标是成为一个即使深陷困境也能充满关爱的人。"这意味着做一个完整的人，虽然常常会陷入挣扎，但心中有大爱。

我们能治愈那些我们感觉到的东西。 自我关怀意味着我们要向痛苦敞开心扉，而不是回避痛苦。否则，自我关怀就只是个美好的假象——试图通过让自己感觉良好来控制当下体验是徒劳的。爱与悲伤会在关怀中混合在一起。幸运的是，培养自我关怀并不需要沉浸在痛苦之中，我们只需要触及痛苦即可，就像我们用潮湿的手指触摸蜡烛的火焰一样。

当我们陷入困境的时候，我们做练习不是因为要让自己感觉好起来，而是因为我们感觉不好。 这就是自我关怀的核心悖论。在通往自我关怀的道路上，每个人在刚刚启程时都是为了让自己感觉更好，并且都有着一种相同的倾向——把自我关怀的技巧当作减轻人生痛苦的魔法灵药。这种做法注定会失败，因为这是在对抗当下的体验（见第 11 章）。试图操纵自己当下的体验，必然会让情况变得更糟。更健康的做法是，让我们的心自然地在痛苦的热浪中融化，而不采取任何策略加以控制。

在一筹莫展的时候，就自我关怀吧！ 自我关怀会引起三种情绪反应：我们的感觉可能会好、不好，或者什么都感觉不到。希望自己感觉良好，是静观自我关怀学员感到沮丧的常见缘由，因为情绪本身有自己的自主过程。然而，无论我们感觉如何，都可以对自己心怀善意。对于静观自我关怀的练习者来说，这是一个至关重要的领悟——当练习不能让我们感觉更好的时候，恰恰是践行自我关怀的时候。

自我关怀是一趟旅程，而不是终点。 随着我们修习的经验积累，我们会更加清晰地认识到，这趟旅程是永无止境的。生命中必然包含痛苦。我们接纳并放下痛苦的能力，是否得到了增强？我们是否学会了更加全心全意地接纳自己，尤其是在我们遭受痛苦的时刻？通过不断的练习，我们情绪上的痛苦肯定会减少，我们的心扉也会持续地开放，但我们始终需要练习。我们永远不会抵达终点。

像这样的领悟，就是自我关怀训练旅程中的路标。它们并不是旅程本身。作为教师（与学生），我们需要对这些领悟有直接的理解——既在自己的练习中理解，也在自己的困境中理解，直到这些领悟变得足够真切，才能够支撑我们的教学。

关怀他人

关怀他人是教学的第四大能力领域。它与第三大领域（践行自我关怀）有所重叠，但也涉及了不同的技能。比如，关怀他人就包含了与他人打交道的复杂性，其中有许多人是我们几乎完全不认识的。为了学会自我关怀，学员需要得到关怀，因为学习的过程有时是艰难的。在遭遇困境的时候，如果学员感到了我们的陪伴，他们就更有可能做到自我关怀。

践行自我关怀，尤其是践行共通人性的部分，要求教师充分意识到文化因素如何塑造了自己的身份认同（也见 p.114～115）。在这个世界上，一个真诚的人必然会体验到文化所决定的偏见（如体型、肤色及性别偏见），而某些边缘群体的成员一生都在遭受公然的压迫。要真正心怀关爱，教师就需要对自己内心中的这种痛苦之源敞开心扉，用自我关怀来面对它，致力于承认并减轻文化认同给他人带来的痛苦。

在静观自我关怀课程里，关怀往往出现在问询的过程中（见第9章）。请看下面家庭练习讨论环节的问询。

约书亚：恐怕我不太擅长自我关怀。每当我探索内心的时候，我只能看到很多我不喜欢的东西，而且这些东西不会消失。我对自己的感觉始终不好。说实话，我对这个课程感觉很迷茫。

教师：我看得出你非常努力。你能讲讲你现在的困难吗……那是什么感觉？

约书亚：好的，那感觉就像心里有个大洞。我一不小心就会掉进洞里。这不是一种全新的感觉，但它出现了。我讨厌这种感觉。

教师：我能问问这个大洞在你身体的哪个部位吗？

约书亚：就在肚子中间。

教师：是否有一种情绪与那个洞联系在一起？

约书亚：我不确定。我猜多半是**害怕**。害怕出错，因为我不知道自己在做什么，就是这样。那感觉就像迷路了……迷路，还有害怕迷路的感觉。

教师：没错，迷路的感觉，还有怀疑自己能否找到方向的感觉，的确很可怕……我相信你不是唯一有这种感觉的人。（停顿）你愿意让那些感受在那儿停留一会儿吗？（停顿）我想知道，当你有这种感觉的时候，你需要些什么？不是为了消除这些感觉，而只是为了得到安慰。比如，把手轻轻地放在不舒服的地方，会有什么感觉？（约书亚把一只手放在了肚子上。）

约书亚：感觉其实挺好的。聊聊这件事感觉也很好。实话说，讲出心里话并不容易。

教师：那么也许你已经在关怀自己了。

约书亚：（微笑）你是说我在这方面做得还不错？

约书亚在努力更加关怀自己时遇到了困难，而在这段问询中，教师与他的困境产生了联结，但并没有试图去解决问题。相反，这位教师走进了约书亚的困扰。然后，他们在约书亚的身体里锚定了这种不适感，为相应的情绪贴上了标签，并且思考了这个问题："我需要什么？"与教师的支持性互动，让约书亚确信自己在这门课上已经步入了正轨。

关怀的品质

如果教师关怀学员，许多相关的品质就会在互动中体现出来：

- 好奇——对学员的体验产生真正的兴趣。
- 善意——热情友好、不评判的态度。
- 温暖——用温柔的心去对待面前的人。
- 尊重——欣赏每个人的独特性。
- 包容——不去解决问题，而是让每个人在此时此刻做一个完整的人。
- 谦逊——假定一个人并不知道什么对另一个人来说是最好的。
- 共鸣——与他人的困境与愿望产生共鸣。
- 保密——愿意保护他人的隐私。
- 接纳——愿意倾听他人，向他人学习。
- 灵活——愿意受到学生的影响，产生新的视角。
- 真诚——有益于他人的开放与诚实。
- 欣赏——看到每个人内在的优点。

- **专注**——能够专注于另一个人的体验。
- **慷慨**——愿意超越自己往常的界限。
- **共情**——以他人的眼光来看世界。
- **镇静**——在强烈的情绪中保持客观与稳定。
- **智慧**——理解事情的复杂性，能找到解决问题的办法。
- **信心**——源自善意的内在力量。

想要提高关怀他人能力的教师，可以专注于强化这些与关怀有关的品质。比如，有意地培养"不解决问题"的品质，可能对那些习惯于修复伤痛的心理治疗师很有帮助。或者，对于一个做事努力、缺乏耐心（通常被称为"A型人格"）的自我关怀教师而言，共鸣与接纳的品质可能是值得培养的。对于静观自我关怀教师来说，一次只关注一种个人品质，就可以拓展自己的关怀与技能的涵盖范围。

教师需要智慧来调整他们**表达**这些关怀品质的方式。比如，如果一名教师用温暖、母亲般的语气讲话，一位学员可能会喜欢这种抚慰的感觉，而另一个学员可能会因为记忆中母亲的不认可或背弃而深感不安。一个学员的良药可能是另一学员的毒药。同样地，一个学员可能需要教师尊重他、保持距离，这样才能自在地探索自己的内心世界，而在另一个学员看来，这样的距离会让他感到孤立、孤独。作为静观自我关怀的教师，随着我们逐渐成长，我们可能会发现自己的教学风格，并能够根据学员个体的需要来调整我们喜欢的风格，或者至少能够认识到我们的教学方式可能对学员产生的影响。有一位性情或教学风格不同的合作教师可能也会有所帮助。

情绪调节

有时候，尽管我们尽了最大的努力，但我们还是不能对学员怀有足够的关怀。比如，请想象一下你在一天晚上安排了一节静观自我关怀课程。有一个学员来上课的时候，饥肠辘辘、怒气冲冲，然后脱口而出，说这门课简直就是在浪费时间。你会做何反应？你的本能反应可能和这个学员一样愤怒。你可能也会得出这样的结论：这个学员对这门课一窍不通。在一切的背后，你可能会感到羞愧，担心自己是个差劲的教师。关怀之心去哪了？你怎样才能回到关怀的状态中去？

情绪调节是我们静观自我关怀教师的一项重要技能。这是一种心怀勇气、敞开心扉，与情绪痛苦（我们的痛苦，以及他人的痛苦）相处的能力。静观与自我关怀的资源也能有所帮助。比如，当教师受到学员的言语攻击时，最理想的情况可能是这样的：识别身体中产生的羞愧与愤怒；给自己一点时间，轻轻地为自己吸气，为学员呼气（见第14章）；然后关切地探索学员需要什么，希望在课程中得到什么。这种方法可能会使我们的生理状态从威胁状态转变为关爱状态（见第2章）。当然，在遭受言语攻击时，可能需要一段时间才能恢复过来。这是自我关怀的机会，也是合作教学的机会。

合作教学

我们建议，只要有可能，静观自我关怀课程就应该由两位教师共同讲授（见第5章）。选择合作教师时，一项有用的指导原则是：当你考虑和某人一起工作时，这个人能否让你在内心露出微笑。合作教师还应该是你真正欣赏和尊重的人，与他相处应该让你感到安全。选择一位在个性与技能方面与你互补的合作教师或助教是很有帮助的。比如，如果你是女性，可以考虑与男教师一起教学。如果你的天性是理性的，可能与一个更关注心灵的人一起合作会更好。每一位教师都代表着不同的实践角度，而教学风格的多样性也能为学生提供更多的可能性，让学生更好地与教师建立联结、向教师学习。在理想情况下，合作教师还应该愿意相互学习。

静观自我关怀学员会仔细观察两位合作教师之间的关系，这往往比教师愿意承认或接受的程度更为仔细。合作教师之间的关系必定会为教室里的其他人之间的关系奠定基调。如果教师尊重并欣赏彼此，享受一起教学的过程，这种态度就会影响教室里的每个人。

以下的问题是静观自我关怀中心执行主任史蒂夫·希克曼建议即将成为合

作教师的人在了解彼此时应该问的问题：

- "这门课程最吸引你的地方在哪里？"
- "哪些教师给你留下了深刻的印象或者鼓舞了你，为什么？"
- "对于合作教学，你最期待的是什么？"
- "想到合作教学时，最让你感到犹豫的是什么？"
- "你希望如何得到反馈？"
- "你的合作教师可能会真正欣赏你的哪一点？"
- "你有哪一项'怪癖'或'性格缺陷'是你的合作教师不得不学着适应的？"
- "在教学与合作教学中，有哪些'成长点'（如信任课程、不要说太多话、问询过程）是你想要提高的？"
- "你有哪些非教学方面的技能或才能（如，组织、市场营销/社交媒体、会计）？"
- "你如何看待在教学中运用幽默？你会如何描述自己的幽默感？"
- "你最喜欢的通信方式是什么（电子邮件、电话、短信），你认为合作教师或学员回复信息的合理时间是多长？"
- "你做这项工作最深层的目的是什么？"

课程的教师也应该从一开始就清楚他们各自的角色与期望。希克曼建议合作教师就财务（如利润分配、开支、奖学金）、责任（如市场营销、行政管理、教室准备、课程邮件）、教学角色（如领导权问题）以及计划（如长期教学目标）等问题草拟一份谅解备忘录。这样的对话起初可能会显得有些尴尬，但可以避免未来的冲突。

大多数合作教学关系既不顺利也不轻松。比如，对于如何教授课程，或者如何对特定的学员开展工作，可能会存在不同意见。有时合作教师会发现他们为了赢得学生的喜爱而相互竞争，或者试图给对方留下深刻的印象。通常一名教师比另一位教师更有经验或技巧，这会在无意中导致技能较弱的教师感到自己不够好。我们最好假设合作教师之间存在不兼容的地方，并且制订计划，在课程中相互适应。就和其他关系一样，合作教学关系也会随着时间的推移而改变（Dugo & Beck，1997）。

合作教师还应该在每节课结束后安排时间来讨论他们的体验与所学，最好安排在双方都感到放松、愿意接受反馈的时候。教师也可以用所谓的"三明治法"来给予反馈。"三明治法"能增强善意，它包括三个部分：①"我觉得**最有帮助**的是……"；②"我觉得更有帮助的**可能**是……"；③"我觉得**另一种**有帮助的做法是……"。换句话说，就是将建设性的改进意见夹在两个肯定的陈述之间，所以反馈的开始和结束都是积极的。教师可能会问彼此："你觉得我们的组员会怎么看我们？"有了精心的准备与复盘，合作教学对每个人来说都是一次有益的经历。

伦理

静观自我关怀是一门具有内在伦理的课程，因为关怀是大多数伦理体系的核心（Armstrong，2010）。静观自我关怀教师的权威取决于他们的伦理操守。我们已经起草了伦理准则，以提醒静观自我关怀教师注意他们与学员之间的关爱关系，并支持教师的关怀行为（见附录A）。其中有三项准则讲的就是保护学员的情绪安全，保证财务公平，以及拥抱多样性。

情绪安全

由于教师与学员之间的关系是不对等的，尤其在权力上是不对等的，因此教师守住自己的边界、与学员之间保持安全的边界是很重要的。静观自我关怀教师必须在课程期间与所有学员保持专业的师生关系，禁止寻求额外的物质或非物质奖励，并且要保护学员的情绪和心理安全。

对于教师来说，在性方面保持安全边界尤为重要。如果对学员来说，教师有了特殊的意义，学员就会把教师理想化，而理想化则会带来身体上的吸引力。那些需要被理想化，或者在个人生活中感到孤独的教师，可能会倾向于主动与学员发生性接触，或者接受学员的性邀请。如果出现了这样的情况，教师应该有能力加以识别，并与合作教师（也许还要与学员）一同讨论这种情况，这对于维护课堂上的心理安全大有帮助。教师还会发现，随着学生在课程中逐渐产生亲密的情感，他们也会相互吸引。教师应该请学员静观这种浪漫的吸引力，并提醒他们，如果他们在课堂之外跨越了身体的边界，就可能对他们生活中的其他人造成伤害。

财务公平

教授静观自我关怀需要付出资源——时间、经历、金钱，而教师的付出需要得到公平的补偿。如果可能，许多静观自我关怀教师愿意免费授课，但每个人都有必要的开支。我们通常建议，教师对他们的课程所收取的费用，可以与当地相似的八周培训课程（如正念减压或正念认知疗法）的费用相当。

教师的经济需求可能会影响课程的教学。例如，如果团队规模较小，可能就请不起合作教师，或者出于经济的原因，教师在甄选学员时可能会放宽要求。如果学员想要退出课程，财务方面的考虑也会影响教师的灵活变通。比如，一个在经济上有保障的教师，可能会愿意让学员免费修习以后的课程。我们鼓励教师为条件较差的学员提供奖学金，但并非所有教师都有这个条件。理想的情况是，教师在做财务决定时既要尊重自己，也要尊重学员。

拥抱多样性

作为静观自我关怀教师，我们关怀他人的能力会受到我们看到共通人性和理解他人生活情境的能力的限制。有些人类的差异是我们可以看见的（如年龄、肤色和体型），但有些差异可能不那么明显（如性取向、性别认同、社会经济地位、童年早期经历、精神或身体疾病、宗教、政治、文化水平和智力）（见第10章）。一些边缘群体的成员（如有色人种），甚至非少数群体的成员（如女性），在遭受持续的、系统性的压迫。

我们的差异可以带来骄傲、羞愧或许多其他情绪，这在很大程度上取决于文化因素，比如随着我们身份认同的发展，我们能够体验到多少压迫，以及那种压迫在多大程度上被我们内化了。同样重要的是，我们要记住一些被边缘化的个体在面对文化压迫与逆境时所能发展出来的力量与韧性，比如苏珊·B.安东尼（Susan B. Anthony）、纳尔逊·曼德拉（Nelson Mandela）或者马丁·路德·金（Martin Luther King, Jr）所表现出来的品质（Burt, Lei & Simons,

2017；Singh，Hays & Watson，2011；Spence，Wells，Graham & George，2016）。

无论是何种形式的压迫，都会导致**文化认同痛苦**。作为静观自我关怀教师，我们需要注意学员的文化认同痛苦，并对这种痛苦保持开放的态度，准备好予以确认并给予关怀的回应。对于一些教师来说，在课程中创造一个包容、支持多样性与平等的空间，可能是一种较新的能力，对于那些认同主流文化或具有某种社会特权的教师来说尤其如此。痛苦是普遍的，但不是所有的痛苦都是平等的。虽然静观自我关怀归根结底是一种共通人性的练习，但我们只有认可每个人经历的独特性，尤其是痛苦的经历，这样才能理解共通人性。文化认同痛苦是一个敏感的话题，几乎每个人都会因此感到羞愧、内疚或愤怒。幸运的是，自我关怀是处理这些情绪的有力资源。

学员在第一次参加静观自我关怀课程时，他们通常会问自己"我能从中得到什么"，同时环顾四周，寻找像自己一样的人。如果找不到这样的人，学员至少需要知道，这个团体的规范中包含真诚尊重个体的差异，欣赏文化对于个人生活的影响。最重要的是，在静观自我关怀的课堂上，我们不应该在努力看到我们的共通人性时，忽视个人及系统层面的压迫所带来的痛苦。

对于不同文化背景的人所具有的世界观，我们强烈建议静观自我关怀教师应该培养更强的意识与敏感性。这样有助于我们将学员的文化认同看作他们不同维度与程度的自我表征，而这种自我表征与社会处境不利／社会特权是联系在一起的。因此，我们必须始终对多元的、相互作用的文化认同的影响保持敏感，而不能单纯地把学员多样化的存在方式视为单一维度。换句话说，总是存在"多样性中的多样性"。

因此，教师可能需要接受额外的文化自我意识培训，从而认识到自己的文化处境，发现无意识的偏见，并且更仔细地审视他们的文化地位和拥有的权力与特权。这个过程培养了文化上的谦逊，意味着承认我们的局限，尽管我们感到不舒服，也要学着探索社会差异，对这一现实保持开放的态度——文化认同痛苦对于一个人的自我感知和生活经历有着深刻的影响。

如果教师来自相对同质化的文化，他们可能会觉得多元化、平等、包容的方式不太适用于他们的教学，但是在每种文化中都存在着边缘化的群体。我们要更加敏感地觉察文化对于我们生活的影响，尤其是对那些每天都在特定文化中受到伤害的人的影响，这是在生活和教学中增强关怀的一个重要途径。

其他对于关怀的支持

有时我们的内心世界充满了各种相互矛盾的冲动，很难做到关怀。上文已经提到了一些支持关怀之心的方法，例如坚持静观与自我关怀的个人练习，对关怀的承诺，以及伦理标准。还有另外两种支持，即①主要将自己看作学生而不是教师；②与教师社群保持联系。

把自己当作学生可以帮助我们保持身为教师的谦逊与关怀。正如 G. K. 切斯特顿（Chesterton，1908/2015，p.78）所说："天使能飞是因为他们把自己看得很轻。"只要我们在生活中受苦，我们就需要练习静观与自我关怀。这意味着我们都是学生。教师与学员之间的主要区别在于：我们了解课程；我们可能比学员练习的时间更长；我们扮演着教师的角色。

加入教师社群是另一种支持。这样能带来许多好处：我们可以相互帮助、相互学习，提醒自己并不孤独，并且为了给世界带来关怀的共同目标而一起努力。因此，静观自我关怀中心致力于通过线上、线下的论坛，如高级培训班、特殊兴趣团体与研讨会，来支持全世界的教师社群。

本章要点

- 教授自我关怀的最好方法就是做一个有关怀之心的人。学会践行自我关怀与关怀他人，是两个相互重叠的教师能力领域。
- 通过师生之间的情绪共鸣，教师对静观与自我关怀的践行能让学员得到切身体会。教师还可以为学员树立榜样，让他们明白，无论他们有什么错误与不完美，都可以给予自己关怀。
- 个人练习，包括正式的冥想和非正式的日常练习，对于自我关怀的践行来说都是至关重要的。个人练习也使教师能够理解和支持学员在练习中遇到的障碍。

- 坚持正式冥想练习的窍门有：保持愉悦、感觉舒适、放下期待、从小做起、与核心价值观联系起来、找到社会支持、用关怀来激励自己、参加静修。
- 练习中的一些领悟，例如认识到自我关怀训练会带来困难的感受，以及这些感受是转变过程的一部分，有助于教师在学生遇到类似情况时保持镇定与关怀。
- 合作教师之间的关系决定了整个团体的情绪基调。合作教师之间难免会有意见分歧，所以他们应该在每节课前后讨论如何相互支持。
- 致力于关怀的行动、自我关怀、尊重多样性、遵守伦理准则能够支持对于他人的关怀。把自己看作学生而非教师，与教师社群保持联系、寻求支持、反馈、继续教育，都对教师有所帮助。

Teaching
the Mindful Self-Compassion
Program

第 8 章

促进团体的互动过程

> 任何直接影响一个人的事情,都会间接地影响所有人……如果你们不能成为你们该成为的人,我也永远无法成为我该成为的人……这就是相互关联的现实结构。
>
> ——马丁·路德·金(1965)

静观自我关怀教师的第五大能力领域是**促进团体的互动过程**。也就是说,教师会努力创造一种善意的氛围,其中的每位学员都能体验到关怀与支持。一个有凝聚力、充满滋养的环境还能培养一种共通人性的感觉,使学员成为更完整的自己,允许不完美的存在。研究表明,自我关怀的人在目睹他人的困境,或者有机会分享自己的困境时,能够更好地面对失败(Waring & Kelly, 2019)。本章阐述了带领静观自我关怀团体的重要技能,比如创造安全的氛围、处理创伤、保持团体的情绪平衡、鼓励出勤和参与,以及管理有挑战性的学员。

静观自我关怀课程中有四大"容器",可以给学员一种被抱持和被支持的感觉:①物理环境;②教学内容;③教师;④团体本身。**物理环境**应该尽量保持安全与愉悦。例如,一束简单的鲜花可以为普通的房间增添温馨的气氛,让房间里的人感受到关心。**教学内容**是又一种安慰与支持的来源,能帮助学员度过困难的时期。教师（或合作教师）对自我关怀的身体力行与临在，能唤起团体成员的信心，使他们相信自己也拥有静观与自我关怀的资源。最后，**团体**也可以成为鼓舞与支持的强大源泉。有凝聚力的团体尤其重要，因为在静观自我关怀课程中，大多数互动都发生在学员之间，而不是学员与教师的互动。

创造安全的氛围

安全是学习自我关怀的先决条件。仔细甄选学员就是确保课程安全的重要一步（Magyari，2016；见第5章）。在课程开始之前，教师应仔细将课程性质告知所有学员，并签署一份协议，要求他们对自身的安全和情绪健康负责。

静观自我关怀课程的结构与练习旨在培养大多数学员的安全感。从第1课开始，教师就会邀请学员设立团体规范，比如保密、尊重边界、不提建议、用关怀的态度倾听、拥抱多样性。教师的首要职责就是创造安全的外部环境，使学员能够完成静观自我关怀中具有挑战性的内心工作。

我们的目的是，让教室不仅成为一个使每个人感到舒适的"安全空间"，还要成为一个"勇敢的空间"（Arao & Clemens，2003）。在勇敢的空间里，每个人的个人身份认同都能得到承认和尊重，观点的差异也能得到接纳，人际伤害能够得以讨论，学员也有权不讨论具有挑战性的互动。

在第1课中，教师会向学员介绍**开放**与**封闭**的概念。开放是指面对我们的体验，接纳正在发生的事情，无论是积极的、消极的还是中性的；封闭是指**远离**当下的体验，并限制我们与此刻体验的接触。我们每天的情绪都会处于开放或封闭的状态，学员在静观自我关怀课上也是如此。如果学生过于热衷学习自我关怀，并且在应该停下来休息的时候强迫自己去练习，此时最容易产生消极的影响。当他们需要封闭的时候，强迫他们开放并不是自我关怀。开放与封闭的主题会贯穿整个课程，尤其是当学生对自己的进步感到沮丧、在自我关怀的道路上陷入困境的时候，这个主题更值得关注。教师常常会说："请问问自己现在要开放还是封闭，如果你要封闭，就让自己封闭起来。"了解**如何封闭**，也是在静观自我关怀课上保持安全的关键技能，教师在引入激起情绪的练习时，就会提供关于封闭的建议。

让学员专注于培养静观自我关怀的**资源**，也是在课堂上营造安全氛围的方法。这意味着学员正在学习用新的方式——静观与自我关怀的方式来**应对**自己的困难，而不是故意揭开旧日的伤口，再试图修复创伤。"应对"问题与"修复"问题在意图上有着细微的差别，这种差别有助于学员调节他们在课程中所感受到的痛苦程度。人们只需要一点点痛苦就可以练习关怀。打个有用的比方，这就像是用灭活的流感病毒（或少量的压力），来让免疫系统为活跃的流感病毒（或更大的压力）做好准备。

回燃（见第 11 章）可能会让学员在课上感到不安全，至少在他们更了解回燃、知道如何应对回燃之前是这样的。回燃是指人们给予自己善意与关怀时所产生的情绪痛苦，这种痛苦可能是过去的，也可能是新近的。例如，当学员说"愿我爱自己本来的样子"时，他们可能会想起自己不可爱的部分，并回忆起他们真正的自我不被人喜爱的时候。困难的想法（"我孤身一人""我是个失败者"）、有挑战性的情绪（羞愧、哀伤、恐惧）或者痛苦的感觉（疼痛）可能会随着回燃而产生。当学员用退缩、解离、理智化或者批评自己或他人来对抗回燃时，回燃就会变成更严重的问题。当教师明确要求学员回忆困难的生活事件时，课堂练习就有可能唤起学员的回燃。在第 2 课中，教师会向学员解释回燃，并在整个课程过程中提醒他们，如果他们感到不堪重负，就可以选择"封闭"。

作为最后的安全预防措施，静观自我关怀的学员通常要在课程开始时提供紧急联系人的信息，包括他们的心理健康服务提供者的名字。教师还要告诉学员，在需要的情况下，他们可以找教师和心理健康助教私下咨询。有时教师需要主动接触那些看起来很痛苦，或者可能太过害羞而不敢说话的学生。

处理创伤

在冥想训练中可能会出现一些情绪上的挑战，从轻微的痛苦到功能障碍都有可能（Compson，2014；Lindahl，Fisher，Cooper，Rosen & Britton，2017；Magyari，2016；Treleaven，2018）。在轻微的情况下，练习者可能会产生焦虑、睡眠困难、头痛或社交退缩。在严重的情况下，练习者可能会产生非理性信念、幻觉、自杀倾向或快感缺失等问题。影响不良反应发展的因素包括**练习者因素**（如病史与心理历史、个性、动机）、**练习因素**（如练习量、强度、连续性、类型、练习的阶段）、**关系因素**（如早年生活、练习者社群、文化背景）以及**健康行为因素**（如饮食、锻炼、用药、吸毒）。为了可靠地评估不良影响，教师应该直接询问学员在静观自我关怀课程中是否有不舒服的体验（Lindahl et al.，2017）。我们鼓励教师参加布朗大学的威洛比·布里顿（Willoughby Britton）开发的冥想安全培训。

旧日的创伤可能会在自我关怀训练中出现。这是因为创伤比许多人意识到的更加普遍。在美国，89.7%的人报告说曾遭遇过创伤事件（例如火灾、殴打、性侵犯、战争、灾难）（Kilpatrick et al.，2013）。此外，自我关怀训练往往会吸引那些寻找更好的方法来处理创伤后遗症（例如羞愧、自我批评、过度警觉、麻木、回避或侵入性记忆）的人。因此，我们建议课堂上始终要有一名心理健康专业人士，并且应该对学员进行仔细甄选。静观自我关怀并不是一个临床项目，但由于一般人群中的创伤非常普遍，所以静观自我关怀多年来也一直在不断地改进，从而尽可能地保证安全。我们衷心希望教师能认真地采取目前课程中所包含的安全措施。

"安全第一"是静观自我关怀培训的一般准则，尤其在与创伤幸存者工作时更要严格遵循。与其他人一样，创伤幸存者喜欢挑战自己，但他们还需要特殊的指导，以便调整他们体验的强度，并回到安全的状态。例如，在"自我关怀身体扫描"（静修中的一项冥想练习；见第15章）中，教师可以邀请创伤幸存者坐着而不是躺着做练习，或者移动身体而不是保持静止。多数静观自我关怀练习都是闭着眼睛进行的，但教师可以邀请有创伤史的学员把眼睛睁开（微微睁开或全部睁开）。某些身体部位比其他部位更容易存储创伤记忆，比如女性的骨盆区域。当教师在引导"自我关怀身体扫描"时，如果学员的某个身体部位会激活太多的情绪，应该让学员选择跳过有困难的部位。明确地提供"着陆"的选择也能有所帮助，例如将注意力锚定在脚底，或者静观呼气。

教师不应假设那些有创伤史的学员在需要的时候能想起安全策略。有些教师会邀请学员把他们的安全选项写在一张卡片上，当他们感到不堪重负的时候，教师可以拿出来参考一下。如果教师发现学员在练习中不堪重负，就可以加入一些提供支持的指导语，例如："如果你在任何时候发现自己陷入了不堪重负的区域（见第6章中图6-2），可以忽略我的指导语，让注意力回到呼吸的节奏上去，或者专注于身体接触座椅或坐垫的点上。你也可以睁开眼睛，或者停止练习、起来休息一下。"一般而言，创伤幸存者只需要获得掌控感，就能感到安全。

在与创伤幸存者一同工作时，教师需要特别敏感。比如，有时学员看似只是决定不参加团体活动，但实际上他可能是在努力待在教室里而不被压垮。教师可能会问："你需要什么？"有些创伤幸存者无法回答这个问题，因为他们可能已经与自己的身体解离了。在这种情况下，问一些更具体的问题可能更有帮助，例如"你需要怎样才能**感到安全**"或"现在怎样能**安抚你**"。然而，如果创伤使学员失去了执行功能，有时他任何问题都答不上来。此时，教师就需要根据自己的直觉行事，比如建议学员到教室外走一走（可以由合作教师陪同），或者给学员一些空间，让他用呼吸的节奏来安慰自己。

创伤会在意想不到的时候出现，甚至在休息和放松的时候。如果学员不断地产生记忆闪回，教师就应该与学员谈一谈，讨论如何应对，在必要时可以考虑中止课程、寻求外界帮助，等学员感到更安全的时候再参与课程。

静观自我关怀课程对于学员是否安全，往往学员自己能做出最准确的评价。尽管有些创伤幸存者的症状很严重，但他们在课程中也取得了显著的进步。例如，有一位因童年遭受性虐待而感到身体麻木的女士，在专注于自己的身体在呼吸中有节奏的摇摆时，她第一次发现能够感觉到自己的呼吸了。在许多情况下，"脚底静观"（在行走时感受脚底的练习）对于创伤幸存者很有效，这项练习能帮助他们将注意力锚定在当下，远离创伤记忆。有时候，学员的注意力离身体越远，他们就越能感到安全，比如专注于身体之外的事物（物体、声音）或者身体的外周（触觉点，比如脚底）的时候。最可靠的做法是行为上的自我关怀（普通的活动，如听音乐或与朋友聊天），这样能在静观自我关怀课程中保证创伤幸存者的安全。(更多有关为创伤幸存者教授自我关怀的内容，请参阅本书第四部分；也见 Brähler & Neff, in press; Germer & Neff, 2015)。

保持团体的情绪平衡

团体有情绪，就像个人有情绪一样。团体的情绪可能取决于各种各样的因素，例如一天中的时间（如在一天结束的时候，几乎每个人都很累）、学员个体的情绪（如欢快、沮丧、好奇）、教师的精力状况（如高兴或疲惫）、课程的阶段（开始、中间、结尾）以及课程的内容（如慈爱、核心价值观、困难的情绪）。静观自我关怀教师的任务之一，就是在开放地面对痛苦与用静观和关怀的态度做出回应之间保持平衡——保持消极与积极情绪的平衡。静观自我关怀课程要挑战学员，也要给他们复原的机会，但教师依然需要留意团体情绪的变化。

学员往往会关注他们的教师，所以他们常常把教师的情绪当作自己的。教室里有多少人，教师的情绪就会被放大多少倍。如果教师享受教学的过程，喜欢自己的学员，学员也会产生相同的情绪。如果教师被教室里的痛苦情绪压得不堪重负，并且以各种方式表现出来时（如忧郁的语气、恐惧、不确定），那么整个团体就会变得沮丧。在这种情况下，教师需要让学员的情绪向积极的方向转变，他们可以试着践行对自己的关怀，用鼓励的态度来应对教室里的痛苦，或者讲一个与当前话题相关的轻松故事。

当然，有时教师会过度卷入团体的情绪，或者陷入个人的问题（如教师的自我怀疑、恼怒或绝望），从而改变了教室里的气氛。此时就需要合作教师挺身而出。比如，合作教师可以让学员分为小组、相互交流（分享往往会让团体充满活力）、活动身体（如"自我关怀动作""滑稽的动作"），或者稍稍休息一会儿。

在教过几次静观自我关怀课程之后，教师往往会变得更具情绪抗逆力。他们会逐渐相信自己的教学能力，并且发现课程本身已经为他们解决了大多数问题。我们常常对新手教师说:"要信任课程……爱上课程!"诚然,随着课程的进行,大多数问题都会自行解决,并且多数学生在结束课程时都会感到满意。

鼓励出勤和参与

静观自我关怀第 1 课的目的之一,就是要有第 2 课。如果学员在团体中有归属感,并且可以看到这门课将如何满足自己的需求,他们就更有可能回来参加第 2 课。

在学员报名的时候,他们都已同意参加每一节课程。然而,出于不可预见的原因,他们并非总能做到这一点。如果学员希望上完静观自我关怀课程、得到证书(如作为参加教师培训的先决条件),他们就需要参加 9 次课程(8 节课外加静修)中的 7 次。错过第 1 课、第 2 课甚至第 3 课的学员,也许应该退出课程,以后再修。这是因为第 1 课开启了团体的联结过程,确立了团体的规范,并且介绍了关键的概念与练习,为课程奠定了基础。第 2 课提供了有关静观、对抗和回燃的关键信息,要安全地上完剩余的课程,这些知识与技能都是必需的。大多数参加过前三课的学员都能修完课程并从中获益。然而,每一节课都是下一课的支撑,所以我们鼓励学员每节课都参加。教师有时愿意为错过一节课程的学员提供阅读材料和冥想录音,或者与他们一起学习《静观自我关怀》(Neff & Germer,2018)中的相应材料。

当学生感到自己没能做到自我关怀的时候,他们可能不会用心上课,甚至会缺课或者退出。教师应该指出,产生挫败感是正常的,而自我关怀则非常少见,而且大多数学员在学习时都会遇到困难。第 4 课的前半部分就在讨论这些问题,重点就在于重新定义自我怀疑,将其作为进步的标志,并给学生一个交流彼此担忧的机会。最后,对于有些学员来说,意料之外的回燃会让他们觉得课程太难。只要这些问题能得到承认与公开的讨论,大多都可以得到解决。

如果所有组员都能参与到课程中来,并分享他们的体验,团体的学习体验就会变得更加丰富。然而,有些组员的确比其他人更寡言。教师应该尊重学员保持沉默的意愿。对于某些害羞的学员来说，仅仅是待在团体之中已经是一个巨大的挑战了。安静的人更倾向于两人一组的谈话或者在小组中交流。如果教师感到某位学员与团体中的其他成员难以联结，就可以与这位组员单独建立联结，成为他与团体之间的生命线。

我们通常会在课程开始时赞赏健谈的学员，但随着课程的进行，可能也需要约束他们。教师可以提醒他们，让他们把评论限制在与练习有关的话题上，从而约束这些过度健谈的学员。有时，教师需要与健谈的学员私下交流，请他给其他学员留出发言的时间。

鼓励学员参与团体互动的最佳方式，就是把他们看作团体中有价值的成员，并且认可他们每个人的体验。如果学员认识到这是团体中的常态，他们就会变得更加自信，也会更愿意分享。有时，学员会在无意中否定另一个学员的体验。发生这种情况时，教师可以从第一个人所分享的东西中指出一些有价值的东西，并提醒学员体验没有对错之分，并强化包容的原则。随着信任的建立，个人分享的内容也会变得更深刻、更涉及让人脆弱的部分。

管理有挑战性的学员

多数静观自我关怀课程中都有一两个有挑战性的学员。有挑战性的学员能让教师脱离关爱的心境，进入受到威胁的心境。举例来说，有挑战性的学员会：

- 抱怨授课方式。
- 不考虑其他学员的感受。
- 倾向用理智化的方式表达，而不分享直接的体验。
- 认为自己比教师更专业。
- 将教师理想化，或把教师当作性欲的对象。
- 经常迟到早退。
- 说话太多。

- 说话太少。
- 不愿意做家庭练习。

这样的学员为作为教师的你提供了一个机会，让你得以用智慧来增强你的关怀——找出处理这些情况的最佳方法。以下是一些与有挑战性的学员一同工作的一般建议。

练习自我关怀

当你感到来自学员的挑战时，做一次"即时自我关怀"（见第1课）是有帮助的——"这是个痛苦的时刻""痛苦也是教学的一部分""愿我善待自己"。如果没有足够的时间做"即时自我关怀"，你也可以在受到学员的挑战时练习"给予和接受关怀"（见第7课）——为自己深深地吸一口气，然后为那个有挑战性的学员呼出关怀。

寻找痛苦

片刻的自我关怀往往会给教师一些空间，从而对学员的动机产生新的理解。为什么那个学员会说那么多话？为什么他抱怨那么多？为什么他举止傲慢？也许这个学员感到孤独、沮丧或羞愧？如果你理解了困难行为背后的原因，威胁感就更有可能转化为关心。

看到好的方面

在那些具有挑战性的行为背后，往往隐藏着一种令人钦佩的品质，虽然那种品质是用一种难以接受的方式表达出来的，但依然是好的品质。比如，一个不顾他人感受的学员，在面对逆境时可能是勇敢的；一个过于倾向概念化表达的人可能智力超群；一个不做家庭练习的人可能终于开始问自己"我**真正**需要什么"了。如果学员感到被理解、被欣赏，他们就更有可能审视自己的行为，并做出必要的改变。

转变为关爱的心态

大多数困难的行为都是一种令人遗憾的表达方式，这些行为想表达的都是对爱的渴望。每个人，包括静观自我关怀教师，都渴望被爱，而当我们的学员让我们难以教学时，我们会感受到威胁。我们觉得自己要失败了，这让我们觉得自己不那么可爱了。记住，有挑战性的学员也想被爱，就像你一样，可以让你从受到威胁的状态转变为关爱的状态。

回应挑战

有些挑战教师的学员是真的在努力理解何谓自我关怀，或者，他们还不相信自我关怀值得他们付出时间与努力。如果教师以开放、接纳与善意来面对挑战，这些学员会直接感受到一股关怀的力量，让他们开始自己的实践。学员有自己应对压力与困惑方式（如理智化、喋喋不休、批评、退缩、捣乱或哗众取宠）。饱含关怀的回应可能成为一个转折点，可以让学员放下刻意的姿态，与团体进行有意义的互动。

保护团体

作为教师，你有责任保护整个团体。如果某个学员在讨论中说个不停、上课总是迟到、干扰其他学员，或者反复挑战你的权威，那么为了保护团体的利益，你就必须制止这样的行为。如果温和的做法不能达到预期的效果，那就可以与有挑战性的学员私下谈谈。这样做的目的不是要让学员感到羞愧，而是争取他的合作，从而保证团体的良好学习体验。

借助合作教师的力量

对于同一位学员，合作教师不一定会感受到挑战。比如，一位学员表现得像旁观者，可能会让你感到沮丧，而你的合作教师可能会看到他身上的勇气与毅力——尽管他感到孤立、孤独，但每周都能出现在你面前。与合作教师讨论不同的视角，并且让受到挑战较少的人去采取矫正的措施，这样能够有所帮助。如果你们两人都为一个学员的行为感到困扰，那么你们可以一同探讨表面之下可能发生的事情，并一同解决问题。

知晓自己的界限

有时教师需要与学员私下交流，从而设置界限或管理预期。比如，如果一名学员对你表现出了性兴趣，或者一名学员干扰了学习过程，那你可能需要对学员进行温和的面质，并引导他寻找其他方式来满足这些需求。在极少的情况下，学员不愿意根据你的界限做出调整，或者不愿回应你改善合作的努力。在这种情况下，教师应该要求有挑战性的学员离开课程。这可能是一场痛苦的对话，但在理想情况下，你可以在合作教师的支持下，与学员尽可能地寻求共识。

本章要点

- 在善意的文化中，静观自我关怀课程是最有效的。如果学生能从自身以外的地方感受到关怀，他们就更有可能找到内心中的关怀。
- 关怀训练依赖于安全感。学员应该对自己的安全负责，而教师则要支持他们的努力。
- 如果学员在自我关怀上太过努力，他们可能会在情绪上不堪重负。教师应该鼓励学员学得慢一些，并且在需要时在情感上亲近学员。
- 专注于培养静观自我关怀的资源，而不是关注治疗的方面，能帮助学员调节他们在课程中体验到的情绪痛苦大小。
- 回燃，也就是在关怀的情境下揭开伤口，会给学员带来痛苦，只有他们理解这个过程，并知道如何做出回应之后，才能减轻这种痛苦。在通过自我关怀来实现情绪转变的过程中，回燃是其中的一个内在部分。
- 要帮助创伤幸存者学会运用安全措施，可能需要付出特别的努力。

- 要促进新事物的学习，团体通常需要积极的情绪。教师可以通过调整自己的情绪、改变学生此刻的体验来调节团体的情绪。
- 在理想的情况下，学员要参加每一节课的学习，并与团体分享他们的练习体验。学员离开课程的主要原因是他们觉得在团体中没有归属感，他们认为自己在自我关怀方面失败了，或者他们体验到了意料之外的回燃。
- 有挑战性的学员是那些让教师感到焦虑或者干扰团体的人。合作的教师应该一同努力，来理解和解决这些问题。

第9章

问　　询

教学的艺术就是协助发现的艺术。

——马克·范多伦（Mark Van Doren，1961）

第六大能力，也是最后一种教师能力领域，就是**问询**。问询是一种有力的教学工具。这是一种与学生讨论练习体验的特殊方式，教师通常在练习结束后就立即开始问询。问询的目的是增强静观与自我关怀的资源。问询是一种"自我与他人"的对话，在理想的情况下，这种对话能反映出教师所希望学生培养的"自我与自我"的关系，即慈爱的、联结的临在。问询既是一种个人的交流，也是一种公开的交流，所以每个人都有机会从这样的对话中学习。

在教学中，问询是让多数教师感到好奇和困惑的部分。我们可以熟练地讲授教学主题、引导冥想、非正式练习、课堂练习以及诵读诗歌，但问询始终是一种不可预料、不可重复的体验。问询就像任何真实的人际关系一样复杂，但它也很简单，只是出现在学员身边而已。问询是发生在**真实**的人之间的**真实**相遇，谈论的是**真实**的体验，这种对话是以好奇心、尊重和谦逊为指导的。

问询也是一门艺术，我们只要从事教学，就能不断地学到其中的技巧。学习问询的最佳方式就是大量的实践，并且在经验丰富的教师的指导下观察与体验问询。在静观自我关怀教师培训课程中，整整一半的时间都用于专门学习问询的艺术。对于希望在其他场合（如心理治疗或商业场合）教授静观与自我关怀的读者，我们鼓励他们将问询过程的元素融入他们熟悉的教学风格。为了进一步阐明问询过程，本书的第三部分在每个正式、非正式练习后都提供了一个问询的例子。

问询不是什么

要理解问询是什么，你可以思考问询**不是**什么：

- **讨论**。讨论是一种关于体验的理念交流，而问询则是一同接触即刻的体验本身，包括想法、感觉和情绪。
- **阐述**。问询是一种升华，不是一种阐述。问询与讲述有关体验的故事恰恰相反。
- **解释**。解释谈的是我们体验的意义。对意义的寻求，则依赖于我们当前的情绪或过去的经历，因此比直接的体验更易受条件的影响。
- **询问"为什么"**。问询会问"什么"，而不是"为什么"。问询基于当下的体验，而不是回顾性的评估或分析。
- **改变**。问询要对当下发生的事情保持开放的态度。先入为主、试图改变我们的感觉或我们的身份认同，往往是为了回避我们的体验。
- **心理治疗**。问询的目的是开发静观与自我关怀的资源，而不是治愈往日的伤痛。
- **客观的**。由于我们的体验始终是主观的，所以没有人能回答所有的问题。然而，对于学员的体验来说，最好的专家就是他们自己。
- **你－我的关系**。问询源于"我们"的关系，这是一种独特的人际领域，是复杂而全新的。
- **行动**。问询是一种存在的方式，而不是行动的方式。它是**陪伴**。
- **问答**。问询是温柔展开的对话，而不是在挖掘答案。

- **公式化的**。问询是一种自然的邂逅，为问询设下规则往往会适得其反。

静观与自我关怀

顾名思义，静观自我关怀既培养**静观**，也培养**自我关怀**。教师可能会通过一些问题来邀请学员参与问询，例如"你注意到了什么""你有哪些情绪"或"你是如何回应的"。教师用问询来训练学员静观时，主要专注于学员体验的**内容**，确切地说，是专注于学员在此时此刻所注意到的东西，还要关注这种觉知是否是包容的、不评判的。教师用问询来培养学员的自我关怀时，更关注觉知的**品质**（"是否温暖而乐于接纳"），尤其是学员是否用友善而理解的态度对待自己。

在问询的过程中，教师可能会想到的关于静观的问题包括"学员是否有情绪困扰""能否为那种情绪命名""你能在身体里找到这种情绪的位置吗""学员如何才能更自如地回应那种情绪"。自我关怀的问题可能包括"学员能用更友善的态度抱持自己吗""学员有什么需求，或他认为什么东西能帮到他"。如果学员在问询的过程中表达了情绪困扰，教师就可以假设学员正在与某种东西斗争、对抗，或者在回避。接下来的问题是："你是如何处理这种情况的？"这可能是一个静观的问题，也可能是一个自我关怀的问询。在问询的最后，教师可以问一个静观的问题，例如"你现在感觉如何"，也可以问一个自我关怀的问题，例如"你有什么需求吗"。这两个问题都有助于温和地结束问询。

如果问题涉及对**体验**的包容觉知，就往往与静观有关；如果教师好奇学员能否给予**自己**温暖与接纳，就往往会问出自我关怀的问题。问询的主要目的，是帮助学员与自己的体验和自身都建立起较为友好的关系。在实际的实践中，静观自我关怀的问询就像一块由静观与自我关怀精巧编织而成的布料。

3R：全然接纳、共鸣与资源开发

教师可以专注于问询的三个成分，在静观自我关怀中，我们将其称为

"3R",并将其作为问询的指导原则。**全然接纳**(radical acceptance)是问询的整体态度;**共鸣**(resonance)是联结的主要方式;**资源开发**(resource-building)则是问询的理想结果。

全然接纳

全然接纳,即"完全进入并拥抱当下的一切体验"(Robins,Schmidt & Linehan,2004,p.40)。在静观自我关怀中,全然接纳不仅是指拥抱我们的体验,还指拥抱我们自己。这并不是说我们是完美的,没必要改变,而是指了解并接纳此刻的自我,并且在这个基础上做出有意义的改变。

在问询中,全然的接纳是一种不评判、不去解决问题的态度。问询能让学员(以及我们教师自己)跳出困境,至少在那几分钟的问询中跳出需要改变现状的困境。教师仅仅是对学员对于练习的体验与反应感到好奇。如果教师发现学员遇到了困难(通常意味着学员在对抗自己的体验或者与自己的内心斗争),教师可以与学员一同探究发生了什么,但在问询的过程中,依然不需要做出任何改变。人的本能是对抗痛苦,无论这是个人的痛苦还是共情的痛苦,所以在问询的过程中,全然接纳是一种理想,而不是始终存在的现实。

全然接纳也要求尊重学员——尊重他们的需求、文化背景、脆弱的地方以及完整的个人。由于教师对学员的生活知之甚少,所以他们需要谨慎行事。在课堂上发言会让学员感到脆弱、暴露在众目之下,如果之前的练习揭开了旧日的伤口,那就更是如此。因此,如果教师感到学员很脆弱,但学员依然想要继续问询,教师可能会问"我能问你一个问题吗"或"你愿意讲得再深入一点吗"。即便是问这样的问题,教师也不应该带有任何期待,因为有些学生不会说"不"。如果有疑问,宁可保证安全,退后一步。

一般而言,对学生来说,开放式的问题比具体的问题或陈述更安全、更礼貌。开放式的问题为学生提供了空间,让他们选择愿意分享的内容。例如,教师可能会问"你现在感觉如何",而不会问"你现在是不是不开心"。另外一个开放式问题的例子是,在问询结束时问:"你现在有什么需求吗?有没有能帮到你的东西?"(而不是建议学员接下来应该做什么。)

全然接纳也是教师对待**自身**学习过程的方式。教师在培养问询能力的时候，应该对自己有耐心。就像努力学习自我关怀可能成为学员在自我关怀方面的阻碍一样，努力进行"正确"的问询可能会干扰两人之间自然的交流。最好做一个自然、友好、犯错很多的人，而不要试图如履薄冰地做完美的问询。换句话说，教师的目的是了解学员在练习中的体验，而不是表现得自己好像在问询。

共鸣

在问询的过程中，静观自我关怀教师的首要任务是与学员产生情感上的**共鸣**。问询的90%是共鸣。只要有了共鸣，在问询的过程中就不需要太多其他的事情了。

产生共鸣的时候，教师不仅要用耳朵倾听，还要用身体倾听。共鸣就是**具身**⊖倾听（embodied listening）。如果学员能说"我知道你理解我的感受"，共鸣就产生了。他们觉得**自己被感受到了**（Siegel，2010，p.136）。还有一种衡量共鸣的标准就是，教师要处于慈爱、联结的临在状态。换句话说，学员能感受到教师的温暖，感受到亲密感，并感到被理解。

亲密的情感共鸣能唤起深刻的联结感。有一位学员说过："当教师与我说话时，我觉得不仅是她在对我讲话，而且我也在对自己讲话。这两者没有分别。"这样一来，问询就能激起并增强学员内心的关怀之声。此外，由于其他学员也可能与参与问询的学员产生共鸣，所以师生间的问询过程可以激活教室里每个人心中的自我关怀。

资源开发

问询的最后一个关键部分就是**资源开发**。资源开发的方法并不是只有共鸣，还包括认可学员在之前的练习中运用静观与自我关怀资源的方式，或者在

⊖ 具身是指生理体验与心理状态之间的强烈关联，生理体验会激活心理感觉，反之亦然。——译者注

问询过程中唤起静观与自我关怀。

比如，如果学员产生了强烈的情绪，无法继续练习，教师就可以让学员回到练习中失去方向的那个步骤，为此刻的情景注入静观或自我关怀，然后带领学员完成练习的一个或多个阶段。下面是在第 7 课的练习"满足未被满足的需求"之后，学员琼的问询。

琼：我对这个练习没什么感觉。我走神了。

教师：你还记得你从什么时候开始走神的吗？

琼：不太记得了。等等……是在你要求我们放下那些伤害我们的人，更深入地体验自己感受的时候。我不想那么做。我想要那个人向我道歉。

教师：我能理解。当被别人伤害的时候，我们不都是这样吗？那太自然了。

琼：是啊。

教师：我很好奇。当练习进行到那一步时，也就是询问有哪些未被满足的需求在支撑着受伤的感觉时，你有什么发现吗？

琼：没有，我只是陷在了伤心和痛苦的感觉里了。

教师：现在你愿意思考一个问题吗？例如，你是否希望得到更加尊重的对待，或者被看到、被重视？

琼：是的，我过去真的很爱这个人，也需要他回应我的爱。我只是想要我的爱得到回应（**眼睛湿润了**）。

教师：你当然想要了。你需要有人回应你的爱。（**停顿**）如果我们感觉自己的爱得不到回应，就会很受伤。（**停顿**）我在想，你会对一个像你一样，也有这种渴望的好朋友说些什么？

琼：哦，我会说"你真可爱，你真漂亮"。恐怕他看不到这一点。

教师：很好，你会说"你真可爱，你真——漂亮"。我们可以一起做一个小实验吗？

琼：好啊。

教师：我们一起说这些话吧。也许全班可以一起默默地说。如果其他人愿意，我们就一起闭上眼睛，默默地对自己说"你真可爱，你真漂亮"。（**长时间的停顿**）

琼：（**微笑**）我明白了。

教师：你感觉到什么了？

琼：虽然会花一些时间，但我明白了。我能给我自己想要的东西。我现在感觉好多了。

在这段简短的交流中，教师把琼带回了她在练习"满足未被满足的需求"中"走神"的时刻。这样就让对话紧紧围绕着直接的体验。然后，教师陪同琼做完了下一段练习，也就是发现受伤感受背后的未被满足的需求。一旦琼能够完成这一步，她就在教师的引导下来到了练习的最后一部分——针对自己未被满足的需求，给予自己关怀，并且直接满足自己的需求。在教师和其他同学的帮助下，琼最终完成了这次练习。这个问询过程也让整个团体回顾了他们刚刚完成的练习中的不同元素，尤其是如何利用自我关怀的资源来满足我们在过去的关系中未被满足的需求。

分享的动机

当问询的开始，有学员举手发言时，教师就要开始评估这位学员的动机了。这样做的目的是尽快确定是否存在需要解决的问题，或者是否学员只是希望分享自己的领悟与观察。

没有问题

如果没有问题，或者如果学生之前有问题，但已经迎刃而解了，那么学生发言可能是为了：

- 感觉自己是团体的一分子。
- 认可成功的经历。
- 强化某种领悟。
- 用语言来表达新的发现。
- 通过分享有趣的经历来帮助他人。

所有这些动机都是值得欢迎的。一般而言，在没有问题的情况下，教师可以简单地与学生共鸣，并认可分享过程中存在的资源。

- **静观的资源**："看来你给了自己的焦虑许多空间。这很需要勇气。"
- **自我关怀的资源**："然后你把手放在心上，感觉很安心。这太棒了。如果下次你再有这样的感觉，你愿意再试一次吗？"

有时一句简单的"谢谢"，一个温暖的微笑，或者点点头就足够了。这样也能给予团体成员信心，让他们可以自由地分享自己喜欢的东西，而教师也不会要求他们一直说个不停。如果教师在没有过多讨论的情况下，连续地认可学员，就能创造出一种宁静的、相互欣赏的氛围。有些学员能把自己的体验讲得很美妙，就像一幅伦勃朗的画，没有必要再往里面添加任何内容。

存在问题

有时，学员在当下有想要解决的问题，所以他发言可能是为了：

- 减轻练习留下的不适感。
- 为此时的生活困境找到解决之道。
- 确认自己的练习是否做对了。
- 与他人产生联结，减少困境中的孤独感。
- 将发言作为避免不适感的方式。

在这个时候，教师可以用问询来发现、激活或增强静观与自我关怀的资源。

- **静观的资源**："当你说你感到绝望时，你能否在身体的某个部位感受到那种绝望？"
- **自我关怀的资源**："我想知道，你会对一个与你现在一样陷入同样困境的好友说些什么。"

克服练习的障碍，能让教室里的每个人都对问询很感兴趣。在课程的前几周，学员倾向于只分享积极的体验与领悟。教师有必要在课程早期邀请学员分享有挑战性的体验，这样他们就不会在遇到困难时感到孤独。

从共鸣到资源开发

轮到教师发言的时候,他们该从何说起呢?在谈话中,教师应该强调学生的哪些体验?教师该如何从共鸣走向资源开发?可以从追随"砰"(ping)做起。在静观自我关怀中,"砰"是指内心中的小小叩击,或者某个突出或重要的时刻,也就是在一个人说话时听者的身体体验。"砰"是问询的起点。学员分享的动机在一定程度上影响了教师在问询过程中体验到的"砰"。

没有问题

如果学生没有问题,只是在分享自己的领悟或体验,教师就可以用具身的方式来倾听,了解学员最生动和鲜活的体验。教师可以在心中记下"砰"出现时学员在说些什么,然后在学员说完后,用认可的方式将"砰"的信息反馈给学员。换句话说,教师要寻找静观与自我关怀的时刻,并加以强调。比如,教师可能会注意到学员的某个领悟,并用语言复述出来:"然后你意识到了,肌肉的紧张其实是一种无助的感觉。"或者,如果教师注意到共通人性的体验如何帮助学员放松下来,就可以用这些话来表达这一发现:"你有勇气面对恐惧,当你意识到自己在恐惧中并非孤身一人的时候,你就能呼出气了。"通过这样的方式,教师在与学生共鸣的同时,依然留意了"砰"的时刻,这些"砰"时刻让教师有能力增强或开发静观与自我关怀的资源。

有时候,教师不太容易在分享中发现静观与自我关怀的资源本身,反而更容易发现支持静观与自我关怀的力量,比如勇气、决心、好奇心、幽默感、自信、谦逊或接受能力。发现这些品质,也是欣赏的"砰",教师可以在问询中提到这些品质。如果教师发自内心地喜欢他们的学员,希望看到他们的优点,就更有可能产生欣赏与敬佩的感情。

存在问题

在学员描述自己的困难时,比如当学生讲到家人去世时的悲伤,或者当学生谈到未能正确做完某项练习时的羞愧时,教师可以留意自己的身体因共情而产生的不适感，从而运用自己的具身觉知。注意这些"砰"，并温柔地分享这种感受，这样能够认可学员体验中的元素，并有助于阐明当前的练习。

如果我们的话语源于"砰"，那我们就可以信任自己作为教师的好奇，问出尊重学员的问题。学员通常喜欢教师问能加深他们体验的问题。然而，我们要谦逊地检查自己的反应是否准确，这也是很重要的。比如，我们可以问："当你谈到叔叔去世的时候，你感觉好像还是有些悲伤，是吗？"学员可以在需要的情况下纠正误解："其实，我并没有感到太多悲伤。他能不再受苦，我主要的感觉是宽慰。"如果我们不确定从哪里谈起，我们也可以简单地问学生"在这个练习中，你有没有产生特别的感触"或者"那种感觉是在练习的什么时间出现的"。

有时学员想要讨论当下的问题，是因为他觉得自己无法独自处理这个问题。在这种情况下，教师的临在特别有帮助，教师能成为一个容器，来容纳学员的情绪。如果教师真正地被学员的困境所触动，而学员也能感受到教师的关怀，那么学员就能在问询中对困境产生不同的体验。这就是在关系中教授自我关怀的方法。

有时教师能在学员意识到之前就发现学员的感受。比如，有一位女学员曾经用描述客观事实的口吻讲述了一次创伤性的流产，而教师和其他几个人都热泪盈眶了。他人坦诚的回应唤起了学员自己的悲伤，在那一刻她与自身创伤的关系开始发生了改变。

在问询中，教师应该避免将资源开发（比如探索如何解决问题）放在情感共鸣之前。如果学员觉得教师没有听到自己说的话，他们就会对抗教师开发资源的好意。有时，教师可能的确听到了学员想说的话，也对学员的痛苦产生了共情，却在无意识间试图开发资源，从而消除自己的痛苦。例如，有位学员哭了，表现出了强烈的悲伤，如果教师立即提出"你愿意试着把手放在心上吗"，学员可能会觉得自己的悲伤没有得到接纳。最理想的情况是，教师能与学员产生共鸣，在慈爱的觉知中抱持痛苦，与学员一起认可这种痛苦，然后共同探索有效的方法。教师可以问一个开放式的问题，如"你现在有什么需要吗"，但不要提供具体的建议，这样可以帮助学员感到痛苦得到了接纳，同时也让他知道自己有足够的资源来抱持痛苦。

相反，有些教师与学员的痛苦产生的共鸣过于强烈，但忘记了资源。教师只需要**触及**痛苦，将其作为开发资源的契机。也就是说，教师在问询中要先为困难的情绪贴上标签，或者找到这种情绪在身体里的位置，然后再做出关怀的反应（例如，如果学员感到焦虑，就让他随着呼吸平静下来，或者如果学员陷入了羞愧，就让他专注于共通人性）。

对学员来说，参与问询本身就是一种自我关怀的行为。例如，一位学员可能想要打破一阵尴尬的沉默，在课堂上发言可能就能达到这样的效果。或者，在课堂上感到孤立的学员可能会参与问询，只是为了感到自己是团体的一部分。在回答学员的提问时，教师应该记住，参与问询的"此时此地"的体验也是资源开发的一部分。

促进参与

在练习之后，通常至少有一到两名学员愿意参与问询，但有时没人自告奋勇。这种情况可能有些尴尬，并且更有可能发生在前几节课上，因为那时不是每个人都能感到安全；这种情况也可能发生在课程结束前，因为学员已经很累了。在大型团体（超过20人）中，或者在注重个人隐私的文化中，学员都不太愿意发言。

学员通常需要一段时间，来进行沉淀与反思，从冥想的沉浸状态中出来，开始思考，这样才能找到语言来描述自己的体验，然后才能在课堂上发言。如果教师很有耐心，那他们就会从学员那里得到深刻的反馈。问一些**具体**的问题，也有助于开始问询。例如，教师可以就练习的某一部分提问，比如："在冥想的过程中，你是否从心怀关爱的友人那里得到了一份有趣的礼物？"还有些其他的具体问题，包括："有人在练习中遇到过挑战吗？""练习中有你特别喜欢的东西吗？如果有，是什么？""如果你能感觉到××（情绪的名称），就请举手。那是什么感觉？""有人愿意用一个词来形容自己在练习中的体验吗？"

一般而言，如果没有人发言，教师应该提防焦虑或苦恼的情绪。当教师进入受到威胁的心态时，他们就会以微妙的方式对学员施压，让他们发言，使问询为每个人都带来了不必要的压力。在这种情况下，最好跳过问询，进入课程的下一部分。

锚定问询

在静观自我关怀的第1课上，教师会告诉学员，发言要尽可能地以练习为中心，也就是说，要分享练习的**直接体验**。然而，专注于练习并非总是容易的，因为自我关怀可能会激起情绪，促使学员的关注点离开身体，进入头脑。在问询的过程中，如果学员不得不进入理智化的状态，或者讲述个人的故事，而教师又想要把话题带回课堂上，最重要的就是引导学员，而不要打断他或者让他觉得自己做错了什么。以下的方法可能会有所帮助：

- 询问学员在**问询过程**中的身体感觉（例如"你现在能感觉到身体里的悲伤吗"）。
- 请学员反思在**练习**中所体验到的感觉或情绪（例如"这些感觉在练习中也会出现吗"）。
- 询问学员在练习中的**哪个时间点**上偏离了正轨（例如"你就是在那个时候开始为对方呼出关怀的吗"）。
- 牢记之前练习的**目的**，让学员将注意力集中在这个目的上（例如"当你想到你爱的人时，能让自己的觉知变得温暖吗"）。
- 让学员把注意力重新集中在练习所教授的技能上（例如"你能找到一句对你有意义的话吗"）。

以这种方式锚定问询，教师能够让学员从课程的体验性部分中学到最多的东西。

在追踪即刻体验的方面，有些学员的经验较少，要么是因为他们天生不喜欢内省，要么是因为他们倾向于思考而不是直接感受所发生的事情。在问询的过程中，教师可能会对这些学员感到沮丧，担心这些学员会给其他人树立不好的榜样。尽管如此，教师仍然应该给学员一些空间，让他们以自己的方式来表达自我，然后逐渐让他们适应自己的直接体验。

结束问询

通过身体上的轻松感，或者话已说完的感觉，教师通常可以判断问询应在何时结束。如果教师不确定学员是否说完了，可以简单地问一句："你现在感觉如何？"问询通常需要2～3分钟，但许多问询都在1分钟以内，尤其是在学员只是分享一个领悟，而没有问题的情况下。很少有问询会长达5分钟，这种问询有可能让学员暴露过多，让团体失去兴趣。如果学员可能有些个人问题，需要超过5分钟的问询时间，教师可以在课间或课后主动与学员交流，或者合作教师也可以陪同学员到教室外走走。

有时问询时间过长，是教师的原因。例如，教师可能会感觉到学员的痛苦，想要继续谈话，直到把问题解决为止。教师延长问询的另一个原因是，他们希望感觉自己做得不错。即使已经没什么东西可说了，有些教师依然觉得他们应该继续说下去，这样才算是一次好的问询。如果教师发现自己说得太多，他们可以问问自己"我为什么还在说个不停"，要以简胜繁。

有时问询已经应该自然地结束了，而学员会试图延长问询。造成这种情况的原因很多，比如学员享受得到关注的感觉，想要感觉更好，或者想要寻求更深层的理解。如果学员说得太多，教师不要害怕打断他们，尤其是当这种打断的目的是更深刻地理解学员所说的话，或者是关心，而不是想让学员闭嘴时。如果教师插入的问题触及了学员所表达的情绪核心（例如"你介意我问个问题吗？你是说，你真的感觉到愤怒掩盖了悲伤"），学员通常喜欢被打断，因为这样能增进理解。团体的其他成员往往也喜欢这样的问题。

合作问询

一般而言，问询是由带领练习的教师主持的。问询结束之后，如果合作教师觉得有重要的事情被忽略了，就可以请求问询教师允许发言，进行补充。合作教师应该同时考虑自身继续问询的倾向、该问题的重要性，以及如果由自己接手问询，问询教师会有何感受等多个方面，寻求平衡。教师也不希望因为长时间的问询，以及两位教师的共同关注而让学员感到暴露过多。在问询中尊重边界，有助于在课堂上建立尊重的规则。

让心灵重新找回方向

毋庸置疑，没有一位教师能够始终与所有学员产生共鸣。出于各种原因，教师可能无法与学员共鸣（例如，我们不太了解学员；学员有些困惑，不知道自己想说什么；或者我们在情绪上感觉到了威胁或疲惫）。这些情况很正常，时有发生，因为我们都是普通人。

如果我们了解自身的情绪诱因，就更容易回到共鸣的状态。情绪诱因可能包括看到学员打哈欠，感觉在智力上受到了威胁，被团体成员忽视，或者无法减轻学员的痛苦。

另一种情绪诱因就是羞愧感。所有真正希望成为好教师的人，在教学任务失败时都会感到羞愧。我们知道羞愧在身体里的感觉吗？我们能在羞愧出现的时候把它认出来吗？我们能够善待自己、知道这是教学经历的一部分吗？当羞愧出现时，意识到这种感觉，就能为我们的内心创造一些空间来保护自己，这样我们就不会反过来羞辱我们的学员。这样还能消除我们与他人的体验产生共鸣的一大障碍。

无论我们出于何种原因与学员在问询中失去了联结，恢复联结的第一步就是意识到我们迷失了方向，并向自己承认这一点。呼吸能帮助我们恢复联结，比如，为自己吸气，能让我们的注意力和关怀深入内心，然后再为学员呼气，让我们的注意力和关怀流出内心，转移到学员身上（见第 14 章关于关怀倾听的讨论）。我们可以连续这样做几次，等联结恢复之后，我们就可以回到具身倾听的状态了。

如果我们在问询中感到失去了方向，我们也可以问自己一个简单的问题，从而找回自己的方向："对学员而言，最显著、最鲜活的东西是什么？"如果学员明显陷入了困境，那么就应该问自己："痛苦在哪里？"比如，如果学员在练习中睡着了，也许是因为练习让他心烦意乱。然后我们可能会问："当你发现自己睡着的时候，你有什么感觉？你能接纳这种状况吗，还是你对此有些评判？"换句话说，有时学员的痛苦是练习本身带来的，而有时痛苦则源于学员做练习的方式。无论痛苦的来源是什么，我们教师的首要任务就是用善意与理解去发现并抱持学员的痛苦，然后再教学员如何做到这一点。

最安全的问询方法就是保持谦逊和开放，与学员一同学习。如果学员知道我们关心他们，并且想要了解他们，他们也会非常愿意原谅我们教师的过错。只要做一个真实的人，我们就能为那些寻求自我关怀的人树立最好的榜样。

本章要点

- 问询是一种"自我与他人"的对话，反映了我们在课程中培养的静观的、自我关怀的、"自我与自我"的对话。
- 问询的"3R"分别是全然接纳、共鸣与资源开发。
- **全然接纳**就是接纳学员及其体验的本来样貌。全然接纳也包括尊重学员的需求与能力。
- **共鸣**是一种慈爱、联结的临在状态，能让学员"觉得自己被感受到了"。90% 的问询都能获得共鸣。
- **资源开发**就是利用问询来肯定、激发、增强和培养静观与关怀的技能。这是一个合作发现的过程，而不是努力去改变学员，或者解决他的问题。

- 在问询中发言的学员，要么是在分享体验，要么是在寻找问题的解决方法。无论是哪种情况，教师都可以用具身倾听的方式，找到学员的表达中最为显著和鲜活的东西。
- 如果学员的发言偏离了练习的主题，教师可以让他们关注身体的感觉，或者谈谈练习中发生的事情，从而让他们回到主题中来。
- 如果教师能让对话达成更深层的理解，就不必担心打断学员的发言。问询通常会持续 2～3 分钟，在师生都产生可以结束的感觉时，问询就会结束。
- 在问询的过程中，有很多时候教师都无法与学员共鸣，或者无法理解他们的困境。对于教师而言，在问询中保持谦逊、合作的态度，是最安全也是最有益的。
- 问询的目的是示范如何用关怀来抱持痛苦。有时痛苦会在练习的内在旅途中产生，有时痛苦则源于学员对待练习的方式（例如过于努力、睡觉）。这两种痛苦来源，都是问询中的好话题。

Teaching
the Mindful Self-Compassion
Program

第三部分

课程内容

> 如果学生没有进入与你相同的状态，遵循同样的原则，那就不是教学。经过潜移默化、润物无声的传授，他成了你，你也成了他，这才是教学。无论境遇坎坷，还是遇人不淑，他都不会失去所学的东西。
>
> ——拉尔夫·瓦尔多·爱默生（Ralph Waldo Emerson，1841/1883，p.35）

下面的几章讲述了静观自我关怀八节课以及半天静修的详细内容。对于那些想将自我关怀的原则与实践融入自己工作（如咨询、教练、教学、医疗、商业）的读者来说，这些资料可以被当作一种资源，静观自我关怀教师则可以将这部分作为参考。书中包含了许多详细的内容（如研究、引文、诗歌与视频）。我们的目的不是要给教师增添沉重的负担，而是为他们的教学提供一个坚实的平台。如前所述，在教授自我关怀的时候，**联结**与**内容**同等重要，我们**如何**教学与我们教了**多少**一样重要。在理想的情况下，学员在每节课上都会体验到自我关怀的温暖与轻松——慈爱、联结的临在，也会从教师独特的声音中感受到自我关怀。

前面的章节已经提到了一些第三部分的材料,这里会再次提及这些内容,从而说明这些部分该如何融入课程。在下面的章节里,我们会用下面表格里的图标来表示每节课的组成部分。

静观自我关怀课程的组成部分

冥想
几乎每节课开始时都有一个正式冥想,然后是问询。

练习讨论
邀请学员讨论家庭练习。

课程标题
向学员介绍他们将在课程中学习的内容。

主题
每个主题都为后续的练习提供了概念上的引导。

非正式练习
非正式练习是可以融入日常生活的简短练习。

休息
每节课都包含15分钟的茶歇。

软着陆
软着陆让学员在休息后慢慢地融入当下的课程。

课堂练习
课堂练习是用于阐明一个或多个关键概念的课堂活动。

家庭练习
家庭练习帮助学员回顾在课上学到的练习,并鼓励他们在这一周中进行练习。

结束

每节课会以一个简短的团体活动结束。

读过书中的六大能力领域（见第二部分）和每节课的详细内容（见第三部分）之后，有些读者可能觉得他们已经准备好教授静观自我关怀了。尤其是经验丰富的静观教师或心理治疗师，更可能有这种感觉。诚然，静观自我关怀与静观训练和心理治疗有许多共同点，但静观自我关怀也有其独特之处，需要面授的教师培训及多轮的教学实践经验才能充分理解，这样教师才能为学员讲授静观自我关怀。我们希望下面的章节能阐明教授静观自我关怀的微妙与复杂之处。如果读者希望教授这门课程，我们鼓励读者参加正式的教师培训。

在正式的教师培训中，培训学员会得到有用的课堂材料（如教师手册、课程指南、讲义、表格），这些材料能作为这本专业书的补充，并使教学体验变得更顺畅、更容易。修完教师培训课程的学员也可以加入静观自我关怀教师的全球社群，并通过在线资源和继续教育进一步发展自己的教学技能。

Teaching
the Mindful Self-Compassion
Program

第 10 章

发现静观自我关怀 / 第 1 课

概 览

主　　　　题：欢迎
课 堂 练 习：我为什么到这儿来
主　　　　题：具体细节
主　　　　题：如何学习静观自我关怀
课 堂 练 习：指导原则
休　　　　息
软　着　陆
课 堂 练 习：我会怎样对待朋友
主　　　　题：何谓自我关怀
课堂练习（可选）：自我关怀的姿势
主　　　　题：关于自我关怀的疑虑
主 题（可选）：自我关怀的研究
非 正 式 练 习：放松触摸
非 正 式 练 习：即时自我关怀
家 庭 练 习
结　　　　束

开　始

- 在这节课中，学员要：
  - 相互自我介绍，并了解这门课程。
  - 理解什么是自我关怀，什么不是。
  - 从科学与体验两方面探索自我关怀与幸福之间的关系。
- 现在介绍这些主题是为了：
  - 在学员走上实践之路前，建立自我关怀的概念基础。
- 本节课的新练习：
  - 放松触摸。
  - 即时自我关怀。

教授第 1 课和第 2 课

虽然每节课的推荐时间是 2 小时 45 分钟，但我们需要为第 1 课安排 3 个小时。与后面的课程比起来，第 1 和第 2 课所包含的讲授内容更多，因为这两节课为本课程的其余部分提供了概念基础。

第 1 课介绍了**自我关怀**的主题，第 2 课则为**静观**奠定了基础。第 1 课的前半部分是欢迎学员参与本课程，并帮助他们互相认识。这部分内容对于在课堂上建立安全感与联结是至关重要的。第 1 课的后半部分是让学员熟悉自我关怀的含义与实践。

教师应该仔细考虑他们要在第 1 课和第 2 课中教的内容，分清重点。这在第 1 课中尤其重要，因为可供选择的理论与科学知识很多。一般而言，一节课的体验部分（冥想、课堂练习、非正式练习）比讲授部分更重要，所以教师应专注于讲授一节课中的所有练习。许多新手教师发现他们很难用包容、互动性强的方式讲授第 1 节课。在这种情况下，教师可以考虑以下两种选择：

1. **介绍性课程。**正如第 5 章所说，在为期 8 周的课程开始前，教师可以为未来的学员上一节独立的介绍性课程。教师可以借此机会提供一些第 1 课的教学材料（例如自我关怀的组成部分、疑虑、研究），这样一来，继续参加课程的人就能熟悉这些材料，教师就不必在正式课程上重复了。

2. 课外阅读。教师可以在第 1 课的课前或课后为学员提供相关的材料。比如，教师可以在第 1 课之前给学生分发内夫（2015）的文章"自我关怀的 5 个迷思"（The 5 Myths of Self-Compassion）或者刊登于《美国科学人：脑科学》(*Scientific American Mind*) 的文章"自我关怀之道"（The Self-Compassion Solution，Krakovsky，2017）。这样可以帮助教师在课堂上更多地关注自我关怀的体验。教师可以在《静观自我关怀》(Neff & Germer, 2018)、我们写的书里的相关章节（附录 B），以及其他书面或线上材料（附录 D）中找到更多的阅读材料。

欢迎
（15 分钟）

课程的开始是几分钟随意而热情的对话，然后教师引导学员进行简短的冥想，让他们体验静观与自我关怀的感觉。教师可以在这个介绍部分自由发挥。下面是一些例子：

- "既然每个人的**身体**都来了，希望我们把自己的**心**和**大脑**也带到教室里来。"
- "请找一个舒服的姿势坐下，喜欢什么姿势都行，把眼睛闭上或微微睁开眼睛。"
- "首先，我们先聆听房间里的声音，进入那些声音，让它们向你靠近。"
- "现在，用你的想象，找到自己的身体在教室里的位置。你可以欢迎自己进入教室，在心中用微笑来问候自己。"
- "让你的觉知靠近自己，就像你靠近一个挚友一样。"
- "现在，把你的觉知投入身体，注意体内来来去去的感觉——愉快的（**停顿**）、不愉快的（**停顿**），以及中性的（**停顿**）。"

- "你有没有**愉快**的感觉？（**停顿**）如果有，你能花些时间去**欣赏**和**品鉴**这些感觉吗？"
- "你有没有**不愉快**的感觉？（**停顿**）如果有，你能否给这些感觉留出一些**空间**，允许它们停留在那儿，哪怕只在这一刻让它们待在那儿？"
- "记住，你**不是孤身一人**，那种不安和不适的感觉是人之常情。"
- "如果你感到不舒服，能不能仅仅因为自己感到不适，而让心变得**柔软**些、**温柔**些？"
- "或者你可以对自己说一些鼓励的话，比如'没关系，你能应付得来'。"
- "最后，感谢把自己带到这儿来的努力与善意，这已经是一种关怀与自我关怀的举措了。"
- "轻轻地睁开你的眼睛。"

然后，教师可以谈谈这个简短的冥想中所包含的自我关怀的三个组成部分：**静观**（对我们当下的体验给予包容的关注）、**共通人性**（记住我们并非孤身一人），以及**善待自我**（给自己一些温暖与鼓励）。静观自我关怀课程的主旨是将静观与自我关怀从**概念**变成每个人生活中的切身体验，让这种体验深入人心，并提供在日常生活中唤起静观和自我关怀的工具。

为了与团体成员建立联结，教师可以对团体进行一项一般性调查，询问诸如此类的问题：

- "在座的各位有人是第一次接触冥想吗？"
- "有多少人有过**一些**冥想的经验？"
- "有多少人**定时**练习冥想？"
- "有多少人**想要**定期练习？"
- "如果你在练习**慈爱**冥想或**关怀**冥想，请举手。"
- "有没有人在练习祈祷？"
- "有人希望将自我关怀融入自己的**工作**吗？如果有，你是在做哪种类型的工作？"
- 如果有专业人士表示，他们主要是出于工作原因而上这门课，那么教师可以委婉地建议他们把这门课当作一个契机，先在自己的生活中体验静观自我关怀，然后再以此为基础，将自我关怀传授给其他人。

然后，教师可以邀请所有的学员介绍自己的姓名、住处，并且（根据团体的规模）简短地分享他们对这门课感兴趣的原因。

 我为什么到这儿来
（25 分钟）

为了帮助学员集中注意力、清楚自己上这门课的目标与目的，教师可以邀请他们闭上眼睛并思考两个问题。

- "我为什么到这儿来？"（**停顿**）
- "我**到底**为什么到这儿来？"（**停顿**）看看能否透过表象，发现更深层的东西："为什么是现在，为什么在我生命的这个特定阶段，在这个特定的时间点……我**到底**为什么会来这儿？"（**停顿**）

在教师问第二个问题时，房间里通常会有一些笑声。

为了进一步确认每位学员的目的，并使学员相互建立联结，教师邀请学员组成三人小组，互相介绍自己，并分享他们上这门课的原因，但只需要分享让自己感到安全和舒适的内容即可。对于前面的第一个问题（我为什么到这儿来），有些人的答案可能是"学习自我关怀""因为我的妻子 / 丈夫 / 伴侣让我这么做"或者"因为我的生活一团糟"。对于第二个问题（我到底为什么来参加这个工作坊），我们常听到的回答有"因为我总是自我批评""我希望自我关怀能让我成为一个更快乐的人"以及"我太容易生气了，我认为这门课能帮助我"。我们会设置闹钟，让它在 6～8 分钟后响起，让学员知道他们以后还会有更多的机会相互交流，并补充说我们教师也希望与每一位团体成员建立联结。

然后，教师可以分享一下，他们自己是出于什么原因学习自我关怀的，尤其可以分享一些个人的故事细节，来说明他们为什么热衷于践行与教授自我关怀。如果有助于在学员之间建立信任感，那么教师也不应羞于阐明自己的专业认证与教学经验。

实用细节
（5分钟）

学员希望了解以下有关课程的具体细节，从而顺利地上课。

- **时间安排**。教师应与学员一同回顾课程安排。告诉学员，每次课的中间会有休息时间，但他们可以在任何时间去洗手间。
- **名牌**。知道彼此的名字能让相互联结变得更容易。在人数较多的课堂上，教师会要求学员在上课的过程中佩戴名牌。
- **座位**。在课程中，如果学员感觉合适，他们可以偶尔更换自己的座位。更换座位能带来新的邻座，有时还会带来不同的视角。
- **手册**。学员可以使用《静观自我关怀》（Neff & Germer，2018）来查阅每节课的主题与练习。教师通常会为学员购买该书，作为课程的辅助材料。
- **音频**。在理想的情况下，静观自我关怀教师用自己的声音录制冥想，并与学员分享这些录音。或者，教师也可以在本书的配套网站（见附录C）播放或下载三个核心冥想及一些其他练习的录音。《静观自我关怀》也有一个配套网站，专门提供录音。
- **研究**。学员可以在克里斯汀·内夫的网站（https://selfcompassion.org）上找到关于静观自我关怀的详细研究列表。
- **每周反馈**。每节课都要邀请学员反馈他们每周的日常练习情况。反馈是反思实践并与教师交流的机会。
- **联系教师**。告诉学员如何在需要的时候联系教师。如果有合作教师，那么教师也需要提醒学员，他们与一位教师分享的内容，可能也会被分享给另一位教师，除非学员特别要求保护自己的隐私。
- **笔记**。大部分课程都有纸笔练习，所以请学员准备好写作用的材料。有些学员还喜欢用日记来记录自己在学习期间的体验。

- **录音**。为了创造安全、保密的学习环境，不鼓励学员为课程录音。在特殊的情况下，可以只允许学员录下教师的话。
- **电子邮件**。大多数教师在课后通过电子邮件与学员联系（例如总结所学内容、鼓励家庭练习、发送诗歌，或者分享个人故事）。如果学员不想加入群发邮件名单，则应该在课后告诉教师。

如何学习静观自我关怀
（25分钟）

我们发现，以下的静观自我关怀简介有助于让课程保持安全、有效和愉悦。教师应尽可能地以互动的方式呈现以下内容，并且进行引导性的提问与讨论。

静观自我关怀是一次冒险

教师可以以这样一个问题开始："静观自我关怀是一趟旅程，也是一次冒险。旅程与冒险的区别是什么？"冒险会将我们带入未知的领域，我们在其中可能会遇到意想不到的障碍。发现与克服这些障碍的过程，使静观自我关怀不仅是一趟旅程，而更像是一次冒险——内心的冒险。

教师也应该邀请学员用好奇、探究的方式，对待课程中所发生的一切。在他们自身体验的实验中，将会引入许多不同的元素——新的态度、想法、言语、图像、感觉，我们鼓励每位学员成为优秀的科学家，探索发生了什么。教师可以问道："优秀的科学家应该具备哪些品质？"优秀的科学家应该思想开放、好奇、诚实、懂得灵活变通——愿意跟随证据的指引，对于应该发生什么或现象意味着什么没有太多的预设。

教师会告诉学员，他们在课程中会学习7种冥想和20个非正式练习，非正式练习的目的是在日常生活中唤起静观与自我关怀。教师也要阐释练习背后的基本原理，以便学员能够理解和调整练习，从而满足自己的需求，也就是说，学员要成为自己最好的老师。在学习的过程中，我们鼓励学员问自己"什么对我最有效",并且在每周的反馈中记录他们的练习体验。

困难的情绪

关怀是一种与快乐和幸福相关的积极情绪。因此,学习自我关怀在很大程度上是一种积极的体验。然而,有一句俗语说道:"爱会揭穿一切不像爱的事物。"这意味着几乎每个学习静观自我关怀的人都会产生困难的情绪。教师可以这样问:"你认为在自我关怀训练中会产生哪些困难的情绪?"常见的回答是悲伤、孤独、渴望、愤怒、恐惧和自我怀疑。自我关怀会打开旧日的伤口,但也允许人们用新的方式来面对这些过去的创伤,把它们变得更好。静观自我关怀是一门**开发资源**的课程,其目的是培养情绪能力以及更好地应对挑战的能力。

为了避免学员担心上这门课需要付出艰苦的努力,我们应该提醒他们,其实在自我关怀的时刻,我们会感到很轻松——既不艰苦,也无须努力。我们只有在挣扎着改善自己生活的时候,才会付出努力。静观与自我关怀则要求我们在不影响目标的情况下放下挣扎。

在**静观**的时刻,我们往往会发出舒心的呼气声——"啊……";在**关怀**的时刻,我们则会发出温柔的声音,比如,当我们被某人的困境所触动时会发出"噢……",当我们与他人感同身受、身体前倾时会发出"哦……",或者当我们最终理解事实真相、身体后仰的时候,会发出"啊……"。相反,挣扎的声音更像是"呃啊"和"哎哟"。声音是传达情绪和态度的有力工具(Kraus,2017)。教师可以在课堂上发出这些声音,并鼓励学员在遇到困难时尝试发出静观和自我关怀的声音。虽然自我关怀训练很有挑战性,但教师也要尽量让课程变得简单而愉快。

静观自我关怀课程本身就是自我关怀的训练场所。如果课程为学员带来了压力,可能是因为这位学员太过努力了。自我关怀的**途径**和**目标**应该是相同的——用更友善的态度来对待自己和我们的体验。在课程中,学员应该允许自己"学得慢"一些。在自我关怀的道路上,过度的热忱可能会导致情绪失控。静观自我关怀教师常说:"细水长流。"

开放与封闭

在有些时候，学员可能会发现难以集中精神，此时他们的心封闭了。开放和封闭都是自然现象，就像肺的舒张与收缩一样。教师应该鼓励学员在需要的时候封闭自己，在合适的时候再开放。当心需要封闭的时候强迫它开放，这不是自我关怀。

我们怎么知道自己什么时候是开放的？ 当我们觉得自己充满活力，我们的思想、情绪和感觉都特别鲜活的时候，我们是开放的。开放可能伴随着一种轻松或释然的感觉，包括看似毫无由来的眼泪。眼泪往往意味着挣扎的结束。例如，选美比赛的参赛者在获胜的时候会哭泣，在输的时候也会哭，但不管怎样，比赛都结束了。然而，我们大多数的挣扎都是在无意识中发生的，比如我们永远都在为了得到爱与联结挣扎，而当我们在关怀的时刻里感受到爱与联结的时候，可能就会流泪。

有哪些封闭的迹象？ 当我们心烦意乱、疲劳、愤怒或想要批评的时候，我们的心就封闭了，我们需要封闭或推开自己的体验。在这种时候，学员可以问自己那个经典的自我关怀问题："我需要什么？"例如，感到疲倦或不堪重负的学员可以选择不参加某个课堂练习，甚至还可以小睡片刻。之后，学员还可以自我探索："我为自己打瞌睡感到羞愧吗？我是否担心错过了重要的课程？或者说，为了照顾好此刻的自己，小睡片刻是必要的吗？"换句话说，小睡是不是一种自我关怀的行为，学员小睡片刻的**反应**是不是自我关怀？课堂上的每个时刻都可以成为自我关怀的实验。再次说明，自我关怀意味着，当我们开放的时候允许自己开放，当我们需要封闭的时候让自己封闭起来，即使是在静观自我关怀课程中也要如此。只要封闭是我们有意识而为之的，并且能够用善意来回应自己，就仍然会培养自我关怀的习惯。

安全

学员需要为自己的身心健康负责。教师可以在挂纸板或白板上画上三个同心圆，如第 6 章图 6-2 所示——安全、挑战、不堪重负，从而帮助学员做出确保安全、促进学习的决定。在"挑战"的圆圈里，学习与成长的效果最好。比如，如果学员发现自己处于安全区而没有练习（可能是在逃避），他们可以提醒自己，自我关怀的益处大小依赖于练习量的多少，然后尝试练习得更多，将自己推入挑战区。然而，如果学员因为练习过多而陷入不堪重负的区域，那也不是一种好的现象，他们可以问问自己，他们可以放弃哪些东西，来让练习变得更容易一些，比如减少正式冥想，更多地关注日常生活中的非正式练习。如果学员发现自己情绪失控，他们就应该封闭起来，并回到安全的区域。

冥想

静观自我关怀的目的不是让每名学员都成为冥想的练习者。该课程有两个目的：①帮助他们**知道**自己何时在受苦；②帮助他们做出友善与理解的**回应**。有时候，对痛苦最巧妙的回应就是关怀的行为，喝一杯茶、洗个热水澡，而不是冥想或心理训练。

许多学员相信他们做不了冥想。这通常是因为他们对冥想有错误的预期。冥想其实很简单。比如，如果你能感觉到呼吸在身体里的感觉，你就能冥想。不过，我们人类天生就喜欢分神。因此，有一个衡量自我关怀冥想进展的好方法，不是看走神的频率，而是看我们在走神后能否温柔地将思绪带回我们所关注的对象。

对于用功的冥想练习者来说，另一个困难就是时间不够。其实，只有我们认为冥想意味着每天必须坐下来练习 20～45 分钟，才会遇到这样的问题。我们也可以静坐冥想 5 分钟。对于那些用功的冥想练习者来说，停下手头的事情，坐下来冥想才是最难克服的障碍。

我们也可以在一天中找时间做**非正式**练习，花在练习上的时间甚至不到 5 分钟。每个人都能抽出时间做非正式练习。在日常生活中做非正式的自我关怀练习特别有意义，因为我们需要少许痛苦来唤起关怀，而痛苦更有可能在日常情况下出现。研究还发现，非正式练习与正式的冥想一样有效（Elwafi et al., 2013；Neff & Germer, 2013）。正式冥想与非正式练习相结合，可能是培养静观与自我关怀的最好方法。人们还发现，如果他们把温暖和善意带入日常生活，并体验到放松的感觉，他们做冥想的愿望就会增加。

经验的差异

有些静观自我关怀学员已经练习了几十年的冥想，还有些学员则是第一次尝试冥想。对于经验丰富的练习者，我们鼓励他们以熟悉的方式练习，也许可以在他们现有的练习中加入一些慈爱或关怀。对于刚刚学习冥想的人来说，我们鼓励他们可以从自己的水平开始做起，也许可以享受**初学者心态**所带来的好处——少了一些先入为主，多了一些可能性。在冥想中练习自我关怀，也有着许多不同的方式，包括祈祷（Knabb，2018），我们邀请学员以他们觉得合适的方式践行自我关怀。

以练习为中心的发言

在课堂上，教师经常要求学员谈谈他们在刚刚完成的练习中的直接体验（"你注意到了什么""你有什么感觉""你是如何回应的"），或者描述他们练习的经过（"有没有什么领悟、挑战或成功"）。以练习为中心的发言可以帮助每个人从他人的体验中学习。学员在发言前可以问自己一个有用的问题："发言对我和其他团体成员有益处吗？"

还有一个减少概念讨论的策略，那就是在挂纸板上制作一个叫作"停车场"的特殊页面。教师可以把概念性的问题和发言写在"停车场"页面上，供小组之后思考。"停车场"里的问题也应该与他人有关，而更加私人的问题则可以与教师单独商讨。

内向者与外向者

有些学员性格内向，而有些学员则性格外向。无论发言多少，我们都鼓励**内向**的学员依据自己的舒服程度而定，但在有表达欲的时候，也鼓励他们发言。我们鼓励**外向**的学员给内向者一些空间，因为内向的人可能会犹豫要不要占用他人的时间。这样做的目的是让所有学员都能做真实的自己，表达自己的心声，但同时也要调整他们对待他人的方式。静观自我关怀还包括小组对话（两人一组或三人一组），这样能使内向者更容易发言，与他人建立联结。所有小组讨论的目的都是为了在课堂上培养共通人性的感觉。

个人需求

身体是精神与情绪工作的物理平台,所以我们鼓励学员照顾好自己的身体,要充分休息、吃好、经常锻炼。

如果学员因私人问题妨碍了他们投入课程,我们鼓励他们与教师谈谈。如果学员需要跳过某一节课,则需要提前通知一位授课教师。教师对学员的理解态度,有助于学员公开、坦诚地表达自己的需求。

指导原则
(15 分钟)

这项课堂练习为学员提供了一个思考团体规范的机会,规范的作用则是创造安全而轻松的氛围——一种充满善意的文化。安全感是产生关怀的必要条件。教师可以要求学员写下以下两个问题的答案:

- "我希望别人怎样对待我,这样我才能在课程中感到安全和舒适?"(**停顿 2~3 分钟**)
- "我想要怎样对待别人,好让他们和我在一起的时候感到舒适和安全?"(**停顿**)
- 换言之,我们在课程中应该牢记哪些指导原则?(**停顿**)

然后,整个团体可以大致地讨论一下学员希望如何对待他人,以及得到怎样的对待。教师可以把观点和反思写在白板上。如果下面的任意一条原则没有被提到,教师可以将其加入讨论。

- **保护隐私**。"我们不在组外讨论个人在课程中分享的内容。"
- **不去解决问题**。"假设教室里没有人有问题需要解决,包括自己。"
- **不给建议**。"建议往往会让人感觉受到了干涉。"
- **不评判**。"我们都在尽力而为。"
- **尊重差异**。"允许他人与你不同。"

- **尊重多样性**。"对于他人身上你不了解的事情保持开放的态度。"
- **包容**。"记住我们都希望有归属感。"
- **给予空间**。"有些人比其他人更看重隐私。"
- **尊重身体界限**。"不是每个人都喜欢或希望被触摸。"
- **留意浪漫的吸引力**。"专注于这门课程的目标,不要给课程以外的人造成痛苦。"
- **保护自己的安全与舒适**。"在了解你、保护你这方面,没有人能比你做得更好。"

学员通常能理解教师的意图,他们也会在讨论中阐明自己的愿望,所以在讨论结束时往往不需要进行总结。不过,教师可以在讨论的最后说:"我们大多数人可能都会打破自己的规则,在无意中伤害别人,或者没能达到自己的期望。这是人之常情,也为我们提供了一个践行自我关怀的机会。"

多样性与包容

我们鼓励教师拓展**尊重**的概念——尊重**个体差异**。有些差异是我们可以看到的,有些差异则不那么明显,而这些差异不可避免地会对我们的生活经历和身份认同产生影响。讨论多样性的目的是鼓励包容的态度(见第 7 章)。下文举例说明了如何引入对多样性与包容的讨论。

- "刚才提到的一项指导原则是'尊重'。尊重通常意味着'**尊重差异**'。在静观自我关怀里,我们不但希望尊重我们的共性,还希望尊重我们的差异。"
- "有些差异是我们**能看到的**,有些差异则**不那么容易看见**。哪些差异是**我们能看到的**?"下面是几个例子:
    - 年龄
    - 性别
    - 种族
    - 民族
    - 体型

- "哪些差异是我们**不容易看见**的？"下面是几个例子：
  - 性取向
  - 性别认同
  - 社会经济地位
  - 信仰
  - 政治
  - 祖籍国
  - 早期童年经历
  - 慢性疾病
  - 教育水平
  - 身体、心理能力
- "我们有哪些**共同点**？"下面是几个例子：
  - 我们都会呼吸。
  - 我们都会在生活中遇到困难。
  - 我们都有各种情绪，如快乐与悲伤、恐惧与愤怒。
  - 我们都希望得到幸福，远离苦难。
  - 我们都希望得到爱。
- "尊重我们的差异与共性是很重要的，因为某些文化认同可能会因为社会压迫、歧视和偏见而成为痛苦的根源。这就是**文化认同痛苦**。"
- "由于长期以来的压迫历史，有些群体承受了**太多的**文化认同痛苦。苦难是普遍存在的，但不同的个人与群体间的苦难并不是同等的。"
- "有些人在面对文化压迫和逆境时展现出了非凡的力量与韧性，记住这一点是同样重要的。"
- "自我关怀会打开文化的伤口。虽然外部世界往往是不公正、不友善的，但我们至少可以学着用更公正、更友善的方式来对待自己，为这种文化转变打下稳定的情绪基础。"
- "我们希望能在这门课上创造一个'勇敢的空间'（Arao & Clemens，2013），让每个人都能感到真实的自我是安全的、受欢迎的。"为此，我们可以提醒自己：
  - 我们都是不同的。

- 我们都是人。
- 每个人都有自己的声音。
- 每个人都属于这个团体。

对于教师来说，养成一种"不知道每个学员的独特经历"的态度，能为开放、坦诚的沟通创造空间。我们还鼓励教师从个人与专业的角度参与关于多样性与包容的文化交流。

原谅

由于教师与学员对彼此知之甚少，而且我们都有无意识的偏见，所以在课程中，学员可能会在无意中伤害彼此。教师也可能在课程中无意地伤害学员。因此，教师可以代表自己和所有学员提出如下的"原谅意愿"：

- "请提前原谅我可能在无意中对你们造成的伤害。"（**请求原谅**）
- "愿我们都能原谅**自己**在课程里无意中对他人造成的伤害。"（**原谅自己**）
- "在课程结束的时候，愿我们都能原谅**他人**对我们造成的伤害，这些伤害可能完全是无意的，因为他们对我们不够了解。"（**给予原谅**）

教师也可以在课程结束时复述这些原谅的话语。

诗 歌

诗歌是静观自我关怀中的可选内容，我们鼓励教师诵读他们特别喜欢的诗歌。每节课都有推荐的诗歌。在第 1 课的这个时候，许多教师喜欢读大卫·怀特（David Whyte，2012，p.262～263）的《始于足下》(Start Close In)，这首诗强调了尊重我们自身的体验和我们自己的起点有多么重要。这首诗也收录在了一张题为《自我关怀的诗》(*The Poetry of Self-Compassion*)（Whyte，1992）的 CD 光盘中。

休　　息

（15 分钟）

每节课都包含 15 分钟的休息时间，以便学员使用洗手间、吃零食或者与彼此建立私下的联结。在静观自我关怀中，学员的身心健康是最重要的。教师可以根据团体的精力与情绪来决定最佳的休息时间，但每节课都应该有休息的时间。

软 着 陆

（2 分钟）

软着陆是一些非常简短的练习，可以温和地引导学员专注于当下的时刻（见第 5 章对软着陆的讨论）。如果此时学员有身心痛苦，要待在当下是很难的，这种感觉就像一架飞机要在暴风雨的天气中迫降。软着陆就是让学员在慈爱与关怀的支持下轻轻地降落。例如，让自己随着呼吸的节奏摇摆，对自己说一些安慰和善意的话语，或者在内心给自己一个温暖的微笑。这样一来，当下就可能变得更容易接受了。

软着陆也是一个复习的契机，可以提醒学员他们已经学过的知识，尤其是那些他们可以在一天中随时做的练习。软着陆应该是简单的、简短的、容易做的。下面是一个软着陆的例子：

- "让我们花几分钟的时间静下心来感受当下，感受我们的身体，将关怀注入其中，进行软着陆。"
- "让我们做几次深呼吸，每次呼气时发出一声'啊……'。"**（停顿）**
- "现在闭上你的眼睛，将注意力转向内心，注意身体的所有部位是否有紧张或压力。如果有，在心中默默地对自己一发出关怀的'噢……'，允许自己的心随着每一次的'噢……'一点一点地融化。"**（停顿）**

说完软着陆的指导语后，教师可以按一下铃，也可以简单地说声谢谢，然后稍作停顿，再继续接下来的环节。

我会怎样对待朋友
（15 分钟）

在休息之后，课程的重点转移到了自我关怀的意义、对自我关怀的误解、相关研究以及在日常生活中练习自我关怀的简单方法。自我关怀要求我们成为自己的好朋友，所以教师可以先让学员反思他们在困境中会如何对待自己，以及会如何对待在相似处境中的好朋友。

指导语

- 请学员拿出一张纸，闭上眼睛，花些时间来思考下面的问题：

  "回想过去的一次或几次，你的**挚友**正在承受痛苦的时候。这个人不能是伴侣或家人，这些人过于亲近了，要选择一个你真正关心的朋友，一个陷入困境的朋友。比如，也许你的朋友遭遇了不幸、失败，或者觉得自己不够好。在这种情况下，你通常会如何**回应朋友**？你会**说**什么？你会用哪种**语气**？你的身体**姿态**是怎样的？你会用哪些**非言语**的手势？"（**停顿**）

  邀请学员写下他们的发现。

- 然后请学员再次闭上眼睛，回答下一个问题：

  "现在想想那些你承受痛苦的时候——遭遇不幸、失败或觉得自己不够好。在这些情况下，你通常会如何**回应自己**？你会**说**什么？你会用哪种**语气**？你的身体**姿态**是怎样的？你会用哪些**非言语**的手势？"（**停顿**）

  再一次邀请学员写下他们的发现。

- 然后问学员："在回应自己和回应他人之间，你有没有发现**不同的模式**？"
- 让学员 3 人一组，用 5 分钟的时间来分享他们的发现。提醒学员应该只分享他们愿意分享的内容，不要相互提建议或者试图解决任何问题。

问询

如果小组中传来了笑声，说明任务已经完成了。教师可以再花几分钟的时间来问询，谈谈学员在练习中注意到了什么。学员通常会说，他们对自己比对别人更严厉（比如，更没有耐心，更缺乏理解，会用更严厉、更刺耳的语气，并且与自己的争论更多）。有些人会发现，如果我们更客观地看待自己或他人的痛苦，后退一步再来审视自己或他人，就更有可能给予关怀。下面是一个问询的例子。

卡丽娜：（害羞地说）我发现，当别人陷入困境时，我会伸出援手，但当我感觉不好时，我会把他人拒之门外。

教师：伸出援手与拒之门外的感觉不同吗？

卡丽娜：当然不同了。

教师：我能问问不同在哪儿吗？

卡丽娜：这个嘛，当我出了问题时，我觉得自己心里很紧张、缩成一团，而当别人对自己感觉不好时，我却很温柔，就像我能感觉自己的心在跳动一样。

教师：这似乎是一个重要的发现。这对你有什么启示吗？

卡丽娜：我真的希望对**自己**也能有那样的感觉！（咯咯地笑）

教师：你觉得自己能做到吗？

卡丽娜：我猜这就是我来这儿的原因。

教师：（大笑）没错，我猜这就是我们所有人来这儿的原因！让我们拭目以待吧。

我们对他人与对自己的态度存在差别，这是一种普遍的现象。为了说明这一点，教师可以引用内夫的研究团队所收集的初步证据（Knox et al., 2016），这些证据表明，绝大多数美国人（78%）对别人的关怀都比对自己的多，对别人与对自己的关怀差不多的人占比 16%，只有 6% 的人对自己的关怀比对别人的多。

教师可以为自我关怀提供两种非正式的定义，以此来结束这项练习。

- "自我关怀是指当事情出错的时候，我们像对待朋友一样善待自己、理解自己。（这就是反向黄金法则：用你对待别人的方式来对待**自己**。）"
- "自我关怀就是用我们希望**他人**（亲朋好友）对待我们的方式来对待自己。"

何谓自我关怀
（10 分钟）

既然学员已经反思过，当自己的生活出现问题时，他们会有什么本能的反应，并且已经开始意识到他们应该如何更加关怀自己，那么就该介绍自我关怀的科学结构了。就像之前一样，我们鼓励教师尽可能以互动的方式呈现这个主题（以及静观自我关怀中的所有主题）。教师可以向学员问一些引导性的问题，引出学员的回应，然后点明其中的共同点，从而阐明这个主题。

例如，要介绍自我关怀的概念，可以首先让学员思考，关怀他人需要哪些要素："想象有一个无家可归的人在熙熙攘攘的街角乞讨。怎样才能对那个人产生关怀之心呢？"学员通常会提到，首先他们需要注意到那个人在那儿，尤其是要注意到那个人正处于困境之中；然后，他们需要产生一种人性与联结的感觉（"我没有沦落到那一步，只是因为我比他幸运"）；当他们看到这个不幸的人时，他们还需要感受到善意与理解，而不是评判。静观（发现痛苦）、共通人性（认识到我们都有困难），以及善意（给予温暖和温柔的回应），都是产生关怀所需要的要素。然后，教师可以指出，如果要产生自我关怀，首先我们需要知道我们在受苦，把我们的苦难看作人之常情，然后对我们自己报以善意，而不是自我批评，这样便能搭建起通往自我关怀的桥梁了。

所有学员都应该清楚自我关怀的三个组成部分（Neff, 2003b），因为它们构成了静观自我关怀课程中大多数练习的概念基础（见第 2 章）。下文给出了这三部分的概要。教师可以通过邀请学员发言，分享他们自己生活中的例子，或者介绍自我关怀的研究，来进一步讨论这个问题。

自我关怀 vs. 自我评判

- "用善意、关爱、理解与支持来对待自己，就像我们对待好朋友一样。大多数人对自己都更为苛刻，并且会对自己说一些永远都不会对别人说的话。"
- "关怀包括减轻痛苦的愿望与努力。自我关怀包含行动的成分，要求我们在痛苦的时候主动地安慰、保护和支持自己。"

共通人性 vs. 孤立

- "把我们的不完美视为更为广泛的人之常情,并且认识到每个人都有痛苦。"
- "当我们陷入困境或失败的时候,我们经常会觉得出了问题——这种事不应该发生。这就产生了一种不正常的感觉('我错了!'),进而导致羞愧与孤立。"

静观 vs. 过度认同

- "在我们受苦的时候,知道我们正在受苦,这是产生关怀的先决条件。静观让我们面对痛苦的感觉,并与痛苦本身'相处'。"
- "静观是一种平衡的觉知状态。我们既不压抑或回避自己的感受,也不会添油加醋、让自己被冲昏头脑。后者就是**过度认同**。"

我们可以用凝练的语言来表达自我关怀的三个组成部分:**慈爱**(善待自我)、**联结**(共通人性)、**临在**(静观)。这样有助于学员理解自我关怀的状态是什么感觉。

自我关怀的阴与阳

多数人认为自我关怀主要是柔软而接纳的,因为关怀与滋养相关。然而,关怀与自我关怀也可能是坚强有力的。例如,军人会为了保护他人的生命而把自己置于险境,父母可能会为了养家而努力奋斗,甚至还要做好几份工作。这些都是关怀的典范。人们也可以给予自己有力的关怀,比如,尽管出现了严重的戒断症状仍拒绝服用成瘾物质,或者做出勇敢的行为(如勇敢地面对暴虐的老板,或公开反对不公事件)。完整的自我关怀需要阴阳并济(见第2、6章)。教师可以这样解释:

- "自我关怀的'阴'是用关怀的态度与我们的痛苦相处——**安慰**、**抚慰**、**认可**自己。"
- "自我关怀的'阳'与'采取行动'相关——**保护**、**满足**、**激励**自己。"

自我关怀的这两个方面虽然不同，但都是同等重要的**关爱**方式。静观自我关怀包括阴和阳两个方面。正如冥想教师琼·哈利法克斯（Halifax，2012a）所说："后背坚强，腹部柔软。"

 自我关怀的姿势（可选）
（5分钟）

可选练习"自我关怀的姿势"能为学员提供一个机会，感受自我关怀的三个部分在自己身体里的感觉，并且体验自我关怀的"阳"。如果学员愿意，教师可以邀请他们站起来做这个练习，伸展一下他们的腿。

指导语

- 教师可以对学员说："请伸出双手，握紧拳头。"（与此同时，如果有合作教师，两位教师都可以示范这个动作。）大约20秒后，有些学员会开始感到不舒服，教师可以邀请学员调整他们的身体姿势，探索在保持这个手势的时候可能产生什么情绪。然后，教师随机要求学员大声说出他们的感受（我们把这种方法称为"爆米花"式回答）。我们通常会听到"紧张""愤怒""强大"或"害怕"这样的词。然后我们将这个手势视为**与我们自己或我们的体验斗争**的隐喻，我们大多数人经常在无意识中做这样的事。

- 现在，带领练习的教师说道："请张开你的手掌，掌心向上。"与此同时，两位教师也做出示范。再次邀请学员关注身体里的感受，看看摊开手掌会产生什么感觉，并且留意这个手势与之前有什么不同。"你有什么感觉？请大声说出你的情绪。"常见的答案包括"平静""放松""接纳""舒适""开放"。然后，教师可以指出，当我们以开放、包容的觉知接纳正在发生的事情时，**静观**就是这样的感觉。

- "现在把你的手臂向前伸，想象你正在拥抱一个人，或者拥抱全世界。"教师示范双臂前伸，双手微微转向内。"这个手势唤起了你内心的什么情绪？"

- 学员通常会说"拥抱""联结""沟通"或"包容"。教师可以指出，这个手势体现了一种**共通人性**的感觉——当我们超越了孤立的自我，融入他人时的感觉。

- "现在，将一只手放在另一只手上，慢慢地将两只手掌放在胸部的中央。感受手掌给予胸部的温暖与轻柔的压力。"教师进行示范，停顿片刻，然后请学员说出自己的感受，常见的回答包括"安全""平静""庇护""爱""柔软"。然后，教师可以指出这种姿势能唤起**对自己的善意**——在需要的时候安慰自己。

- 教师指出，这三种姿势的结合可以让人感受到自我关怀的状态，尤其是自我关怀的"阴"。教师应该提到，对于有些人来说，善待自己的姿势（即单手或双手放在心上的姿势）会让他们感到**不安全**或**不舒服**（可能会引起焦虑），他们可以在之后的时间里，探索其他可能会更让人感到安抚的姿势。

- 现在引导学员进入自我关怀的"阳"的体验："如果你现在站着，或者你愿意站起来、能够站起来，就请找到'马步'的姿势。"这是一种武术的姿势，太极或空手道都有这个姿势。马步是一种宽广、稳定、重心较低的姿势。"教师做出示范，然后问："做出这个姿势的时候，你有什么感觉？"学员通常会说"强壮""稳定"或"灵活"。然后教师可以解释说，当我们感到专注而稳定的时候，我们就处在了一个利于采取行动的位置上。

- "我们可以**保护**自己（教师可以做出示范，伸出手臂，立起手掌，并且坚定地说'不'；连做两遍以上）。当你这样做的时候，注意自己的感觉，能量正在从你体内散发出来。我们也能**满足**自己和他人的需求（教师可以做出示范，向外伸出手臂，像是在收集东西，然后把手臂收回来，说'好'，然后再把手臂伸开，做出给予他人的动作，再次说'好'）。花些时间去感受身体里的这种感觉，感受自己与他人之间的平衡。最后，我们可以**激励**自己去做一些困难的事情（教师做出示范，一边伸出大拇指，一边说'你能做到'）。如果你成功了，你可以庆祝一下（教师与合作教师击掌，并邀请学员也这样做），如果你失败了，你可以给自己一些自我关怀的'阴'（教师把双手放在心上，发出温柔的'噢……'的声音）。在需要的时候，我们始终能灵活运用'阴'和'阳'。"

 ## 关于自我关怀的疑虑
（10 分钟）

许多人都对自我关怀心怀疑虑，这种心态妨碍了他们全身心地投入练习。**疑虑**就是担心自我关怀可能会产生意想不到的负面后果（Robinson et al., 2016）。即使学员普遍都积极、乐观地看待自我关怀，但当他们在与朋友和同事谈论自我关怀的时候，仍有可能表现出潜在的不安。

疑虑通常建立在对自我关怀本质的**误解**之上。教师可以从团体中收集一些大家关注的问题，然后根据科学证据逐一解答，或者进一步澄清自我关怀的含义（见下文），以此来消除误解。学员经常会提到下面的疑虑（也见第 2、3 章）。

自我关怀是一种自我怜悯

- 自我关怀提醒我们，每个人都有痛苦（共通人性），但没有夸大痛苦的程度（静观）。这不是一种"我真命苦"的态度。
- 研究表明，自我关怀的人有更多的观点采择行为，而不是只沉溺于自己的痛苦（Neff & Pommier, 2013）。他们也不太可能沉浸在事情有多糟糕的反刍式思维中（Raes, 2010）。

自我关怀是软弱的

- 自我关怀是强大的，能给困境中的人以抗逆力。
- 研究表明，自我关怀的人更能应对困难的情况，如离婚（Sbarra et al., 2012）、创伤（Hiraoka et al., 2015）或慢性疼痛（Wren et al., 2012）。

自我关怀是自私的

- 通过**将自己纳入关怀**的范围（这个要求不过分），我们能减轻自己与他人的割裂感。
- 研究表明，在恋爱关系中，自我关怀的人往往更能照顾和支持他人（Neff & Beretvas，2013），更愿意在关系冲突中做出妥协（Yarnell & Neff，2013），更关怀他人（Neff & Pommier，2013）。

自我关怀是自我放纵

- 关怀强调长期的幸福而不是短期的愉悦（就像关怀孩子的母亲不会让孩子随心所欲地吃冰激凌，而会说"吃蔬菜"）。
- 研究表明，自我关怀的人会做出更健康的行为，比如锻炼（Magnus et al.，2010）、均衡饮食（Schoenefeld & Webb，2013）、少喝酒（Brooks et al.，2012）、更经常地去看医生（Terry，Leary，Mehta & Henderson，2013）。

自我关怀是一种找借口的方式

- 自我关怀为人们提供了承认错误所需的安全感，而不会让他们觉得需要指责他人。
- 研究表明，自我关怀的人愿意为自己的行为承担更多的责任（Leary et al.，2007），如果冒犯了别人，他们也更愿意道歉（Breines & Chen，2012）。

自我关怀会削弱动力

- 自我关怀的动力源于对健康和幸福的渴望。实际上，自我关怀的人更有动力做出改变，因为他们用鼓励来激励自己（就像支持你的教练一样），而不是用严厉的自我批评来鞭策自己。
- 研究表明，自我关怀的人有很高的个人标准，只不过当他们失败的时候，他们不会苛责自己（Neff，2003b）。这意味着他们不那么害怕失败（Neff et al.，2005），更有可能在失败后继续尝试、坚持不懈（Breines & Chen，2012）。

这里的重点是，科学的证据与那些疑虑恰恰相反。许多这些疑虑，以及对于练习的疑虑（例如自我关怀需要付出许多努力，或者自我关怀会激起太多的情绪）会随着课程的进行而再度浮现，还需要再次加以解决。

是什么在阻碍我们

如果还有时间，教师可以带领学员进行"重复提问"的练习，帮助学员发现自我关怀的障碍，而不是让学员对自我关怀产生误解。这个练习还能帮助学员敞开心扉，感觉到彼此之间的联结。这个练习结合了吉尔伯特及其同事（2011）所说的"对关怀的恐惧"，比如"我害怕如果我太关怀自己，就会有坏事发生""如果我太关怀自己，别人就会拒绝我""我从没有关怀过自己，所以我不知道怎样才能产生那种感觉"。

学员两人一组，在 3 分钟的时间里，每组中的一个人不停地问同一个问题，另一个人回答问题，之后再互换角色。再次强调，学员应该只分享他们愿意分享的内容。教师可以用这种轻松的方式开始练习："请两人组成一个小组，然后决定谁来第一个提问——姓氏^㊀比较长的人先问。"然后提问者问道："是什么在阻碍你更加关怀自己？"对方给出答案后，提问者说："谢谢。**还有什么在阻碍你更加关怀自己？**" 3 分钟后，铃声响起，学员互换角色。每个人都讲完后，教师可以问全班同学："你们发现了什么？"随着课程的进行，学员可能会在自我关怀的练习中遇到某些障碍。

自我关怀的研究（可选）
（15 分钟）

教师可以根据团体的需要与兴趣，在第 1 课中加入介绍研究的部分。这个话题会让课程超过 2 小时 45 分钟，但这通常是值得的。第 3 章全面总结了自我关怀的科学研究，最新的参考书目也可以在 https://self-compassion.org 上找到。

该领域研究的主要发现是，自我关怀与幸福感存在一致的联系。自我关

㊀ 这里是指英文姓氏，在中文语境下，读者可以理解为姓氏笔画等。——译者注

怀与诸如抑郁、焦虑、压力、羞愧等消极情绪的减少（Johnson & O'Brien, 2013；Zessin et al., 2015），以及较少对身体感到不满相关（Albertson et al., 2015），还与幸福、生活满足、乐观等积极状态的增加相关（Neff, Rude & Kirkpatrick, 2007）。自我关怀还与更健康的身体相关（Friis et al., 2015；Hall et al., 2013）。如果我们用温暖的自我关怀去拥抱痛苦，消极的状态就会减轻，而积极的状态就会产生。还有一些重要的研究领域，如自我关怀与自尊的关系，以及自我关怀与自我批评的生理机制（这两个领域在第 3 章也有提到）。最后，教师可以对自我关怀**培训**的研究进行总结，尤其是静观自我关怀课程的研究（见第 4 章）。对研究的了解能让学员有信心继续学习。

 放松触摸
（5 分钟）

静观自我关怀为我们在日常生活中唤起自我关怀提供了多种方法。其中一种方法是身体接触，通过安抚或支持性的触摸来唤起关怀。研究表明，触摸是向他人表达善意与关怀的可靠方式（Hertenstein, Keltner, App, Bulleit & Jaskolka, 2006；Keltner, 2009），能够引起生理上的变化（Maratos et al., 2017），即便是看见一个简单的手势，比如把手放在心上，也能影响人们的想法与感受（Parzuchowski, Szymkow, Baryla & Wojciszke, 2014）。民间的观点也认为，给予自己放松触摸也能产生类似的效果。然而，少数学员发现，把手放在心上会引发焦虑，这也许是因为他们对自我照料感到尴尬，或者是因为这个手势让他们感到脆弱。因此，我们邀请这些学员探索其他支持自己的触摸方式，这主要是因为，触摸是传达阴性自我关怀的重要方式。

指导语

教师用下列手势引导学员，帮助学员发现哪种触摸方式最能带来安抚或支持：

- 将两只手放在心上。

- 一只手握拳，另一只手放在拳头上，将两只手都放在心上，代表力量与善意。
- 一只手放在肚子上，另一只手放在心上。
- 将两只手都放在肚子上。
- 将一只手放在脸颊上。
- 双手捧着脸。
- 轻轻地抚摸自己的手臂。
- 交叉双臂并温柔地挤压。
- 轻轻地抚摸自己的胸口，来回抚摸或划着小圈抚摸。
- 双手握住自己的一只膝盖。

然后，教师再给学员一分钟的时间，让他们自己去探索这些或其他的方式。

在"放松触摸"之后通常没有问询，教师可以直接进行下一个非正式练习"即时自我关怀"。如果教师注意到学员在练习"放松触摸"时有困难，他们可以把这个练习延伸一下，问道："有没有其他的方法可以让你放松身体或支持自己，比如摸摸你的狗或者洗个热水澡？"如果有一两个学员仍然在练习中有困难，问询也能有所帮助。

问询

下面是在"放松触摸"后进行问询的例子。

教师：我想知道，有没有人在身体上找到了一个部位，抚摸起来很舒服或让你感到被支持？

乔治：我发现了一堆恰恰相反的部位！

教师：比如？

乔治：如果我把手放在肚子上，我就想起我有多胖；如果我把手放在肩膀上，我就觉得很可笑……可悲，真的，就好像在问"为什么我要拥抱自己"。

教师：看来，你在寻找安慰自己的部位时发现了自我评判？我说得对吗？

乔治：没错，我觉得没错。

教师：（对全班）在这个练习中，其他人的脑海中会出现自我评判吗？（一半的学员都举起了手。）你看，乔治，你不是一个人。这是人之常情。你身上有没有什么地方摸起来感觉很好？

乔治：有，很奇怪……用一只手托着脑袋，那感觉就很好。我有一张照片，照片上是我爸爸在工作一整天后，在餐桌旁做这个动作，对着镜头微笑。

教师：所以，那个姿势唤起了美好的回忆。把头靠在手上，身体也会感觉很舒服吗？

乔治：（重复那个姿势）会的，我觉得会。

教师：很好！如果你愿意，在家也可以练习这个姿势。也许你已经找到了合适的放松触摸，也许你还可以试试其他的部位。

乔治：明白了，谢谢。

这样的问询能让所有学员探索自我安抚的主题，并看到自我评判如何妨碍自我安抚。教师应该提醒学员在家继续探索，也应该告诉他们，希望得到安抚与支持，已经是一种自我关怀的行为了。放松触摸并非每次都会让人感觉很好，但这个姿势背后的善意才是这个练习的真正意义所在。

 即时自我关怀
（15分钟）

"即时自我关怀"是一种非正式练习，学员可以在紧张的时候使用这种方法。在课堂中，教师把这个练习作为一种冥想反思来教授，来讲解自我关怀的不同元素，但有了足够的练习，我们在日常生活中只需要花上一分钟就能用这种方法。"即时自我关怀"通常在"放松触摸"之后立即进行（如果课堂时间有限，就不进行问询了）。

指导语

- "回想一个你在生活中遇到困难的情境，这件事能让你现在仍然感到压力，比如健康问题、重要关系中的问题、工作上的问题，或者有人侵犯了你的边界或者不尊重你。请选择一个严重程度介于轻微至中等的问题，不要选择严重的问题。我们不想在刚刚开始学习自我关怀技能的时候就让自己不堪重负。"

- "允许自己去看、去听、去感受这个问题，直到你身体感到一定程度的不安为止。哪里的感觉最强烈？请稍稍感受一下体内的不适感。"
- "然后，慢慢地、清晰地对自己说'这是一个痛苦的时刻'。这就是静观。你也可以说'真痛苦''哎哟！'或者'这感觉不太好'。"
- "接下来，再次缓慢而清晰地对自己说'痛苦是生活的一部分'。这就是共通人性。你也可以说'其他人也会有这种感觉''我不是一个人'或者'我也是这样的'。"
- "现在把手放在心上，或者任何能支持你的部位，感受手的温暖。对自己说'愿我善待自己'或'愿我满足自己的需求'。这就是善待自我。也许你会问自己，你现在需要哪方面的自我关怀，阴还是阳？阴的语言可能是'愿我接纳真实的自己'或者'愿我在此刻温柔地关爱自己'。阳的语言可能是'不，我不会允许自己受到这样的伤害'或'愿我拥有做出改变的勇气与力量'。"
- "如果你很难找到合适的话语，可以想象一位挚友或所爱的人，正在面临同样的问题。如果不提建议，你对这个人有哪些肺腑之言？如果朋友能记住你说的话，你希望她记住什么？你想传达什么信息？（停顿）现在，你能向自己传达同样的信息吗？"

沉淀与反思

教师通常要给学员一分钟的时间静下心来反思刚刚发生了什么，如果愿意，他们也可以记笔记。在反思的时候，教师可以通过提问来引导学员，比如"你注意到了什么"或"你有什么感觉"。教师也可以问与这个练习主题相关的具体问题，例如"当你们说'这是一个痛苦的时刻'时，你们是否发现了内心的转变""当你提醒自己所有人都有痛苦的时候，发生了什么"或者"在这种情况下，有没有什么善意的话语让你感触最深，你需要阴性还是阳性的自我关怀"。

问询

"即时自我关怀"是用语言唤起自我关怀的第一个练习。由于话语的意义十分依赖情境,所以例子里的话语不一定会让每个人都有感触。找到能够唤起自我关怀的、发自内心的话语,是一趟个人的、内心的旅程,我们将在第3课(见第12章)进一步探索这个问题。下面是"即时自我关怀"的问询的例子。

教师:当你们说"这是一个痛苦的时刻"时,有没有人注意到内心的转变?

蒂安娜:我觉得我不再被自己的困境所淹没了,就好像困境在那里,而我在这里,我和困境之间有一段距离。我甚至松了口气。(再次笑着松了一口气)

教师:听起来你的身体明白你的意思。如果可以,我想问问第二句话的情况,"痛苦是生活的一部分"。

蒂安娜:那句话让我很沮丧。我不喜欢去想每个人有多艰难。

教师:可能你对别人的痛苦非常感同身受。

蒂安娜:也不是。每当我想到别人有多痛苦时,我就会对自己说"那你又有什么可抱怨的"。

教师:哦,我明白了。这部分练习实际上让你的孤独感增加了,而没有减少。

蒂安娜:我想这不是这个练习的目的,是吧?(自嘲地笑)

教师:我在想,也许其他的话语对你会更有效。

蒂安娜:(停顿)我试着记住你说的每一句话,但我记不住。我满脑子都是"每个人都有困难"这句话。这句话让我想起我妈妈叫我不要抱怨。

教师:所以,以前有人告诉过你,别人的痛苦比你的痛苦更重要?

蒂安娜:(眼里含着泪水)是的,可能是这样的。(长时间的停顿)

教师:要看到这一点,是需要勇气的。(**等待**)你想知道还有哪些其他的话语吗?

蒂安娜:想。

教师:还有"我不是孤身一人"以及"还有其他像我一样的人"。

蒂安娜:那些要好一些。我觉得我有点儿被之前的话语压垮了。

教师:这是常有的事。你现在感觉如何?

蒂安娜:我很好。我只是不想再占用别人的时间了。

教师:我明白。感谢你的发言。

在这次问询中,教师带着蒂安娜做了练习的不同部分,既帮助了她,也加深了全体学员对于"即时自我关怀"的理解。蒂安娜得到了一个重要的个人领悟:对她来说,对他人的痛苦敞开心扉,意味着否认自己的困难。这种心理习惯也让她感到孤独。当蒂安娜对全班同学的关注感到不安时,问询就结束了,但只有在她认识到共通人性的价值,注意到她倾向于在困境中与他人隔离开来,找到在未来的困境中与他人保持联结的语言("我不是孤身一人")之后,问询才能够结束。

"即时自我关怀"是静观自我关怀中最受欢迎的非正式练习之一。对于自我关怀的三个组成部分,学员可以单独运用其中的任意一个,也可以把它们结合起来用,并通过练习来安慰自己(阴)或勇敢地融入世界(阳)。随着时间的推移,也许一个简单的手势(比如抚慰的、支持性的触摸)就能唤起"即时自我关怀"的全部体验,而不需要把练习的每个部分都做一遍。教师也可以提醒学员,只要他们需要,在静观自我关怀课程中也可以练习"即时自我关怀"。

家庭练习
（5 分钟）

每次课程结束时,教师都要回顾那些鼓励学员在家尝试的练习。由于这是第 1 课,所以教师应该告诉学员,自我关怀训练所带来的积极改变,在一定程度上取决于学员的练习频率。自我关怀练习的效益依赖于练习量。

开始练习

这节课的新练习有:

- 放松触摸。
- 即时自我关怀。

学员报名参加静观自我关怀课程时,他们已经承诺过每天至少要花 30 分钟练习静观与自我关怀，在练习时，可以将正式与非正式练习进行任意组合。不过，第1课所教的练习都是简短的非正式练习，所以在接下来的一周里，学员不需要练习那么长时间。相反，教师应鼓励他们发现日常生活中有压力的时刻，并探索以"放松触摸"或"即时自我关怀"来回应这些压力时会发生什么。

每周反馈

每周反馈的目的在之前已有简短的说明，即通过自我反思来促进学员的学习，并与教师沟通。教师邀请学员在下一节课把书面反馈带来。反馈可能会包括：①学员在这一周练习自我关怀的一般体验；②学员具体尝试了哪些练习，以及练习的情况如何；③静观自我关怀课程本身进行得如何。对于学员的反馈，教师会严格保密。

电子邮件

教师应告诉学员，他们会收到授课教师的群发邮件。不愿接收邮件的学员，或不希望自己的电子邮件地址被其他学员得知的学员，要告知一名教师。

结　束
（3分钟）

对于如何结束课程，教师有各自的偏好。有时他们会说一句感谢或鼓励的话，他们可能会邀请学员用静观的方式倾听铃声，或者有些教师会读一首诗。下面这首诗用优美的文字描写了自我关怀中的谦逊、温柔与共通人性，这首诗是一位学员在学完这门课前不久时写下的。

为我而写

安娜·比利亚洛沃斯（Ana Villalobos）

假如世间有一首诗，专门为我而写，

假如真实的我，足以成为听众……
假如这般对待一个人，
仅仅因为她活着、有血有肉、神志清醒、会哭会笑，
而且很重要，
那会是一番怎样的景象？
假如她如此重要，
并非因为她能为世界做些什么，
而仅仅是因为她是这世界的一分子，
有着一颗温柔纯良的心……
假如这颗心如此重要，
假如善待这人也很重要，
假如她与世人并无天壤之别，
反而恰恰因为她的独特之处、孤独寂寞、截然不同、格格不入——
因为所有一直深埋在重重戒心之下的脆弱而与世人紧密相连，
那又会是一番怎样的景象？
哦，让我躲起来吧，
也让我展露我的本质吧——既美好，又害羞。
让我走吧，那样我就不必再……存在了。
但我依然存在。
尽管我有那么多与众不同的怪癖，
又常常逃避现实，
但我依然保有本来的面目。
无论我戴上什么面具——
天才、傻瓜、高尚、卑鄙，
在内心深处，我依然是我，依然在这儿，
依然温暖，依然在呼吸，依然是一个活生生的人。
如果有机会，就打个招呼吧，
希望你能看见我的温柔，
并且对面前的这个人再友善一些，
因为她同样很重要。

Teaching
the Mindful Self-Compassion
Program

第 11 章

践行静观 / 第 2 课

概 览

开场（核心）冥想：自我关怀呼吸
练 习 讨 论
课 程 标 题：践行静观
主　　　　题：走神
主　　　　题：何谓静观
非 正 式 练 习：脚底静观
休　　　　息
软　 着　 陆
主　　　　题：对抗
课 堂 练 习：我们如何给自己造成不必要的痛苦
主　　　　题：回燃
非 正 式 练 习：日常生活中的静观
非 正 式 练 习：日常生活中的自我关怀
非正式练习（可选）："此时此地"石
主　　　　题：静观与自我关怀
家 庭 练 习
结　　　　束

开　　始

- 在这节课中，学员要：
  - 将静观的觉知带入当下的体验。
  - 将呼吸冥想同品鉴与欣赏结合起来，从而使觉知变得温暖。
  - 理解对抗如何造成痛苦。
  - 识别并处理回燃。
  - 在日常生活中用静观与自我关怀来锚定觉知。
  - 探索静观与自我关怀的意义。
- 现在介绍这些主题是为了：
  - 帮助学员对痛苦产生静观的觉知，并且为关怀的回应创造空间。
  - 帮助学员在困难的情绪被激活时，稳定自己的觉知。
- 本节课的新练习：
  - 自我关怀呼吸。
  - 脚底静观。
  - 日常生活中的静观。
  - 日常生活中的自我关怀。
  - "此时此地"石（可选）。

自我关怀呼吸
（30 分钟）

"自我关怀呼吸"是静观自我关怀课程所教授的三个核心冥想中的第一个。对于冥想而言，呼吸的感觉是一个很方便的对象，因为这种感觉比较容易被注意到，无论我们在哪儿都能找到它。

让我们用呼吸的节奏来安慰自己，为传统的呼吸冥想加入重要的元素——一种被呼吸支持着的感觉、呼吸的愉悦感，以及对呼吸滋养身体的感激之情。专注于呼吸的舒缓节奏，其灵感来自保罗·吉尔伯特（2009）。"自我关怀呼吸"不同于吉尔伯特的方法，它强调品鉴呼吸的自然节奏，而不是主动按照某种节奏呼吸，从而让身体平静下来。

在冥想中品鉴呼吸的一个原因是，这样能让练习变得更容易。如果我们把冥想当作某种工作（例如训练心智、学着集中注意力，或者成为一个更好的人），我们就会在不知不觉间产生一种努力的态度。然而，如果我们把呼吸当作积极的体验，比如留意仅凭呼吸就能让我们得到安抚、滋养，变得平静，那我们的注意力就会自然地转向呼吸。此外，随着呼吸摇摆，或者被呼吸抚慰的体验可以让人感到深深的安慰——这是阴性自我关怀的重要来源。最后，当我们感觉安全和被呼吸抱持的时候，我们甚至愿意放弃控制，将自己的全部身心交给呼吸——允许自己在一段时间内**成为**呼吸本身。这种无我的状态常常伴随着一种深深的幸福感。

教师应该意识到，当我们邀请一些冥想新人或创伤幸存者放弃控制、将自己交给呼吸的时候，他们可能会感到焦虑。我们应该只邀请他们去感受呼吸的节奏，而不是感受体内呼吸的爱抚，或者放下控制、成为呼吸本身。

有些冥想练习者在做呼吸冥想时会遇到困难，因为他们在努力集中精神，呼吸便因此受到了限制。由于疾病或创伤，还有些人可能不喜欢感受身体里的感觉。有的观点认为：如果练习者专注于呼吸的节奏，尤其是关注整个身体随着呼吸轻轻摇摆，而不去关注具体的呼入和呼出的感觉，这些不良反应就不太可能出现。对于始终在呼吸冥想上有困难的学员，他们可以另选一个关注的对象，比如抚慰触摸的体验（见第 1 课"放松触摸"），或不断地重复一些话语（见第 3 课"寻找自己的慈爱话语"）。

有些人天生容易分心，想要集中精力。教师则应该小心，不要强化他们与走神的对立关系。不过，如果学员对自己的态度友好，只想更加专注一点，那么可以多给他们的大脑一些事情去做，这是一个有效的策略。例如，这些练习者可以将呼吸练习与重复慈爱话语结合起来做。或者，他们可以一遍又一遍地数自己的呼吸，从 1 数到 10，也可以在每次呼吸的时候默念"吸气"和"呼气"。然而，在静观自我关怀中，呼吸冥想的主要目的不是增强注意力，而是通过温柔地将注意力带回呼吸上，体验呼吸的滋养与支持，从而让觉知变得温暖。

在第 2 课的开始，教师会告诉学员，他们将在教师的引导下练习 20 分钟的冥想，这是静观自我关怀中的第一个核心冥想。（第 6 章给出了引导冥想的建议。）教师鼓励学员用放松的，甚至有些嬉戏的态度对待冥想，让体验保持原本的样子——没有好坏之分。

指导语

- "请找一个舒服的姿势，让你在冥想的过程中能感到支撑。然后轻轻闭上你的眼睛，或者微微睁开眼睛。做几次缓慢、轻松的呼吸，释放体内所有不必要的紧张。"
- "如果你愿意，可以把一只手放在心上或其他能安抚你的地方，将其作为一个提醒——你带来的不仅是觉知，还是**关爱**的觉知，既关爱你的呼吸，也关爱你自己。你既可以把手放在那儿，也可以在任何时候把手放下休息。"
- "现在，开始注意自己的呼吸，感受身体的吸气，再感受身体的呼气。"
- "也许你能注意到身体如何得到呼气的滋养，并且在吸气时放松。"
- "让你的身体**替你呼吸**。你什么也不用做。"
- "现在注意你呼吸的**节奏**，吸气和呼气的节奏。（**停顿**）花些时间去感受你呼吸的**节奏**。"
- "你可以让自己关注的重心向你的呼吸倾斜，就像你对待一个亲爱的孩子或亲密的朋友一样。"
- "感受你的**整个身体**随着呼吸轻轻晃动，就像大海的起伏一样。"
- "你的思想会像好奇的孩子或小狗一样自然地游荡。发生这种情况的时候，只要轻轻地将注意力带回到呼吸的节奏上就好。"
- "如果你注意到自己有一种**看着**自己呼吸的感觉，就看看能否把这种感觉放下，和呼吸**待在一起**，**感受**呼吸。"
- "让呼吸轻轻地摇晃和抚慰你的整个身体——**在内心中抚慰**。"
- "如果你愿意，甚至可以**将自己交给呼吸**。"
- "只要呼吸就好，**成为呼吸本身**。"（**长长的停顿**）
- "现在，轻轻地释放聚焦在呼吸上的注意力，静静地坐在自己的体验里，

- "无论你现在有什么体验，都允许自己去感受它，允许自己做真实的自己。"
- "如果你准备好了，就慢慢地、轻轻地睁开你的眼睛。"

沉淀与反思

冥想结束后，教师可以引入沉淀与反思的环节：

"现在，请花一分钟的时间，让你的思绪平静下来，沉浸在你刚才的体验里。（**停顿**）同时，请给自己一个机会来反思刚才的体验，'我注意到了什么''刚才我有什么感受''现在我有什么感受'。在这个冥想过程中，你有没有发现什么特别愉悦或特别有挑战性的事情？如果你愿意，可以随时记下你的体验。"

问询

教师可以按照一般的方式（如上文所述的那样）开始问询，也可以针对练习提出更具体的问题，从而促进学员的分享，例如：

- "如果你熟悉呼吸冥想，那么将关爱与欣赏带入练习中，允许你的呼吸来安抚你，这给你带来了怎样的感受？"
- "你有没有注意到，当你开始**享受**呼吸的时候，注意力会自然而然地转移到呼吸上？"
- "在冥想过程中，你有没有遇到障碍或挑战？"

下面是一个在"自我关怀呼吸"后进行问询的例子。

毛拉：我已经练习呼吸冥想很多年了，这种变化对我来说是全新的。我发现这次我能真正进入自己的呼吸。

教师：你能描述一下真正进入呼吸时身体里的感觉吗？

毛拉：嗯，好的，我觉得非常放松……柔和而放松。

教师：你的呼吸呢？

毛拉：好像一切就只剩下呼吸了，只有呼吸。

教师：你能感受到呼吸的**滋养**吗？

毛拉：能，那感觉很好，很舒服。我想这就是为什么我比平时更容易集中注意的原因。我需要记住这一点……让我自己随呼吸摇晃并得到安抚。见鬼，呼吸一直都是这样的，而我却没注意到！

教师：听起来不错，毛拉。谢谢你能分享自己的体验。

  在这次问询中，毛拉只想分享她的领悟，并没有遇到问题，所以教师只是认可了她的发现。现在我们来看看卡洛斯在"自我关怀呼吸"中所遇到的问题。

卡洛斯：恐怕我冥想做得不太好。我似乎始终无法集中注意力。我一感受自己的呼吸，立刻就走神了。

教师：卡洛斯，你在走神之前能坚持多久？

卡洛斯：哦，可能就3秒钟吧！

教师：（**对全班**）有多少人发现自己的注意通常在3秒内就不在呼吸上了？请举手。（全班有一半的人举了手）

卡洛斯：好吧，我猜我不是一个人（大笑），但我希望自己能做得更好一点。

教师：我们不都是这样吗！你有没有听到指导语里说，把自己的思绪带回到呼吸的感觉上来，就像为走失的小狗或孩子重新指引方向一样？

卡洛斯：听到了。

教师：当时你有什么感觉？

卡洛斯：说实话，我没有按照指导语去做，因为我想起了我儿子布莱恩。他还在学步，我整天追着他跑。他真的很可爱。

教师：我想知道，如果你像对待布莱恩一样对待自己的思绪会发生什么，也许你会有同样的感觉。当你走神的时候，那感觉就像"瞧，他跑了……"一样。然后你可以把注意力带回来，就像牵着布莱恩的手，把他带回他需要去的地方一样。

卡洛斯：我明白你的意思了。我会试试。谢谢。

教师：别客气。

  在这段问询过程中，教师发现自我评判是冥想练习的障碍，并且让卡洛斯联想自己对儿子的自然的慈爱，以那种方式来对待自己的内心。这段问询的目的是增强冥想中友善与温暖的感觉。

在教授新的冥想时，通常需要进行 10 分钟的问询。此时通常会有许多问题与发言，教师无法在有限的时间内一一回复，所以他们必须决定在何时结束问询——可以说"好了，我们现在只能再找一个人发言"，并选择最后一个发言的学员。不过，在人群中发言是需要勇气的，所以教师应该让每个第一次举手的学员发言。

教师可以用一首诗来结束"自我关怀呼吸"的问询，例如约翰·阿斯廷（John Astin）的《永恒的爱人》（*This Constant Lover*，2013）。这首诗讲的是爱与觉知的结合。简·普吉（Jane Pujji，又名简·奥谢（Jane O'shea））的《我的香膏》（*My Balm*）是另一首可以在"自我关怀呼吸"之后朗读的诗歌。这首诗以优美的文字描写了被自己的呼吸抱持和爱抚的感觉。有时，教师喜欢在冥想结束后和学员睁开眼睛前读诗，因为在冥想觉知的状态下，诗歌更容易进入内心深处。

练习讨论
（15 分钟）

在这个环节里，学员有机会分享他们前一周做自我关怀练习时的体验。教师可以用一种包容的方式来开始讨论，即让每个学员用一个词来描述他们的练习，我们将这种方式称为"一个词分享"。"一个词分享"是一种帮助每个人都参与团体体验的方式，也给了教师一个每周评估学员需求的机会。

讨论通常集中在上一节课学到的练习上。在这一节课中，讨论的练习是：

- 放松触摸。
- 即时自我关怀。

与学员讨论家庭练习可能需要谨慎，因为如果学员练习得不够多，他们可能会感到内疚或羞愧。此外，教师常常会觉得，如果学员不练习，他们的教学就失败了。因此，重要的是，每个人都要记住，静观自我关怀的目的是培养自我关怀，而不是为了成为勤奋的冥想练习者。即使从不练习，也是可能取得进步的（Germer & Neff，2013）。

教师可以问："上周有人觉得**需要**练习'放松触摸'或'即时自我关怀'吗？"比起"上周有人练习了吗"，学员更有可能回答这个问题。即使学员认为他们练习得不够多，可能仍然会记得上周对自己友善地讲话，或者把手放在心上的时候。即使是分享一点点成功，也能鼓励练习。

教师要通过问询的方法来进行练习讨论，因为这种方法不鼓励学员闲谈或为彼此提建议。这里有一个在练习讨论中进行问询的例子。

约翰：说实话，我上周根本没练习。我实在是没时间，因为现在工作中有许多变化。

教师：感谢你的坦诚，约翰。这样说是需要勇气的。

约翰：我不知道是不是时机不对，也许我就不该现在来上这门课。

教师：可能是，不过你真的认为将来会有更多的时间吗？

约翰：（大笑）其实不是。我的生活太疯狂了。

教师：你能在身体里感觉到有多疯狂吗？

约翰：能啊，我下巴疼。我经常咬牙切齿，以至于得吃止疼药。

教师：（微笑）你想在止疼药中加入一些自我关怀吗？

约翰：好呀。当初就是因为下巴的疼痛给了我当头一棒，所以我才来上课的。（再次大笑起来，自嘲挨揍了才能自我关怀）

教师：约翰，在不占用你太多宝贵时间的情况下，你能做些什么呢？

约翰：我有点不好意思这么说，但我觉得需要把手放在胸前，就像我们上周那样，然后说"我爱你，哥们"，这样可能就行了。这样能让我平静下来，就好像让我想起"我很重要"一样。

教师：听起来这是个不错的方法。也许"我爱你，哥们"现在就足够了？

约翰：也许是的。谢谢。

练习讨论的主要目的是庆祝学员的成功以及消除练习的障碍。在刚才的例子里，约翰根本没练习，他为此感到尴尬。教师没有对他进行评判，而是探究了他忙碌的生活方式所带来的后果，并帮助他想出了一种可行的练习方式。尤其是在学员学习自我关怀的时候，不一定非要做正式的练习。用更友善、更温和的态度对待自己也很重要。羞愧常常会妨碍新习惯的形成，所以，要讨论不练习的问题，就需要全然接纳学员的需求和情况。

在学员分享自己的体验时，教师应该提醒他们：发言要尽量围绕着练习。如果一个学员的发言与练习的关系很小，那么教师需要发现学员话中的情绪核心，并探索学员是否以自我关怀来回应了这种情绪，这样就能够有所帮助。比如，玛丽安娜来上课的时候心情很糟，因为她家附近发生了一起肇事逃逸的车祸。

玛丽安娜：人人都这么做事，我们到底生活在一个怎样的世界里？真让我恶心！可想而知，那一家人肯定很痛苦。太可怕了。有时我觉得人类注定没救了。

教师：是的，世界上有太多的悲伤和痛苦了。

玛丽安娜：我觉得这简直难以忍受。真让我心碎。

教师：你会如何回应自己的心碎？

玛丽安娜：我会哭。太难受了。

教师：听到车祸的消息时，你想过做一次"即时自我关怀"吗？

玛丽安娜：没有，我没想起来。我以为只有自己遇到困难的时候才能做，而不是在别人痛苦的时候做。

教师：可是，难道你不是正处在痛苦之中吗——为失去亲人的家庭感到痛苦？

玛丽安娜：在某种程度上，我想是的，别人的痛苦就是我的痛苦。

教师：是的，没错。甚至只是听你讲这个故事，我们所有人都感到了那种痛苦。我们为什么不一起把手在心上放一会儿，一起呼吸呢？（所有学员一起做这个动作）

玛丽安娜：（开始微笑）你知道吗，也许我们人类还是有救的。

在这个例子里，玛丽安娜原本想说的是她在课程外的遭遇，而没有谈论上一周教的任何练习。教师借此机会点明了玛丽安娜的共情性痛苦，然后将其与"放松触摸"及共通人性的体验联系起来。这次问询为所有人都提供了一个学习的机会。

如前所述，我们**如何**练习，比我们练习**多少**更重要。多数静观自我关怀学员在上课期间都会发现，片刻的自我关怀练习其实是一种放松，而不是一种苦差事，这使得自我关怀练习本身就是一种回报。在为期 8 周的课程里，学员的生活可能不会发生根本性的转变，但自我关怀的每一刻都在播下转变的种子。

践行静观
（1 分钟）

在练习讨论之后，教师便为学员介绍当天的主题：践行静观。教师对课程进行非常简短的概述，并解释为什么现在要介绍这些内容。

教师可以告诉学员，通过在第 1 课探索自我关怀的意义和消除对自我关怀的疑虑，并学习唤起自我关怀切身感受的两种简单策略（"放松触摸"与"即时自我关怀"），他们已经为自我关怀训练打下了基础。第 2 课重点关注静观。静观是自我关怀的先决条件，因为我们需要**意识**到我们何时在受苦，才能产生关怀的反应。在通常的情况下，我们太过沉溺于自己的想法，而忽视了内心所发生的事情。我们为这种疏视所付出的代价就是，我们的痛苦会持续很长时间。相比之下，静观则是一种技能，让我们以一种健康的新方式，带着包容和温柔的觉知来面对情绪痛苦。

第 2 课是唯一一节主要讲授静观的理论与练习的课程，教师在整个课程的练习（如"自我关怀身体扫描""自我关怀动作""处理困难情绪"）中仍会继续教授静观，并且在每次练习后的问询环节间接讲授这个主题。

与第 1 课一样，第 2 课也比其他节课包含了更多的讲授内容，因为学员在课程中练习静观与自我关怀的技能之前，先要对这两者建立概念基础。希望课程更具体验性的学员可以放心，接下来的课程会有更多的练习，讲授教学会更少。

走　神
（5 分钟）

下列有关走神的背景信息可以浓缩成 10 分钟的内容。理解走神是人类的天性，能够帮助学员在冥想的时候更加关怀自己。

教师可以用一个问题来引导讨论："有没有人注意到自己在做'自我关怀呼吸'冥想的时候走神了？"静观冥想学员最早获得的领悟之一，就是大脑走神的频率远超他们的想象。这对于那些想要"做对"的学员来说尤其痛苦。其实那些练习冥想数十年的人也会羞于承认，他们的注意力每隔几秒就会从呼吸（或其他觉知客体）上游离开来。在静默冥想静修时，学员的专注程度往往会提高，但他们总会走神。

走神是正常的。教师可以总结一些马修·基林斯沃思（Matthew Killingsworth）与丹尼尔·吉尔伯特（Daniel Gilbert）于 2010 年在《科学》（*Science*）杂志上发表的一项研究。这两位研究者发现，无论做什么事情，人们在 46.9% 的时间里都会走神，很少有人的走神时间能保持在 30% 以下（除了性爱，那时走神的时长仅占 10%）。在他们的研究中，研究者按照随机的时间间隔，通过一个 iPhone 应用程序联系被试，并问他们三个问题："你现在有多快乐""你现在在做什么（例如工作、阅读、购物、聊天）""你是否在想你手头事情以外的事物"。基林斯沃思与吉尔伯特发现，无论人们在做什么，当他们走神的时候，就不那么快乐了。因此，走神是要付出代价的。

默认模式网络

为什么人总是走神？教师可以解释说，这是我们的天性。大脑中有一种特殊的结构网络，叫作**默认模式网络**（default mode network，DMN），在大脑走神时，它就会被激活（Gusnard & Raichle，2001；Hasenkamp & Barsalou，2012）。默认模式网络是通过大脑扫描发现的，其中大部分的脑结构似乎都位于大脑中轴线下方。默认模式网络主要在我们独自思考的时候活跃起来，如回忆过去、憧憬未来、从别人的角度看问题时（Buckner，Andrews-Hanna & Schacter，2008）。

默认模式网络的活动还包括自我参照思维："我遇到了什么事？未来我还会遇到什么？我过得怎么样？"可以说，默认模式网络的一个关键功能就是创造一个独立的自我，并保护他免受威胁。不幸的是，在空闲的每一分每一秒寻找威胁我们幸福的事物，并不能给我们带来幸福。似乎我们人类的天性是以生存为目标，而不是追求幸福。

大量研究表明，当我们独自思考时，我们会产生反刍式思维，并关注自己的过错（Nolen-Hoeksema, Wisco & Lyubomirsky, 2008）。安妮·拉莫特（Anne Lamott, 1997）曾写道："我的心灵是一个糟糕的社区，我尽量避免单独进入其中。"

幸运的是，我们不必让自己不加保护地与自己的各种念头待在一起。静观就是一种很好的工具，能让我们更安全、更快乐地待在自己的心中。布鲁尔、加里森、惠特菲尔德-加布里埃利（Brewer, Garrison, Whitfield-Gabrieli, 2013）发现，对于有经验的冥想练习者来说，当他们在冥想的时候，默认模式网络的关键结构，尤其是后扣带回皮质（posterior cingulate cortex，PCC）会变得相对较不活跃。后扣带回皮质的活跃可能代表一个人陷入了某种体验里，却没有静观这种体验。泰勒及其同事（Taylor et al., 2013）发现，对于经验丰富的冥想练习者来说，即使在冥想状态之外，他们默认模式网络的活动依然较少。研究者分别让冥想初学者与有经验的冥想者（练习时长超过1000小时）躺在fMRI扫描仪中，并简单地让他们休息，此时研究者发现，有经验的冥想者的默认模式网络的组织并没有初学者的那么紧密，这表明有经验的冥想者较少走神。

 **何谓静观**
（10分钟）

来上课的静观自我关怀学员对于静观有着不同程度的理解和练习水平。下面的信息可以根据学员的个人需求进行调整。

静观最常见的定义是"通过主动关注当下、不加评判地关注每一刻的体验而产生的意识"（Kabat-Zinn, 2003, p.145）。它也可以被定义为"对当前体验的觉知与接纳"（Germer, 2013, p.7）。教师可以从学员那里得到更多关于静观的定义。然而，静观最终无法用语言来表达，因为它是一种暂时的、非概念性的、非言语的觉知。想法和语言都是表征——象征着现实，而不是现实本身。比如，我们闻不到、尝不到，也不能吃"苹果"这个词。静观让我们得以直接接触世界，而不仅仅是透过思维的滤镜来看世界。

静观有一个实用的定义，即"在你产生体验的同时，知道自己有何体验"。举例来说，教师可以让学员举起手来，动一动手指。如果他们能感觉到自己的手指在动，那就是静观。静观本身并不罕见，但持续的静观却很罕见。这就是我们为什么要练习。静观练习是一种有意识的尝试，一遍又一遍地带着温暖的觉知回到当下的体验。

教师可以邀请学员使用他们的每一种感官来体验静观：

- **听觉**。"请闭上眼睛，花些时间来倾听环境中的声音，让声音靠近你。注意你听到的声音，一个接一个的声音，听到了可以在内心确认。不必把听到的声音说出来。"
- **视觉**。"现在请睁开你的眼睛，让眼睛的注视变得温柔而宽广。同样地，注意你看到的东西，一个接一个的视觉印象。"
- **触觉**。"轻轻地摩擦你的手，注意你的手在摩擦时的感觉。"
- **嗅觉**。"看看你能否注意到手上的任何气味，并意识到自己正在闻。"
- **味觉**。"你嘴里是否还残留着上一顿饭的味道？"

教师可以请学生谈谈他们的体验，然后进行问询："一直保持静观会是什么感觉？"学员可能会说很累。为了说明如果我们一直保持静观，生活会变得多么紧张而辛苦，教师可以播放一段简短的视频《时刻》(Moments，用关键词"Moments"与"Radiolab"搜索就能在网上找到)。

脚底静观

（10分钟）

"脚底静观"(基于研究 Singh，Wahler，Adkins，Myers & Mindfulness Research

Group, 2003）是一项简单而有效的静观练习，学员可以在情绪失控时用这个练习使头脑平静下来。这是一项锚定练习：它让注意力一遍又一遍地回到某个单一的对象（即脚底）上。教师可以通过"脚底静观"来说明当下的觉知，也可以在本节课稍后讨论回燃之后再做这项练习，将其作为一种产生回燃时做的着陆⊖或稳定练习。

那些难以保持平衡或行走的人，可以坐在椅子上练习"脚底静观"，不必理会关于行走的指导语。如果他们使用轮椅，则可以专注于手上的感觉，专注于移动轮椅时的感觉，而不是脚下的感觉。在做这种非正式练习之前，教师可以与这些难以保持平衡或行走的学员谈谈这一点，并相应地调整指导语，以示尊重。

指导语

- "从注意自己的感觉开始，注意脚底踩在地板上的触觉。"
- "为了更好地感受脚底静观，请尝试站着轻轻前后左右地摇晃。如果你站着，也可以用膝盖画几个小圈，感受脚底感觉的变化。"
- "感受地板如何支撑你的整个身体。"
- "如果你走神了，只需要重新感受脚底即可。"
- "现在开始慢慢地行走，注意脚底感觉的变化。注意你抬起一只脚，向前走，然后把脚放在地板上的感觉。现在另一只脚重复同样的动作。然后一只脚接着一只脚地向前走动。"
- "当你在行走的时候，也许你会注意到脚底的面积是多么的小，以及你的脚是如何支撑整个身体的。如果你愿意，可以允许自己对脚的辛苦劳动表达片刻的感恩，我们通常把它们的付出看作理所当然。"
- "如果你愿意，可以在每走一步的时候，在地板上留下善意或平和的印记，或者任何你希望自己的生活所代表的品质。"
- "或者，你也可以想象，每走一步，地面都在向上支撑着你。"
- "继续慢慢地行走，感受你的脚底。"

⊖ 着陆（grounding）在这里是指从强烈情绪中安定下来，仿佛感受到了脚下的大地一样。——译者注

- "现在回到站立的姿势，将觉知扩展到整个身体——无论你有什么感觉，都让自己去感受，允许自己做真实的自己。"

问询

学员回到座位之后，教师可以问"当你把注意力集中在脚上的时候，你注意到了什么"或者"当你把注意力集中在脚上的时候，你的心是平静下来了还是变得焦躁了"。问询可以借助学员的直接体验阐明练习的目的，如下面的例子所示。

塔妮娅：也许只有我一个人这样，但我发现自己走路时摇摇晃晃的。我觉得自己像个笨蛋。

教师：（微笑）我怀疑你不是班上唯一一个站不稳的人。还有人发现自己有这种情况吗？（教室里有很多人举手。）你们也觉得自己像笨蛋吗？

塔妮娅：嗯，我晃得很厉害，我觉得有些尴尬。我发现自己的注意力都放在站稳上了，而不是在感受脚底。

教师：所以你不想看上去摇摇晃晃的。

塔妮娅：是的，我希望自己能有芭蕾舞者的平衡能力（自嘲地笑）。

教师：谁不想呢？你是在练习过程中发现自己更多地关注站稳，而不是感受脚底，还是在练习之后才有这种感觉的？

塔妮娅：只是在我们开始讨论之后才有的。不过，这种自我意识就这样悄悄地出现在心里，实在是很有意思。其实，那是一种自我**评判**。我觉得这种事经常在我的生活中发生。

教师：咱们都一样！自我评判和关注我们正在做的事情可能是两种相反的思维方式。谢谢你指出这一点。我认为，注意到这种差异已经是一种进步了。

塔妮娅：很高兴我不是只会晃个不停（微笑）。

问询帮助塔妮娅增强了她的静观能力。在练习过程中，塔妮娅注意到她在走路时摇摇晃晃，她感到很尴尬，开始自我批评（"你真是个笨蛋"），然后再接下来的练习里，她试图走得更平稳一些。通过温和地提问，教师提醒了塔妮娅（以及所有学员）这个练习的目的——静观身体的感觉，并指出过度的自我关注和自我评判很容易分散我们的注意力。为了避免让塔妮娅过度暴露，尤其是不要在课程的早期阶段过度暴露，教师侧重于强调自我评判的普遍性，而不是塔妮娅自我评判的个人倾向。

休　　息
（15 分钟）

教师可以在课程的任何时间提议休息。如果学员看起来有些焦躁不安、心不在焉，或者教师自己感觉很累，就到了该休息的时候了。无论教师感到时间有多么紧张，在 2 小时 45 分钟的课程里，始终应该保持 15 分钟的休息时间。

软　着　陆
（2 分钟）

静观自我关怀每周都会提供新的练习，教师可以用这些练习来定制每节课的 2 分钟软着陆。软着陆应该很简单，指导语少、元素少，并让学生有机会轻松地融入自己的体验。到目前为止，学员所学过的练习包括倾听声音、感受脚底、放松触摸、温柔的声音（"啊……"或"噢……"）、内心的微笑、"即时自我关怀"的三个组成部分（承认痛苦、发现共通人性、对自己说善意的话语），以及让呼吸的节奏抚慰自己。这里有一个软着陆的例子，可以在第 2 课中使用：

- "让我们花两分钟的时间来练习一下我们所学的方法来融入当下的时刻。"
- "请闭上你的眼睛，或微微睁开眼睛，开始留意身体是如何呼吸的，感受胸腔随着每次呼吸而扩张与收缩。"
- "现在专注于你呼吸的节奏，就像大海一样起伏，让呼吸温柔地抱持着你、摇晃着你。"（**停顿 1 分钟**）
- "然后轻轻地睁开眼睛。谢谢。"

对　抗
（10 分钟）

静观有两个关键的方面：对当下体验的**觉知**与**接纳**。**对抗**是接纳的反面。对抗是指当我们认为我们不应该有当下的体验时产生的斗争。教师应该帮助学员理解对抗的概念，并留意对抗会在日常生活中的哪些时候出现。发现并释放不必要的对抗可以减少痛苦，这也是静观与自我关怀练习的核心。教师可以利用下面几段话的要点，简要地谈谈对抗。

在给出对抗的定义后，教师可以通过提问来引起学员的思考："你怎样才能知道自己在对抗？对抗的表现有哪些？"这些是对抗的例子：我们的注意力不断地在不愉快的事情之间来回切换，我们不停地担心，我们感到肌肉紧张（好像要抵御身体上的伤害），我们用毫无意义的娱乐来转移注意，或者我们通过酗酒和暴食来回避自己的感受。

如果没有对抗，我们会很容易被日常生活中高强度的事件所压垮。诗人艾米丽·狄金森（Emily Dickinson，1872）曾写道："生活中充满了惊愕，留给其他事务的空间少之又少。"对抗能帮助我们维持正常的生活，但也有其代价。有句俗话说："我们越是对抗，烦恼越是挥之不去。"生活中的痛苦——失去所爱的人、身体的伤病、经济的困境是不可避免的，而我们经常与之对抗，从而延长和放大了自己的痛苦。例如，如果我们发现自己在半夜醒来，又拼命想要入睡，那会发生什么？这种挣扎可能会让我们清醒的时间更长，不是吗？久而久之，一次的没睡好可能发展成失眠。同样地，如果我们与悲伤对抗，悲伤就会发展为抑郁；如果我们试图回避焦虑，焦虑就可能变成惊恐障碍。有一位学员曾开玩笑说："如果你跟女儿糟糕的男朋友打架，会发生什么？你会得到一个差劲的女婿！"

冥想教师真善（Shinzen Young，2017）提出了一个巧妙的公式，来描述对抗的力量：**苦难 = 痛苦 × 对抗**。痛苦是不可避免的，苦难则是可以选择的。如果没有对抗，我们的痛苦就会减少为零。不幸的是，我们大部分的对抗都是无意识的。我们有无数种对抗或逃避自身体验的方法，我们希望自己的体验不是这样的。西格蒙德·弗洛伊德（Sigmund Freud）提出的防御机制（如否认、投射、解离）都是无意识对抗的例子。对抗是人类心灵固有的天性。

还有一句俗话表达了对抗的反面："我们能治愈那些我们感觉到的东西。"只要我们接纳了当下的不适，这种不适就更有可能自行改变。

为了生动地阐明对抗，教师可以播放一段简短的视频——宋韩进（音译，Hanjin Song）的《苍蝇》（*The Fly*，这段视频可以通过搜索关键词"The Fly"和"mindfulness"找到）。在这个视频中，一只苍蝇打扰了武术家的冥想。武术家试图用剑把苍蝇劈成两半，但被劈开的苍蝇很快就变成了两只苍蝇。随着苍蝇越来越多，这个过程变得没完没了。最后，武术家崩溃了，他筋疲力尽，在一群苍蝇中间冥想。在最后的一幕中，他松开紧握的拳头，而一只苍蝇则展开翅膀飞走了。

我们的生活中有多少时间是在紧握拳头而不是张开手掌？那就是对抗。幸运的是，我们可以放下这些斗争，与当下的体验友好共处。这就是**静观**。我们也可以放下与自己对抗的斗争——放下为了成为更好的人而不懈斗争，并学着善待真实的自己。这就是**自我关怀**。静观与自我关怀结合在一起，是消除对抗的良药。

 ### 我们如何给自己造成不必要的痛苦
（20 分钟）

在介绍完静观与对抗的概念之后，学员可以进行一项反思练习，从而说明对抗如何直接影响了他们的生活质量，并探索静观与自我关怀怎样帮助我们减少不必要的对抗。这项课堂练习需要纸笔。

指导语

- "回想你目前的生活中的一个场景，你可能在对抗某种不想要的体验，而你怀疑这种对抗给你带来了不必要的苦难，甚至可能让事情变得更糟。此时我们指的不是对抗生活中的不公，而是对抗我们即时的感受，对抗某些不愉快的事物。此外，这是一个初学者的练习，请选择一个相对无害的场景，比如对某个吵闹的邻居心怀不满，或者试图忽视某个喋喋不休的朋友打来的电话。（教师可以从自己的生活中举例。）我们会分成小组，在小组中分享这些场景，所以请选择一个你觉得可以告诉别人的例子，然后写下来。"

- "你怎么知道自己在对抗？身体和心理上有什么不适吗？你能描述一下吗？"
- "对抗如何在某种程度上让你受益？也许对抗能暂时帮你应对困境？如果你产生了困难的情绪，请善待自己，尊重自己的对抗，要知道，对抗能够让你在这世上维持正常的生活。"
- "对抗是否在有些时候对你没有帮助？比如，如果你停止对抗，或者少一些对抗，你生活的哪些方面会变得更容易？"
- "现在，请想想在这种情况下，**静观**或**自我关怀**可能会如何帮你减轻对抗？比如，也许你可以使用'即时自我关怀'的某些元素——承认痛苦（'这的确很难'），看到共通人性（'人们在这种情况下就会有这种感受'），或者善待自己（'这不是你的错''我支持你'）。"

讨论

学员两人一组，每位学员用 5 分钟讨论他们的情况，以及静观与自我关怀能如何帮助他们。教师可以承认，对于任何人来说，与不熟悉人分享当前的个人困境都会让人感到脆弱，所以学员应该只讨论他们愿意讨论的话题。教师应提醒学员尊重彼此的隐私，倾听时要保持开放的心态，不要给建议。

问询

在小组讨论之后，全体学员回到课堂上，进行简短的问询。这里有一段对话，对话中的学员主要关注的是静观如何帮助自己克服不必要的对抗。

教师：你发现了什么？

迈克尔：我经常骑单车，每天都喜欢骑车。有时我会和一个朋友一起骑车，他是一位非常好的运动员，他总是告诉我要"热爱山坡"。这让我感到恼火，因为这句话提醒了我——他是个比我优秀得多的运动员。不管怎样，我觉得现在我想明白了，因为当我们一起骑车时，如果前面出现了陡峭的山坡，我就会为痛苦和疲惫做好准备——爬坡的时候，我会想到我的感觉有多糟糕，我还要忍受多久。有时，甚至在我离开家门之前，只要我一想到山坡，我就会感到筋疲力尽。

教师：在这个练习中，你有什么新发现吗？

迈克尔：最疯狂的是，我喜欢这项运动，而且正是因为那些山坡，我在运动后的感觉棒极了。我不能再因为这些山坡而把自己的生活弄得痛苦不堪了。

教师：我想知道，你对山坡的对抗是否在某种程度上帮助了你？

迈克尔：我想过这个问题。我想我内心里的一部分只想享受生活，不想一直那么自律。

教师：这说得通。我知道这又是一个疯狂的问题，但有没有办法能让你享受骑车爬坡的乐趣呢？

迈克尔：那可不好办！我想我可以把注意力集中在大腿的酸痛感上，并把这视为一件好事。这是一件好事，只是感觉不好而已。我得想着这一点。

教师：（开玩笑地微笑）无论如何，我们可不希望你朋友对山坡的看法是对的。

　　在这个练习中，迈克尔发现了对抗，并且认识到对抗如何减少了他骑车的乐趣。这次问询触及了对剧烈运动的痛苦的静观接纳，但没有给出建议，留给迈克尔一个开放式的挑战。

　　下面是另一个学员的问询，她觉得这个练习很有挑战性。询问学员遇到的挑战是很重要的，这样陷入困境的学员就不会感到孤独，在问询中克服困难也会为每个人都提供一个学习的机会。

霍莉：我听你说，我们应该对那些给我们带来痛苦的事物保持开放的心态，但我担心如果我那样做，我就不能正常生活了。我的父亲患有阿尔茨海默病，我最近辞了工作来照顾他。我的处境很艰难，每当我想到这些事情，我都会感到不堪重负。

教师：我明白了，这听起来真的很难，霍莉。教室里可能会有人了解你说的困境。

霍莉：我知道我并不孤单，我这一代人都在做同样的事情，我需要把这种日子一天接一天地熬过去，这样才能应对这个困境。

教师：这可能是个好主意。我能问一下吗？你身体的哪个部位感到的压力最大，包括你在说话的时候？

霍莉：心脏的中央，我整个人的核心。

教师：你愿意把手在心上放一会儿，给自己一点善意吗？（**所有人保持安静5秒钟**）

霍莉：这样的确能让我平静下来，但并不能改变我的处境。

教师：我知道。我也希望你能不必经历这些苦难。

霍莉：（停顿）是啊。

教师：（停顿）在这种情况下，你能做些什么来支持自己吗？

霍莉：太糟糕了。一点儿也不公平。（开始啜泣）

教师：（更长的沉默）有时我们无能为力。你觉得我们能和这个问题一起待一会儿吗？

霍莉：（仍在哭泣，一名学员递上纸巾，另一名学员用手搂住她）谢谢。

教师：（对全班）这是真正的开放状态，此时语言是无力的。

霍莉：（对安慰她的人）非常感谢。我会没事的。

教师：我相信你会的。不过，可能需要一段时间。谢谢你和我们分享你的情况。

为了照顾临终的父亲，霍莉已经不堪重负了，她认为向困境"敞开心扉"就意味着进一步被困难压垮。霍莉怨恨自己这种不公平的处境（这是一种对抗），她为失去父亲与事业而悲伤，自然会有这种情绪。当她找到了身体里的对抗，感受到了团体的善意和支持时，她开始一点点地放下对抗，流下了宽慰的泪水。这次问询呈现了对抗是如何在问询中消解的。

回　燃

（15分钟）

回燃是指我们给予自己关怀时产生的痛苦。我们现在介绍这个主题，是为了解释我们为什么会在自我关怀训练中产生不舒服的感觉、想法和情绪。我们将这个主题放在关于对抗的讨论之后,因为学员在课程中难免会与回燃对抗。要通过自我关怀实现情绪转变,回燃则是其中的重要组成部分,而发现回燃能帮助学员更有效地处理这个问题。下面是如何呈现这个主题的例子。

教师可以这样开始:"如果你遇到了这种情况:当你练习自我关怀的时候,你感觉很好……感觉不好……什么感觉都没有,请举手。"感觉愉悦是说得通的,因为关怀是一种积极的情绪。当我们分心或情绪封闭时,我们可能什么都感觉不到。但是,当我们练习自我关怀时,为什么会出现不愉快的想法、感觉或情绪呢?

我们之所以会感觉更糟,其中的一个原因是,无论要认识哪种事物,我们都需要**对比**——光与暗、高与低、热与冷。自我关怀在我们生活的关系网中创造了对比,从而发挥作用。当我们给予自己无条件的爱时,我们会发现自己在某些时候没有得到爱。如果我们对自己说"愿我爱自己本来的样子",我们可能会记起以前所接受的相反信息,比如"别那么自以为是""听着,蠢货,你为什么不能……"或者"你又来了,你总是搞错"。

对于这种现象,有一个恰当的比喻——**回燃**(Germer,2009,pp.150～152)。"回燃"是消防员的用语,指的是当火灾耗尽了所有可用的氧气,而打开门窗又引入了新鲜的氧气时所发生的情况——火势会突然加剧。当自我关怀打开了我们的心灵之门时,也会起到相似的效果。我们的心里有很多痛苦,这些通常是旧日的创伤,为了能够正常生活,我们已经把它们推到了一边。当我们感到被爱,心门打开时,爱进来了,痛苦也出来了。正如上节课所提到的,有一句俗话说:"爱会揭穿一切不像爱的事物。"那些困难的情绪不是由自我关怀制造出来的,我们只是在重新体验这些情绪,因为我们感到足够安全,可以这样做。

对于这种现象,还有一种比喻:当我们的手在严寒中变得麻木时,如果感到温暖就会疼痛。疼痛实际上是一个好的迹象,因为这意味着我们的手在变暖。同样,我们可能已经对生活中的痛苦麻木了,当我们用自我关怀来温暖自己时,隐藏的痛苦也会显露出来。

回燃的体验,可以表现在思想、情绪或身体上。下面是一些回燃的例子:

- **思想**。"我孤身一人""我是个失败者""我没有价值"。
- **情绪**。羞愧、恐惧、悲伤。
- **身体**。身体记忆、疼痛。

教师可以请学员谈谈他们在课程期间可能体验过的回燃。

回燃是疗愈过程的一部分。我们首先用静观与自我关怀激活了旧日的创伤,然后用静观与自我关怀去面对痛苦,从而转化了这些往日的伤痛。通过这种方式,我们就有机会"重新养育"自己——给予我们自己可能在生命早期错过的善意与理解(Shonin & Van Gordon, 2016)。

回燃本身并不是问题,而是我们对回燃本能的对抗造成了许多痛苦。对抗回燃的例子有肌肉紧张、社交隔离、过度理智化、批评自己或他人,以及恍惚/解离。静观和自我关怀可以帮我们减少应对回燃时的对抗,从而减轻痛苦。如果我们能做到这一点,苦难也许就会变成鲜花。

回燃其实是一个好现象,这意味着自我关怀训练开始起作用了。继续用消防做比喻,当消防员知道门后有火的时候,他们会在墙上或窗户上戳一个洞,让氧气慢慢地进去。同样地,自我关怀的练习者在练习时应该慢一点、小心一点。对于这种现象,4世纪的基督教圣徒安玛·辛克莱蒂卡(Amma Syncletica)用了另一个与火有关的比喻(引自Chittister, 2000, p.40):"这就像生火一样——一开始烟熏得你流泪,但后来你会得到想要的结果。"

回燃通常与"对关怀的恐惧"有关(Gilbert et al., 2011; Kelly et al., 2013)。在这种情况下,我们并不是害怕自我关怀本身,而是害怕给予自己关怀时可能会体验到的不适。如果践行自我关怀与我们个人或文化的价值观相抵触,我们也可能会害怕回燃(Robinson et al., 2016)。

有些教师同时也是心理治疗师,他们可能想去探索产生回燃的学员的情感历史。尽管这种冲动是出于好意,但教师无法给予学员做这种尝试所需的个人关注。如果学员想要更深入地了解回燃的内容,则应该寻求个人咨询(见本书

第四部分）。

处理回燃

教师要教给学员多种处理回燃的方式。首先，学员可以给回燃一些空间，让它在觉知的背景中扩散，看看它能否自行消散。其次，无论回燃产生时在做什么练习，学员都可以**减少**这项练习。最后，如果回燃依然是一个问题，那么学员可以通过调节注意力来调节情绪，或者在日常生活中践行静观与自我关怀。

调节注意力

我们把注意力放在哪里以及如何分配注意力（静观），都会影响我们的情绪。例如，分散注意力是情绪调节的一个关键要素（Denkova，Dolcos & Dolcos，2014）。下面的静观练习可以用来应对回燃：

- 为这种体验贴上回燃的标签："哦，这是**回燃！**"
- 说出最强烈的情绪，并用友善的语气来确认（"啊……这就是**悲伤**"）。
- 探索情绪在身体里的位置，也许是胃部的紧张感，或者心脏区域的空虚感，并给自己放松触摸。（我们会在第 16 章的第 6 课里进一步讨论这个问题）
- 将注意力带回身体内部的一个中性的焦点（如呼吸），身体外周的一种感觉（如脚底），或者外部世界里的一种感觉客体（如周围的声音），选最简单的方法。

日常生活中的静观与自我关怀

如果回燃不断地造成情绪困扰，学员应该停止他们正在做的心理练习，专注于行为实践。这样能让学习的过程保持安全。行为实践是我们所喜爱的日常生活方式，但要将其作为一种关爱自己的方式。下面的行为实践是"日常生活中的静观"以及"日常生活中的自我关怀"。

日常生活中的静观
（5分钟）

静观不仅是一种策略或技巧，还是一种生活方式。例如，我们在洗澡的时候，可以感觉到背上的水，我们可以品鉴食物的味道，或是在夜晚倾听蟋蟀的声音。静观把我们带回当下。然而，在忙碌的生活中，我们通常需要做出有意识的选择才能保持静观。采取下面的步骤可以让你在体验日常生活的时候带有更多的静观之心。

指导语

- "选一件日常活动，比如早上喝热饮、刷牙或者洗澡。选择一项早上的活动，在你的注意力被分散到各个方向去之前的活动，可能会有所帮助。"
- "在活动中选择一种感觉，去探索这种感觉，比如喝茶时的味觉，或者洗澡时水触碰身体的感觉。"
- "让自己完全沉浸在这种体验里，充分地感受这种体验。当你发现自己走神的时候，一遍遍地将注意力带回到那些感觉上即可。"
- "把友善的意识带入那项活动，直到活动完成为止。"

与全班一起复习这个练习之后，教师可以让学员选择一项他们希望在未来一周静观的活动。教师可以让学员举几个例子，从而启发其他学员发挥自己的创造性，思考在日常生活中践行静观的可能性。

日常生活中的自我关怀
（5分钟）

静观自我关怀的目标是在日常生活中做到自我关怀。对许多人来说，这似乎是一个遥远的梦想，但我们大多数人离这个目标的距离，远比我们意识到的更近，因为我们一生都在照料自己。当我们有意识地去减轻痛苦时，自我照料就变成了自我关怀。这也是阳性自我关怀的一种重要形式——在世间**满足**自己的需要。

教师可以用这个问题来引入这项练习:"你是如何照料自己的?"然后让学员写下三种自我照料的活动。教师可以邀请学员主动分享他们为自己做了什么,用"爆米花"式回答的方法(见第10章)。为了涵盖所有的活动,教师可以记住以下自我照料的类别:

- **身体**。运动、按摩、洗热水澡、喝茶。
- **心理**。冥想、看一部有趣的电影、读一本鼓舞人心的书。
- **情绪**。好好哭一场、摸摸狗或猫、听音乐。
- **关系**。与朋友见面、寄生日贺卡、玩游戏。
- **精神**。祈祷、在林中漫步、帮助他人。

当然,这项练习的挑战在于,我们在日常生活中陷入困境时,要记得做这些事情,给予自己照料。

"此时此地"石(可选)
(5分钟)

另一项把注意力锚定于当下的练习,就是"此时此地"石,它尤其适合在有情绪困扰的时候将注意力锚定于当下。这项练习是对"水石"(suiseki)的改编,这是一种鉴赏石头的日本艺术(Covello & Yoshimura,2009)。这项练习需要一块较大(1.5~2英寸㊀)的抛光石头,教师可以让学员把石头带到课堂上来,或者也可以在网上为学员购买。做这项练习的人,可以用摩擦石头的感觉把自己带入当下。如果学员允许自己欣赏他们的石头,这也可以作为一项品鉴练习。

教师把石头带到课堂上来的时候,可以把石头放在一个盘子里,让学员各

㊀ 1英寸=2.54厘米。——译者注

自选出他们认为最好看的一个。这项任务应该在休息之后、课程的早些时候进行，这样当练习开始时，学员就准备好自己的石头了。

指导语

- "仔细观察自己的石头。注意石头的颜色、角度，以及光线在石头上的折射。"
- "让自己**欣赏**石头的美丽。"
- "现在，请闭上你的眼睛，用你的触觉去探索这块石头。首先，紧握石头，挤压它，感受它的坚硬。然后留意石头的质地。它是光滑还是粗糙？它的温度如何？"
- "再次睁开你的眼睛，让目光集中在石头上，感受抚摸这块美丽石头的感觉。"
- "请细心感受，当你专注于欣赏这块石头的时候，就没有遗憾或担忧的空间了——你完全地待在此时此刻。"
- "你可以把'此时此地'石带回家。你可以把它放在口袋里，这样当你有压力的时候，你就能感觉到石头在身边，享受抚摸它的感觉，待在当下的时刻。"

静观与自我关怀
（10 分钟）

这个主题能帮助学员从整体上理解这门课程，尤其是静观与自我关怀在概念上的关系。经验丰富的静观冥想者通常对这种关系特别好奇。由于这个话题被安排在了课程的最后，所以教师在讲授时应该尽可能简洁，并采用互动的方式。

静观的练习者可能想知道如何将静观融入静观自我关怀训练。静观有四个重要作用：

1. 帮助我们知道我们何时在受苦。我们需要意识到痛苦，才能做出关怀的回应。

2.当我们情绪失控时，帮助我们将觉知稳定下来，锚定于当下。

3.发现困难情绪在身体里的位置，并将其与静观觉知联系起来，从而管理这些情绪。

4.以平静、包容的觉知来平衡关怀。我们需要有稳定的心境，才能采取关怀的行动。

静观与自我关怀是如何联系在一起的？在我们面对苦难的时候，自我关怀就是静观的核心（也见 Germer & Barnhofer，2017）。温暖能创造空间，而空间也能带来温暖。如果没有自我关怀，我们就无法忍受困难的情绪。反过来，我们也需要静观才能自我关怀。无论是要达到充分的静观还是自我关怀，两者都必须存在。然而，我们的静观或自我关怀往往是不充分或不完整的——混杂着渴望、厌恶或困惑，所以理解静观与自我关怀的区别能帮助我们更好地练习。在我们目前的理解里，两者有以下这些关键的区别。

- 静观是对**体验**的慈爱觉知，而自我关怀则是对**产生体验的人**的慈爱觉知。
- 静观是在问："我现在有什么**体验**？"而自我关怀是在问："我现在**需要**什么？"
- 静观是在说："用包容的觉知去**感受**你的痛苦。"而自我关怀是在说："在受苦时要**善待**自己。"
- 静观通过**注意**来调节情绪，自我关怀通过**友善的关系**来调节情绪。
- 静观让人**平静**，而自我关怀让人感到**温暖**。

人们可能会就静观与自我关怀的相对优势展开争论，但它们两者并不冲突。它们是最好的朋友，组合在一起，就成了减轻痛苦的有力工具。如果我们感到情绪失控，无法给我们的体验以空间，我们仍然能够关怀自己——关注自己，确认并认可我们的痛苦，就像我们对待挚友一样。静观与自我关怀都能减少我们在生活中的对抗，从而减轻我们的苦难。

自我关怀似乎比静观多了一些**主动性**，因为我们为自己的觉知增添了温暖与善意，但这不需要付出额外的努力。自我关怀就是让我们的心在痛苦的热浪中融化，放下对抗，不要回避苦难。自我关怀的核心矛盾是这样的：在我们陷入困境的时候，我们关怀自己并非是为了让自己感觉更好，而正是因为我们感觉很糟。对于这一点，我们可以用患流感的孩子来打比方。我们自然会善待患流感的孩子，但不是为了让疾病消失，而仅仅是因为孩子生病了。当我们感觉不好的时候，我们能给予自己同样的善意吗？对于学员来说，理解这一点非常重要，因为如果他们开始用自我关怀来消除痛苦，这就变成了一种对抗。然而，如果我们能仅仅因为自己很痛苦而给予自己关怀，那我们就能给予自己用静观觉知抱持痛苦所需的温暖与安全，而不会与之对抗。

有些静观练习者担心，自我关怀会强化僵化、分离的自我感，进而增加痛苦。然而，静观与自我关怀都能减少并软化自我感。静观将自我**分解**成了每时每刻的体验。自我关怀会产生温暖与联结感，**融化**了分离的自我感。

 家庭练习
（5分钟）

教师应该提醒学员在这节课所学到的新练习：

- 自我关怀呼吸
- 脚底静观
- 日常生活中的静观
- 日常生活中的自我关怀
- "此时此地"石（可选）

现在学员可以每天练习30分钟，并将正式练习与非正式练习结合起来，因为他们在这节课已经学了核心冥想——"自我关怀呼吸"。对于冥想的初学者来说，听有指导语的冥想录音可能会有所帮助。我们鼓励已经在练习冥想的学员继续用他们自己的方式练习，他们也可以在自己的练习中添加一些"自我关怀呼吸"或其他练习中他们喜欢或觉得有趣的元素。

坚持规律的冥想练习并不容易。一般而言，家庭练习最好是轻松愉快的，最好从简短的冥想开始，比如只做 10～15 分钟。非正式练习与正式练习一样，都很有价值，许多学员发现非正式练习更容易融入日常生活。

 结　束
（2 分钟）

第 2 课的结束方式有很多种：比如，可以再进行一轮"一个词"分享、静默片刻、鸣铃，或读诗。我们推荐珍妮弗·威尔伍德（Jennifer Welwood）的《毫无保留》（*Unconditional*，1998/2019），这首诗表达了本节课的关键主题，尤其是静观与克服对抗。

第 12 章

践行慈爱 / 第 3 课

概 览

开场（核心）冥想：	自我关怀呼吸
练习讨论	
课程标题：	践行慈爱
主题：	慈爱与关怀
课堂练习：	唤醒我们的心
休息	
软着陆	
主题：	慈爱冥想
冥想：	给所爱的人慈爱
非正式练习（可选）：	自我关怀动作
主题：	话语练习
非正式练习：	找到慈爱的话语
家庭练习	
结束	

开　　始

- 在这节课中，学员要：
  - 理解慈爱与关怀的区别。
  - 学习唤起慈爱与关怀的身体感觉。
  - 找到慈爱的话语，并学习如何在慈爱冥想中使用这些话语。
- 现在介绍这些主题是为了：
  - 帮助学员给予**自己**慈爱的觉知，在第 2 课的学习之后，将慈爱的觉知带到当下的**体验**里。
- 本节课的新练习：
  - 给所爱的人慈爱。
  - 自我关怀动作（可选）。
  - 找到慈爱的话语。

自我关怀呼吸
（20 分钟）

课程以简短的、有指导语的"自我关怀呼吸"冥想开始。在静观自我关怀课程中，我们会做三次"自我关怀呼吸"（常规课程中两次，静修中一次），因为它是一个核心冥想，学员可以在课程中的任意时刻练习。请参阅第 2 课（见第 11 章）来查看此冥想的指导语。冥想之后则是问询环节。

练习讨论
（15 分钟）

教师可以让学员以"一个词分享"的方式开始练习讨论，也可以直接询问学员家庭练习的体验，尤其要询问新的练习。第 2 课所学的新练习有：

- 自我关怀呼吸。
- 脚底静观。
- 日常生活中的静观。
- 日常生活中的自我关怀。
- "此时此地"石（可选）。

为了鼓励讨论，教师可以提问："有没有人在上周的练习中遇到了困难？"然后再进行问询。这里有一个例子。

威尔玛：我想在家里做"自我关怀呼吸"，因为我真的很喜欢上次我们一起在课堂上做的冥想，但我的妯娌进城来过节了，我没做成练习。

教师：听起来，你有些左右为难——既想要照顾你的妯娌，也想要照顾自己。

威尔玛：是啊，最后还是妯娌赢了。一点儿也不奇怪！（**大笑**）

教师：你意识到你当时的挣扎了吗？

威尔玛：我意识到了。我真的很沮丧，因为她们早上需要我做早餐，而那时我想做冥想。我也不想在来上课的时候承认自己没做冥想。

教师：所以，你在沮丧的时候做了什么？

威尔玛：我试着让自己安定下来，默默地重复"脚底静观……脚底静观"。其实，这样做能让我平静下来，但这不是我真正想做的。

教师：但你依然练习了静观，只不过方式有所不同。

威尔玛：是啊，我猜我的确是练了！好吧，也许我不像我想象中的那样不听话。（微笑）

教师：嗯，我想也是。（也露出了微笑）

这次简短的问询说明了学员可以利用任意生活场景来练习，包括做不了练习的情况，只要我们记得去练习。障碍是我们理想的练习机会。威尔玛记住了这一点，并把她的沮丧作为一个契机，将觉知锚定到脚底（静观练习）。

讨论家庭练习是一个好机会，能够用于教导学员如何用自我关怀来激励自己（也见第4课）。自我关怀介于**自我放纵**（"我不想练习"）与**过度努力**（"这对我有好处，我不得不练习"）之间。对于过度努力的学员，教师可以帮助他

们发现如何通过鼓励来激励自己,而不是自我批评。以下的问题可能会有所帮助:

- "我怎样才能让练习变得**更容易**,而不是像工作那样?"
- "我怎样才能让练习变得**更愉悦**?"
- "我应该听从哪种**声音**,批评还是鼓励?"
- "此刻我真正**需要**什么?"

对于自我放纵的学员,教师应该牢记,自我放纵可能是重要的第一步——完全不练习。教师应该小心,不要为了一两个学员而让不做家庭练习成为团体的常态。

为了培养自我关怀的习惯,学员需要自行发现,自我关怀的时刻能为他们**提供真正的放松**。这是教师在练习讨论中所要帮助学员产生的领悟,此时他们会关注小的、非正式的自我关怀行为,比如用一句友善的话语或者将手放在心上的动作来应对日常生活中的压力。教师也可以在正式冥想过程中把注意力放在小的变化上,这样能使练习变得更愉悦,比如坐得更舒服一些,或者让冥想像呼吸一样简单,不要抱有更多的期待。一般而言,如果练习变得更容易、更愉快或更有意义,就会成为一种自我强化的习惯。

践行慈爱
(1 分钟)

教师可以解释说,这节"践行慈爱"的课是建立在上一节关于静观的课的基础上的:"上周我们学会了如何温暖我们的觉知,现在我们要设法将爱引导到我们自己身上。**在困境之中**,当我们的爱指向自我的时候,就会变成自我关怀。"在这节课中,学员会探索慈爱与关怀在概念上的差异,直接体验慈爱与关怀的结合,学习在冥想练习中使用话语(慈爱冥想),然后用他们找到的、发自内心的话语来做练习。

慈爱与关怀
（2 分钟）

这个简短的讲授主题是下一个练习前的过渡，而不是专门用来讨论概念差异的。教师可以邀请学员在挂纸板的"停车场"中写下他们的问题（见第 10 章，第 1 课），以便之后思考。

关怀与自我关怀

教师可以从提供**关怀**的定义开始，即"目睹他人受苦时产生的感觉，这种感觉会让人产生想要帮忙的愿望"（Goetz et al.，2010，p.351）。这一定义包含了**看见**他人的痛苦，与他人的痛苦**感同身受**，以及**提供帮助的愿望**。关怀也有行为的方面——做一些减轻痛苦的事情。总而言之，关怀包括了**看见**、**感受**、**愿望**以及**行动**。自我关怀就是指向自我的关怀——**内在**的关怀。

关怀与慈爱

当慈爱之心在痛苦中依然保持慈爱的时候，那就是关怀。缅甸有句俗话说道："当慈爱的光芒遇上痛苦的泪水，就会泛起关怀的彩虹。"关怀训练能帮助我们在面对苦难时保持慈爱的态度。慈爱与关怀都是**善意**的实践。

慈爱冥想是一种用话语来培养慈爱或关怀的冥想形式。指向**幸福**的话语可以被当作慈爱的话语（"愿我幸福""愿我生活如意"），以慈爱的方式回应**痛苦**体验的话语则可以被当作关怀的话语（"愿我远离恐惧""愿我善待自己"）。在静观自我关怀中，对于所有使用话语的冥想，无论其话语是充满慈爱还是充满关怀的，我们都把这种冥想看作慈爱冥想。这种类型的冥想源自古老的慈爱（metta，即巴利文的"慈爱""友善"）冥想（Germer，2009，pp.130-131）。根据语境，教师可以任意使用**温暖**、**友善**、**善意**、**仁慈**、**良善**或爱等词来表示**慈爱**。

唤醒我们的心
（40分钟）

这项练习的目的是为善意的四个不同方面提供直接的体验——慈爱、善待自我、关怀、自我关怀，并且将它们区分开来。这也是一个机会，能够让我们注意到，当我们用友善和关怀的方式对待他人和自己的时候，感受是相似的还是不同的。这个练习还能让学员彼此之间建立联结，为脆弱的情绪创造安全的空间。教师可以在引入这项练习前先让学员短暂地休息一段时间。"唤醒我们的心"来自杰克·康菲尔德（2008）的一个类似的练习，该练习改编自乔安娜·梅西（Joanna Macy，2007）所创造的一项练习。

对于学员来说，这项练习是第一个在情绪上有挑战性的课堂练习。教师需要非常熟悉该练习，才能带领。与任何具有挑战性的练习一样，教师只应该在他们觉得合适，并且有能力控制可能出现的困难情绪的情况下带领学员进行该练习。在带领"唤醒我们的心"这样的练习之前，教师还应该接受带领相关练习的培训，并且愿意在需要的时候向其他静观自我关怀教师咨询。

在这项练习中，学员两人一组，面对着对方。一人睁开眼睛，另一人闭上眼睛，前者凝视对方的双眼一小段时间（5秒钟），然后交替进行。这种做法可能会让某些文化群体的成员感到很有挑战性，或者觉得不合适，并且有可能让一些学员感到不安全，比如有些创伤幸存者对别人的视线很敏感。因此，教师可以考虑不做这项练习，感到脆弱的学员也可以选择不参加这项练习。教师还可以通过改变语调和节奏来控制练习的强度。轻快的语调（20分钟或25分钟做完该练习）可以降低练习的强度。许多学员可能会在练习中流泪，所以要提前准备好纸巾。

安全建议

如果学员在练习前听到下面的安全建议，他们多数人可能都会参与这项练习，并觉得该练习是有意义的。教师可以为学员提供如下的安全建议，最好采用轻松的语气，以免吓到学员：

- "在接下来的练习中，我们先要两人一组分开，每一对搭档都要面对着对方。在练习中，一个人睁着眼睛，另一人闭着眼睛。每一对搭档都要轮流睁开和闭上眼睛，来回交替四次。也会有一段很短的时间，双方都睁开眼睛。"
- "这项练习可能会激起一些情绪，主要是因为它很可能会触动你。如果你是一个容易哭的人，那你可能需要提前准备纸巾。"
- "请注意你现在的情绪是在开放状态，还是在封闭状态。如果你处于封闭状态，就请休息一下，跳过这项练习。这样也是很好的自我关怀练习。"
- "在这项练习中，你也可以选择独自练习，不组成两人的小组，只要听从指导语即可。如果你拿不定主意，那么你在小组中练习可能会有更多的收获。"
- "如果你在练习中有任何不舒服的感觉，请照顾好自己。你可以采用如下措施。
    - 静观练习——感受你的呼吸，说出你现在感受到的情绪，给你的感受一些空间。
    - 自我关怀练习——放松触摸、鼓励性的自我对话。
    - 根据需要选择睁开或闭上眼睛。
    - 分散注意力，比如列出接下来的购物清单。
    - 离开教室。"
- "这项练习还有一个环节，即把自己和他人想象成孩子。如果你认为这样做可能会让你感到很痛苦，那就不要跟随指导语，只想想成年后的自己即可。"
- "还有什么问题吗？"

指导语

- "现在，请面对你身边的人，找一个舒服的、大致可以保持 20 分钟的坐姿。然后立即闭上眼睛。"
- "首先，请把手放在心上，或其他能够安抚你的地方，提醒我们不仅是在关注自身的体验，也是在给予**慈爱**的关注。在这项练习中，你可以把手放在能够安抚你的地方，也可以把手搭在膝盖上。"
- "我们要为你带来**慈爱**的直接体验——对自己和他人的慈爱，然后再感受对自己和他人的**关怀**。"
- "当我对睁开眼睛的人说话时，这个人的任务是在心里把我的话传达给闭着眼睛的搭档。你可以看着搭档，或者只是偶尔瞥一眼对方，只要你感觉舒服就好。与此同时，闭着眼睛的人则要在心里将这些话说给自己听。"
- "如果你的搭档产生了强烈的情绪，而你很自然地想要安抚或安慰搭档，请抑制这种冲动，让搭档充分地体验他自己的感受。"
- "现在请睁开眼睛，并决定谁先睁眼，也许可以让姓氏较长的人先来，请另一个人闭上眼睛。"

慈爱 1

- "如果你的眼睛是睁开的，请借此机会去想象搭档所拥有的独特天赋与优点（如果你的眼睛是闭着的，就想象你自己的优点）。（**停顿**）有些天赋与优点你已经知晓，还有些依然是有待发芽的种子。在每个人的生命中，都有充满力量、勇气、幽默、创造力、慷慨和温柔的美好时刻。你的心与这个人的心，就像所有人的心一样，所拥有的爱与善意远超你的想象。"（**停顿**）
- "如果你的眼睛是睁开的，在你看着搭档的时候，想象他是一个孩子。如果你的眼睛是闭上的，如果你愿意，就想象自己是个孩子，你也可以一直想象成年后的自己。（**停顿**）要知道我们每个人心中都有一个小孩。"
  （留较长的停顿时间，让学员的心中出现这个形象）
- "让自己感受到，你是多么希望这个孩子得到抚育，能够长大成人，充分实现自己的潜能。（**停顿**）你多么希望这个孩子能够健康、平安、安宁、幸福。自然而然地，你也十分想要培养这个孩子的美好之处，并为之庆祝。"
- "如果你看到了对方的潜能，并愿意珍惜和尊重这个人，那么你所体验的正是你与生俱来的**慈爱**（如果你是那个对自己说这些话的人，那这些就是你对自己的**善意**）。（**停顿**）这种能力永远存在于你的身上。"
- "请所有人睁开眼睛，花一些时间，用温柔的目光默默地感谢你的搭档。

（**停顿约 5 秒钟**）然后请所有人闭上眼睛，花一些时间去留意自己的感觉，让自己感受自己的感觉，去做真实的自己。（**停顿**）有些人会感受到慈爱，有些人则不会。无论你有何体验，看看你能否以接纳的态度对待它。"

- "再次提醒，如果你觉得封闭才是自我关怀的行为，就请封闭自己——不要理会指导语，感受你的心或者呼吸。如果有需要，你甚至可以请求搭档让你休息一下。"

慈爱 2

- "如果此前你的眼睛是睁开的，现在请闭眼，如果你的眼睛之前是闭上的，现在请睁开。如果你愿意，可以给自己一些放松触摸，提醒自己要善待自己。再次提醒，当我对睁开眼睛的人说话时，你们的任务是把这些话真诚地传达给搭档。与此同时，如果你的眼睛是闭着的，请把这些话直接传达给自己。"

- "如果你的眼睛是睁开的，请借此机会去想象搭档所拥有的独特天赋与优点（如果你的眼睛是闭着的，就想象你自己的优点）。（**停顿**）有些天赋与优点你已经知晓，还有些依然是有待发芽的种子。在每个人的生命中，都有充满力量、勇气、幽默、创造力、慷慨和温柔的美好时刻。这个人的心，就像所有人的心一样，所拥有的爱与善意远超你的想象。"
（**停顿**）

- "如果你的眼睛是睁开的，在你看着搭档的时候，想象他是个孩子。如果你的眼睛是闭上的，如果你愿意，就想象自己是个孩子，你也可以一直想象成年后的自己。（**停顿**）要知道我们每个人心中都有一个小孩。"
（**停顿，让学员的心中出现这个形象**）

- "让自己感受到，你希望这个孩子得到抚育，能够长大成人，充分实现自己的潜能。（**停顿**）你希望这个孩子能够健康、平安、安宁、幸福。你也十分想要培养这个孩子的美好之处，并为之庆祝。"

- "如果你看到了对方的潜能，并愿意珍惜和尊重这个人，那么你所体验的正是你与生俱来的**慈爱**（如果你是那个对自己说这些话的人，那这些就是你对自己的**善意**）。（**停顿**）这种能力永远存在于你的身上。"

- "请所有人睁开眼睛,花一些时间,用温柔的目光默默地感谢你的搭档。(**停顿约5秒钟**)然后请所有人闭上眼睛,花一些时间去留意自己的感觉,让自己感受自己的感觉,去做真实的自己。现在,做几次缓慢的深呼吸,释放这些慈爱的感受。"

关怀 1

- "如果此前你的眼睛是睁开的,现在请闭上眼睛,如果此前你的眼睛是闭上的,现在请睁开眼睛。"
- "同样地,当你看着搭档或看着自己的内心时,请找一个能够安慰或支持自己的姿势,让自己想着这个人现在内心的悲伤。这是每个人在生活中所承受的负担,积累的痛苦与伤痛。"(**停顿**)
- "其中有失望、失败、孤独、失落与伤痛,这些情感在当时似乎无法承受,但他最终还是熬了过来。让自己面对这种痛苦,正视它、承认它。(**停顿**)你无法治愈伤痛,也无法让它消失,但你可以和这种痛苦待在一起,带着勇气,敞开心扉。"(**停顿**)
- "现在,想象搭档是一个孩子(如果你的眼睛是闭上的,如果你愿意,就想象自己是一个孩子)。要知道这个人心中依然有一个孩子,这个孩子有时会害怕、受伤、困惑、挣扎。"(**停顿**)
- "让自己感觉到,你想要自然地去接触、抚慰这个孩子,让他安心。你多想让孩子知道,他可以依靠你的支持、理解、爱与接纳。"(**停顿**)
- "如果你看到了这种人性的脆弱,并且希望帮助、保护、安慰这个处于痛苦中的人,那么你所体验到的就是**关怀**。(**停顿**)如果你把这些话传达给了自己,那就是**自我关怀**。这种能力永远存在于你的身上。"
- "现在请所有人睁开眼睛,花一些时间用眼神默默地感谢你的搭档。(**停顿约5秒**)然后请所有人闭上眼睛,花一些时间去留意自己的感觉,让自己充分感受自己的体验,去做真实的自己。同样地,有些人会体验到关怀,有些人则不会。无论有什么感受,我们能否给这些感受一些空间?"

关怀 2

- "如果此前你的眼睛是睁开的,现在请闭上眼睛,如果此前你的眼睛是闭上的，现在请睁开眼睛。如果你愿意，可以给自己温柔、放松的触摸。"
- "让自己意识到这个人此刻心中的悲伤——如果你的眼睛是睁开的，就感受搭档的悲伤；如果你的眼睛是闭上的，就感受自己的悲伤。这是每个人在生活中所承受的负担，积累的痛苦与伤痛。"**(停顿)**
- "其中有失望、失败、孤独、失落与伤痛。这些情感在当时似乎无法承受，但他最终还是熬了过来。让自己面对这种痛苦，正视它、承认它。**(停顿)** 你无法治愈伤痛，也无法让它消失，但你可以和这种痛苦待在一起，带着勇气，敞开心扉。"**(停顿)**
- "现在，想象搭档是一个孩子（如果你的眼睛是闭上的，如果你愿意，就想象自己是一个孩子）。**(停顿)** 要知道这个人心中依然有一个孩子，这个孩子有时会害怕、受伤、困惑、挣扎。"**(停顿)**
- "让自己感觉到，你想要自然地去接触、抚慰这个孩子，让他安心。你多想让孩子知道，他可以依靠你的支持、理解、爱与接纳。"**(停顿)**
- "如果你看到了这种人性的脆弱，并且希望帮助、保护、安慰这个处于痛苦中的人，那么你所体验到的就是**关怀**。**(停顿)** 如果你把这些话传达给了自己，那就是**自我关怀**。这种能力永远存在于你的身上。"
- "现在请所有人睁开眼睛，花一些时间来用温柔的眼神默默地感谢你的搭档。**(停顿约5秒)** 然后请所有人闭上眼睛，花一些时间去留意自己的感觉，让自己充分感受自己的体验，去做真实的自己。"

讨论

教师现在可以邀请学员慢慢睁开眼睛，感谢搭档刚刚分享的内容，然后花10分钟的时间讨论刚才的体验。这场对话通常会很热烈，所以教师需要在结束鸣铃前2分钟给出提示，以便让学员从容地结束讨论。

问询

这次问询的时间很容易超过10分钟，但没有这个必要，因为学员已经在小组里消化过他们的体验了。在进行问询之前，教师可以认可学员做这项练习的勇气，并承认人们以这样亲密的方式互动时会自然地产生焦虑。问询有助于让学员记住练习的目的。教师可以明确地提问：

- "慈爱与关怀的感觉有没有差别？如果有，差别在哪儿？在这两种练习中，是否有一种比另一种更容易？"
- "给予自己善意与给予别人善意，哪个更容易？"
- "当你在给予与接受慈爱或关怀的时候，你遇到了哪些障碍？"

问询环节也是一个很好的契机，当回燃出现在学员的直接体验中时，问询能够提醒学员这种现象的含义。下面有一个例子。

梅：我以前做过类似的练习，我一直睁着眼睛，非常紧张。我很高兴这次我们能闭上眼睛。

教师：你为什么更喜欢闭上眼睛？

梅：这样我更能专注于自己的体验。比如，一开始我以为自己不可能关怀一个我不认识的人，但后来我注意到，即使我对搭档一无所知，我也能与她的失落、失败之类的体验产生联结。

教师：听起来你产生了共通人性的体验？

梅：没错，那感觉挺酷的。

教师：我很好奇——对于搭档，你觉得是感到慈爱更容易，还是感到关怀更容易？

梅：肯定是关怀。那感觉更深，好像有更强的力量。我的心就好像要碎了，因为那感觉太温柔了。

教师：你能在身体里找到这种感觉吗？

梅：可以……就在这儿（指向胸口），就像要破裂了一样。

教师：我能否问一下，当你闭上眼睛，向自己传达这些话语的时候，关怀的感觉是否同样强烈？

梅：嗯……让我想想。（停顿）说实话，没那么强烈。我有些迷失在那些感觉里了，尤其是有一位朋友去世的感觉。

教师：哦，听到这个消息我很难过。那种感觉是否依然挥之不去？

梅：有一点儿。我在温柔地抱持这种感觉。（将一只手放在心上以示意）

教师：谢谢你。就像我们上节课讨论的那样，那种感觉可能是回燃，似乎你已经带着关怀去面对它了。

梅：是这样的！我想知道，我们能不能拿一份这个练习的复印件去给其他人用。

教师：这个嘛，我们一般不会给这个练习的指导语，因为这个练习可能会给别人带来一些情绪刺激，不过学习一些带领这个练习的技巧也是不错的。这样说你可以理解吗？

梅：可以，我懂了，谢谢。

梅已经有几年的静观练习经验了，所以她可以与教师一起很快地探讨练习的不同方面——慈爱与关怀不同的身体感觉，以及关注自己与他人的不同。对于一些学员来说，这项练习的挑战在于让另一个人看着自己，想象自己是处于痛苦中的孩子，试图想象他们几乎不认识的人的内心世界，以及短暂的眼神交流。然而，对于大多数学员来说，这种练习不仅带来了脆弱感，还有同等的联结感与相互尊重的感觉。

教师可以用一首诗来结束这项练习，例如娜奥米·谢哈布·奈（Naomi Shihab Nye，1995）的诗《善意》（*Kindness*）的最后两节，她在诗中用优美的文字描述了善意与悲伤的亲密关系。

休　　息
（15 分钟）

学员通常需要在"唤醒我们的心"之后舒展一下腿脚，恢复一下精神。有些学员可以在休息时继续讨论练习，但多数人喜欢四处走走，随意地聊天。对于那些没有参加"唤醒我们的心"的学员来说，休息也是一个让他们与团体重新联结的机会。

软　着　陆
（2 分钟）

随着每一节课的学习，学员学过的静观与自我关怀的非正式练习也越来多，教师可以用这些练习即兴发挥，将其作为软着陆。在前一个练习之后，学员通常会喜欢做一个锚定的练习，例如感受呼吸的节奏，对"唤醒我们的心"中的遗留情绪敞开心扉，然后给所有人一些空间，去做他们真实的自己。教师可以再次提醒学员，如果他们觉得需要，就可以在课上做软着陆的练习，尤其是在他们感到陷入了某种情绪或感到不堪重负的时候。

慈爱冥想
（2分钟）

这个简短主题的目的是激发学员对于将词语或话语作为冥想对象的兴趣，并讲述慈爱冥想背后的原则。

对于有些练习者来说，在冥想中使用话语可能会有些尴尬，因为语言的意义在很大程度上取决于每个人的经历。慈爱冥想也是一种包含不同元素的复杂冥想。初学者在练习慈爱冥想时往往期望过高，他们其实应该让练习简单一些，在刚开始时应更加关注温暖的感觉，而不是掌握技术细节。此外，慈爱冥想并非对所有人都有效。甚至有研究表明，基因可能会影响慈爱冥想对于某人来说是否是一种积极的体验（Isgett, Algoe, Boulton, Way & Fredrickson, 2016）。

慈爱冥想利用了语言的力量，让我们的心灵变得更有爱和关怀。为了说明语言的力量，教师可以这样问："你们当中有人骨折过吗？（**停顿**）骨头愈合了吗？"然后再问这些问题："有人被言语伤害过吗？有谁还在为多年前的话而痛苦吗？"

慈爱冥想不仅从**语言**中汲取力量，还利用了**意象**、**专注**、**联结**以及**关爱**的力量。其中专注方面（集中注意）的本质是平静的，但慈爱冥想也会通过友好的品质带来平静，包括亲切的声音、让人安慰的图像、产生联结的感觉以及关爱的态度。

如前所述，慈爱冥想是一种善意的训练，培养的是美好的**意图**。意图是人类心理中最微妙的部分，其他的组成部分也源于此，例如想法、情绪、行为。意图驱动着我们的内部对话。在第4课中，我们会拓展善意的练习（慈爱冥想），将其变成一种范围更广的、内在的关怀对话。

给所爱的人慈爱
（20分钟）

在传统上，慈爱冥想始于对自己的善意。其理念是，众生都在努力增进自身的福祉，如果我们能认识到这一点，就能对他人更加友善。问题是，在当今时代，我们对自己的感觉不再是我们如何对待他人的可靠标准。因此，这里的慈爱冥想从我们对所爱之人的感觉开始，然后再把自我带入其中。

指导语

- "让自己找一个舒服的姿势，坐着或躺下都可以。如果你愿意，可以把手放在心上（或者另一个让你觉得舒服的身体部位），提醒自己不仅要将觉知带入自己的体验以及自我之中，而且要带入慈爱的觉知。"

让你微笑的生命

- "现在，回想一个能让你自然露出微笑的人，或者其他生命。你和他（它）之间的关系很简单、不复杂。这个生命可能是一个孩子、你的祖母、你的猫或狗——任何能够给你带来自然的快乐的人或其他动物。如果你想起了许多人或其他动物，就随便选一个。"
- "让自己感受一下，与那个生命在一起时的感觉。让自己享受这种美好的陪伴。在脑海中想象对方的形象。"（**停顿**）

"愿你……"

- "现在，请意识到这个生命多么希望得到快乐，从痛苦中解脱出来，希望被爱，就像你和其他生命一样。请温柔地重复下面的话语，感受这些话语的重要性：
- '愿你幸福。'
- '愿你平安。'
- '愿你健康。'
- '愿你生活如意。'"

（缓慢地重复两遍，然后停顿）

- "你也可以用自己的话来对所爱的生命表达最深的祝愿，并重复这些话语。"**（停顿）**
- "如果你意识到自己走神了，就回到脑海中的话语和所爱的生命的形象上来。品鉴可能产生的温暖感受。慢慢来，不用急。"

"愿你和我（我们）……"

- "现在，把**自己**带入善意的范围。想象你和自己爱的生命在一起，想象你们俩待在一起：
  - '愿你和我（愿**我们**）都幸福。'
  - '愿我们平安。'
  - '愿我们健康。'
  - '愿我们生活如意。'"

  （缓慢地重复两遍，然后停顿）

- "现在，放下对方的形象，在继续向前之前，你可以先对这个你爱的生命表达感谢，然后将全部的注意力直接集中在自己身上。"

"愿我……"

- "把手放在心上或者其他地方，感受手掌的温暖与温柔的压力。在脑海中想象自己的整个身体，留意可能萦绕在内心的压力与不安，然后对自己说下面的话语：
  - '愿我幸福。'
  - '愿我平安。'

- ○ '愿我健康。'
- ○ '愿我生活如意。'

  （缓慢地重复两遍，然后停顿）
- "最后，深呼吸几次，让自己的身体安静地休息，无论你有什么体验，都接纳它原本的样子。"
- **（轻轻地鸣铃）**

沉淀与反思

像往常一样，教师应该给学员一些时间从练习中走出来，让他们在自己的身体里停留，并反思他们刚才的体验。有些人比其他人需要更多的时间才能从内心的沉思中出来，参与集体发言。

问询

问询可以从一些一般性的问题开始，例如"你注意到了什么"或者"你有什么感想"。教师也可以从更具体的问题开始，例如"有没有人发现对所爱之人表达慈爱比对自己，或者对自己与这个人一同表达慈爱更容易"或者"你们觉得这个冥想中有什么特别有挑战性的地方吗"。这里有一个问询的例子。

卡米尔：我很难找到一个能一直让我微笑的人。我开始意识到我所有的关系都很复杂！（大笑）

教师：你最后找到一个这样人了吗？

卡米尔：没有。不过我选了我十几岁的女儿，因为她正在经历一段艰难的大学时光。

教师：很好，你在冥想中接受了一项挑战。的确，我们与其他人的关系大多存在着矛盾的心理。这就是为什么我们把狗和猫也包含在指导语里。你接下来的情况如何？

卡米尔：我想，当我只专注于她的时候，我说起话来就像个严厉的母亲，但当我与她在一起的时候，情况就变了。当我让自己也加入其中，也给我自己一些关注的时候，我能看到我们都在彼此的关系中受苦，而我们俩都只想过得快乐一些。

教师：这可能是一个很重要的领悟。接下来发生了什么？

卡米尔：我按照指导语去做了，但我不喜欢与我自己待在一起，所以我回到想象我和女儿的那一步去了。

教师：只与自己待在一起会有什么问题吗？

卡米尔：那感觉太孤单了。我觉得我还是想要和我女儿保持联结的感觉。

教师：听起来你需要待在那一步。你能让自己待在那儿吗？

卡米尔：很乐意！

教师：就待在那儿吧。这是自我关怀训练，你现在就在给予自己所需要的东西。不管怎样，我们给予慈爱的对象，不如我们产生慈爱的能力重要。尽管你一开始选了一个比较棘手的对象——十几岁的女儿，但你似乎做得很不错！

卡米尔：谢谢！（微笑）

在这次问询中，卡米尔探索了给予自己慈爱和给予他人慈爱的细微差别，并且听从了自身的需要，没有完全顺从所有的指导语。教师也向卡米尔及全班同学指出，如果一开始选择的关系中少一些矛盾，冥想就会比较容易。然后教师认可了卡米尔的一些资源，比如我们都希望得到幸福的领悟，以及她唤起关怀并待在自己需要的环节的能力——尽管指导语要求继续前进。在卡米尔的例子里，为了激活对自己的慈爱与关怀的态度，她需要的是"我们"而不是"我"。

对许多学员来说，"给所爱的人慈爱"揭示了标准慈爱话语的局限性，并让学员产生了使用个性化表达的愿望，而他们有机会在随后的课程中发现自己的话语。尽管如此，慈爱冥想需要耐心，如果学员在练习时没有感到温暖的情感，也不应觉得练习没有作用。犹太教哈西德派里有一个动人故事，这个故事就说明了慈爱联系的作用方式：

一位信徒问拉比："为什么《妥拉》(Torah) 的经文告诉我们，'把这些话语放在你的心上'？为什么不让我们把这些圣训放在心里呢？"而拉比答道："因为我们只能如此，我们的心是封闭的，我们没法把圣训放在心里。所以我们把这些话放在心的上方。这些话会一直待在那里，直到有一天，我们的心裂开了，它们才会落进我们的心中。"
（Moyers & Ketcham，2006，p.233）

自我关怀动作（可选）
（5分钟）

只要学生需要活动身体、休息一下，并且愿意再次跟随指导，教师就可以带他们做这项练习。"自我关怀动作"提出并回答了这个问题："我的**身体**需要什么？"这项练习的主要目的是以关怀的方式，**由内而外**地让自己的身体动起来，而不只是按照规定的方式运动。如果我们慢慢地、轻轻地做，这项练习就能为我们的身体提供阴性的安抚与安慰。不过，教师可以提一句，如果学员此刻需要更多阳性的能量，就可以做一些更有力量与活力的运动，比如跳跃、晃动等。

指导语

锚定

- "请站起来，感受脚底踩在地板上的感觉。"
- "稍稍前后摇晃一下，然后再左右摇晃一下。用膝盖画圈，静观脚底的变化。把你的觉知锚定在脚上。"

开放

- "现在，打开你的觉知领域，扫描你的整个身体，寻找其他的感觉，留意所有放松以及紧张的区域。"

关怀的回应

- "现在，把注意力集中在**不舒服**的位置。慢慢地开始用一种让你感觉很好的方式活动身体——给予自己关怀。比如，让自己轻轻地扭动肩膀、转动头部或腰部，向前俯身……只要你现在感觉舒服就好。（**停顿**）让身体做它需要的动作。"

- "最后，回到静止状态，再次回到站立的姿态，感受你的身体，留意我们这样运动之后所产生的变化。"

话语练习
（10分钟）

通过这个主题的讲授，学员可以为发现慈爱冥想的个性化话语做好准备。这个主题描述了什么类型的话语在日常的冥想中最为有用，如何找到这些话语，以及如何在冥想中使用它们。像往常一样，教师可以整理以下要点，根据自己的兴趣和团体的需要，进行简明扼要的讲授。

话语所用的语言

寻找慈爱话语就像写诗一样——用语言来表达语言所不能及的事物。好的慈爱话语能唤起练习者慈爱与关怀的态度，就像好的诗歌能用寥寥数语将某种心境传递给听者一样。

就像呼吸在呼吸冥想中的作用一样，慈爱话语也可以作为冥想中的关注对象。然而，为了发掘专注的力量，找到几句可以反复使用的基本话语是很有帮助的，这些话语也许可以用上几个月或几年。在日常生活中，我们还可以根据当前的情景创造出一些慈爱的话语，来做非正式的练习。

许多静观自我关怀的学员已经在冥想中用过教师给他们的传统慈爱冥想话语，这些话语类似于"给所爱的人慈爱"中所用的话语。学员没必要更换不同的话语，但也没必要坚持使用那些缺乏共鸣或真诚的话语。

在理想的情况下，话语应该**简单**、**明确**、**真诚**、**友善**。当练习者在使用这些话语时，内心不应该有任何争论。相反，当他们听到好的话语时，会产生一种感恩之情："哦，谢谢你！谢谢你！"好的话语可以让心灵和思想得到休息，就像练习者终于听到了内心期待已久的话语。这些话语可以是阴性的（安慰、抚慰或认可），也可以是阳性的（保护、滋养或鼓励）。

重要的是记住，慈爱话语是祝愿，而不是高高在上的积极肯定（例如"我每天都在变得越来越坚强"）。研究表明，积极的肯定往往会让高自尊的人感到更快乐，而让低自尊的人感觉更糟糕（Wood，Perunovic & Lee，2009）。如果积极肯定与现实生活之间的反差太大，练习者往往会感到失望。慈爱话语应该是无法与之争辩的，无论我们的处境如何，祝愿都是可能成真的。

如果感觉太尴尬，或者太想乞求，就没有必要在慈爱话语中使用"愿我……"的句式。使用"愿我……"仅仅是为了让心灵与头脑产生积极的倾向——为了培养善意。我们可以使用任何话语，只要在重复它们的时候能让我们的心产生这样的倾向。实际上，"愿我……"的意思是"事情可以是这样的……"或者"如果一切条件都允许，那么……"在某些语言里，这种措辞被称为**虚拟语气**。慈爱话语就像不带宗教意味的祝福或祈祷。

在做慈爱冥想的时候，我们可以用不同的方式来称呼自己。根据自己的感觉，学员可以说"愿**我**……""愿**你**……"，也可以用正式的名字，或者甚至能用爱称，如"亲爱的"或"宝贝"。例如，使用"你"而不用"我"，更有可能激励自己做出行动，如果这是练习的目的（Dolcos & Albarracin，2014；Kross et al.，2014）。

学员可能还有一个问题："谁在跟谁讲话？"在静观自我关怀中，给出善意的人可以是个体自我中那个善于关怀的部分，也可以是更普遍的、具有内在智慧与关怀的"自我"。慈爱与关怀的**接受方**，通常是作为一个人的自我感知，这种感觉与身体有关，但也可以是自我的**一部分**，比如童年的自我或受伤的自我。

话语应该是一般性的，而不是具体的。例如，最好说"愿我健康"，而不要说"愿我远离糖尿病"。在我们的生活中，无论我们多么渴望，有许多情境的结果是我们无法控制的。我们的目的在于强调话语中的祝愿，而不执着于结果。有些初学者只是简单地反复说着"愿我""愿我""愿我"，而没有任何目标，这样能获得一种心的倾向，而不会陷入期待特定结果的牛角尖里。只要祝愿的态度得以根深蒂固，我们甚至可以只用一个简单的词，如"平和"或"爱"，而不说完整的话语。

最后要说的是，话语的语气也很重要。这就像和婴儿或心爱的宠物说话一样，他们在意的是我们说话的**方式**，而不是我们**说话**的内容。无论是好是坏，我们都会感受到自己内心对话的语气。语速要慢，语气要温暖。不要着急。我们说一句话语的次数，不如我们在冥想时的态度重要。

我需要什么

要找到真诚而有意义的话语，有一种方法是关注自我关怀的核心问题："我需要什么？""需要"和"想要"是有区别的。"**想要**"的东西与个人有关，来自我们的头脑（"我想要一份更好的工作""我想要减掉 10 磅[一]体重""我想要一辆新车"）。"**需要**"的东西具有普遍性，是从身体里发现的。"想要"是无止境的，很容易发散，而"需要"则较少，也更容易满足。

人类的普遍性需要包括接纳、认可、被看到、被听到、保护、被爱、被知晓、联结以及尊重。这些也叫**关系**需求。（还有一种找出关系需求的更有力的做法，那就是询问："我需要别人对我说些什么？"）有时学员会提到物质需求，如食物、衣服和住所，也可能提到个人需求，如智慧、成长和健康，但大多数学员都会提到关系需求。如果学员找不到自己的需求，教师可以说：

"你们可能会难以发现自己的愿望，因为你们的需求依赖于他人，例如对于赞赏或成功的需求。如果是这样，请问问自己，'如果我得到了世界上所有人的赞赏，或者取得了所有的成功，那我会有什么感觉'。那样你会感到放松吗？你会微笑、会感到被重视吗？或者你会终于觉得自己够好了吗？如果是这样，你可以祝愿自己得到**那种感觉**，例如'愿我生活如意''愿我的心能微笑''愿我知道自己的价值''愿我真实的样子就足够好了'。一句好的慈爱话语能让心灵最终得到休憩。"

接下来是一项非正式练习"找到慈爱的话语"，这项练习的目的在于帮助

[一] 1 磅 ≈ 0.45 千克。——译者注

学员发现他们**真正需要**的东西，以及他们需要**听到**别人对他们说什么。"我需要别人对我说什么"这个问题可能会激起一些儿时的渴望，尤其是那些遭受童年忽视或创伤的学员，更有可能出现这样的情况；这个问题也可能会提醒学员他们当前的生活缺少了什么。教师应该为学员提供安全建议，尤其是如果学员需要封闭自己，就可以不做这项练习。

 找到慈爱的话语
（30分钟）

教师在说下面的指导语时，语速应该足够慢，这样学员才能思考那些问题，并且在心里给出答案。

指导语

- "这是一项纸笔练习。我们会闭上眼睛，反思一些问题，然后睁开眼睛，写下一些答案，然后会再闭眼、睁眼、闭眼。"
- "如果你有任何问题，请等到练习做完之后再问。"
- "这个练习的目的是帮助你发现对你有着深刻意义的慈爱、关怀话语。如果你已经找到了一些话语，并且愿意继续使用它们，你可以把这个练习作为一次实验，无须寻找新的话语。"
- "首先，请闭上眼睛，把一只手放在心上或其他位置，感受身体轻轻的呼吸。"

我需要什么

- "请花一些时间，让自己的心慢慢地敞开，变得更愿意接纳，就像在暖阳下盛开的花朵。"（停顿）
- "然后问自己这个问题，让答案在内心自然浮现：
  ○ '我需要什么？'（停顿）'我**真正**需要什么？'"（停顿）

- ○ "如果有一天这种需求没有得到满足，你就会觉得这一天不完整。"
  - ○ （停顿）"这个答案应该是普遍的人类需求，比如对联结、善意、健康、平和或自由的需求。"（停顿）
- "如果你准备好了，就请睁开眼睛，把你的答案写下来。"（停顿）
- "你可以将发现的话语原原本本地用在冥想中，也可以把它们改写成对自己的祝愿，例如：
  - ○ '愿我善待自己。'
  - ○ '愿我**开始**善待自己。'
  - ○ '愿我知晓自己有所归属。'
  - ○ '愿我能触及自己善良的本性。'
  - ○ '愿我知晓自己的价值。'
  - ○ '愿我远离恐惧。'
  - ○ '愿我能在爱意中休憩。'"

（较长的停顿）

我需要听到什么

- "现在，请再把眼睛闭上，继续思考下面的问题。这些问题可能会让你来到更深的地方，所以你也可以只待在令你感到舒服的深度上。这些问题是：
  - ○ '我需要听别人说什么？'（停顿）或者说'我需要听到哪些话？因为，作为一个人，我真的很需要听到这样的话'。"（停顿）
  - ○ "例如'我爱你''我在这儿陪你''我相信你''你是个好人'。"
  - ○ "敞开心扉，等待那些话语的出现。"（停顿）
  - ○ "如果那些话语还没有出现，就问问自己：如果可以，我希望在今后的日子里，每天都对自己耳语哪些话——哪些话会让我在每次听到的时候都会说'哦，谢谢你，谢谢你'？"（停顿）
  - ○ "允许自己变得脆弱，勇敢地面对这种可能性。听吧。"（停顿）
- "现在，再次轻轻地睁开眼睛，写下你听到的话。（停顿）如果你听到了很多话，看看你能不能把这些话变成一句简短的话语——一条给自己的信息。"（停顿）

- "你可以将写下的文字原原本本地用于慈爱冥想，也可以把它们改写成对自己的祝愿。其实，那些我们想反复听到别人说的话，往往是我们很容易忘记的话，也可能是我们想在生活中培养的品质，或者我们想在心中牢牢秉持的态度。例如，需要听到'我爱你'可能意味着我们希望知道自己是真正可爱的。这就是为什么我们需要一遍又一遍地听到这句话。"
- "你想确切地知道什么？如果你愿意，也可以把你的话语改写成对自己的祝愿。例如：
    - '我爱你'可以变成'愿我爱自己本来的模样'或者'愿我知晓自己是被爱着的'。
    - '我在这儿陪你'可以变成'愿我知晓自己有所归属'。
    - '你是个好人'可以变成'愿我知晓自己的善良'。"

  （**较长的停顿**）
- "现在，请花一些时间来回顾一下你所写的内容，确定 1～3 个你想在冥想中使用的词或话语。（**停顿**）这些词或者话语，是你送给自己的礼物。请花一些时间记住你的话语。"

话语练习

- "最后，让我们最后一次闭上眼睛。我们会不断地对自己重复这些话语。看看你们能不能让这个过程尽量变得简单，就像进入温暖的浴缸一样。不需要完成什么任务，只要让这些话语去到它们需要去的地方，让它们去做所有的工作。"
- "从说自己的慈爱话语开始，慢慢地、轻轻地说，你可以对自己轻声耳语，就像对着一个你爱的人说话一样。"（**停顿 3～4 分钟**）
- "不需要做任何事，也不需要到任何地方去。只要用善意的话语将自己包围，让自己沉浸在这些话语之中，沉浸在这些你需要听的话语中。"
- "如果你走神了，可以给自己放松触摸，或者让自己感受身体里的感觉，从而找回自己的目标，然后再对自己说那些话语。"
- "现在，轻轻地放下那些话语，让自己在当前的体验中休息，让这项练习保持原本的样子，让你自己也保持原本的样子。"（**停顿**）
- "请把这个练习仅当作找寻合适话语的开始。寻找慈爱话语是一趟深情的旅程，一段诗意的旅程。你在前进的过程中，会发现又回到了这个过程（'我需要什么''我需要听到什么'）。"
- "轻轻地睁开眼睛。"

问询

教师应邀请学员与同学分享找寻话语的过程，而不是他们真正找到的话语，因为这些话语可能会反映出一些他们脆弱的需求，而学员很可能不愿意与人分享这些。下面是这个练习之后的典型交流。

金妮：我觉得，我发现了一些不错的话语，但我也在练习中遇到了困难。我与我**需要**的东西产生了联结，但当我问自己需要**听别人说**什么的时候，我直接回到了自己的童年，心里充满了我不喜欢的感觉。

教师：你现在还有那些感觉吗，金妮？

金妮：有。

教师：你愿意说出那些感受的**名称**吗？

金妮：那是孤独。对我来说，孤独感一直都隐藏在我心里。

教师：所以，思考你需要从别人那里听到什么会让你感到孤独。这种情况在练习中是可能出现的，这是回燃。我特别欣赏你勇于说出这种情绪，因为你肯定不是唯一一个触及这种情绪的人。

金妮：真的吗？（环视四周，看到许多人点头）

教师：金妮，我想知道，如果有一个朋友，你发现她多年以来一直活在孤独之中，你会对她说什么，你会说哪些肺腑之言？

金妮：（眼里噙着泪水）我会告诉她，"我知道，我懂的"。

教师：你觉得她需要你对她说什么？

金妮：就是那句话，真的……让她知道她并不孤单。

教师：你能把这句话变成对她的祝愿吗？

金妮：哦，我明白了。可以的，我可能会说'愿你知道你并不孤单'。

教师：谢谢你，金妮。我也希望你能知道……我想我们都希望如此。

金妮：我觉得我能做到。

教师：是的，我相信你能。但请不要太勉强……只要在合适的时机说合适的话就行了，不要太多……只要说那些听起来真正舒服的话，好吗？

金妮：好的，明白了。（温柔地微笑）

在这个例子里，当被问及关系需求（"你需要听别人说些什么"）时，金妮找不到合适的话语。这次问询把金妮带回了困难的情绪中，通过询问她会对一个有相同感受的朋友说些什么，教师帮她找到了慈爱的话语。由于金妮似乎很容易被过去的创伤压垮，所以教师提醒她要慢慢来，只说那些能真正让她感到安慰、抚慰的慈爱话语。为此，我们建议学员用一些限定词来调整未被满足的需求的强度，例如"愿我**开始**……"或者"愿我**学着**……"

幸运的是，多数学员在寻找话语并且将其用于冥想的时候，都会有积极的体验。这里有一个例子。

西蒙：哇，太深刻了！我用慈爱话语练习了好几年，但从没意识到这些话能那么深刻，那么动人。

教师：我很高兴你找到了深深打动你的话语。你能描述一下自己的感受吗？

西蒙：嗯，那些话直接说进我的心坎里了，就像是说给我一个人听的。就像有人叫我的名字，吸引了我全部的注意力。每当我说这些话语的时候，整个身体都放松了，就好像我得到了多年来渴望的东西，或者听到了多年来渴望听到的话，而我之前从不知道那是什么。这是一种身体上的感觉，真的，尤其是在这儿，在我胸腔的中间。我现在还能感觉到。

教师：西蒙，在你讲的时候，我也能感觉到。谢谢你对我们说心里话，也谢谢你能让那些话进入你的心里。

在这次问询中，西蒙只想分享自己的惊喜，所以教师允许自己与西蒙产生了情感共鸣，并感谢了他的分享。如果没有问题需要处理，问询可以很简短。

家庭练习
（5分钟）

教师应提醒学员这节课学到的练习：

- 给所爱的人慈爱。
- 自我关怀动作（可选）。
- 找到慈爱的话语。

教师可以邀请学员继续探讨对他们有深刻意义的词或话语。（这个练习也可以从本书的配套网站上下载，见附录 C。）"寻找慈爱的话语"的目的是让学员最终确定几句可以在冥想中反复使用的话语。这个过程也可以用于发现我们在日常生活中的特定时刻需要什么。例如，如果我们问"我**现在**需要对自己说些什么悄悄话"，可能就会有一些新的话语出现在我们心中，这些话语可以在当下的时刻使用，安抚我们受伤的心灵。

此时，教师应再次鼓励学员提供每周反馈，并且把反馈带到每节课上来。再次强调，每周反馈的目的不是让那些没有每天练习 30 分钟的人感到尴尬，而是帮助学员反思学习自我关怀的过程，并与教师交流。教师还应该在课程间隙继续给学员发邮件，提醒和鼓励他们练习，并促进学员之间的线上分享。

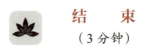

结 束
（3 分钟）

教师可以用他们喜欢的方式结束课程，既可以在片刻静默之后鸣铃，或者再进行一轮"一个词分享"，也可以在爱尔兰诗人约翰·奥多诺霍（John O'Donohue）所作的两首反映慈爱话语的力量与普遍性的诗中任选一首诵读，这两首诗是《祝福》（*Beannacht*，2011）与《写给归属》（*For Belonging*，2008）。

Teaching the Mindful Self-Compassion Program

第 13 章

发现你的关怀之声 / 第 4 课

概 览

开场（核心）冥想：给自己慈爱
课　程　标　题：发现你的关怀之声
主　　　　　题：进步的阶段
课　堂　练　习：我的静观自我关怀进展如何
休　　　　　息
软　　着　　陆
主　　　　　题：自我批评与安全
课　堂　练　习：用关怀激励自己
非　正　式　练　习：给自己写一封关怀的信
家　庭　练　习
结　　　　　束

开　始

- 在这节课中，学员要：
  - 学习在正式冥想中践行慈爱。
  - 在自我关怀的路上识别进步的阶段。
  - 开始用鼓励来激励自己，而非批评自己。
- 现在介绍这些主题是为了：
  - 用个性化的话语为"给自己慈爱"练习增加深度。
  - 回顾学员在课程中所体验到的进步，尤其是他们能否更全面地接纳自己，以及弄清他们在自我关怀道路上所处的位置。
  - 在慈爱冥想建立的友善态度之上，帮助学员发现一种关怀的内心声音，从而激励他们在生活中做出积极的改变。
- 本节课的新练习：
  - 给自己慈爱。
  - 给自己写一封关怀的信。

给教师的提示：本节课省略了家庭练习讨论，因为课程中有"我的静观自我关怀进展如何"这个相关的课堂练习。

 给自己慈爱
（30分钟）

"给自己慈爱"是静观自我关怀课程的第二个核心冥想。在第 3 课最后的"找到慈爱的话语"中，当学员开始对自己说慈爱的话语时，他们就已经对这个冥想有了一些体会。有些学员可能在前一周已经听过了"给自己慈爱"的录音。这节课则是整个团体第一次一起完整地练习这个冥想，并进行相关的问询。

在这节课中，教师应该让学员复习他们的慈爱话语，并提前决定他们想用哪些话语，然后再引入这个冥想，这样学员就不会用接下来的冥想去找寻新的话语了。不过，新的话语可能会自然而然地出现，当发生这种情况，也是完全正常的。除此之外，由于慈爱冥想可能比较复杂（相比于其他冥想），教师可以让学员放弃不必要的努力和期望，以一种轻松的方式对自己说慈爱话语，而不用担心自己是否做对了，让这项练习变得像进入温暖的浴缸一样容易。

指导语

- "请找一个舒服的姿势，坐着或躺着都可以。闭上双眼，或微微睁开。做几次深呼吸，让自己平静下来，感受自己的身体与当下的体验。"
- "把手放在心上，或者能安慰、抚慰你的地方，以此来提醒自己，不仅要把觉知带入自己的体验与自我中去，还要加入慈爱的觉知。"
- "现在，感受你的呼吸在体内流动，在你最容易注意到呼吸的地方。感受呼吸的温和节奏（**停顿**），当你走神的时候，只需要使注意力回到体内呼吸的轻柔节奏上即可。"
- "现在，放下聚焦于呼吸的注意力，让呼吸隐入你觉知的背景中去，开始对自己说那些对你最有意义的词语或话语。如果你愿意，可以对自己轻声耳语。"（**较长的停顿**）
- "无须做任何事，无须去任何地方。只是用善意的话语将自己包围，让自己沉浸在这些话语之中，沉浸在这些你需要听的话语中。"（**较长的停顿**）
- "或者，如果你感觉合适，也可以将这些话语吸收进你的身体里，让这些话充满你的身心。允许这些话语和你体内的每个细胞产生共鸣。"（**停顿**）
- "只要你发现自己走神了，就可以给自己放松触摸，或者感受体内的感觉，从而找回自己的目标。回到自己的身体里，然后对自己说一些善意的话语，回到善意之中。"（**停顿**）
- "最后，放下这些话语，安静地在自己的身体里休息。"
- "然后，慢慢地睁开眼睛。"

沉淀与反思

教师应该给学员 2～3 分钟的时间来回味刚才的体验，并反思他们在冥想中的体验。教师可以用一些问题轻柔地开始问询，例如"这次你们注意到了什么""冥想中有没有对你很重要的部分""在冥想中有没有遇到挑战"。

问询

到第4课的时候,哪些学员愿意在问询中发言,哪些学员愿意倾听,都已经变得很明显了。这是一个很好的时机,教师可以提醒学员,要是能听到每个人都发言就太好了,因为分享能加深全班的学习体验。下面是在"给自己慈爱"之后进行问询的例子。

杰夫:老实说,我对这种冥想有些不确信。我喜欢简单的冥想,而这个冥想有很多活动的成分。我过去常用无意义音节来做箴言(mantra)冥想,而现在我做呼吸冥想,但那些话语在我看来太长、太别扭了。

教师:这种冥想并非适合每个人,这是肯定的,而且听起来你已经有了很好的冥想练习。我在想,我们能不能退后一步。你能不能告诉我,这种指导性冥想是在什么时候开始让你感到别扭的?

杰夫:我猜大概是因为我不想放下呼吸,开始说这些话语。

教师:这说得通。其实你不必放下呼吸,只要让呼吸在觉知的状态中流动即可。但是,你好像尤其不想在冥想中加入话语?

杰夫:没错,我喜欢呼吸的节奏,感觉很平静,我不想破坏这种感觉。

教师:当然,我明白。不过,我在想,是否呼吸冥想的平静消失后,你开始产生了紧张的想法或感受?

杰夫:没错,一段时间之后就会有这种情况。

教师:你觉得几句支持和善意的话语会给你什么感觉?

杰夫:可能不会太糟糕。

教师:杰夫,你为我们提出了一个练习的重点。根据我们个人的需要来调整这些练习是很重要的。既然你喜欢呼吸冥想,那就应该坚持下去,也许当你的心灵走入阴暗的角落时,可以看看几句慈爱的话语能否帮你走出困境。如果不能,那又何必勉强呢?你明白我的意思吗?

杰夫:我明白。

教师:从我个人的角度来说,只有在15～20分钟的呼吸冥想之后,我的心灵才能安定下来,这样那些慈爱的话语才能真正进入我的心里。而有些人喜欢从一开始就说这些话语。我们每个人都不同。
杰夫：我想也许我太过努力了。
教师：可能是。我们在说慈爱话语的时候需要放松，不带任何附加的条件。它们就像祝福一样。
杰夫：我明白了。看看之后情况如何吧。
教师：谢谢，杰夫。

　　这次问询有几个可以选择的方向，每个方向可能都会有所帮助。比如，教师可以把重点放在杰夫可能使用了某句不适合他的话语，或者教师也可以与杰夫的沮丧产生共鸣，帮助他为自己的困境带去一些关怀，教师还可以允许杰夫完全略过使用话语的环节。不过，既然杰夫发言了，教师觉得他还是想找到一些继续在冥想中尝试使用话语的理由。教师选择用自身的经验作为指导，与杰夫的沮丧产生联结，并为杰夫提供了一个思路：在冥想中使用话语的**时机**不对，可能是这些话语听起来有些别扭的原因。在讨论根据个人情况调整练习，以及在做慈爱冥想时不带期待的重要性时，教师也考虑了全班同学。教师完全可以分享一些自己的冥想经验，只要不改变对学员体验的关注，或者不与学员的现实情况相抵触就好。

发现你的关怀之声
（1 分钟）

　　教师可以介绍本节课的标题与课程概览，并提出大家现在已经进入了课程"坎坷的中间阶段"，以此来引导学员进入今天的课程主题"发现你的关怀之声"。进入课程后，教师首先要介绍自我关怀训练的典型进步阶段，然后让学员反思他们目前的静观自我关怀体验。然后，教师可以与学员一起探讨如何用善意和理解来促使自己在生活中做出积极的改变，而非自我批评。在学习慈爱话语之后，有关"关怀的激励"的话题才会显现，因为学员要使用慈爱冥想中产生的善意来培养内心关怀的对话。**激励**自己做出改变，不仅能够增强自我关怀的阳性、行动元素，也能够平衡已经学过的阴性的、安慰、抚慰的练习。

进步的阶段
（15 分钟）

我们之所以在课程的这个阶段探讨自我关怀训练的进步阶段，是因为许多学员会开始怀疑他们是否有能力变得更加关怀自我。他们此时正处于"幻灭"（disillusionment）阶段，这其实是练习变得更深入的前兆（来自"进步的阶段"，改编自 Morgan，1990）。这个主题，以及接下来的小组练习"我的静观自我关怀进展如何"，能帮助学员减少孤独感，并克服可能导致他们放弃练习的失败感。

"进步的阶段"这个主题，应该以轻松愉快的方式呈现。毕竟，自我关怀的进步时常意味着要放弃进步的**想法**。教师可以用这样的问题来展开讨论："我们现在处于课程'坎坷的中间阶段'。有人在怀疑自己变得更加关怀自我的能力吗？"可能至少有 1/3 的学员会点头表示同意，随后教师可以让他们放心："这说明你们正在进步！"

自我关怀训练通常分为三个阶段：①**努力**；②**幻灭**；③**全然接纳**。如果学员在第 2 课中看过《苍蝇》那个视频，教师就可以用那个视频来说明这三个阶段：在武术家试图杀死苍蝇的时候，那是努力；当他在徒劳中崩溃的时候，那是幻灭；当他摊开手掌，苍蝇展开翅膀飞走的时候，那就是全然接纳。

对于我们每个人来说，"进步"往往意味着放弃自我改善的目标。取而代之的是对于练习**目的**的完善——学着为了自我关怀本身而练习自我关怀，而不是为了努力解决自己的问题，或者控制我们即时的体验。当我们向着全然接纳迈进时，我们练习的目的也会随之完善，这种完善在之前提到的悖论中得到了最好的表达：当我们陷入困境的时候，我们善待自己不是为了让感觉好起来，而正是因为我们感觉不好。

努力

我们在开始做自我关怀练习，或者做出自我改善的努力时，都是为了让自己感觉更好。我们充满了希望。有时练习立刻就能带来收获，例如我们第一次发现"我能爱自己！"的时候。这种顿悟可能非常令人振奋，就像恋爱中的迷恋阶段一样。

幻灭

当然，就像在所有的恋爱关系中一样，迷恋之后通常是幻灭——我们意识到自己爱的人不再是我们所有问题的答案，毕竟，他只是一个人。在自我关怀练习中，与幻灭相伴的是发现自己还是原来那个自己，还是会有相同的不舒服的感受与人格缺陷。当这种情况发生在静观自我关怀课程中时，学员可能会责怪自己或课程没有达到他们的期待。问题通常在于练习背后的目的——学员希望改变他们的人格或他们的感受，而不愿以开放的心态接纳现实。自我关怀则已经被对抗所劫持了。错误不在于**技术**，而在于使用这些技术的**目的**。

看看下面这个使用慈爱话语来克服失眠的例子。当我们初学慈爱，并且拥有初学者的好奇心时，我们可能会在半夜睡不着时用这些话语安慰自己，并且很容易就睡着了。早上醒来之后，我们可能会为昨晚的成功兴奋不已，并决定在第二天晚上继续使用慈爱话语来助眠。可想而知，这次并没有起作用，这是因为使用话语的目的已经从自我安慰变成了一种入睡的策略，当这种策略不起作用的时候，我们只会感到更烦恼。这就是我们感到幻灭的时候。冥想教师鲍勃·沙普尔斯（Bob Sharples，2003）将这种"解决"自身问题的努力称为一种"微妙的、自我改善的侵犯行为"。而要化解这个问题，他建议我们把"练习冥想当作一种爱的行为"。幻灭是自我关怀训练的一个重要阶段，因为这个阶段暴露了我们非建设性的努力。

全然接纳

全然接纳是最后一个阶段。正如第 9 章和第 19 章提到的，全然接纳意味着完全地拥抱我们每时每刻的**体验**和**我们自身**本来的模样。我们如何才能做到全然接纳？基本上，只要我们少做一些努力就行了。在全然接纳的时候，我们不会把关怀抛给自己来消除痛苦；相反，我们会用一颗温和柔软的心来接纳痛苦。这里有一些俗语，很好地说明了全然接纳在实践中的样子：

- "修行的关键不是完善你自己，而是完善你的爱（Kornfield，2017）。"
- "我们不是来学习自我关怀的，我们是来拥抱自身的不完美的！"
- "我不好，你也不好……但这没关系！"

再重复一下之前的类比，全然接纳就像父母安慰患流感的孩子。父母并没有试图用善意来消除流感；相反，父母给予孩子照料与安慰，等待疾病自行痊愈，是面对孩子受苦时的自然反应。所有人在生活中都会受苦。我们能像对待患有流感的孩子那样，给予**自己**同样的善意和关爱吗？当我们能做到这一点时，就实现了全然接纳。

这里还有一些其他的引述，教师可以用这些话来说明全然接纳的意义：

- "一个人不应努力消除他的情结，而应与之和谐共处（Freud，引自 Jones，1955，p.188）。"
- "生活中有一个奇怪的矛盾，即当我接纳真实的自己时，我就能做出改变（Rogers，1961/1995，p.17）。"
- "练习的目标就是做一个即使深陷困境也能充满关爱的人（Nairn，2009）。"

这就意味着做一个完整的人，虽然常常陷入挣扎、不确定和困惑之中，但心中仍有许多关怀。这是自我关怀的邀请。

进步的各个阶段并非总是以线性、顺序的方式出现。当我们遭遇巨大的挑战时，我们难免会回到努力与幻灭的阶段，但当我们**意识到**自己处于努力或幻灭中时，我们就能带着慈爱、包容的觉知回到全然接纳。进步更像螺旋上升的过程。经过多年的练习，我们的努力与幻灭阶段会减少，全然接纳的时间会增长。

教师在成长的过程中也会经历这些进步的阶段。他们所学的第一堂课就是，努力让别人更加关怀自我可能会适得其反。正如师资培训师史蒂夫·希克曼所说："当你向后仰时，就是在邀请人们进来；当你向前倾时，就是在邀请人们出去。"教师也会和学员一起经历进步的各个阶段，他们可能会对课程的进展感到困惑和不确定，尤其是在"坎坷的中间阶段"。在这种时候，只要信任课程，让课程去发挥自己的作用，就会有所帮助。

我的静观自我关怀进展如何
（35 分钟）

这个练习为学员提供了一个机会，让他们探索自己目前所处的进步阶段，回顾自己在课程中如何用关怀的态度对待自己，并在自己的挣扎中看到共通人性。

指导语

- "请拿出纸笔。"
- "请记住，我们会反复经历这些进步的阶段，请花一些时间来反思一下，你在何时可能经历过努力、幻灭或全然接纳的时刻，然后把这些时刻写下来。"
- "现在请思考一下，在静观自我关怀课程过半的时候，你可能处于什么阶段。如果你发现自己正在做出不必要的努力，能否给自己的挣扎留出一些空间？"
- "或者，如果你感到**幻灭**，也许你正在怀疑自己是否能变得更加关怀自我，那么你能否温柔地抱持自己怀疑的心，也许可以对自己说一些安慰或鼓励的话？"
- "如果你此刻正处于**全然接纳**的阶段，你能否品鉴这种体验，至少现在如此？"

小组讨论

现在，教师让学员分为三人小组，讨论静观自我关怀课程的进展。每位学员应该花 5 分钟来分享他们愿意分享的内容（教师可以鸣铃示意时间）。听者的任务是专心听，而不是给出建议或试图解决问题。主动秉持舒服的、开放的、富有关怀之心的态度，是有帮助的。这次讨论为学员提供了一个机会，让他们在挣扎与不完美中体验到共通人性。

问询

这项练习之后的问询，倾向于探讨学员遗留的、对自身学习自我关怀能力的担忧。

柏妮丝：你讲的"进步的阶段"真的很有帮助。我之前肯定是处在幻灭阶段。

教师：那你现在呢？

柏妮丝：依然在幻灭，但可能正在走出来（咯咯地笑）。在小组讨论中，我发现不是我一个人这样，这真的很有帮助。

教师：很高兴听你这么说，柏妮丝。你愿意描述一下这种幻灭吗？也许可以讲讲让你担忧或沮丧的事情？

柏妮丝：嗯，我就是不愿意接纳我现在的样子和感受！我因为抑郁症去做了心理治疗，心理治疗师介绍我来上这门课程，因为她觉得我对自己太苛刻了。一想到我需要接纳自己的感受，我就觉得很沮丧。

教师：所以，接纳对你来说意味着一切都不会改变，对吗？

柏妮丝：那不就是你说的意思吗？

教师：你提到了很重要的一点，柏妮丝。接纳意味着对**此刻**敞开心扉，对我们的感受和我们自身敞开心扉，当我们接纳的时候，我们其实创造了新的可能性。

柏妮丝：可我片刻都不想有这种感觉！有时候，我心里感觉很难受，几乎无法忍受。

教师：你现在有那种感觉吗？

柏妮丝：没有，在和别人谈过话之后就没有了，但这种情况经常发生。

教师：柏妮丝，我在想，你其实比你想象的更善于自我关怀。在听了不要过于努力地关怀自我的内容之后，你感到放松，这意味着你内心产生了某种联结，然后你就感受到了与小组中其他人的共通人性，所以才感到放松。我也很欣赏你不想感受太多悲伤的想法。这是很明智的自我关怀。

柏妮丝：你是这么认为的？

教师：这最终应该由你来判断，但我觉得你对自己越来越开放和温柔了。我们能否等一等，看看接下来的课程能给你带来什么？

柏妮丝：大概吧。我挺擅长做个深陷困境的人，也许我可以学着再多一些关爱。（再次咯咯地笑）

这次问询也可以朝不同的方向发展。教师选择讨论柏妮丝的幻灭，因为这是这次练习的主题。在这个过程中，教师很快就发现，由于柏妮丝有抑郁的经历，所以她对于向痛苦敞开心扉很谨慎。向痛苦敞开心扉，是静观自我关怀的关键部分，但只有发现并强化了学员的资源之后，这样做才是可行的。在这种情况下，教师说出了柏妮丝的一些资源，并对她培养自我关怀的能力表达了信心，因为她相当投入，并且在小组中有所发现。也许柏妮丝唯一缺少的就是**耐心**，教师在问询的最后委婉地提到了这一点。

休　息
（15 分钟）

有些学员会在休息时间继续小组讨论。学员之间的联结已经发展了三周，所以休息的时间会变得越来越轻松愉快。有些茶点总是好的，尤其是在晚上的课程里。

软 着 陆
（2 分钟）

教师可以引导软着陆，也可以邀请学员自行做 2 分钟的软着陆练习。让学员肩负起做软着陆的责任，是为了提醒他们目前所学过的练习与练习的组成部分：

- 内在微笑。
- 放松触摸。
- 善意的话语——"你当然会有这种感觉了"。
- 共通人性——"就像我一样"。
- 找到慈爱的话语。
- 呼吸的节奏。
- 脚底静观。

- 周围的声音。
- "此时此地"石（可选）。
- 自我关怀动作。

如果学员显得有些静不下来，做一些身体活动，如"脚底静观"或"自我关怀动作"可能是软着陆的绝佳选择。

 ## 自我批评与安全
（10 分钟）

这个主题旨在介绍自我批评可能在我们的生活中有一定的作用，尤其是能够确保我们的情绪安全。我们刚刚讨论了接纳自己所有方面的重要性，但我们有一个部分，是我们通常不愿接纳的——内在的批评者。我们倾向于把自我批评看作痛苦的来源，想要摆脱它。以下要点可以用来构思一段关于自我批评的简短介绍。

由于人类的大多数行为都是为了增进自我的幸福感，所以我们可以假设自我批评也有类似的目的。教师可以从这个问题引入话题："自我批评有什么作用？自我批评有什么价值？"常见的回答有：

- "自我批评能促使我们改善自我。"
- "能帮助我们表现更好，避免招致更多的批评。"
- "能给人一种控制的假象（'如果我做得更好，我就能避免许多问题'）。"
- "能降低我们的期望，这样我们就不会让自己失望。"
- "能让其他人感觉更好，这样他们就会更喜欢我们。"

虽然自我批评看上去不太有效，但这种行为通常是在试图保护自己远离感知到的危险——保护我们的安全。

这次讨论的重点是严厉的自我批评，而不是批判性的洞察。批评的话语所用的**语气**是差别的关键所在。严厉具有一种威胁的、愤怒的性质，而洞察则是深思熟虑、不加评判的。

对于有些学员来说，自我批评可能没有任何用处。他们可能已经内化了自我批评，因为他们小时候受到了照料者的虐待或忽视（"都是你的错""你是个失败者"或者"没人爱你"），而内化这些信息对他们来说则是事关安全与生存的大事。然而，对于那些已经长大成人的学员来说，这些信息没有任何安全价值，只能带来痛苦。对学员来说，了解自己内在的批评是否属于这一类是很重要的，因为如果属于此类，当他们开始善待自己时，就会感到强烈的、无法解释的恐惧。有时，当这些学员开始善待自己时，当他们开始认为自己**值得**被人善待时，就好像是打破了自己与虐待他们的照料者之间的无形契约。

相反，有些幸运的学员没有严厉的内在批评。他们可能偶尔会有自我怀疑，但一般来说，他们的内心是安全的。还有一些人无法**识别**批评的声音，但当他们的生活出现问题时，他们会感到身体或情绪上的疲惫，这种现象反映出了沮丧或无意识的自我批评，这些问题可以用自我关怀来应对。教师**应**该对所有的可能性保持开放的态度，无论学员在接下来的练习里发现了什么，都要鼓励他们保持好奇与接纳的态度。

用关怀激励自己
（45 分钟）

这项练习探索了用自我批评和自我关怀来促使行为改变之间的区别。学员将有机会认识自己持批评态度的一面，并探索这种严厉态度背后隐藏的动机，但这项练习的主要目的是为新的、关怀的声音创造空间。这个声音通常是阳性的，用鼓励与慈爱来激励我们做出改变。这个练习中的元素，受到了内在家庭系统疗法（internal family systems therapy）的启发，该疗法是由理查德·施瓦茨（Richard Schwartz，1995）开发的。想要探索关怀工作临床方面的专业人士，请参阅康奈尔（Cornell，2013）、施瓦茨（Schwartz，1995，2013）、斯威奇与齐斯金德（Sweezy & Ziskind，2013）的著作，以及本书的第 20 章。

"用关怀激励自己"是本课程在情绪上最具挑战性的练习之一（也就是说，该练习会引发回燃）。教师应该简短地描述这项练习，并让学员思考自己此时的情绪是开放的还是封闭的，然后再选择是否参与练习。教师应该告诉学员，如果自我批评是一种严厉的、内化的声音，而这个声音属于某个在过去伤害过他们的人，那么他们应该考虑跳过这项练习。此外，如果在练习中感觉压力太大，任何人都可以随时停止练习。教师要传达的信息是"在前进的过程中照顾好自己，给予自己需要的任何东西"。

这项练习的指导语已经经过仔细的编写，以确保对多数人安全有效。其目的也是让学员对自己的自我关怀之声产生**具身**的体验（Falconer et al., 2014）。教师的指导语通常需要尽量贴合文本，但我们也鼓励教师根据学员的需要，使用真诚的语言（例如，调节语气和节奏，从而调整学员所体验到的情绪强度）。

指导语

- "请拿出一张纸。"
- "请想出一种你想改变的**行为**，你常常为这种行为责备自己。请选择一种会给你的生活带来问题的行为，但请选择严重程度在轻度到中度之间的问题行为，不要选择非常有害的行为。要选择一种可以改变的行为。（不要选择永久性的特征，例如'我的脚太大了'。）下面是一些可能会让你批评自己的行为，因为这些行为会给你的生活带来问题：
  - '我吃的垃圾食品太多了。'
  - '我锻炼得不够。'
  - '我有拖延的问题。'
  - '我不够自信。'
  - '我很容易失去耐心。'"
- "你通常试图通过严厉的自我批评来改变这种行为，请写下你想改变的行为。同时，也请写下这种行为所引起的**问题**。"（**较长的停顿**）

找到自我批评的声音

- "现在，请写下你发现自己有这种行为时，通常会有什么反应。你内心的批评者会怎么说？是否说了不友善的话？（**停顿**）语气是不是很严厉？有时，说话的语气是最重要的。"
- "有时候，当你发现自己有这种行为时，你会感到一种冷漠或失望，而没有任何语言。如果你有这样的情况，那你能想到一种身体的姿态或形象吗？批评的态度会如何呈现在你心中呢？"（**停顿**）

关怀受到批评的自己

- "现在，请转换视角，花一些时间去接触自己那个感受到批评的部分。请花些时间留意受到批评的**感觉**。批评对你有什么影响？"
- "如果你愿意，可以试着给自己一些关怀，因为受到如此严厉的对待，实在是太难了——在此刻给自己一些同情，或许你可以确认自己的痛苦，'这太难了''这太痛苦了'。"

面对内心的批评者

- "现在，请带着兴趣与好奇面对你内心的批评者。请思考一下，**为什么批评持续了这么长时间**。内心的批评者是不是在试图以某种方式保护你，让你远离危险，或是帮助你，即便结果一直都是徒劳？如果是这样，请写下内在批评者的动机。"（**较长的停顿**）
- "如果你实在想不出内心的批评者在如何试图帮助你（有时自我批评没有任何可取之处），或者如果你内心的批评者是一个内化了的声音，而这个声音属于曾以某种方式虐待过你的人，就请继续给你自己关怀，因为你过去遭受了太多的自我批评。"（**停顿**）
- "但是，如果你确实发现内心的批评者可能在试图保护你的安全，看看你能否认可他的努力，也许你可以写下几句感谢的话，让内在批评者知道，即使他并没有很好地为你服务，但他的意图是好的，而他也已经尽力了。"（**较长的停顿**）

找到你的关怀之声

- "既然你已经听到了自我批评的声音，看看你能否为另一种声音创造一些空间：你**内心的关怀之声**。你的这一面会无条件地爱你、接纳你。他也是明智的、清醒的，并且能认识到让你自我批评的行为给你的生活带来了问题——伤害了你。他也希望你改变，但原因完全不同。"

- "请闭上眼睛。把手放在心上，或者其他能够安抚你的地方，感受手的温暖。让你关怀的一面出现，这一面也许是一种形象，一种姿态，或者只是一种温暖的感觉。"（**停顿**）
- "现在再回想一下你想要改变的行为。你内心的关怀自我想要你做出改变，不是因为真实的你不被接纳，而是因为他想把最好的一切都给你。请重复一句能概括你关怀之声的话语。以下是一些话语的例子（教师可以改变顺序或者形成自己的话语）：
    - '我爱你，我不想让你受苦。'
    - '我非常关心你，这就是我为什么想帮你做出改变。'
    - '我不希望你一直伤害自己。我是来支持你的。'"

（**停顿 1 分钟**）

- "如果你愿意，可以在脑海中想象一个非常关心你的人的形象，或者一种在你看来代表关怀的理想意象。想象一下这个人现在会对你说什么。"
- "现在，请睁开你的眼睛，开始用关怀的口吻给自己写一封简短的信，不带任何拘束、随意地写，谈谈你想要改变的行为。从'我爱你，我不想让你受苦'的深切情感与愿望之中，浮现出了哪些文字？为了做出改变，你需要听到什么话？"（**停顿**）
    - "如果你找不到合适的话，可以设想你在与一个挚友说话，他也遇到了同样的问题，这样写下自己发自友爱之心的话会更容易。"（**如果情况允许，至少给学员 5 分钟的时间写作**）
    - "现在请停笔，你们可以回家继续写这封信，或者在你需要的时候，写一封新的信。"
- "如果你成功地为自己写了一些关怀的话，现在就请读一读，品鉴这些文字从你笔下流淌出来的感觉。如果你找不到关怀的话语，那也没有关系。这需要一些时间。重要的是，我们要下决心善待自己，新习惯最终会养成的。"（**停顿**）

小组讨论

现在邀请学员组成三人小组，分享他们的体验，讨论时间约为 15 分钟。教师应该提醒他们，不必分享练习的**内容**（批评自己的原因），只分享**过程**即可。例如：

- "你能与内心的批评者或自我批评的声音产生联结吗？"
- "关怀你被批评的那部分自我是什么感觉？"
- "你有没有发现那个批评的声音对你有什么帮助？"
- "感谢内在批评者的努力有意义吗？"
- "'我爱你，我不想让你受苦'这句话对你有什么影响？"
- "你能从关怀之声的角度写出给自己的话吗？"

在讨论的过程中，学员应全身心地关注发言的人，不要打断对方，提建议或解决任何问题。

问询

问询的焦点在于发现常见的、驱动内在批评者的好意，并且为关怀的声音创造空间。下面是一个在"用关怀激励自己"之后进行问询的例子。

张：刚才真是很有趣。老实说，我有些惊讶。（停顿片刻）我是一个总是拖延的人，然后我会因为没有完成任务而痛斥自己，这样只会让我更加拖延。这是一个恶性循环，而且我内心的批评者可能有些恶毒。

教师：所以，你很容易就接触到了内心的批评者？（略带调侃但温柔的语气）

张：哦，是啊，那太容易了。那个声音——说我懒惰、没用、一无是处……一直都在，它把所有的贬义词都骂了个遍。我从 14 岁起就一直能听到那个声音。

教师：哎哟，那一定很痛苦。你能为那种痛苦而给予自己一些关怀吗？

张：不行。我太习惯那个声音了，几乎已经麻木了。

教师：好吧。（**停顿**）你能找出这个内在批评者的动机吗？

张：恐惧，赤裸裸的恐惧。我内心有一部分非常害怕我的生活分崩离析，并一直试图鞭策我维持正常的生活。

教师：那么你能否接触一下那种恐惧？

张：能。我意识到了**为什么**我内心的批评者如此刻薄，他只是害怕了。

教师：我明白了。你对这个内在批评者**表达感谢**了吗？

张：表达了。我说，"谢谢你试着保护我"。然后发生了一件很奇怪的事情——我内心的批评者感到如释重负。好像他不用喊那么大声了，因为我终于听进去他在说什么了。这么长时间以来，我内心的批评者第一次安静下来了。

教师：哇，那感觉肯定很棒。（**停顿**）当你试着去接触你内心的关怀自我时，发生了什么？他有什么要说的吗？

张：这个嘛，一开始我根本找不着他。那感觉太奇怪了。然后，当我问"我对遇到同样问题的朋友会说些什么"的时候，我立刻就知道该说什么了。我会说："你当然会拖延了，你太忙了，感觉不堪重负。你需要休息，但拖延会给你的生活带来更多的压力。我真的很关心你，看到你陷入这样的困境，我很伤心。"最神奇的是，我意识到我的内在批评者也同样关心我，他只是不知道该如何表达。

教师：这是个很重大的领悟。（**停顿片刻**）你现在有什么需要吗？

张：没有，我很好。我拥有了希望，这是我一段时间以来都没有的东西。

教师：太好了。非常感谢你与我们分享自己的旅程，感谢你的慷慨。

这项练习并非每次都会如此顺利，与单独一人的问询也很少会如此完整。在这个例子里，张想要与全班同学分享他的全部体验，而教师也对他在练习的各个步骤中发生了什么感到真心的好奇。当学员在分享积极的新领悟时，对教师而言，问询主要是让自己被他们所讲的内容感动。

这次问询也给了全班一个回顾练习步骤的机会，并且让大家看到了关怀之声在生活中的潜在作用。教师本可以花更多的时间来帮助张去关怀自己，因为自我批评给他带来了许多痛苦，但张的语气并不悲伤，而且他似乎还有更重要的东西要分享。当听到张 14 岁时就开始听到自我批评的声音时，教师可能会想探究那时发生了什么，但问询的目的不是探索张的个人故事，这样就更像心理治疗了。相反，教师让张继续说下去，并认可了他的领悟的重要性，即他内心的批评者其实心怀好意。在这次问询中，教师不需要做其他任何事情，只要确保张在最后感到问询结束了就好。

在结束问询的时候，教师可以诵读玛丽·奥利弗（Mary Oliver，2004）所写的一首感召力很强的诗歌《旅途》（*The Journey*）。这首诗与前面的练习非常相似，从识别自我批判的声音开始，然后再为一个新的、更真实的、关怀的声音创造空间。

 给自己写一封关怀的信
（5分钟）

"用关怀激励自己"的指导语建议，只要学员感觉需要鼓励，就可以在家庭练习中继续给自己写一些关怀的话。教师可以讲一些关于写关怀信的细节，也可以引用一些研究，有研究认为这种练习是一种提高长期幸福感、减少抑郁的方法（Odou & Brinker，2014；Shapira & Mongrain，2010）。

其实，要写一封自我关怀的信，一共有三种方法。第一种，即学员在"用关怀激励自己"中已经试过的，从**关怀的自我**的角度，给陷入困境的自我写信（"我给我的信"）。第二种，从一个**关怀你的他人的角度给自己**写信，那是一个假想的朋友，他的智慧、友爱和关怀是无条件的（"你给我的信"）。第三种，从**关怀的自我的角度给另一个人**写信，比如给一位面临相同问题的挚友写信（"我给你的信"）。（见 Gilbert，2012，这篇文章讨论了培养关怀的自我的不同方式。）有些学员喜欢给自己写信，然后把信收起来，或者寄给自己，这样他们以后就有机会读信，让那些文字进入心里。

 家庭练习
（5分钟）

教师应提醒学员本节课所学的两个练习：

- 给自己慈爱。
- 给自己写一封关怀的信。

学员不需要在家重复做整个关怀激励练习。相反,当他们在日常生活中意识到自我批评时,可以试着用"我爱你,我不想让你受苦"这样的态度来对自己讲话,"给自己写一封关怀的信"就支持了这种态度。

在课程结束前有关家庭练习的简短讨论中,教师可以问学员:"你为什么练习冥想?"常见的回答有:①"履行我的承诺",②"训练我的大脑",③"为了更好地生活",以及④"为了减压"。这些意图都是好的,但它们也给练习带来了努力的成分,减少了冥想内在的愉悦。教师可以邀请学员思考一下,如果仅仅抱着下面这样的目的做冥想,会有什么感觉:①了解活在当下是什么感觉(静观),或②接受爱(慈爱与自我关怀),也许比他们一整天从别人那里得到的爱还要多。重点在于要让学员用最简单、最愉快的方式练习。

结 束
(2分钟)

教师通常会用一个简短的团体体验活动来结束课程。如果教师觉得读书比较合适,就可以试着读一段玛格丽·威廉斯(Margery Williams,1922/2014,pp.5-8)的《绒布兔子》(*The Velveteen Rabbit*),从"什么是真实"开始,到"但皮马只是笑了笑"结束。这一段文字很好地讲述了当我们过上真实的生活,并且用善意面对我们生活中的困难时,内心的美好就会浮现出来。

Teaching
the Mindful Self-Compassion
Program

第 14 章

深刻的生活 / 第 5 课

概 览

开场（核心）冥想：给予和接受关怀
练 习 讨 论
课 程 标 题：深刻的生活
主　　　　题：核心价值观
课 堂 练 习：发现我们的核心价值观
非 正 式 练 习：活出生命的誓言
休　　　　息
软　着　陆
主　　　　题：在痛苦中找到隐藏的价值观
课 堂 练 习：黑暗中的光明
非 正 式 练 习：自我关怀倾听
家 庭 练 习
结　　　　束

开　始

- 在这节课中，学员要：
  - 学习用呼吸冥想来培养对自己和他人的关怀。
  - 发现核心价值观，学会在日常生活中重新为这些价值观找到合适的定位。
  - 在生活的困境中寻找隐藏的意义。
  - 在倾听他人时践行关怀与自我关怀。
- 现在介绍这些主题是为了：
  - 扩展自我关怀冥想的范围，将他人囊括进来。
  - 帮助学员发现他们最看重的东西，从而深化他们自我关怀的能力。
  - 增强他们带着关怀倾听他人的能力。
- 本节课的新练习：
  - 给予和接受关怀。
  - 活出生命的誓言。
  - 自我关怀倾听。

 给予和接受关怀

（30 分钟）

"给予和接受关怀"是静观自我关怀课程中的第三个核心冥想。这个冥想建立在前两个核心冥想（"自我关怀呼吸"与"给自己慈爱"）的基础之上，它专注于呼吸，并且在呼吸之上增添了一层善意与关怀——以话语、图像或身体感觉的形式。"为自己吸气"与"为他人呼气"的新元素有助于练习者在练习对自己的关怀时与他人保持联结。我们也可以将这种吸气理解为**一种满足**自己需要的方式——自我关怀的"阳"，而不只是完全专注于让他人来满足我们的需要。

指导语

- "请找个舒服的姿势坐下，闭上眼睛。如果你愿意，可以把手放在心上，或其他能够安抚你的地方，以此来提醒自己，不仅要将觉知带入自己的体验与自我，还要带入慈爱的觉知。"

品鉴呼吸

- "做几次深深的、放松的呼吸，并且留意当你吸气时，呼吸如何滋养你的身体，当你呼气时，呼吸又如何安抚你的身体。"
- "现在，让呼吸找到自然的节奏，继续感受呼气与吸气的感觉。如果你愿意，可以随着自己呼吸的节奏轻轻地摇晃并感受抚慰。"

温暖觉知

- "现在，把注意力只集中在**吸气**上，让自己品鉴吸气的感觉，一次接一次地吸气，你也可以留意吸气如何让身体充满能量。"
- "如果你愿意，可以在吸气时为自己吸入**善意**与**关怀**。在吸气时感受善意与关怀的品质，或者，如果你更愿意，也可以让善意的文字或图像随着呼吸而浮现。"
- "现在，把注意力转移到**呼气**上，感受你身体的呼气，感受呼气时的放松。"
- "现在，想象一个**你爱的人，或是身陷困境、需要关怀的人**。让这个人的形象清晰地出现在自己的脑海中。"
- "将你呼出的气息指向这个人，给予他呼气时的放松。"
- "如果你愿意，可以通过每一次呼气，一次接一次的呼气，为这个人送去善意与关怀。"
- "如果对你来说更容易，你也可以为一般的他人呼气，而不必想象一个特定的人。"

为我吸气，为你呼气

- "现在，再次把注意力集中在吸气和呼气的感觉上来，品鉴吸气与呼气的感觉。"
- "开始为自己吸气，为对方呼气——'为我吸气，为你呼气''为我吸一口气，为你呼一口气'。"

- "当你在呼吸的时候，为自己吸入善意与关怀，也为对方送去美好的意愿。"
- "你可以自行调节吸气与呼气之间的平衡——'为我吸两口气，为你呼一口气'或者'为我吸一口气，为你呼三口气'，你也可以保持呼吸之间的对等，只要你感觉合适就好。"
- "放弃不必要的努力，让冥想变得像呼吸一样简单。"
- "让你的呼吸变得像海浪的起伏一样，就像无边无际的洋流。让自己成为这无边无际的洋流中的一部分。这是一片关怀的海洋。"
- "轻轻地睁开你的眼睛。"

沉淀与反思

我们可以给学员一些安静的时间，让他们的体验沉淀下来，进入心中，然后再邀请学员注意他们的内心在冥想期间发生了什么。教师可能需要再次告诉学员，他们的冥想体验是正常的，没有好坏之分。

问询

接下来的问询，是围绕着一位年轻学员展开的，她叫阿尼娅，刚刚做了母亲。由于7个月大的女儿还在襁褓之中，所以阿尼娅带着女儿来参加课程。教室里很少有婴儿出现，但在这次的课程里，小女孩的出现并没有让人分心，反而似乎让教室的气氛活跃了起来。

阿尼娅：这次冥想让我很惊讶。我真的让自己融入了呼吸的节奏，被呼吸抚慰，但当你说要把注意力集中在吸气上时，我的胃里开始有些不舒服，几乎让我感到恶心。

教师：恶心？

阿尼娅：是啊，真的很奇怪。为自己呼吸几乎让我作呕，就好像我在剥夺女儿的空气。就好像我把所有的空气都给了自己，而她却没有空气可以呼吸了。我有点吓着了。

教师：听起来真的很不舒服。我能问一下接下来发生了什么吗？

阿尼娅：嗯，指导语让我把注意力转移到别人身上，所以我选择了女儿，为她呼气，我立刻就觉得好多了。我没法为自己吸气，但我可以为她呼气。这种感觉很强烈，真是奇怪。

教师：我猜你是真切地感受到了母亲的本能！你现在感觉怎么样？

阿尼娅：我很好。这次经历的确让我开始思考，作为一个新手妈妈，我该如何找时间来照顾自己。

伊娃举起了手。

教师：什么事，伊娃？

伊娃：我可以分享一个想法吗？

教师：稍等一下。（对阿尼娅）你现在还有想说的吗，阿尼娅？

阿尼娅：我说完了，请继续吧。

伊娃：我有四个孩子，都长大离开家了，所以在这个冥想结束的时候，当我们可以任意地吸气和呼气、为任何人呼气的时候，我只是对自己说'为我吸一口气，为你们四个呼一口气'。"

全班大笑。

教师：好吧，那的确给了我们启示，不是吗？阿尼娅，作为一个母亲，你觉得这项练习能帮你照顾自己吗？

阿尼娅：我当然希望如此。我认为吸气和呼气都是关键。也许我只需要记得偶尔为自己吸气就好，是吧？

教师：听起来不错……让呼吸来引导你，这样你就能同时感受到与自我和女儿之间的联结了。谢谢你的分享。真是一次非凡经历。

这次与阿尼娅的问询说明了呼吸的方向与一个人对自我和他人的感觉有着紧密的关系。在阿尼娅看来，她的呼吸与小女儿对呼吸的需求紧密相连，以至于若是她只为自己呼吸，就会惊慌失措。在问询中，阿尼娅明智地思考了她的反应有何含义，可能预示着她作为母亲照顾自己的能力有何不足。在这个简短问询结束时，她提到了自己的思考：有意识地吸气能否作为开始照顾自己的好办法。教师也温和地重新引导了她对于呼吸的看法，将其作为一种与自我和他人保持联结的方法。

当另外一位学员伊娃要求加入对话时，问询被暂时打断了。我们通常不鼓励学员在问询中插话，因为插话很容易变成建议。但是在这次问询中，教师知道伊娃的发言通常来自自身的直接经历，所以教师允许伊娃分享她的幽默见解，然后再回到与阿尼娅的问询之中，并且最后得到了满意的结果。

 练习讨论
（15 分钟）

全班可以从轮流的"一个词分享"开始家庭练习讨论，然后再深入讨论练习的细节。第 4 课的练习有：

- 给自己慈爱。
- 给自己写一封关怀的信。

教师应该营造潜移默化的氛围，不仅要鼓励学员分享他们遇到的挑战，还要鼓励他们分享新的领悟，从而让讨论过程既能鼓舞人心，也具有教育意义。

有些学员倾向于讲述冗长的个人故事，这样会占用他人宝贵的时间。在讨论开始时，教师可以提醒学员集中在他们**练习的直接体验**上——特定的练习唤起了什么情绪或身体感觉，以及他们做出了什么反应。如果教师需要为了团体的利益而打断学员的发言，可以和蔼地询问："我能打断一下吗？"然后再问学员一个问题，将对话带入更深的层次，带回到练习的主题上，或者引出学员此刻的感受。如果教师态度积极、关心学员，内心没有焦虑感或威胁感，他们打断学员的发言通常会比较容易。

在整个课程中，学员需要支持才能顺利地完成家庭练习。在每次练习讨论中，都有一个主题，即关怀的激励——用鼓励来激励自己，而不要自我批评。如果学员因为上周没有做练习而感到羞愧，讨论的话题就可以转移到一周里的压力时刻，以及学员希望在这些时刻做出怎样的回应，然后教师再鼓励学员在有机会的时候按照自己所希望的去做。

教师也应该再次要求学员每周提供反馈，这既是为了他们自己好，也是为了配合教师的工作。教师可以感谢学员提交书面反馈，并且在练习讨论中引用他们的反馈（概括并匿名），以鼓励学员提交反馈。如果学员知道这些信息对教师很重要，他们就更有可能提供书面反馈。

 深刻的生活
（1 分钟）

这节课的标题是"深刻的生活"，因为学员要学着发现自己的核心价值，发现自己的困境隐藏的意义，并学习用深刻的、关怀的方式倾听他人的技巧。在这节课以及接下来的静修（见第 15 章）中，教师和学员将会间接地与痛苦联结，从而唤起关怀。在最后的两节课中，学员在陷入困难的情绪或具有挑战性的关系之前，会有机会休息片刻。

 核心价值
（10 分钟）

这个主题的目的是向学员解释核心价值，为他们在接下来的练习中发现自己的核心价值做准备。这个主题与练习建立在接纳承诺疗法以及海斯、斯特罗萨尔与威尔逊的研究（Hayes，Strosahl & Wilson，2012）之上。对于以下的要点，教师可以互动的方式提出，但通常不需要让学员进行课堂讨论，因为随后的练习会回答大多数问题。

为什么要在静观自我关怀中包含核心价值？最关键的自我关怀问题是："我需要什么？"为了回答这个问题，有时我们需要知道自己在生命中最看重的是什么，即我们的核心价值是什么。研究表明，明确我们的核心价值能增进自我关怀（Lindsay & Creswell，2014）。

人类的需求与**核心价值**对我们的幸福感至关重要。人类的需求通常与身体和情感方面的**生存**有关，例如对健康、安全或联结的需求，而核心价值则更多地与**意义**有关，比如友谊和创造性。当然，我们的需求与价值有共通之处。比如，没有意义的生活可能不值得过下去，所以意义对于生存来说也是必要的。了解自身的需求和价值对于我们保护、满足和激励自己采取行动（阳性自我关怀）的能力也是很重要的（McGehee，Germer & Neff，2017）。

此外，**痛苦是嵌套在核心价值里的**，所以核心价值会影响我们在生活中遭受多少痛苦。例如，如果我重视户外娱乐，并且没有得到需要在办公室工作更长时间的晋升机会，那么这就可能是一件幸事，但如果我需要赚更多的钱养家，错过晋升机会就可能是毁灭性的打击。同样，如果我重视与朋友相处的时间，那么如果朋友取消来访，我就会感到失望，但如果我重视阅读与反思的时间，那么取消来访就变成了一份意想不到的礼物。

为了澄清核心价值的含义，教师可以问学员："**核心价值**与**目标**有什么区别？"学员的回答通常会包括以下几点：

- 目标是可以实现的，而在我们实现目标之后，核心价值依然会指引着我们。
- 目标是终点（就像阿拉斯加州的朱诺市），而核心价值是方向（比如正北方）。
- 目标是我们做的事情，而核心价值则是我们本身。
- 目标是由我们设定的，而核心价值是由我们发现的。

举例来说，目标可能是完成大学学业，而背后的核心价值可能是"学习"。还有一个目标可能是维持婚姻关系，而潜在的核心价值则是"忠诚"。如果教师让学员举出核心价值的例子，他们可能会说出诸如"关怀""慷慨""诚实""社会公正""赋能""和平""自主"与"联结"等。

社会规范与核心价值之间也存在差异。某种核心价值能激励我们吗？如果能，那这就可能是真正的核心价值，而不仅仅是一种社会规范。研究表明，自我关怀能让我们变得更真诚，拥抱真实的自己，而不是只强求我们应该成为什么样子（Zhang et al.，2019）。教师还可以给学员提供一份核心价值清单，帮助他们发现自己的核心价值，例如米勒、马修斯、克德巴卡与威尔本（Miller，

Matthews, C'de Baca & Wilbourne, 2011）制作的"个人价值卡片分类"（Personal Values Card Sort）。

 发现我们的核心价值
（25 分钟）

这项练习能帮助学员发现自己的核心价值，让他们得以明智地关爱自己。这项练习还探讨了可能妨碍学员按照自己的核心价值生活的内外部**障碍**。最后，学员还能考虑自我关怀能否帮助他们按照自己的核心价值生活（或者帮助他们面对他们有时无法面对的现实）。

下面这句托马斯·默顿（Thomas Merton，1975）的名言，为这项练习奠定了基础："如果你想要了解我，不要问我住在哪儿，也不要问我爱吃什么，或者我会梳什么发型，而要问我为何生活，详细地问，还要问我是什么让我无法完完全全地为这个目标而生活（pp.160-161）。"

指导语

- "这是一项书面思考练习，所以请拿出纸笔。"
- "现在，请闭上眼睛，在脑海中找到自己在教室中的位置。如果可以，对自己微笑以示欢迎。"
- "把手放在心上或者其他地方，感受自己的身体。这个身体已经陪伴你多年，为了过上幸福的生活而努力工作。"

回顾过往

- "想象自己已经上了年纪。你坐在一座美好的花园里，思考着自己的人生。回顾过去，你会感到深深的满足、快乐与幸福。尽管生活并非总是一帆风顺，但你已经尽了最大的努力，去做真实的自己。"
- "在你的一生中，有哪些核心价值，比如幸福、和平、关怀、平等、包容、忠诚、冒险、努力工作？请写下你的核心价值。"

没有按照核心价值生活

- "现在回到自己的内心，问问自己，现在你是否在某些方面**没有按照自己的核心价值生活**，或者生活中是否有哪些方面与你的价值并不匹配，尤其是那些个人的价值。比如，虽然你十分喜爱大自然，但也许你太忙了，而没有时间在大自然中享受安静的时光。"（**停顿**）
- "如果你觉得自己的生活与好几种价值都不匹配，就请选择一个对你来说特别重要的价值，在接下来的练习中使用，并把它写下来。"

障碍

- **外部障碍**。"我们都会遇到一些障碍，让我们难以按照自己的核心价值生活。其中有一些可能是**外部**障碍，比如没有足够的金钱、时间、权力或特权，也可能你有太多相互冲突的职责。请思考一下这个问题，然后写下外部的障碍。"（**停顿**）
- **内部障碍**。"也可能有一些**内部**的障碍让你难以按照核心价值生活。比如，你害怕失败吗，你怀疑自己的能力吗，或者你内心的批评者是否在妨碍你？请回到内心并反思一下，然后写下内部的障碍。"（**停顿**）

自我关怀能帮我们吗

- "现在考虑一下，**自我关怀**能否帮助你按照自己真正的价值生活。比如，能否帮助你处理内部障碍，比如内心的批评者？或者，自我关怀能否让你感到安全，自信地采取新的行动，承担失败的风险，或者放弃那些对你无益的事情？请再花一些时间来反思，并写下你的发现。"（**停顿**）

为那些不可逾越的障碍而关怀自己

- "最后，如果有些不可逾越的障碍，让你无法按照自己的价值生活，你能为这种困境而关怀自己吗？我们花些时间来试一试——为了自己的核心价值，也许你可以对自己说一些欣赏与尊重的话。"（**较长的停顿**）

- "有没有什么你从未想过的方法，可以让你在生活中表达这种核心价值，即使这种表达并不完整？"（**停顿**）
- "如果这个无法克服的问题是你不完美，就像所有人一样，那你可以原谅自己吗？"（**停顿**）

沉淀与反思

在讨论这个练习之前，学员通常需要一些时间安定下来，并且反思刚才的练习。教师也可以提醒学员回想他们刚才的体验：

- "你发现了什么核心价值？有没有特别明显的核心价值？"
- "指出无法按照核心价值生活的内外部障碍是什么感觉？"
- "面对这些障碍，如果你给自己一些关怀，会发生什么呢？"
- "你能原谅自己的不完美吗？"

两人一组讨论（可选）

如果有时间，可以让学员两人一组，讨论刚才所学的东西，每人发言 5 分钟。这种对话通常很热烈，而且谈论核心价值有助于学员强化他们对于价值的承诺。

问询

讨论核心价值通常会为学员赋能，而不会让他们感到脆弱。许多学员（从这次来看，尤其是男学员）更愿意分享他们这次练习的体验。下面的问询也说明了核心价值与人类需求之间的密切联系。

贾迈勒：我想到了一些对我很重要的核心价值，但它们之间似乎是相互冲突的。比如，我真的很想成为一个好父亲，而我也想做一个好律师。这些人生目标都指向了做一个好人、取得成功的核心价值。我发现，这些价值常常会产生冲突，比如我需要在办公室加班处理一个案子，而我也很想回家哄孩子睡觉。

教师：谢谢你把情况分析得这么周到，贾迈勒。你举的例子说得很清楚，你可能不是唯一陷入这种困境的人。

贾迈勒：我知道（微笑）。在讨论中我们也提到这个问题了。

教师：对于我们的价值，有时我们很难分出轻重缓急，因为我们的生活中有很多不同的部分——家庭生活、工作生活，等等。

贾迈勒：那我们该怎么办呢？我始终觉得自己在这个或那个方面做得不够多。

教师：我们能进一步审视这些障碍吗，贾迈勒？

贾迈勒：好啊。

教师：比如，有没有**外部**障碍？

贾迈勒：有，**时间**。一天中没有足够的时间去做我想做的每件事。

教师：找得不错。那内部障碍呢？

贾迈勒：也有。我猜我想做个完美的人——既要做个出色的律师，也要做个了不起的父亲。

教师：我想知道，在你渴望完美的愿望背后，是否存在一个核心价值？

贾迈勒：听起来有些可悲，但也许我只是想让每个人都喜欢我。不，说实话，我希望每个人都**爱**我。这不算是核心价值，是吧？（不好意思地微笑）

教师：嗯，这是很基本的人类需求，贾迈勒。如果每个人都爱你，你觉得自己会有什么感觉？

贾迈勒：我会觉得安全、放松。我就不必一直东奔西跑，试图证明自己了。

教师：这似乎是个很重要的领悟，贾迈勒。我刚刚听你说，如果每个人都爱你，你就会感到安全。贾迈勒，虽然你并不完美，但你现在能感到安全、被爱吗？

贾迈勒：哦，天啊！好吧，我明白了……自我关——怀——（用开玩笑的口吻把声音拉长）

教师：还有一门专门的课——程——（也顽皮地笑了）说真的，贾迈勒，如果有个朋友向你倾诉，他为了表现完美而筋疲力尽，你会对他说什么真心话？

贾迈勒：男人之间通常不会这样讲话，在我的世界里更是如此，但我会对他说"哥们，你并不完美，但你是个好人"。

教师：如果你偶尔对自己说这些话，你觉得会发生什么？

贾迈勒：可能对我会有所帮助吧。我知道会这样的，我只是需要提醒。

教师：谢谢你在大家面前这么坦率。这需要很大的勇气。

贾迈勒：这没什么。我会把日后的情况告诉你的。

我们经常会感受到不同核心价值之间的冲突。除此以外，我们的不完美也会妨碍我们按照自己的核心价值生活，这也是一种常见的现象。为了帮助贾迈勒解决冲突，教师把他隐藏在核心价值之下的情感需求引入了谈话。然后，教师用了"你会对朋友说什么"的方法，来帮助贾迈勒激发对自己的关怀，尤其是对他生而为人的不完美的关怀。

在贾迈勒的例子里，他的核心价值取决于他的需求。有时则恰恰相反：例如，一个人需要花时间待在大自然中，这可能与他保护地球的核心价值有关。价值更像是概念，而需求则往往与情感有关。需求（尤其是普遍的人类需求）与价值也可以是相同的，比如需要和重视联结、自主、真诚或安全。在静观自我关怀中，与深入地理解每个人最看重的事物、用关怀来应对内心冲突比起来，需求和价值的意义则显得没那么重要。

 活出生命的誓言
（5 分钟）

这项非正式练习能够邀请学员在日常生活中践行他们的核心价值，从而深化"发现我们的核心价值"的练习结果。通常，我们感到不满、沮丧和焦虑，是因为我们意识到我们的生活与核心价值不一致。如果我们发现自己在错误的时间、错误的地点，做了错误的事，那就应该记住自己的核心价值了。我们需要利用自我关怀的行动来改变自己的生活。誓言则可以帮助我们做到这一点。

何谓誓言？这里的誓言是一种誓愿，即当我们发现自己的行为与核心价值不一致时，我们会不断地调整自己的方向。誓言的作用就像冥想中的呼吸，是我们在混乱的日常生活中可以回归的避难所。当我们发现自己误入歧途的时候，我们需要关怀自己（不要羞愧和自责），就像在冥想中一样。若能反映出核心价值，那么慈爱的话语也可以作为誓言，例如"愿所有人幸福，远离苦难"或者"愿我学着去爱所有人"。

指导语

- "请选择一个你愿意在余生践行的核心价值。"
- "将这种价值写成誓言的形式:'愿我……'或'我誓愿尽我所能地……'。"
- "闭上你的眼睛,默念你的誓言。当你秉持着这样的意图时,感觉如何?你感觉合适吗?"

教师可以建议学员在早上起床之前开始重复他们的誓言,或者创立一个小小的仪式,比如在说誓言的时候点上一根蜡烛。以誓言开始新的一天,可以让学员一整天都朝着正确的方向前进。

在结束这个话题的讲授之前,教师可以读一首关于核心价值的诗,即威廉·斯塔福德(William Stafford,2013)所作的《本应如是》(*The Way It Is*)。

休 息
(15分钟)

和往常一样,学员需要在重新开始其他的练习之前,有机会舒展身体,恢复精神。第5课的休息时间分开了两个不同的主题——核心价值与自我关怀倾听。

软 着 陆
(2分钟)

待学员入座后,教师可以亲自带领软着陆练习,也可以邀请学员自行练习2分钟,后一种做法能鼓励学员在日常生活中做简短的练习。

在痛苦中找到隐藏的价值
（5分钟）

当我们陷入困境的时候，关怀是一种资源，因为它可以让我们带着善意和理解去面对痛苦。这个话题能帮助我们带着**好奇心**去面对痛苦。尽管我们大多数人都害怕失败与困难，但失败与困难经常会给我们一些在别处无法得到的经验教训。冥想教师一行禅师（2014）说过："没有淤泥，就没有莲花。"美丽的莲花会从泥泞的湖底汲取营养。

挑战还会迫使我们深入自己的内心，发现我们之前可能不知道的资源或者领悟。教师可以给学员列举个人的例子，也可以分享下面这个例子：如果静观自我关怀的一位联合创建人（克里斯）没有数十年的公开演讲焦虑，就没有静观自我关怀这门课，或者这门课至少不会以目前的形式呈现。自我关怀让他接纳了自己是个有缺陷的人，这反过来又让他能够看到并接纳隐藏在公开演讲焦虑之下的羞愧（见序言）。自我关怀帮助我们感到更安全，也给了我们面对痛苦、与痛苦相处，并从中学习的勇气。

黑暗中的光明
（10分钟）

在这项练习中，学员有机会在他们过去的人生中找到一件难以承受却提供了宝贵人生经验的事。在静观自我关怀中，我们把这些事件称作"一线光明"故事（silver lining stories）。"一线光明"这个词来自一句英国谚语："每朵乌云都有一线光明。""黑暗中的光明"这个练习的第二个目的，是为学员提供一些可供分享的内容，以便他们在下一个非正式练习（"自我关怀倾听"）中使用。"一线光明"故事既包含痛苦，也包含顿悟，能给人以一种强有力的倾听体验。

指导语

- ""这是一项纸笔思考练习。"

- "请闭上眼睛，回想自己过去生活中的一场困境，这场困境在当时看起来极为艰难，无法承受，但你现在回想起来，这次经历给你上了重要的一课。请选择距今时间足够久远的事件，已经有了明确的结局，而你也已经学到了你需要学习的东西。"(**停顿**)
- "并非每朵乌云都有一线光明。有时候，我们从痛苦之中学不到任何东西，回归平凡的生活就已经是胜利了。这也没关系。然而，为了这项练习，请选择一个具有一线光明的挑战。"
- "当时的情况是怎么样的？挑战是什么？请写下来。我们稍后会以小组的形式分享这些经历，所以请回想一件你愿意与他人分享的事件。"(**较长的停顿**)
- "如果你愿意，可以写下一些友善的话语，来认可过去所承受的一切，例如'这太难了''这不是你的错……你只是不知道该如何避免这种情况'或者'你有勇气挺过来，我真为你感到骄傲'。"
- "现在看来，这次的挑战或危机教会了你什么深刻的道理，而这些道理是你在其他情况下可能永远也学不到的？请把这些经验教训也写下来。"(**较长的停顿**)
- "很快，我们就能利用我们的'一线希望'来练习相互倾听。"

在这项练习之后，通常没必要进行问询。教师可以直接进入下一个话题"用关怀去倾听"，以及下一个非正式练习"自我关怀倾听"。"自我关怀倾听"练习通常能给予学员充分的机会，去分享并消化他们的"一线光明"故事。

用关怀去倾听
（3 分钟）

这个话题介绍了"深刻的生活"的另一方面——在他人经受痛苦时与他们保持联结的能力。教师可以问学员："你们是否曾有过这样的经历，当你把自己的困境告诉某人的时候，听者却过早地打断你，给你提供如何解决问题的建议？当这种情况发生时，你有什么感觉？"学员通常会说，这会让他们感到沮丧，他们觉得自己的话没有被听到，或者自己没有得到认可。然后教师可以幽默地补充道："我想知道我们中是否有人这样做过？"

我们为什么要打断一个想要分享困难经历的人呢？原因之一是，倾听他人的痛苦是很难的，因为我们会产生共情，与他们分担痛苦。这种痛苦就像是自己的，而且这是一种真正的痛苦。通过插嘴，我们就能降低我们在倾听时产生痛苦的强度。有时，我们会动用我们的大脑，试图为倾诉者找到问题的解决方案，但这可能是在调节自己的情绪，而与倾诉者的需求无关。不幸的是，插嘴、提出解决问题的建议往往会破坏我们与倾诉者之间的情感联结。无论有意还是无意，倾诉者都希望得到关怀，而关怀本身就是转化痛苦的强大工具。

如果一个人的痛苦让我们几乎无法承受，那我们该如何与他保持联结呢？首先，我们需要与自己保持联结。也就是说，我们需要意识到自己的共情性痛苦，关怀自己。如果我们保持开放的心态，接纳我们当下对于倾诉者的反应，包括不堪重负的感觉或者被激起的消极情绪，这样一来，我们就可以允许对方讲话，而不会试图让对方闭嘴，或者改变对方所说的话。

 自我关怀倾听
（40 分钟）

"自我关怀倾听"这项练习锻炼了学员的倾听技巧，让他们得以在艰难的对话中带着关怀去倾听。在这项练习中，学员会发现如何**用身体去倾听**（即我们在课程中所说的"具身倾听"），并运用"给予和接受关怀"冥想的方法，在走神时找回联结。

让学员三人一组，每个小组的学员都有机会分享他们的"一线光明"故事。由于这项练习中有许多元素，教师应该在做这项练习前充分熟悉指导语。这项练习可能会带来许多痛苦，所以应该为流泪的学员准备纸巾。虽然我们要求学员选择那些已经过去的故事，但往往学员在讲述这些故事的时候，依然会带有情绪。

指导语

- "我们要用'一线光明'故事来练习自我关怀倾听。这意味着我们要用心倾听,给予彼此支持,而不是像我们往常那样给出建议。"
- "一会儿,我们会分为三人小组。每个人用 5 分钟的时间来分享自己的'一线光明'故事以及其中的经验教训。如果你们此时需要封闭自己,也可以选择不做练习中的某一部分,既可以不分享自己的故事,也可以完全不参与练习。现在请三人一组,等待接下来的指导语。"

教师等待学员分成三人小组,然后再继续说指导语。如果小组中有四人,则可以请其中一人自愿担任倾听者。

具身倾听

- "这可以算是一种社会实验:只听不说。当一个人在讲述自己的故事(讲述发生的事情,以及自己从中学到了什么)时,我们就邀请其他人仔细倾听这个人的话。然而,倾听者不可以讲话,也不可以触摸倾诉者,而是应该表现出正常而关怀的态度,注视着对方。"
- "作为倾听者,你可以用身体去倾听,不要思考自己要说什么——不但要用耳朵和眼睛去倾听,还要用身体感受倾诉者的话。"教师也可以引用一句相关的名言:"多数人在倾听时都不是为了理解对方,而是为了回答对方的话(Covey,2013,p.251)。"
- "允许自己被你听到的故事所感动。这项练习是一个机会,我们能通过分享痛苦与救赎的故事,体验共通人性的身体感受。"
- "我们不仅是在练习具身倾听,也是在练习慈爱、联结的临在,这就是关怀。因此,请允许内心对倾诉者产生温暖的感情,用你的脸和眼睛来表达自己的关怀。"
- "请注意你的姿态与肢体语言,请主动选择一个舒适、开放和关怀的姿态。"

给予和接受关怀

- "稍后,我们会开始分享我们的故事。在倾听的时候,让你的呼吸在觉知的状态里安静地起伏。当然，你有时会很自然地走神。比如，如果你发现自己的情绪被听到的内容所激起，或者感到不堪重负，听到他人的故事，你可能会因为联想起自身的经历而走神，或者，你也可能觉得很想开口说话。这时，我们就可以开始练习给予和接受关怀了。"

- "将注意力集中在呼吸上，为自己吸入关怀，为倾诉者呼出关怀。为自己吸气能让你与自己的身体重建联结，而呼气能让你与倾诉者建立联结。继续吸入、呼出关怀，直到你感觉到可以重建联结，并且能再次做到具身倾听为止。"
- "呼吸带来的身体活动能帮我们维持慈爱、联结的临在，还能满足我们想要说话的冲动，因为这些动作让我们有事可做，而不去思考我们需要说什么。"
- "请让练习简单一些，只需要倾听和呼吸，然后看看会发生什么。没有必要做到尽善尽美。只要具身倾听和呼吸就好。"
- "每个人有 5 分钟的发言时间，我会每隔 5 分钟按一次铃。如果倾诉者提前讲完了，就请与同伴一起静静地坐着，闭上眼睛，等待铃响。在静默的时间里，倾诉者可以随时补充自己想到的任何内容。如果在 5 分钟的铃声响起时，倾诉者还有更多的话要说，就请花上片刻时间把故事讲完，最好以分享你的'一线光明'结束。"
- "在每次 5 分钟的分享之间，会有 1 分钟的静默时间。在这段时间里，请每个人都闭上眼睛，让你说的或听到的内容在心中沉淀下来。"教师可以在静默的时间里提醒学员刚才的指导语，比如在分心的时候找到吸气与呼气的感觉。"1 分钟之后，你们会听到另一声铃响，下一位倾诉者就可以开始分享他的'一线光明'故事了。"
- "在分享结束的时候，每个小组都会有 5～10 分钟的时间来对彼此的故事做出回应，并且一起反思刚才倾听与诉说的体验。"
- "有人还不清楚该怎么做吗？我知道指导语可能有些复杂，所以我会在做练习的过程中提醒你们。"
- "现在，请决定谁第一个说，谁第二个说，谁最后说。比如，这次首先发言的人，可以是名字最短的那个人。"

教师现在鸣铃，示意练习开始（用秒表来计时会很有帮助）。

小组讨论

每个人都倾诉完之后，教师按响最后的铃声，给所有学员 1 分钟的时间，让他们闭上眼睛反思刚才的体验。然后，教师邀请学员在小组内讨论自己的体验——回应每个人分享的故事，但不要提出建议或解决问题，并且思考下面的两个问题：

- "用这样的方式倾听，给你带来了什么感受？"
- "他人用这样的方式倾听你所说的话，给你带来了什么感受？"

问询

通常会有不少学员愿意主动讨论他们做"自我关怀倾听"的体验。下面有一位学员分享了她作为倾听者和倾诉者的体验。

露丝：这项练习对我很有效。我真的很喜欢那种只听不说的感觉。这样，我就不需要盘算接下来要说什么了，我只需要一直倾听对方想要说什么就好了。

教师：这么说，你已经不再觉得自己非得回答对方的话了？

露丝：没错，呼吸的那部分练习也有帮助。我不确定自己是不是做对了，因为我一直在感受自己的呼吸。有时我有种想说话的冲动，尤其是有人哭泣的时候，但是，专注于呼吸让我有事可做，而我发现自己根本不需要讲话。

教师：看样子，你始终对呼吸有所觉知，而且你会在需要的时候专注于呼吸。

露丝：没错，就是这样。但我有个问题，我们应该一直这样倾听吗？

教师：你觉得怎么做最好？

露丝：嗯，我是一名心理治疗师，我觉得这样很好，至少会好一些。在练习中，当别人听我说话时，我觉得他们不应该说更多的话。我喜欢自己不必顾虑他们的感觉，这样我就能真正感受到自己的体验。这是个"少即是多"的例子。在他们全神贯注地听我讲话时，我感受到了大家的慷慨和爱（不好意思地笑了笑）。我觉得这个练习有一种重启系统的感觉，让我用在读研究生时学到的方法去倾听，但我可能已经忘了这种方法。当一个人陷入困境时，我们很难不说话。

教师：那当然！

露丝：总之，谢谢。这次练习给了我很多值得思考的东西。

露丝提到了很多要点，许多学员在这项练习后都可能会分享这些要点——只倾听而不必说话是一种解脱，呼吸能帮助她不说话，倾诉而不被他人打断能帮她找到自己的答案，她不需要别人多说话。当学员以这种方式被倾听时，多数人都会感到感动和感激，但并非所有人都是这样。比如，有一名学员提到，她讲述了一个尴尬的故事，而小组里没有人开口支持她，这让她感到既羞愧又孤独。因此，教师应该保持开放的心态，欢迎这项"社会实验"所带来的所有反应。

"自我关怀倾听"的假设是，作为倾听者，我们不但会关注**倾诉者本人**，也会关注**倾诉的内容**。只有放弃想要改变这个人或解决他的问题的冲动，克服自己的走神，克制自己讲话的冲动，并且深切地感受这个人所经历的事情，我们才能做到这一点。带着关怀去倾听的能力，也是问询过程产生功效的原因。通过带着关怀去倾听他人，我们能够间接地教会他人如何**自我**关怀。

家庭练习
（5分钟）

这节课的新练习有：

- 给予和接受关怀。
- 活出生命的誓言。
- 自我关怀倾听。

作为接下来一周的额外的家庭作业，学员可以把"黑暗中的光明"练习继续做下去，思考他们目前生活中的困境是否也有"一线光明"。如果有，他们可以反思当前困境中隐藏的经验教训，并思考自我关怀能怎样帮助他们学到这些内容。

教师应该提醒学员，要留意哪些静观自我关怀练习会给他们带来轻松、愉快或特别有意义的感觉。随着时间的推移，学员最有可能坚持下去的，就是这样的练习。同样，教师也应该鼓励学员每周提供反馈。最后，教师要告诉学员接下来他们即将进行静修。

静修

一般而言，我们会在第 5 课之后的周末举办总时长为 4 小时的静修，通常在午饭后开始，从下午 1:00 到下午 5:00。教师通常喜欢为静修安排单独一周的时间，将第 6 课推迟到下一周。为了让学员为静修做好准备，教师可以分享以下信息：

"静修是一次深化静观与自我关怀的特殊机会。我们借此机会去练习已经学过的内容，学习一些新的练习，更重要的是，我们会有 4 个小时不受打扰的时间沉浸在这些练习的体验中。在静修的过程中，我们需要保持静默（除了教师的指导语之外），大多数学员会觉得时间过得又快又轻松。如果有人需要，教师可以随时与他们交流。我们建议你们穿休闲服装，如果你们喜欢，也可以带一个坐垫或瑜伽垫。最后，你们应该在静修之后安排一个安静的夜晚，以便消化和品鉴静修的体验。"

结　束
（2 分钟）

教师可以用任何他们喜欢的方式结束第 5 课，也可以诵读罗斯玛丽·瓦托拉·特罗默尔（Rosemerry Wahtola Trommer，2013）的诗歌《一天早晨》(One Morning)。这首诗描写了如何与另一个人相伴，却丝毫没有任何目的，也不需要改变任何事物。

Teaching
the Mindful Self-Compassion
Program

第 15 章

静　　修

概　览

主　　　　　　题：	介绍静修
冥　　　　　　想：	自我关怀身体扫描
非 正 式 练 习：	品鉴行走
主　　　　　　题：	姿态指导
（核 心）冥 想：	自我关怀呼吸
非 正 式 练 习：	品鉴食物
非 正 式 练 习：	脚底静观
（核 心）冥 想：	给自己慈爱
非正式练习（可选）：	自我关怀行走
课 堂 练 习：	走出静默
团 体 讨 论	
结　　　　　　束	

开　始

- 在静修中，学员要：
  - 将静观与自我关怀练习整合为一个整体，获得完整的体验。
  - 品鉴静观与自我关怀的体验。
  - 发现静默（止语）冥想静修的力量。
- 现在举办静修是为了：
  - 让学员深入理解他们已经学会的练习。
  - 提供更为包容、放松的气氛，供学员练习（要学的新东西和小组练习更少）。
- 核心冥想：
  - 自我关怀呼吸。
  - 给自己慈爱。
  - 给予和接受关怀。
- 教授的新练习
  - 自我关怀身体扫描。
  - 品鉴行走。
  - 品鉴食物。
  - 自我关怀行走（可选）。

 介绍静修
（15 分钟）

这次 4 小时静修的目的，是让学员有机会沉浸在静观与自我关怀的体验里。举办这次静修的场所，应该让学员感到安全，并且隐私得到了保障。静修中教授的具体练习以及练习的顺序，可以根据学员的需求来决定。一般而言，静修要包括静观自我关怀的三个核心冥想（"自我关怀呼吸""给自己慈爱"以及"给予和接受关怀"），还要介绍一些新的练习。静坐冥想通常要与运动练习交替进行，从而让学员保持舒适与清醒。教师应该保持温暖和幽默，这样学员才能有积极的体验。与以往一样，创造轻松的氛围比在有限的时间里做大量的练习更重要。

指导语

教师可以从提问开始：

- "你第一次参加冥想静修，是为了谁？"
- "有人参加过一次或多次为期一周的静修吗？"

然后，教师可以在为学员介绍静修时提到以下几个要点：

- "如果这是你第一次参加静修，请不要担心。我们的目的是让每个人都在静修中获得有益的体验。在接下来的4小时里，我们将一起练习静观与自我关怀，并且在大部分时间里会保持静默。时间通常很快就会过去，如果有人觉得需要交流，可以找我们教师。"
- "这次静修是一个沐浴在静观与自我关怀之中的机会。如果你能放下期待，不要预设静修应该如何进行，或者自己应该有何感受，这对你会很有帮助。我们要做的就是敞开心扉，接纳我们每时每刻的体验，给予自己善意与关怀……看看会发生什么。"
- "在整个静修过程中，我们会保持友善的静默，在每次练习之后，不会有往常的讨论环节。你们中的一些人可能在过去的静修中练习过'**崇高静默**'（noble silence），即人们除了保持静默以外，还要目光低垂，不做眼神交流。在友善的静默中，我们可以做眼神交流、微笑、与他人联结，但不要说话。"
- "静默能让我们的注意力转向内心，有些人说，这是静修发挥作用的主要原因。因此，虽然你可以友善对待他人，但请不要与他们对话。让别人保有自己的体验。同时，不要让自己觉得有义务去关注他人。"为了说明静默的独特性，教师可以诵读温德尔·贝里（Wendell Berry，2012）的诗《静默》（*The Silence*），也可以朗读一段芭芭拉·赫德（Barbara Hurd，2008）所写的文章，从"对于阿奎那的至理名言，我还想补充一句：静默能制止逃避……"（p.47）开始。

- "在静修期间，我们至少会有两次行走的环节。如果你们需要去洗手间，请尽量在行走环节前去。当然，你们可以随时去洗手间。"
- "大多数冥想时间为 20 ～ 30 分钟，我们会练习静观自我关怀的三个核心冥想——'自我关怀呼吸''给自己慈爱'以及'给予和接受关怀'，也会做一些新练习。冥想期间的指导语会比往常少一些，从而为你们自己的体验留出更多的空间。此外，你们也可以忽略冥想的指导语，按照自己熟悉的方式练习。"

 ## 自我关怀身体扫描
（40 分钟）

"自我关怀身体扫描"能增进对于身体的静观，也能让我们用更温暖、关怀的态度对待自己的身体，尤其能让我们学会在身体或情绪感觉不适的时候关怀自己。身体扫描是由乔恩·卡巴金（1990）在正念减压课程中推广开来的。下面这个版本的身体扫描，其直接目的是用多种方式培养对身体温暖而友善的态度：

- 内在微笑（友善的倾向）。
- 放松触摸（安慰身体）。
- 安全的地方（让觉知回到带有中性情绪的身体部位）。
- 慈爱（善意的话语与态度）。
- 感谢（回应每个身体部位对我们的馈赠）。

"自我关怀身体扫描"锻炼的是对身体的**慈爱**、包容的**觉知**，以及在放松时心怀**欣赏与感谢**，在不适时心怀**关怀**。这是一种友善对待身体的方式，体现了安慰、安抚与认可我们自身体验的阴性品质。

指导语

介绍

- "请找一个舒服的姿势躺下，双手放在身体两侧约 15 厘米的位置，双脚与肩同宽。然后将一只手或双手放在心上（或其他能够安抚你的地方），这样做是为了提醒自己，要在练习中将慈爱、联结的临在状态带入自己的身体。感受手掌温暖、温柔的触摸。缓慢、放松地呼吸三次，然后，如果你愿意，请将手臂放回身体两侧。"

- "在这次冥想中，我们将以各种方式，将温暖的注意力带到身体的每一个部位——从一个部位到另一个部位，练习如何以友善和关怀的方式与每一个身体部位相处。我们会带着好奇与温柔，让觉知向我们的身体倾斜，就像我们身体前倾，面对小孩子一样。"

- "如果你身体的某个部位感到了放松、幸福，你就可以邀请自己对那个部位产生一些欣赏与感激之情。如果你对身体的某个部位怀有评判或不愉快的感觉，那或许你可以为这种困境而心怀同情，让心柔软下来。你也可以将一只手放在那个部位，用这个姿势来关怀和支持自己，想象温暖和善意从你的手掌和指尖流入自己的身体。"

- "如果你难以与身体的某个部位相处，那就可以暂时将注意力转移到身体的另一个部位，尤其是可以转移到带有中性情绪或身体感觉的部位，尽量让练习过程舒服一些。"

身体扫描

- "从左脚**脚趾**开始，留意脚趾上是否有感觉。你的脚趾感觉温暖还是凉爽，干燥还是潮湿？只要感受脚趾的感觉即可，可能是放松、不适，或者什么感觉都没有，让每一种感觉都保持原本的样子。如果你的脚趾感觉很好，也许你可以摆动一下脚趾，给脚趾一个感激的微笑。"

- "然后将注意转移到左脚**脚底**。你能发现那里有什么感觉吗？你的脚底只有很小的一片面积，却整天都要支撑着你的全身。它们工作很努力。如果你愿意，可以向左脚脚底表达感激之情。如果有任何不适的感觉，就温柔地对那种感觉敞开心扉。"

- "现在，感受你的**整只脚**。如果你的脚感觉舒适，你也可以为没有不适感而表达感谢。如果有任何不适感，就让那个部位变得柔软一些，就好像裹上了一条温暖的毛巾一样。如果你愿意，可以用善意的话语来认可自己的不适，例如'那儿有点不舒服，但现在没事了'。"

- "慢慢地将注意力转移到腿上,每次注意一个部位,注意身体里的任何感觉。如果某个部位感觉很好,就送去感谢;如果某个部位感觉不适,就送去关怀。慢慢地让注意力穿过身体,但仍然集中在左侧,转移到你的……
    - 脚踝。
    - 胫骨和小腿。
    - 膝盖。"
- "如果你发现自己走神了——这是常有的事,只要让注意力回到刚才的身体部位上就好。"
- "你也可以说一些善意或关怀的话语,例如'愿我的(膝盖)放松''愿它们一切安好',然后让注意力回到每个身体部位的感觉上来。"
- "这个过程是在探索,甚至是在玩耍,轻柔地扫描自己的全身。将注意力转移到你的……
    - 大腿。
    - 臀部。"
- "如果你对某个身体部位有不适或评判的感觉,可以试着把一只手放在心上,轻轻地呼吸,想象善意与关怀从你手指流入身体。"
- "如果你感到放松并且愿意,就从内心发出感谢的微笑。"
- "现在,让慈爱的觉知进入你的整个左腿,为可能出现的任何感觉或情绪腾出空间。"
- "让注意力转移到**右腿**,到你的……
    - 右脚趾。
    - 右脚底。
    - 右脚。
    - 脚踝。
    - 胫骨和小腿。
    - 膝盖。"
- "如果你感觉有太多的身体或情绪上的不适,就可以跳过任何让你不舒服的部位。现在,让注意力转移到你的……
    - 大腿。

- ○ 臀部。
- ○ 整条右腿。"
- "现在让觉知来到你的**骨盆区域**，这里有强壮的骨骼在支撑着你的腿，也有一些柔软的组织。也许你能感觉到臀部在地板或椅子上的感觉，这些大块的肌肉能帮助你爬楼梯，也可以让你在坐下时感到柔软舒适。"
- "现在注意你的**下背部**。有许多压力都积攒在这里。如果你发现任何不适或紧张感，你可以想象肌肉正在放松，温柔地融化开来。"
- "如果想让自己感觉更舒服，你也可以稍微调整一下身体姿势。"
- "现在注意你的**上背部**。"
- "现在，把注意力转移到身体的前部，转移到**腹部**。腹部是人体非常复杂的一部分，其中有许多器官，发挥着各种身体的功能。也许，你可以向身体的这一部分表达感激与欣赏。如果你对自己的腹部怀有评判，那就看看自己能否说一些善意和接纳的话。"
- "然后将注意力转移到胸部。这里是呼吸的中心，也是心脏所处的中心。将觉知、感谢与接纳之情注入你的胸膛。你可以把一只手轻轻地放在胸膛中央，让自己去体会此刻的感觉。"
- "在我们做身体扫描的过程中，你可以随意触摸任何身体部位，只要你愿意，甚至可以轻轻地抚摸那个部位。"
- "继续让自己温暖的觉知朝着身体倾斜，就像你对待年幼的孩子一样，感受这种感觉出现在你的……
  - ○ 左肩。
  - ○ 左上臂。
  - ○ 肘部。"
- "将温柔的觉知带进你身体的每个部位。你的……
  - ○ 左下臂。
  - ○ 手腕。
  - ○ 手掌。
  - ○ 手指。
- "如果你愿意，可以随意摆动手指，享受手指移动时产生的感觉。你的手天生就能抓握和移动细小的物体，而且触觉敏锐。"

- "现在用慈爱与关怀的觉知扫描你的整条左臂和左手。"
- "然后将注意力转移到右侧,转移到你的……
    - 右肩。
    - 右上臂。
    - 肘部。
    - 右下臂。
    - 手腕。
    - 手掌。
    - 手指。
    - 整条右臂与右手。"
- "现在将觉知转向头部,从**颈部**开始。如果你愿意,可以用手摸摸自己的脖子,想想脖子如何整天支撑你的头部,如何将血液送往大脑,将空气送往全身。如果你感觉不错,就向脖子表达一些感谢与善意吧,在心里或用触摸表达感谢都行,或者,如果那里有任何紧张或不适的感觉,就送去一些关怀吧。"
- "最后,将注意力转移到你的**头部**,从后脑勺开始,那里是保护大脑的坚硬表面。如果你愿意,可以用手轻轻地触摸后脑勺,也可以用自己的觉知触摸那里。"
- "然后,将注意力移到**耳朵**上,这个敏感的感觉器官能告诉你很多有关世界的信息。如果你为自己的听觉感到高兴,那就让心中充满感激之情吧。如果你担心自己的听力,也可以把一只手放在心上,给自己一些关怀。"
- "然后,把同样慈爱与关怀的觉知带给你其他的感觉器官,例如你的……
    - 眼睛。
    - 鼻子。
    - 嘴唇。"
- "不要忘记你的**脸颊**、**下颚**与**下巴**,别忘了它们如何帮助你吃饭、说话和微笑。"
- "最后,还有你的**额头**、**头顶**,以及下面的……**大脑**。你柔软的大脑是由数十亿个神经元组成的,这些神经元一直在相互交流,帮助你理解你的世界。如果你愿意，可以对大脑说声谢谢，因为它一直在为你工作。"
- "在你给予全身善意与关怀的关注之后，请试着最后再做一次全身的扫描，从头到脚，让全身沐浴在欣赏、关怀、感激与尊重之中。"
- "然后轻轻地睁开眼睛。"

说完这些指导语后，教师要给学员一些时间来舒展身体，也可以让他们侧身躺着，再慢慢地坐起来。然后我们直接进行下一项练习，不做讨论或问询。

品鉴行走
（30 分钟）

"品鉴行走"是一种静观练习——**静观积极的体验**。在美丽的自然环境中，这项练习尤其令人感到振奋。不过，如果有足够的空间让大家走动，这项练习也可以在室内做。（公共场所不是做这项练习的理想场所，因为学员可能会感到难为情。）"品鉴行走"改编自心理学家布莱恩特与韦罗夫（Bryant & Veroff, 2007）的现场实验，该实验的目的就是研究品鉴。

为了在 30 分钟内完成这项练习，教师需要让学员在 5 分钟内到达户外，在 10 分钟内返回。因此，学员有 15 分钟的练习时间。所有人都到达练习地点后，教师就可以给出下面的指导语了。

指导语

- "**品鉴**是对愉快体验的静观。品鉴是指**发现**愉快的体验，**允许**自己融入其中、**停留**在其中，然后再在合适的时候**放下**这种体验。"
- "我们不是在**努力**自得其乐，而是**允许**自己留意任何引起我们注意的事物，与它待在一起，享受这种事物。"
- "我们会**静静地**行走 15 分钟左右。行走的目的是运用你的所有感官，包括视觉、听觉、触觉甚至味觉，去慢慢地、一个接一个地注意任何让你感到愉悦的事物（但请不要用手机拍照）。"

- "当你在行走时，你发现了哪些美好的、吸引人的、令人愉悦或鼓舞人心的事物？你喜欢新鲜空气的气味、温暖的太阳、美丽的树叶、石头的形状、微笑的脸庞、鸟儿的歌声、脚下的大地带来的感觉吗？"
- "如果你发现了令人愉悦的事物，就让自己融入其中。仔细地品鉴。如果你愿意，可以摸一摸嫩叶或树枝。尽情地体验吧，就好像那是世界上唯一存在的事物一样。"
- "当你准备好去发现新事物时，请放下这种体验并等待，直到你发现了别的让你愉悦的东西；就像蜜蜂在花间寻觅一样，当你在一朵花上采够了花蜜时，就可以前去寻找另一朵花了。"
- "不必着急，慢慢地走动，看看会发生什么。"

15分钟后，教师可以按响铃声，让学员知道应该返回静修场所了。当大家聚在一起，静下心来之后，教师可以诵读比利·柯林斯（Billy Collins，2014）的诗《毫无目的的爱》(*Aimless Love*)。这首诗描述了"品鉴行走"中常有的自由飘荡的、温柔的觉知。

姿态指导
（10分钟）

在静修的其余时间里，除了在运动练习的时候，多数学员都会坐在椅子或地板上。学员可以随意地坐着，也可以在需要的时候站起身来或者躺下。躺着很容易走神或睡着，如果学员需要让身体休息一下，甚至需要打个盹，那也是可以的。然而，如果学员希望在冥想中保持清醒，最好的姿势则是让身体保持直立而放松。

对于坐在地板或椅子上的学员，下面的建议可以帮助他们找到舒服的姿势：

- "让肩胛骨放平、下沉。"
- "让骨盆前倾。"
- "让头顶向上。"

- "微微收起下巴。"
- "寻找平衡点。"

坐在地板上的学员可以试着坐在坐垫上，或者把枕头放在膝盖下方。如果学员的臀部紧绷，可以在两腿之间放一个垫子，向内盘腿。如果教师有能力，可以为每一位学员调整姿态。

自我关怀呼吸
（20分钟）

请参考第2课（见第11章）"自我关怀呼吸"的指导语，这是静观自我关怀的第一个核心冥想。

品鉴食物
（15分钟）

教师要鼓励学员在静修中持续地保持静观——从一项活动到另一项互动，静观是不间断的。我们要做的其中一项活动就是吃东西。许多学员都熟悉静观进食——觉察每时每刻与进食相关的各种感觉。"品鉴食物"练习就是静观进食，同时还要邀请学员**享受**吃东西的感觉。教师应该带一些零食来给学员做练习。他们可以让学员自行选择零食，然后回到座位上聆听下面的指导语。

指导语

- "请花一些时间，欣赏食物**外观**。（**停顿**）然后，再享受它的**气味**，感受触碰食物的**感觉**。"
- "给自己一个机会，思索这份食物在来到你嘴边之前，经历过多少个人的双手的栽培、运输或制作，可能有农民、卡车司机、食品店员……"

- "现在**慢慢地**吃下食物,首先留意你在伸手去取食物前,口中可能会分泌唾液。然后把食物放进嘴里,注意食物经过你的嘴唇。当你咀嚼的时候,享受口中食物的味道。当你开始吞咽的时候,要觉察吞咽的感觉……"**(停顿)**
- "继续按照这种方法进食,允许自己去留意,更要去享受进食的每一种感觉。"**(停顿)**
- "当你吃完之后,嘴里是否还有残留的感觉,提醒你刚刚吃完食物?"
- "现在打开你的觉知,感受整个身体。你现在身体里有什么感觉?"

脚底静观
（15 分钟）

请参考第 2 课（见第 11 章）"脚底静观"的指导语。这项练习是一种静观行走,尤其关注行走时的脚底静观。静修让学员得以行走更长的时间。学员在练习时,教师可以尽量少说指导语,可以只偶尔说几句话。

给自己慈爱
（20 分钟）

请参考第 4 课（见第 13 章）"给自己慈爱"的指导语,这是静观自我关怀的第二个核心冥想。教师要提醒学员提前决定他们要在这项练习中使用的话语,这样他们就不必花时间去找新的话语了。

自我关怀动作
（5 分钟）

请参考第 3 课（见第 12 章）"自我关怀动作"的指导语。这是一项可选的练习，只要学员看上去需要活动身体，教师就可以带他们做这项练习。"自我关怀动作"是一种自我关怀的**肢体**表达。

给予和接受关怀
（15分钟）

请参考第5课（见第14章）"给予和接受关怀"的指导语，这是静观自我关怀的第三个核心冥想。同样地，在这次冥想中，我们鼓励教师根据学员的需求，比平常少说一些指导语，给学员更加安静的体验。

自我关怀行走（可选）
（20分钟）

这项非正式练习建立在之前练习的基础之上，包括"脚底静观"（静观行走）、"给自己慈爱"（使用慈爱话语）以及"给予和接受关怀"（吸入与呼出关怀）。

"自我关怀行走"是一项**可选的**练习，因为这项练习要让学员注视他人的眼睛，可能会让一些学员感到有压力。而且，在某些文化中，直视他人的眼睛是不礼貌的。为了确保每个人都感到舒服，教师可以提前描述这个练习的过程，然后再让学员决定自己是否参加。教师还可以提到人们可能会有的不同反应，比如对眼神交流感到紧张，或者因为眼神交流太少而感到失望。无论学员是否感到舒服，教师都应鼓励学员参与这项练习，因为大多数学员都发现，在最初的紧张之后，他们往往觉得这项练习很有价值。教师在教授"自我关怀行走"时，也可以省略眼神交流的指导语。

指导语

- "首先，让我们站起身来，把椅子和坐垫移开，整理出一片空地，这样我们就可以在接下来的 15 分钟里自由走动。"

- "如果你准备好了，请找个地方站立，感觉你脚底踩在地板上的感觉。慢慢地前后摇晃身体，膝盖转几个小圈，感受脚底静观。"
- "现在回到直立状态，目光低垂，温和地看向地板，留意身体里的呼吸，感觉身体的吸气、呼气。"
- "如果你准备好了，就开始默默地给予自己善意与关怀，你可以说一句话语（例如'愿我幸福，远离苦难'），做一次呼吸，或者在内心给自己一个微笑。"
- "然后，慢慢地在房间里随意走动，眼睛仍然看向地板，不断地给予自己善意与关怀。"
- "你会注意到许多人在和你一同走动。如果你感觉合适，就在另一个人擦肩而过的时候将注意力放在对方身上，目光依然要保持温和，默默地为他人送去善意与关怀，就像善待、关怀自己一样。例如，你可以默念'愿你幸福、远离苦难'，或者给予对方一次呼吸，或一个内心的微笑。"
（停顿）
- "你可以随时把注意力转移回自己身上。"
- "最后，抬起头来，与他人进行眼神交流——花一些时间，待在一起，用你最舒服的方式默默地送出善意与关怀。"**（停顿）**
- "让你的眼睛来完成这些任务，而不要说话、触摸或拥抱，即使你有这样的冲动，也要克制住自己。"
- "如果你觉得有意义，就请允许自己的视线**超越**肉眼所及的范围，也许你能感觉到一些彼此共有的东西——我们的共通人性。"
- "无论你心中产生了怎样的情绪，都给它一些空间，让自己感受真实的情绪，做真实的自己，停留在此时此地。只要你需要，就可以再次给予自己善意与关怀——'愿**我**幸福，远离苦难'。"

教师应该再多给学员 4~5 分钟的练习时间，偶尔说一些指导语和鼓励的话。然后教师轻轻鸣铃，结束练习，邀请学员坐下。

走出静默

（15 分钟）

这项练习能让学员轻轻地从静默中走出来，开始交谈。教师应将学员分为两人小组，两人并排坐下，耳朵对着耳朵，面朝相反的方向。每个人都有 5 分钟的时间对搭档耳语，谈谈自己在静修中的体验，然后换另一个人讲话。教师可以用铃声来计时。当两人都讲完后，可以花一些时间互道感谢，然后重新回到团体中来。

 团体讨论

（15 分钟）

教师可以借助一般性讨论（使用问询法）来探索学员在静修中的体验：

- "你注意到了什么？"
- "你遇到了什么挑战？"
- "你是如何回应的？"
- "你学到了什么？"

下面是两个在静修结束时进行问询的例子。

帕维尔：说实话，我对这次静修有些担心。一想到要坐上 4 个小时不说话，我就觉得很煎熬。那不是我的风格。我总是停不下来……我想这就是为什么我能成为一个优秀的销售。

教师：那么，久坐是什么感觉呢？

帕维尔：还挺容易的。我最喜欢的练习是"品鉴行走"。那感觉有些奇妙，就像我在想象美好的画面一样。我总是说个不停，"哦，哇！哦，哇！"树皮看上去太神奇了。爬来爬去的蚂蚁就像小小的奇迹一样。鸟儿不仅在外界歌唱，还在我心里唱个不停。（眼睛里流出了泪水）太美了。

教师：（微笑，对帕维尔的喜悦感同身受。）

帕维尔：我觉得我永远不会忘记那种感觉。我还发现，我们在任何时候都可以保持静观和关怀，而不仅仅是在冥想的时候。听了这话，其他人可能觉得有些见怪不怪，但我现在才真正明白，静观自我关怀不是冥想或任何练习，而是心灵的行为，我们可以在任何时间、任何地点冥想。通过一个简单的内心转变，我们可以在任意时刻变得自由。

教师：我认为这非常重要，帕维尔。我想，关于那种内心转变，你能不能再多说一些？如果你不介意，我真的很好奇。

帕维尔：这不太好说。（**停顿**）这感觉就像是一份礼物，就像一种上天的恩赐一样。我不知道自己能否主动做到。也许能，但不需要付出太多的努力。我想我只需要稍等一会儿，放下控制，敞开心扉。没错，就是这样。在"品鉴行走"中，我没有尝试做任何事情，只是让自己变得乐于接纳。我认为这就是内心转变。我对这种经历非常感激。非常感谢你们。

教师：更应该谢谢你，帕维尔！

下面是帕维尔之后的问询。

丹妮尔：我非常欣赏帕维尔说的话。我的体验与他相似。对我来说，静修的主要启示就是**耐心**。我们做了许多练习，但这些练习似乎是相互渗透的，就好像整个静修是一次单独的练习。我体验到了敞开心扉的感觉，也知道在压力巨大的时候尽量善待自己是什么感觉。就像帕维尔所说，这不是一种技术，而是一种心态。

教师：你说，你学到了耐心？

丹妮尔：我认为，真正帮到我们的是，我们没有什么地方可去，也没有什么事情可做。我们的手机都关机了。这真是太少见了。我认为，人们总是四处奔波、制订计划、穷思竭虑，这些事情对静观和自我关怀非常不利。在这次静修之前，我一直是忙中抽空才能在一天中找到时间做冥想练习，很遗憾，我并没有真正地关怀自己。但这次很不一样，就像帕维尔所说。我们必须停止东奔西跑，敞开心扉，然后奇迹就发生了。

教师：所以，慢下来可以帮助你真正进入静观与自我关怀的体验，而不是努力完成自我关怀的任务?

丹妮尔:是的,就是这个意思。练习是一回事,体验是另一回事。(**短暂的停顿**)我想我们两者都需要。我认为,对我来说,我需要记住在练习时要有耐心。

教师:我想我明白了,丹妮尔。这是一条非常重要的信息。其实,对我们每个人来说都很重要。

丹妮尔:我会努力记住耐心。

教师:在我们这个忙碌的世界里并不容易,但值得铭记于心。谢谢,丹妮尔。

帕维尔和丹妮尔发现了静修中可能会产生的关键见解——努力与匆忙是静观与自我关怀的障碍。这些领悟可以用语言表达出来(也见于第7章"练习中的领悟"部分),但只有亲身体验才能改变生活。

结　束
（5分钟）

教师可以用一首诗或一段静默的时间来结束静修,也可以播放彼得·迈耶的歌曲《日本碗》(在 YouTube 上搜索" Mayer "和" Japanese Bowl "查找视频)。迈耶的这首歌中有一个比喻——用金漆修复瓷碗(金继[⊖]),表达了如果我们尊重自己生命中的伤痕与痛苦,就会产生内在的美好。

在结束静修前,教师应提醒学员,他们的情绪可能会比往常更为开放,所以他们要照顾好自己,让自己在这一天的剩余时间里放松,品鉴静修的体验。

⊖ 金继(kintsugi),又称金缮(Kintsukuroi),是源自日本的修补技术,即用漆把碎片黏合,并在漆上洒上金粉的方法,让裂缝不止不再丑陋,反而变成一道优美的金线。——译者注

Teaching
the Mindful Self-Compassion
Program

第 16 章

与困难情绪相处 / 第 6 课

概 览

开场（核心）冥想：给自己慈爱
练 习 讨 论
课 程 标 题：面对困难的情绪
主　　　　题：接纳的阶段
主　　　　题：面对困难情绪的策略
非 正 式 练 习：处理困难情绪
休　　　　息
软　着　陆
主　　　　题：羞愧
非正式练习（可选）：处理羞愧感
家　庭　练　习
结　　　　束

开始

- 在这节课中,学员要:
  - 学会用静观和自我关怀来面对困难的情绪。
  - 理解羞愧的意义,了解自我关怀如何消除羞愧。
- 现在介绍这些主题是为了:
  - 强化之前所学的技能,应对更具挑战性的情境。
  - 帮助学员针对性地运用静观与自我关怀,直面常见的痛苦来源——困难的情绪。
- 本节课的新练习:
  - 处理困难情绪。其中包括三个组成部分:①给情绪命名;②觉察身体里的情绪;③放松 – 安抚 – 允许。
  - 处理羞愧感。

 给自己慈爱
(20分钟)

在第4课(见第13章)中可以找到"给自己慈爱"的指导语。如果教师打算在这节课上教授可选练习"处理羞愧感",那他们就需要把冥想时间(包括问询)限制在15分钟以内。

 练习讨论
(15分钟)

学员可能需要反思他们的静修体验,或者反思静修如何影响了他们的家庭练习。在静修中进行的新练习有:

- 自我关怀身体扫描。

- 品鉴行走。
- 品鉴食物。
- 自我关怀行走（可选）。

上一节常规课程（见第 5 课）所学的新练习有：

- 给予和接受关怀。
- 活出生命的誓言。
- 自我关怀倾听。

下面是教师与一位学员的问询，这位学员依然难以找到冥想的时间。

马蒂娜：我在冥想方面依然有很多困难。我喜欢真正做冥想的过程，非常喜欢，但我似乎就是很难开始去做。我在这方面真的需要帮助。课程都快结束了，但我还是没有开始定时练习冥想！

教师：你想要做多长时间的冥想，马蒂娜？

马蒂娜：哦，每天早上 30 分钟吧。我现在只能隔几天做 15 分钟。太离谱了。

教师：你是说，你喜欢冥想，但问题在于如何开始冥想，是吗？

马蒂娜：没错。

教师：你认为开始冥想的主要障碍是什么？

马蒂娜：查看电子邮件！这是个坏习惯。只要我一打开电脑，一早上的时间就过去了。（**停顿**）说实话，现在想起来，我觉得我喜欢查邮件是因为这样让我觉得自己很高效。

教师：我懂了。不过我在想，当你想到冥想的时候，你还会想到什么？

马蒂娜：哦，我在想我应该冥想，否则我永远不会进步。

教师：听起来又是一件"应该"在早上做的事情。谁想要做这种事呢？

马蒂娜：我想，你说得没错。

教师：不过，当你说你喜欢冥想的时候，你喜欢它的什么呢？

马蒂娜：我真的很喜欢那种与自己联结的感觉，也喜欢那种随时给自己爱，或者向爱敞开心扉的感觉。这是一种享受。在冥想之后，有一整天的工作要做。

教师：在我看来，马蒂娜，你好像真的理解了冥想。很高兴听你这么说。我特别欣赏与自己"待在一起"的部分，而不是"做"冥想，那样冥想就变成工作了。

马蒂娜：我真希望我能记得"与自己待在一起"！当我想到冥想时，冥想就变成了又一项需要在早上完成的任务。

教师：你觉得怎样才能帮你记住，马蒂娜？

马蒂娜：（长时间的停顿、思索）也许我可以在打开电脑之前，说一句"我爱你，我不想让你受苦"。与电子邮箱里的那些东西比起来，我更愿意听到这句话，这是肯定的！然后我就可以在那儿闭上眼睛，沉浸在这些话语里。

教师：那样你就已经开始冥想了！

马蒂娜：没错！也许这样能帮我。我会回去试试，然后告诉你结果。

教师：好的，马蒂娜。我觉得我们都想知道结果如何。我也要试试你刚才说的办法——在打开电脑前对自己说几句话。这真是个好办法！

在整个课程期间，教师都要支持学员的冥想练习。养成新习惯是很慢的，要养成冥想的习惯，八周时间还是相对较短的。与马蒂娜的问询说明了教师可以如何关注学员的即刻体验，从而帮助学员意识到，静观和自我关怀能缓解日常生活中的压力，而不会制造额外的负担。如果学员发现了练习的乐趣，并且在之后细细品鉴，他们就会鼓励自己用创造性的方式练习。记住：如果练习变成了一种挣扎，那就不是自我关怀。

 与困难情绪相处
（1分钟）

在本节课开始时，教师可以向学员解释，他们现在已经学习了多种静观和自我关怀技能，现在要开始将这些技能应用于更具挑战性的情境了。这节课将说明如何把静观与自我关怀应用于**困难的情绪**，下节课将会处理**具有挑战性的人际关系**。这节课还会进一步探讨羞愧，这是最为困难的情绪。

接纳的阶段
（5 分钟）

"接纳的阶段"这个主题，旨在鼓励学员用更加关怀自我的方式处理困难情绪——用谨慎与尊重的态度面对这些情绪。如果我们明明已经陷入了困难的情绪，却不切实际地盼望这些情绪消失，那这不是自我关怀。俗话说："慢慢走，才能走得更远。"教师可以用自己的话总结下面的要点，并结合自己的亲身经历加以说明。

困难的情绪是什么？它们是让我们产生痛苦的情绪，例如愤怒、恐惧和悲伤。有时，即使我们带着静观与关怀，在面对困难的情绪时，我们的痛苦依然会暂时地增加。冥想练习者经常思考一个问题，那就是他们应该允许多少情绪痛苦进入自己的练习。冥想教师一行禅师曾简洁明了地回答过这个问题："不多！"如果我们想要培养自我关怀的资源，只需要触及情绪痛苦，将其作为产生关怀的催化剂。

为了讲解一种更为激进的、面对情绪痛苦的方法，教师可以给学员诵读 13 世纪波斯诗人鲁米（Rumi，1999）的诗《客房》(*The Guest House*)。这首优美的诗讲的是，困难的情绪来敲响我们的心门，而我们让它进来，尽管这种情绪十分强烈，会把我们家里的家具全都清理得一干二净，但它可能会为新的领悟腾出空间。这首诗安慰我们说，我们承受、转化情绪动荡的能力，可能比我们所知道的更强大。然而，如果可以选择，我们也许应该控制进入我们生活中的痛苦的大小，以免我们不堪重负。有时，我们并没有准备好让不速之客把家里的家具清扫一空。自我关怀的艺术则让我们得以**循序渐进**地面对情绪不适。

我们可以分阶段地学习接纳困难的情绪。下面是接纳的五个阶段（Germer，2009），我们可以拓展鲁米的"客房"比喻来说明这些阶段，冥想教师克里斯蒂娜·布罗勒（2015）对这五个阶段的描述是：

- **对抗**——与出现的情绪做斗争；躲在房子里，堵上门，或者叫客人走开。
- **探索**——带着好奇接近不适感；透过猫眼偷偷看是谁来了。
- **容忍**——安全地忍耐，稳定地抱持；邀请客人进来，但要求他待在门厅里。

- **允许**——让情绪自由来去；允许客人去他想去的任何地方。
- **友善相待**——看到所有体验中的价值；与客人坐在一起，听他要说的话。

每跨越一个阶段，都说明我们在逐渐放下与困难情绪的对抗。

处理困难情绪的策略
（10分钟）

第6课讲了处理困难情绪的三种策略：

- **给情绪命名**——识别并认可这些情绪。
- **觉察身体里的情绪**——把这些情绪当作身体感觉，而不要总在脑海里想着它们。
- **放松 – 安抚 – 允许**——照料和安慰自己，因为我们有了困难的情绪。

这些做法并非缓解困难情绪的策略，而是面对情绪，与情绪相处——阴性自我关怀。我们正在与情绪痛苦建立一种新的关系，这种关系不会让我们不堪重负，而且随着时间的推移，反而会让我们感觉更好。

给情绪命名

为困难情绪命名或"贴标签"可以帮助我们从情绪中脱离出来，或者说"与之脱钩"。如果我们能说"这是愤怒"或"我害怕了"，我们就能从客观的角度来看待情绪，而不是被情绪吞没。这就给了我们一些情绪上的自由。克雷斯韦尔、韦、艾森伯格和利伯曼（Creswell, Way, Eisenberger & Lieberman, 2007）发现，当我们为困难的情绪贴上标签时，杏仁核（识别恐惧的脑结构）的活动就会减弱，并且不太可能在身体里引发应激反应。"一旦你给情绪命名，你就驯服了情绪。"

如何给情绪命名是很重要的。**认可我们的情绪**（就像我们对待所爱的人那样）与用单调、机械的方式为情绪**命名**之间是有区别的。我们应该试着用温暖、关怀的语气为情绪命名。例如，我们可以说，"哦，亲爱的，你现在感觉很伤心"或者"我知道你有多难过"。

觉察身体里的情绪

情绪包含心理和生理成分——思想与身体感觉。研究表明，情绪与不同的身体部位是相联系的，而这些身体部位在不同的文化中具有普遍性（Nummenmaa, Glerean, Hari & Hietanen, 2014）。例如，厌恶情绪通常与内脏和喉咙的感觉相关，悲伤的感觉在胸部中央。当我们感到悲伤或厌恶时，我们的脑海中也会产生与这些情绪相关的想法和图像。情绪实际上是由神经、生理、肌肉和激素组成的网络（Damasio, 2004；Scherer, 2005）。当其中的一个部分发生变化时，整个网络都会受到影响。

身体觉知是情绪调节的重要因素（Füstös, Gramann, Herbert & Pollatos, 2013）。思想的产生和消失的速度很快，所以我们难以在这方面做工作。相比之下，身体的变化相对缓慢。如果我们找到情绪对应的身体部位，并将其抱持在静观的觉知中，我们就能更好地改变我们与这整个情绪的关系。"一旦你能感受到情绪，你就能治愈情绪。"

放松 – 安抚 – 允许

"放松 – 安抚 – 允许"让我们与困难的情绪建立起一种善意、关怀的关系：

- **放松**——身体的关怀。
- **安抚**——情绪的关怀。
- **允许**——心理的关怀。

"放松 – 安抚 – 允许"让我们不再与困难的情绪对抗，而放下对抗就意味着困难的情绪带给我们的痛苦减少了。（"放松""安抚"和"允许"之间的顺序可以根据学员或教师的个人喜好而改变。）前两种策略（给情绪命名和觉察身体里的情绪）能帮助我们从困难的情绪中**脱离**出来，而"放松 – 安抚 – 允许"能帮助我们让自己的感受变得更**温暖**。

处理困难情绪

（30分钟）

"处理困难情绪"是一项由多个部分组成的非正式练习。在这里，这项练习是以冥想的形式呈现的，这是为了帮助教师和学员探索其中每个部分的细微差别，但只要熟悉起来，这项练习就会简便易行。在日常生活中，"处理困难情绪"中的不同组成部分既可以单独练习，也可以组合在一起练习，根据练习时的感觉，各部分之间的顺序也可以任意调整。"处理困难情绪"是静观自我关怀中最受欢迎的非正式练习之一，尤其是其中"放松 – 安抚 – 允许"这部分。

教师应告诉学员，这项练习会把当前生活中的困境带进脑海，学员应该根据自己的意愿来决定练习到什么程度，这取决于当时的情绪是开放的还是封闭的。教师可以提醒学员："如果你需要封闭，就让自己封闭。"教师也应该在指导语中提供足够的停顿，让学员能够用静观的方式去感受自己的身体与情绪。

指导语

- "请找一个舒服的姿势，坐着或躺下都可以。然后闭上眼睛，放松地呼吸三次。当你练习处理困难情绪时，你应该处在非常舒服的状态下。"
- "请把手放在心上，或者其他能安抚、支持你的地方，花一些时间提醒自己，你正待在教室里，而且，你也值得被善待。"
- "让自己回想一个感觉困难的情况，**困难的程度介于轻微到中度之间**，也许是健康问题、人际关系中的压力、轻微的冒犯，或者工作上的问题。不要选择一个非常困难或微不足道的问题。你选择的情境，在你回想起来时，会给身体带来一些压力，但又不会把你压垮。同时，因为这项练习强调了放松和安抚的阴性品质，所以最好不要选择让你感到愤怒或需要保护自己的情境。"
- "请在脑海中清晰地还原这个问题。当时都有谁？说了什么？发生了什么？或者可能会发生什么？"

给情绪命名

- "当你重温那件事的时候，请注意体内是否产生了情绪。（**停顿**）如果有情绪，看看你能否为情绪贴上标签，也就是**命名**。这里有几个例子：
    - 担忧？
    - 难过？
    - 哀伤？
    - 困惑？
    - 恐惧？
    - 渴望？
    - 绝望？"
- "如果你有很多情绪，看看能否找出与当前情境相关的、最强烈的情绪。"
- "现在，用温柔、理解的语气对自己反复说出这种情绪的名称，就好像你在认可好朋友的情绪，'那是渴望''那是哀伤'。"

觉察身体里的情绪

- "现在，扩展自己的觉知，感受自己的整个身体。"（**停顿**）
- "再次回忆那个困难的情境（如果那个情境已经开始从脑海中消失），找出自己最强烈的情绪，然后在身体里找到最容易感觉到这种情绪的地方。在心里从头到脚地扫视自己的身体，在你感到稍有紧张或不适的地方停下来。只需感受身体里'可以感受'的地方，仅此而已。"（**较长的停顿**）
- "现在，如果可以，请选择一个感受最强烈的身体部位，并关注这个部位的感受，也许是脖子肌肉的紧张、胃部的疼痛感，或者心里的痛楚。"
- "让自己的心轻轻地转向那个部位。"
- "看看自己能否直接感受这种感觉，就好像这种感觉是直接从体内传来的。如果这种感觉过于具体，或太过强烈，那就看看你能否只去感受一般性的不适感。"

放松－安抚－允许

- "现在，开始**放松**你身体的那个部位。让肌肉软化、放松，就好像沉浸在热水中一样。放松……放松……放松……记住，你不是在试图改变那种感受，你只是在用一种温柔的方式抱持这种情绪。如果你愿意，可以仅仅让那个部位的边缘放松一些。"

- "现在，试着**安抚**自己，因为你经历了这件困难的事情。如果你愿意，可以把手放在感到不适的身体部位上，感受手掌温柔而温暖的触摸。你可以想象温暖和善意正通过你的手掌流入身体。你甚至可以把自己的身体想象成一个挚爱的孩子的身体。安抚自己……安抚自己……安抚自己。"
  - "你是否需要听到一些安慰的话语？比如，你可以想象一下，你有一个朋友，他也遇到了同样的困难。你会对这位朋友说什么？也许你会说'你有这样的感受，我也很难过'或者'我非常关心你'。"
  - "你能向自己传达类似的信息吗？也许你会说'哦，这种感觉实在是太难受了'或者'愿我善待自己'。"
- "如果你需要，可以在你愿意的时候睁开眼睛，或者放下这项练习，只去感受自己的呼吸。"
- "最后，**允许**不适感的存在。为这种不适腾出空间，放下消除这种感觉的需要。"
- "允许自己做当下的自己，就像现在这样，哪怕只有片刻时间。"
- "放松……安抚……允许，放松……安抚……允许。请花一些时间，自己走完这三步。"（**停顿**）
- "你可能会注意到这种感觉开始变化了，甚至可能会改变位置。如果是这样，那也没关系。只要跟着它就好。放松……安抚……允许。"
- "现在，停止练习，关注自己的整个身体。允许自己感受当下的任何感觉，成为当下最真实的自己。"
- （**轻轻鸣铃**）

沉淀与反思

有些学员在练习中选择了非常艰难的生活困境，他们在练习之后可能仍然会有困难的情绪。因此，教师应该给学员一分钟的时间，让他们平静下来，然后用下面的问题来为问询做准备：

- "你能为最困难的情绪命名吗？"
- "**探索自己的身体**，寻找与情绪相关的身体感觉，那是一种怎样的体验？你能**感受**到这种情绪在身体里的位置吗，或者至少是感受到了一般性的情绪？"
- "当你放松了那个身体部位，安抚了自己，允许情绪停留在那儿的时候，情绪发生改变了吗？"
- "你是否在练习中遇到了困难？"

如果一起讨论自身的体验能让学员受益，教师也可以邀请学员分成两人小组进行讨论（共 10 分钟）。

问询

"处理困难情绪"往往能让学员受到很大的触动，通常问询可能是像下面这样展开的。

艾莎：这是我没想到的。一开始，我以为我选择的只是一件简单的小事，只是我与老板因为工作中发生的事情而产生的小小的误会。我能说出那种情绪的名字，也能感觉到情绪在我肚子里悸动。我必须承认，一开始那里很难放松，但当我开始放松那里的边缘时，我就能做到了。我把一只手放在那儿，安抚自己，允许那种感觉存在。

教师：很好，听起来你能跟着指导语把练习做下去。你刚才说，发生了意想不到的事情？

艾莎：嗯，我肚子里悸动的感觉开始移动了。那种感觉直接跑到了我的嗓子里。然后我觉得那里有一种强烈的收缩，我几乎要窒息了。我不得不让眼睛睁开一会儿。

教师：谢谢你这么做——睁开眼睛。

艾莎：嗯，我意识到了那次误会背后的情绪。我其实觉得很丢脸，很不受尊重。那太难受了。但这对我来说，已经不是什么新鲜事了。我在公立学校吃了很多苦，因为我是为数不多的黑人孩子之一。大多数轻微的冒犯——微妙而隐晦的评价，你知道的。
教师：哦，我很难过，艾莎。那真的很难受。（停顿，此时每个人都体会到了艾莎的痛苦）你继续练习了吗？
艾莎：继续了，算是吧，但我的情绪很强烈。
教师：你介意我问个问题吗？你身体里还有这些情绪吗？
艾莎：（哭泣）是的，还有。
教师：现在有什么能安慰你的吗？有没有你想听的、友善的话，或者一些肢体动作？
艾莎：我的抚慰触摸就是捧着我的脸，就像我小时候妈妈捧着我的脸一样。（捧着自己的脸）感觉好些了。（点头）我没事了，我会没事的。
教师：好的，如果你想再多聊聊这个话题，就请告诉我吧。我们都有很深的伤口，而这个练习会触及这些伤口。谢谢你有勇气分享自己的体验。

在这项练习中，情绪发生转变，发现更深、更困难的情绪，都是常见的现象。在艾莎的例子里，她已经在身体里感受到了更为困难的情绪，所以问询的焦点就是说出这种**情绪的名称**——"羞耻"，并且唤起自我关怀的资源来**抱持**这种情绪。换句话说，教师在问询中重复了一些练习的步骤来处理这种新的情绪。教师对于艾莎遭受歧视的痛苦过往产生了共鸣，并选择重新关注练习本身以及艾莎当下的体验。在艾莎的痛苦事件上停留更长时间，并充分地认可这种痛苦，可能会对艾莎更有帮助，但教师也对在团体中让艾莎过度暴露持有谨慎的态度。最后，这次问询让每个人都与艾莎的体验保持了联结，而作为一种资源，她的抚慰触摸（捧着自己的脸）也在问询中得到了强化。

虽然多数静观自我关怀练习都需要一定程度的身体觉知，但"处理困难情绪"尤其关注**感觉**体验。因此，也有可能出现下面这样的问询。

乔伊：如果一个人感觉不到身体里的情绪，他也能做到"放松－安抚－允许"吗？
教师：我能问一下吗？乔伊，你是在说别人，还是在说自己？
乔伊：我猜，应该是说自己。当你说要扫描自己的身体，找出最能感受到那种情绪的地方时，我就开始走神了，我真的做不到。
教师：如果你不介意，我们能不能退后一步？

乔伊：当然不介意。

教师：你能说出那个情境里最强烈的情绪吗？

乔伊：能。那是"悲伤"。我选择的困难情境是，上周我不得不给猫做安乐死，现在我还很难过。

教师：哦，乔伊，听到这个消息我真的很难过。你现在肯定还很难受。但你还是想处理这个问题？

乔伊：是的，也许我不应该选这件事，但我还是选了。

教师：好吧，但你之前说到，当你试图在身体里找到这种悲伤的时候，你走神了？能再多说一些吗？

乔伊：是啊，我想我可能是有些恍惚。

教师：你觉得自己的恍惚有原因吗？比如，也许你的身体在保护你，让你免于承受全部的悲伤？

乔伊：有可能。

教师：我们能一起做个小实验吗？

乔伊：好啊。

教师：你能不能告诉我，你现在的身体是放松的，还是有些压力？

乔伊：有些压力，一部分是因为讲话，还有一部分是因为练习。

教师：很好，谢谢。你怎么知道你有压力呢？

乔伊：这个嘛，我胸口和肚子有种不舒服的感觉，有些紧张。

教师：你觉得……这种感觉在胸口更多，还是在肚子更多？

乔伊：很难说……也许在胸口更多。

教师：（把手放在自己胸口，长长地呼一口气）看来你已经具备了做这项练习做需要的一切。对于自我关怀训练来说，我们需要接触痛苦……然后我们才能给予自己关怀。

乔伊：谢天谢地！

教师：没错。（微笑）乔伊，我也很好奇，在我们开始练习之前，你觉得累吗？

乔伊：我真的很累，但我不想错过练习。

教师：当我们感到疲劳时，我们更容易精神恍惚，在我们选择处理艰难的问题时也会如此。似乎这两方面原因你都有。不过，你能大致确定自己哪里感到紧张，这就是你需要的。

乔伊：嗯，我想是这样的。

教师：别忘了，不是我们在课堂上试过的每个练习都是需要做的，只做自己感觉对的，好吗？（**停顿**）谢谢你提出这个重要的话题，乔伊。

有许多原因会导致有些学员可能没有太多身体觉知。有些人是"头脑"型，不太能感觉到自己的身体；有些人有创伤史（身体创伤或情绪创伤），已经学会了远离自己的身体；有些人有强烈的情绪，比如羞愧，这些情绪会把觉知从身体里赶出去；还有些人不喜欢自己的身体，不想让意识待在身体里。在乔伊的例子里，她可能有一段创伤史，教师也不愿意公开这些事（她说她"有些恍惚"，脱离了自己的身体，这表明她可能有解离的症状）。但是，她仍然试图在情绪封闭的时候（她很疲惫）完成这项练习，并且选择了一个非常艰难的情境，所以她就难以专注于自己的身体了。尽管如此，多数学员都有足够的身体觉知，能够完成所有的练习，因为他们只是需要**一般性**的身体和情绪不适来激活自我关怀。

当有学员愿意讨论障碍或困境的时候，所有人都会觉得问询很有意思，所以教师应该偶尔询问一下是否有人在练习中遇到困难。在这次问询结束的时候，乔伊得知她的确能够练习"处理困难情绪"，而在练习中遇到困难也不是她的错（疲劳和强烈的情绪影响了她的专注力），因而她感到了安慰。最重要的是，她认识到她不需要强迫自己去学习自我关怀，而可以让练习本身来帮她完成这些要做的事情。在静观自我关怀的课堂上，这一点再怎么强调也不为过。

在问询的结尾，教师可以诵读丹娜·福尔兹（Danna Faulds，2002）的诗《允许》(*Allow*)，这首诗生动地描述了敞开心扉、面对困难情绪的过程。

休　息

（15 分钟）

将注意力转移到本节课的后半段，讨论"羞愧"这个主题之前，学员需要好好休息一下。随着学员对彼此和教师逐渐熟悉起来，他们更有可能在休息的时候找教师沟通。教师可能需要特别注意，他们自己也需要休息。

软 着 陆
（2分钟）

教师可以自己带领软着陆，也可以找一名学员来带领，或者邀请学员自行练习。教师可以提醒学员他们目前所学过的内容，以便用来做2分钟的软着陆练习：

- 放松触摸。
- 温柔的声音。
- 即时自我关怀。
- 慈爱话语。
- 自我关怀呼吸。
- 脚底静观。
- 给情绪贴标签。
- 放松 – 安抚 – 允许。
- 询问"我需要什么"。
- 活出生命的誓言。
- 自我关怀身体扫描。
- 自我关怀动作。
- 给予和接受关怀。

下面是一名教师带领软着陆练习的例子，这次练习中不止包含了一个元素，因为学员随着课程的学习，已经越来越熟悉不同的练习了。

- "让我们一起花两分钟的时间，轻轻地进入当下的时刻，也许我们只需闭上眼睛，注意此时身体里的感受。（**停顿**）你现在是疲惫还是精力充沛？你身体里有紧张的地方吗？你身体里现在有什么情绪？"

- "现在，感受你呼吸的自然节奏，感受你的身体有节奏地吸气、呼气。"（**停顿**）
- "然后问问自己，'我现在**需要**什么'，也许你可以用对待挚友的语气。"（**停顿**）
- "当你有答案的时候，就开始为自己吸气，自然而轻松地吸气，然后轻轻呼吸，一口气接一口气地呼吸。"（**较长的停顿**）
- "最后，当你觉得合适的时候，慢慢地睁开眼睛。"

羞 愧
（15 分钟）

在处理羞愧的情绪时，自我关怀尤其有用（Gilbert & Procter, 2006; Johnson & O'Brien, 2013），而羞愧可能是人类最困难的情绪了。这个主题要求我们用关怀的眼光来看待羞愧（羞愧的含义、组成部分，以及羞愧产生和维持的方式），并且强调了为什么自我关怀是应对羞愧的良方。这个主题的目的是消除羞愧。

在"处理困难情绪"之后，很自然地就该讨论羞愧的话题了，因为学员很可能会在练习中产生羞愧，并对此怀有疑问。可以将有关羞愧的讨论引入下一项练习——"处理羞愧感"。"处理羞愧感"是"处理困难情绪"的一种变体，是一项**可选**的练习。只有在课程中有足够的时间，学员有足够精力的情况下，教师才应该教授这项练习。若非如此，学员依然可以用他们刚刚学过的"处理困难情绪"练习来处理羞愧情绪。

"羞愧"似乎是一个禁忌词，有些人甚至会谈之色变（Scheff & Mateo, 2016）。因此，教师在呈现这部分内容时，应该用让人心安、只谈事实的方式。教师讲授的语气有助于调节学员与自身羞愧体验产生联结的程度。

羞愧的含义

羞愧的正式定义是"一种情绪、生理反应和意象的复杂结合，这些情绪、生理反应和意象通常与真实的或想象的关系破裂相关"（Hahn，2000，p. 10）。更多有关羞愧的内容，请参见第 20 章，以及迪林与坦尼（Dearing & Tangney，2011）、德扬（DeYoung，2011）、吉尔伯特与安德鲁斯（Gilbert & Andrews，1998）、内桑森（Nathanson，1987）以及斯莱皮恩、柯比与卡洛基里诺斯（Slepian，Kirby & Kalokerinos，2019）的著作。

从关怀的视角来看，有三个悖论可以消除羞愧中的痛苦：

- 羞愧让我们觉得自己**应该受到责备**，但这是一种**无辜**的情绪。
- 羞愧让我们觉得**与世隔绝**，但这是一种**普遍存在**的情绪。
- 羞愧的感觉好像是**永恒不变**的，但其实它是**暂时**的感觉，就像所有情绪一样。

这三个悖论也是三个重要的领悟，分别对应了自我关怀的三个组成部分——善待自我、共通人性与静观当下。如果我们能控制羞愧，并记住这三个领悟，我们就能处理羞愧情绪了。

首先，羞愧是一种**无辜**的情绪。在使用"无辜"这个词来形容羞愧时，我们不是在否认羞愧可能会带来悲剧性的后果，例如对自己和他人的暴力。我们只是指出了羞愧源于被爱的普遍愿望。羞愧和被爱的愿望就像一枚硬币的两面。提醒自己羞愧源于被爱的愿望，就为探索和管理羞愧情绪打开了大门。

为了阐释我们对爱的需要，教师可以诵读一首 14 世纪波斯神秘主义者哈菲兹（Hafiz）的诗《用那月亮的话说》（*With That Moon Language*），这首诗由丹尼尔·拉丁斯基（Daniel Ladinsky）翻译（Hafiz，1999），描述了我们每个人心中都普遍存在的对联结的渴望。教师也可以问学员："你们当中有多少人希望自己不那么寻求认同？"静观自我关怀的多数学员都会举手，这进一步说明了我们都希望得到爱。

被爱的愿望从一出生就产生了。孩子有许多需求，自己却完全无法满足这些需求。然而，如果新生儿能设法得到某个人的爱，通常就能得到基本的生活保障（Lieberman，2013）。我们永远不会放弃被爱的愿望。作为成年人，我们依然需要他人保护我们免遭危险，帮助我们满足自己的生理需求，并且支持我们养育自己的孩子。如果我们相信自己的缺陷太过严重，不能得到爱，不会被他人接受，就会产生羞愧这种情绪。羞愧会让我们感到真正的绝望，就好像我们在为自己的生命而奋斗一样，因为得到他人的爱是人类生存的必要条件。

除了记住羞愧是一种无辜的情绪以外，我们还要意识到，当我们感到羞愧的时候，我们并不孤单，羞愧是一种**普遍存在**的情绪，这样也有助于我们处理羞愧情绪。认识到羞愧只是**自我**的**一部分暂时**背负的负担，而不是我们自身的永久品质，也能对我们有所帮助。学员可以在这个主题之后的练习中直接体验到这三种领悟所带来的感觉。

羞愧的来源

对于有些人来说，羞愧是一种更加困难的情绪。比如，如果人们遭受过**童年忽视**（Bennett, Sullivan & Lewis, 2010；Claesson & Sohlberg, 2002）或**虐待**（Kim, Talbot & Cicchetti, 2009），成长于**爱批评的家庭环境**（Gilbert & Irons, 2009），或者遭受过**社会压迫**或主流文化的排挤（由于种族、文化族群、性别、宗教、性取向而遭受压迫或排挤）（Bessenoff & Snow, 2006），他们就更容易陷入羞愧的情绪。有些羞愧能在**代际间**传递，建立在前几代人所经历的痛苦之上（Rothe, 2012；Weingarten, 2004）。羞愧可能也具有**基因**与**神经**方面的因素，这一点可以从缺乏同理心和正常羞愧情绪的精神变态人格患者身上看出来（Larsson, Andershed & Lichtenstein, 2006；Seara-Cardoso & Viding, 2015）。由于羞愧的体验是由多种因素决定的，所以这通常"不是我们的错，而是我们的责任"（Gilbert & Choden, 2014, p.xv）。

羞愧和其他情绪

内疚与**羞愧**之间是有区别的（Tangney & Dearing, 2002；Whittle, Liu, Bastin, Harrison, & Davey, 2016）。内疚是指我们对自己**做的某件事**感觉不好，而羞愧是指我们对自己**本身**感觉不好。为了说明这一点，教师可以举一个个人的例子。本书的一位作者（克里斯汀）喜欢讲她与儿子之间的一个故事。有一次，她跟着车上的收音机唱歌，而她患有自闭症的 10 岁儿子罗恩就坐在副驾驶座上。在一首歌唱到一半时，克里斯汀突然停下来，大声说道："我真是个糟糕的歌手！"但儿子毫不犹豫地答道："妈妈，你不是糟糕的歌手，你只是**唱得很糟糕**而已。"罗恩像他往常一样可爱，他把批评从妈妈身上转移到了妈妈的行为上——从**是一个糟糕的人**转移到了**某事做得很糟糕**上。

羞愧可能是许多困难情绪的基础，如愤怒、悲伤和恐惧。一旦我们陷入困难的情绪无法自拔，这些情绪里往往都有羞愧贯穿其中。例如，持续的愤怒可能源于不被尊重、受到羞辱的感觉；换句话说，"自我"感知受到了攻击。如果我们所爱的人还在世，而我们觉着自己"不够好"，那在他去世之后，我们就可能产生持续的悲伤。本书另一位作者（克里斯）的公开演讲焦虑之所以持续了那么长时间，是因为他需要先处理羞愧情绪，才能接纳羞愧所引起的焦虑。与羞愧相关的情绪和行为都很难管理，除非我们能找到根本原因直接解决它们。

适应性的羞愧和**非适应性**的羞愧之间也有区别（Greenberg & Iwakabe，2011）。适应性的羞愧增强了我们在生活中的各项功能，而非适应性的羞愧则削弱了我们的功能。适应性的羞愧说："我对自己感觉很糟糕，我会采取措施改变这种情况。"而非适应的羞愧会说："我很糟糕。"自我关怀能让我们将非适应性的羞愧转变为适应性的羞愧。

当我们的生活发生非常糟糕的事情时，任何人都会感到羞愧。比如，如果我们失去了健康、财产、爱或者工作，我们就会问："为什么是我？！"这些强烈而令人不安的情绪可能会引发以下的连锁反应：

- "我**感觉**很糟糕。"
- "我**不喜欢**这种感觉。"
- "我**不想要**这种感觉。"
- "我**不应该**有这种感觉。"
- "有这种感觉，我一定是有什么**问题**。"
- "我很**糟糕**！"

我们的想法很快就从"我**感觉**很糟糕"变成了"我很**糟糕**"。因此，即使我们的生活条件十分理想，羞愧的种子也会在我们的心中发芽。

负面核心信念

当我们的生活变得非常困难的时候，我们的脑海中就会反复出现一些特定的想法——挥之不去的自我怀疑，有时这种怀疑源于童年，似乎非常真实且显而易见。这些就是我们的**负面核心信念**（Dozois & Beck，2008，Young，Klosko & Weishaar，2003）。教师可以列举如下的负面核心信念作为例子，并邀请学员再举一些其他的例子：

- "我有缺陷。"
- "我不可爱。"
- "我很无助。"
- "我不够好。"
- "我是个失败者。"

正如每种情绪都有心理和生理成分，负面核心信念正是羞愧情绪的心理成分。这些信念源于被爱的渴望。

每个人自身的负面核心信念并不是无穷无尽的，可能只有1到20多个。既然地球上有70多亿人，那我们就可以得出这样的结论：无论我们认为自己有什么不完美的地方，让自己与他人格格不入，大概都有5亿人与我们同病相怜！因此，虽然羞愧的体验可能让我们感到绝望又孤独，但它实际上是一种共通人性的标志。

自我关怀是消除羞愧的良方

自我关怀是一种应对羞愧的健康反应。另一种反应则是对抗和回避羞愧，而这难免会让事情变得更糟。当我们的"自我"感知受到攻击时，我们就需要自我关怀——用慈爱的怀抱抱持自己。自我关怀是一种发现自我价值的方式，无须依赖外部的认可。善待自我抵消了羞愧的自我评判；共通人性抵消了羞愧的孤独感；静观抵消了对行为过度认同的倾向（"我很糟糕"）。

羞愧和沉默

什么因素会让羞愧的情绪得以维持？试图将羞愧隐藏在沉默的面纱之后，会让羞愧持续很长时间。"我们隐藏的秘密不可爱，我们就不可爱。"在多数情况下，我们害怕自己不可爱的品质（如负面的核心信念）被暴露出来，我们担心当人们知晓这些品质的时候，我们会遭受排斥。但是，羞愧却代表了我们的共通人性——所有人共有的、对自身的负面核心信念，以及渴望被爱的普遍人性。要想摆脱羞愧，我们首先必须**承认**自己拥有这些信念；然后我们需要因此而**给予自己关怀**；最后，当我们有足够的安全感时，我们就需要与他人**分享**我们的自我怀疑。

关怀完整的自我

作为人类，我们拥有许多不同的方面或部分（Cornell, 2013；Schwartz, 2013）。我们有受伤的部分，也有饱含关怀的部分；有可爱的部分，也有不可爱的部分；有强大的部分，也有脆弱的部分。这些部分无穷无尽。当我们被羞愧吞没、相信自己根本不可爱的时候，我们的觉知就不可避免地被自身的一小部分所吸引了。自我关怀则会拥抱我们**所有**的部分。

 处理羞愧感（可选）
（45分钟）

"处理羞愧感"是"处理困难情绪"的一种变体。它包含了相同的步骤，即命名（识别负面的核心信念）、觉察身体里的情绪（羞愧），以及"放松－安抚－允许"（做出关怀的回应）。给负面核心信念命名并且在身体里找到羞愧，这些做法能让我们看见羞愧，从而让我们能够处理羞愧。

此外，只要我们记住三种领悟，就能转化羞愧的体验。这三种领悟为：羞愧是无辜的（善待自我），羞愧是普遍存在的（共通人性），羞愧是暂时的（静观当下）。教师应该记住这些要点，并且在带领下面的练习时恰当地重复。

"处理羞愧感"可能会让一些学员产生回燃。教师在带领这项练习之前应仔细考虑学员的情况，当羞愧是其中一些人的核心问题时，更要如此。在带领这项练习之前，教师也应该非常熟悉这项练习，并且要至少留有45分钟的课堂时间。在开始之前，教师可以向学员简要描述"处理羞愧感"，并且像往常一样提供安全提示，包括学员可以随时跳过或中止练习。同样地，如果教师用轻松、实事求是的方式给出安全提示，学员就更有可能参与练习，并可以从中收获颇丰。教师应该为可能哭泣的学员准备纸巾。

指导语

- "在这项练习中，请回想一个让你感到有些羞愧或尴尬的情境。我们鼓励你更加关注尴尬的事情，而非羞愧的事情。但是，如果你在回顾这一尴尬情境的时候，情绪的强度从 0 分增加到了 10 分，你可以中止练习，睁开眼睛，专注于呼吸，去一趟洗手间，或者用其他的方式照顾自己。"
- "请找一个舒服的姿势，坐着或躺下都可以。请闭上眼睛，既可以完全闭上，也可以微微睁开，然后放松地做几次深呼吸。"
- "然后，把手放在心上，或其他能够安抚你的地方，提醒自己现在正在教室里，允许善意从手掌流入自己的身体。"
- "现在，请回想一件让你感到尴尬或有些羞愧的事情。选择一件已经过去或结束的事情。比如，你可能曾经对某件事情反应过度；也许你在工作会议上说了傻话；也许你说出某些言论是出于对某种文化的无知，而你对此仍然感到羞愧；也许你投篮失误，让你的球队输掉了一场重要的比赛。"（如果不会冒犯某些特定的群体，教师也可以增添一些幽默的，例如"你可能在教堂或者在冥想静修时放了个屁"。）
    - "请选择一件足以让你在身体里感到不安的事情。如果这件事不能让你感到不安，就另选一件事，但在 1～10 的强度范围内，请不要选择超过 3 或 4 分的事件。"
    - "请选择一件**你不希望别人听到或记住**的事情，因为如果别人知道了，可能会有损他们对你的看法。"

- ○ "请选择一件让你对自己感觉很糟糕的事情，而不是你伤害了别人，感觉需要做出弥补的事情。"
- ○ "还有，你选择的事件，不要涉及某个可能会伤害你，而你仍需要保护自己免受其害的人。"（**较长的停顿**）
- "在练习的过程中，没有人会知道你在想什么。在练习完成之后，我们会有一个小组讨论，但我们不会要求你分享你思考的内容，只分享思考的**过程**即可，比如你注意到或感觉到了什么。因此，这项练习是一次个人的探索，只发生在你安全的内心之中。"
- "请回想一下这件事的细节，让自己感受当时的尴尬处境。这需要一些勇气。请运用你的所有感官，尤其要注意羞愧或尴尬在身体里的感觉。"

给核心信念命名

- "现在，请仔细思考一下，看看你能否准确地判断出，如果别人知道了这件事，**你害怕他们会对你有什么看法**。你能说出这些看法的内容吗？也许是'我有缺陷''我不善良'或者'我是个骗子'。这些都是负面核心信念的例子。"
- "如果你发现了不止一个负面核心信念，请选择一个看似最重要的。"
- "当你做到这一步的时候，你可能已经觉得很孤独了。如果你有这样的感觉，就请记住我们所有人都和你一样孤独，现在教室里的每个人此刻都与你有着相似的感受。羞愧是一种普遍存在的情绪。"
- "现在，请用一种充满关怀的声音对自己说出这种核心信念，也可以想象自己在对朋友说话。比如，'哦，你觉得自己**不可爱**。那肯定很痛苦！'或者，你也可以用温暖、关怀的声音对自己说'不可爱，我觉得我不可爱'。"
- "请记住，当我们感到尴尬或羞愧时，只有我们自己的一部分会有这种感觉。尽管这是一种熟悉的感觉，但这种感觉不会**一直**持续下去。"
- "我们的负面核心信念源于被爱的渴望。我们都是无辜的人，都希望被爱。"
- "请不要忘记，在练习的过程中，如果你感到不舒服，可以随时睁开眼睛，或者用你喜欢的方式停止练习、放松一下。"

觉察身体里的羞愧

- "现在,扩展自己的觉知,感受自己的整个身体。"
- "再次回想那个困难的情境(**停顿**),扫描自己的身体,寻找你最容易感到尴尬或羞愧的部位。用心灵的眼睛从头到脚地观察自己的身体,停留在你感到有些紧张或不适的部位。"
- "现在**选择你身体里的一个部位**,羞愧或尴尬的情绪在这个部位的表达最为强烈,也许是某处肌肉的紧张、空虚,或者是头疼。你不需要想得太具体。"
- "如果你还需要更多的时间来寻找羞愧或尴尬在体内停留的位置,请举手。"
- "再次提醒,请在做这项练习的时候照顾好自己的感受。"

放松 – 安抚 – 允许

- "现在,让自己的心灵轻轻地转向这个身体部位。"
- "放松那个部位。让肌肉放松、休息,就像浸泡在热水里一样。放松……放松……放松……记住我们不是在试图改变那种感受,我们只是在用温柔的方式抱持它。如果你愿意,可以仅仅让那个部位的边缘放松一些。"
- "现在,请因为自己经历了这次困难而**安抚**自己。如果你愿意,可以把手放在感到尴尬或羞愧的身体部位上,感受手掌温暖而柔和的触摸,承认身体的这个部位为了忍受这种情绪,已经非常辛苦了。如果你愿意,可以想象温暖和善意正在从手掌流向身体。你甚至也可以把自己的身体想象成一个挚爱的孩子的身体。安抚自己……安抚自己……安抚自己。"
- "你是否需要听到一些安慰的话语?如果需要,请想象自己有一个朋友,他遇到了相同的困境。你会对这个朋友说出哪些心里话?也许是'你有这种感觉,我非常难过'或者'我非常关心你'。你想让朋友知道什么,记住什么?"
- "现在试着向自己,或者受苦的那一**部分**自己传达相同的信息,'唉,忍受这种感觉,实在是太难了'或者'愿我善待自己'。让这些话语进入心里，不论你能听进去多少。"
- "再次提醒，不要忘记当我们感到尴尬或羞愧的时候，其实只有我们的**一部分**才有这种感觉。我们不会**一直**都这样难过。"
- "最后，**允许**不适感的存在，不论身体有什么感觉，都允许它存在，允许自己的心自由地感受。为所有的感受腾出空间，放下消除某种感觉的需要。"
- "允许**自己**做真实的自己，就像现在这样，哪怕只有片刻的时光。"
- "放松……安抚……允许，放松……安抚……允许。"

共通人性

- "教室里的每个人都感受到了某种尴尬或羞愧。我们都是人，都有优点和缺点。现在，我们都在普遍存在的尴尬或羞愧情绪中……都在**被爱的愿望**中联结在了一起。"
- "现在，关注自己的整个身体。不论自己有什么感受，都允许自己去感受它。"
- （**轻轻地鸣铃**）

沉淀与反思

在学员平静下来之后，教师可以问下面的问题：

- "在尴尬或羞愧的体验中，你能否发现**负面的核心信念**？"
- "你能在身体里找到尴尬或羞愧的感觉吗？如果可以，那种感觉在哪里？"
- "你在放松的时候有什么感觉？安抚的时候呢？允许的时候呢？"

小组讨论

请学员分成三人小组，用 15 分钟的时间对这项练习进行非正式的讨论。教师应该提醒学员，他们不需要分享令他们感到尴尬或羞愧的事情的细节，也尽量不要提任何建议，只要倾听就好。此外，此时不愿分享自身体验的学员也可以不参加讨论，但这些讨论小组的气氛通常非常活跃，很受学员的喜爱。

问询

如果教师用温暖、鼓励的语气带领"处理羞愧感"的练习，并且有足够的时间进行小组讨论，大多数学员都会有积极的体验。下面是一次小组讨论后的问询。

内桑：这对我来说是一次重要的练习。尴尬的体验让我发现了一个我一生都在为之挣扎的核心信念，实在是太不可思议了。我选择的尴尬情境是记不住别人的名字。（有些老学员同情地笑出声来）我知道我不是一个人，尤其是我们这一代人，但我觉得自己比别人更担心这个问题。

教师：你愿意说出这件事背后的核心信念吗？不过不要勉强自己！

内桑：没关系的。我的核心信念就是我很愚蠢！这个想法已经存在很长时间了。我知我不愚蠢，但我有一个非常聪明的弟弟，相比之下我就觉得自己很笨。当我记不住别人的名字时，我脑子就僵住了，这一点儿也不奇怪……我又犯傻了！

教师：内桑，谢谢你这么坦率。我想知道，在练习中，在你发现了自己的负面核心信念之后发生了什么？你能感觉到身体里的羞愧吗？

内桑：我发现这种因为愚蠢而来的羞愧让我无法呼吸。我感到身体好像窒息了。我觉得羞愧的时候就会屏住呼吸。

教师：（把手放在自己的胸口，停顿了一下，然后深吸了一口气）然后呢？接下来发生了什么？

内桑：然后我用手指把爱意送进了我的胸膛，那感觉很好。我又开始呼吸了。（停顿）真正有趣的是接下来的练习，当我们对自己讲话的时候。我对自己说，"你只是想要被爱。你以为忘记别人的名字会让你变得不可爱。我知道这很尴尬，但即使你记不住所有人的名字，你依然是你，你依然很可爱……只是有些傻傻的可爱"。（笑出声来）

教师：我喜欢你那种有些肆无忌惮，又充满关怀的声音，内桑！我想知道，你从这个练习中学到了什么？

内桑：我想，当我感到愚蠢和羞愧的时候，我应该给自己爱。我以前从来没这样想过。可能这样做也是有必要的……因为我都到这把年纪了，只可能走下坡路了！（微笑）

教师：谢谢你，内桑。我觉得我们都是这样的！

这次问询充满了幽默感，同时也体现了有关衰老的共通人性，以及对于被爱的普遍渴望。在没有教师提供太多帮助的情况下，这次问询自动揭示了这次练习的关键部分。即使教师告诉内桑他没必要这样做，他依然爽快地分享了自己"愚蠢"的核心信念。然而，教师并没有在核心信念的内容上停留。相反，他让内桑把关注点放在了练习的过程上，让他关注感受身体里的羞愧，给予自己关怀，然后帮助他明确地说出他所学的东西，以便将来把它用作一种资源。

家庭练习
（5分钟）

教师应该提醒学员，如果他们在课程中发现了一些困难，而一直无法克服这种困难，他们不要忘记使用自己在课程中学到的内容，或者，更具体地说，不要忘记本节课所教授的内容。

下面是这节课所学到的新练习：

- 处理困难情绪，其中包括①给情绪命名，②觉察身体里的情绪，③放松－安抚－允许。
- 处理羞愧感（可选）。

我们鼓励学员在他们的日常生活中运用"处理困难情绪"中的三个要素，但不一定要当作正式的家庭练习。这是因为教师不希望学员在不必要的情况下回想生活中的困难。如果在接下来的一周里，学员有了羞愧的情绪，我们也鼓励学员运用他们所学的、有关羞愧的领悟——羞愧源于**被爱的渴望**，是一种**普遍存在**的情绪，也是一种**暂时**的情绪。

教师也可以给学员下面的提醒：

- "请继续练习那些让你觉得最愉悦、最有益的技能。"

- "培养关怀的意图，但要**放弃努力**。要用快乐的方式练习，不要把练习当作苦差事，这不是工作。"
- "通过电子邮件与团体中的其他人保持联系，分享领悟、挑战、灵感或问题。"
- "反思自己每周的练习，提交书面反馈。"
- "我们只剩两周的时间一起练习了。静观自我关怀课程就快结束了。"

教师也可以询问一些学员的意见，看看他们是否有兴趣将下一节课延长30分钟，来回答那些没有回答的"停车场"问题（见第10章），或者他们是否希望教师通过电子邮件来回答他们的问题。或者，如果有些学员希望教师在私下里回答他们的问题，他们可以在课后留下来与教师交流。

结　　束
（2分钟）

在课程结束时，教师可以只是鸣铃，也可以阅读玛丽·奥利弗（Mary Oliver，2004）的诗《野鹅》（*Wild Geese*），这首诗用富有表现力的语言描述了如何对羞愧做出充满关怀的反应，并阐明了自我关怀的三个组成部分。另一个选择是播放彼得·迈耶的歌曲《日本碗》，或者播放这首歌的音乐视频（如果静修时没播放过，见第15章）。在羞愧的主题之后播放这首歌显得尤为切题。

Teaching
the Mindful Self-Compassion
Program

第 17 章

探索有挑战性的关系 / 第 7 课

概 览

开 场 冥 想：心怀关爱的友人
练 习 讨 论
课 程 标 题：探索有挑战性的关系
主　　　　题：失去联结的痛苦
课 堂 练 习：满足未被满足的需求
课堂练习（可选）：滑稽的动作
休　　　　息
软 　着　 陆
主　　　　题：联结的痛苦
非 正 式 练 习：关系中的即时自我关怀
主　　　　题：照料者疲劳
非 正 式 练 习：平静的关怀
家 庭 练 习
结 　　　　束

开 始

- 在这节课中,学员要:
  - 用自我关怀来满足自己在关系中未被满足的需求。
  - 将自我关怀与平静结合起来,调节照料者疲劳。
- 现在介绍这些主题是为了:
  - 帮助学员将静观和自我关怀的资源用于极具挑战性的场景——人际关系。关系往往是每个人情绪生活的核心。
- 本节课的新练习:
  - 心怀关爱的友人。
  - 关系中的即时自我关怀。
  - 平静的关怀。

 心怀关爱的友人
（30分钟）

"心怀关爱的友人"这个冥想的目的在于帮助学员发现一个智慧又心怀关爱的形象或自我中的一部分。这位心怀关爱的友人可以是安慰的源泉（阴），或者在我们需要行动时鼓励我们（阳）。我们在第7课的时候讲授这个冥想,这样学员在处理具有挑战性的关系之前就能够感受到情绪支持。

"心怀关爱的友人"源于保罗·吉尔伯特（2009）的"关怀的形象"（Compassionate Image）冥想。这能帮助练习者与真实的自我——一个人内在的智慧与关怀的天性,产生联结。然而,在冥想中,要发现隐藏在自己内心的智慧与关怀,我们并不一定需要相信有一个心怀关爱的"自我"存在。

有些学员的想象力很丰富,喜欢想象练习,而有些人则不然。之前的冥想包含了一些想象的内容,但主要还是基于感官体验（自我关怀呼吸）或语言（给自己慈爱）。教师应建议学员在练习时放松,将期望降到最低,允许冥想自然地进行,让那些形象在脑海中自由来去。如果脑海中没有任何形象出现,那也没关系,学员可以在可能出现的任何支持性的感受中停留。如果出现了一个让人痛苦的形象，学员可以选择改变这个形象，或者终止冥想，用其他的方式来滋养自己。

指导语

- "请找一个舒服的姿势，坐着或躺下都可以。轻轻地闭上眼睛。如果你愿意，可以做几次深呼吸，让身体平静下来。你可以把一只手或双手放在心上，或者其他能够安抚你的地方，提醒自己给予自己**慈爱**的关注。"

安全的地方

- "现在，想象自己在一个安全舒适的地方，尽可能地让自己感到舒适。这个地方可能是一间有壁炉的舒适房间，也可能是有着暖阳、凉风的宁静海滩，也可能是一片林间空地。它还可以是一个想象中的地方，比如漂浮在云间……任何让你感到平静和安全的地方都可以。让自己享受待在这里的感觉。"（**停顿**）

心怀关爱的友人

- "很快你就会迎来一位客人，那是一位温暖又心怀关爱的客人，一位心怀关爱的友人，他代表了智慧、力量和无条件的爱。"
- "这个形象可能是令人尊敬的人物，可能是心怀关爱的老师，也可能是你过去生活中的人，比如祖父母。他也可能没有特定的形态，也许更像是一束光或温暖的存在。"
- "这位心怀关爱的朋友非常关心你，希望你能幸福，摆脱不必要的困苦。"
- "请允许这个形象或存在出现在脑海里。"（**停顿**）

到来

- "你可以选择离开你的安全区，去见见这位心怀关爱的友人，或邀请他进来。（**停顿**）如果你愿意，现在请把握住这个机会。"
- "让自己以恰当的方式与这位友人相处。你可以保持一段相互尊重的距离，也可以靠得很近，只要你感觉舒服即可。尽可能多地想象那位朋友

的细节，尤其是要允许自己感受他的陪伴给你带来了怎样的感觉。除了体验当下以外，你不需要做任何事。"（**停顿**）

相见

- "这位心怀关爱的朋友富有智慧、无所不知，对你当下的人生状况非常了解。他想对你说一些话，这些话**正是你现在需要听的**。花些时间仔细聆听朋友要说的话。（**停顿**）如果他什么也没说，那也没关系，只要感受朋友的陪伴即可。陪伴本身就是幸福的。"（**停顿**）
- "也许你想对这位心怀关爱的友人说几句话。他会认真倾听你说的每句话，完全理解你表达的意思。你有没有想要表达的？"（**停顿**）
- "朋友可能也会送你一份礼物（一件实物）。这件礼物会奇迹般地出现在你手中，或者，你也可以伸出手来接过礼物，这件礼物对你有着特殊的意义。（**停顿**）如果礼物出现了，那会是什么？"（**停顿**）
- "现在，再花一些时间来享受朋友的陪伴。（**停顿**）在你享受的时候，允许自己意识到这位朋友其实是**你的一部分**。（**停顿**）你感受到的所有这些关爱的感觉、形象和话语，都源自你内在的智慧和关怀。"

返回

- "当你准备好时，允许脑海中的形象逐渐消失，记住关怀与智慧永远在你体内，尤其是在你最需要它们的时候，它们就会出现。你可以在任意时刻召唤自己心怀关爱的友人。"
- "现在，请将注意力带回到自己的身体，让自己尽情品鉴刚刚发生的一切，你可以回想刚刚听到的话语或收到的礼物。"（**停顿**）
- "最后，结束冥想，不论自己现在有什么感觉，都允许自己去感受，允许自己在当下做真实的自己。"
- "轻轻地睁开你的眼睛。"

沉淀与反思

这个冥想可能会给学员很深的感触，所以教师应该给他们 1 分钟的静默时间，让冥想的感觉沉淀下来，进入学员的心，让学员反思自己刚才的体验。

问询

在问询的过程中，有些学员可能倾向于分享他们所有的冥想体验，而有些学员可能不知从哪里开始分享。下面是一些有助于问询的问题：

- "有人愿意分享自己的体验吗？可以是一个**感人的时刻**，也可以是一个特别的**挑战**。"
- "你们能想象出**安全**、**平静**的地方吗？"
- "**心怀关爱的友人**出现在你们的脑海里了吗？"
- "你们**听**到当下对你们有意义的话语了吗？"
- "那句话给你们的感觉如何？能安抚你们吗？能鼓励你们吗？"
- "你们有没有想对这个人说的话？"
- "你们有没有收到有着特殊意义的礼物？"
- "发现这个温暖、心怀关爱的友人其实是**你的一部分**，在你需要的时候就能找到，你有什么感觉？"

有时，学员会对这位朋友所传达的信息感到惊讶。请看下面这个问询：

季莎：哇，我没想到会这样。我那位心怀关爱的朋友，是一位我特别欣赏的脱口秀主持人。这很傻，我知道，但出现的就是她。

教师：有意思。

季莎：我收到了一条强有力的信息，我应该换工作。那个工作环境是有害的，尽管薪资不错，但我在那儿不开心。因为我是一个单亲母亲，所以我从没有认真地考虑过辞职，但她让我意识到自己的幸福很重要，真的很重要。这位朋友告诉我，我可以另找一份更适合我的、薪资也不错的工作，但我必须开始主动寻找。不过，想想这事我就有些害怕。我不确定自己是否已经准备好迈出这一步了。

教师：你现在感觉害怕吗？

季莎：是的。

教师：当你想到这条信息时，你能做些什么来支持自己呢？也许可以利用阳性的自我关怀给自己力量与勇气？

季莎：我想可以。希望如此。我不知道。

教师：慢慢来。记住，你可以在你需要的任何时候去找她，即使她正忙着主持脱口秀，那也没问题。（微笑）

这次问询展示了如何引导学员询问自己需要什么，教师可以给他们一些鼓励，引导学员走上阴性自我关怀或阳性自我关怀的方向。用这种方式提问，通常能为学员提供一个有益的场景，帮助他们理解自己的体验。

在"心怀关爱的友人"中，至少有一位学员会有这样的体验——与某个已经去世的人再度相见。下面的问询就涉及这样的体验。

杰丝：（擦眼泪）这次冥想对我的触动很大。我的母亲在我14岁的时候去世了，那时我们经常吵架。我真没想到她会出现，但她的确来了。

教师：哦，天哪。

杰丝：母亲去世的时候，我觉得她被夺走了，但我也为自己在她生命最后一年里的表现感到难过。我一直想做出弥补，就好像她能重新活过来一样。我知道这听起来很离谱。

教师：不离谱，杰丝。

杰丝：她就在那儿，站在我房间的床前，向我散发着爱的光芒。她什么也没说，但我感觉到这些年来她一直爱着我，而我却不知道。（再次擦眼泪，停顿）就是这样，真的。

教师：（停顿）听起来她不需要说任何话。

杰丝：不，等等……她确实说了一些话。

教师：你愿意分享，还是愿意把那些话留在心中呢？

杰丝：就好像她在我心里说话，她说，"我真的非常为你骄傲。继续做你现在做的事情就好。我真为你感到骄傲"。

教师：太美好了。（微笑，停顿）当你想起自己听到的这些话时，心里有什么感觉？

杰丝：非常好……很有力量。我感受到了爱。

教师：太棒了。我能否再问你一个问题呢？

杰丝：问吧。

教师：在冥想结束的时候，我们说了这样的话，"允许脑海中的形象逐渐消失，记住爱与智慧永远在你体内，尤其是在你最需要它们的时候，它们就会出现"。你对这些话有什么感觉呢？

杰丝：我知道这些话是千真万确的。以前每当想到母亲，我只会为我对她做的事情感到后悔，但现在我好像又找回了母亲！（杰丝留下了许多泪水，许多学员的眼睛也湿润了）

教师：（将手放在心上）你和你母亲给我们所有人都送了一份礼物，杰丝。（停顿，默默地点头表示赞赏）

在"心怀关爱的友人"冥想中，如果学员与逝者重逢，教师要做的主要是见证这一段经历。在这次问询中，教师让杰丝分享她听到的话语和身体感受，是为了帮助她更充分地理解所发生的事情。当冥想结束的时候，最重要的领悟就会出现，此时学员会意识到，这个心怀关爱的形象、这种智慧与关怀都源于自己的内心。因此，如果问询强调了冥想的这一部分，对全体学员来说都有教育意义。

在做"心怀关爱的友人"冥想时，学员的体验可能大不相同。在引导情绪脆弱或有创伤的人群进行练习时，教师可能会改变指导语，以唤起一个理想中的关怀意象，比如一个宗教里的或想象中的形象，而不是想象一个真实的人，因为学员与这个人可能会有未解决的情绪冲突。然而，对于一个真实存在的人，如果学员与此人富有关怀的一面产生了联结，他可能就会开始与这个人和解。

这种冥想可能会给一些学员带来非常强烈的体验，而他们可能会想知道，为什么这个冥想不是核心冥想，为什么在课程这么靠后的时候才学习。这是因为形象化的想象对许多人来说是很难的（Duarte, McEwan, Barnes, Gilbert & Maratos, 2015）。然而，与"心怀关爱的友人"冥想产生共鸣的学员，可以将这项冥想作为自己的核心练习。

练习讨论
（15分钟）

这是学员最后一次在课程中讨论家庭练习。因此，我们应鼓励学员分享萦绕在他们心中的体验或问题，而且还要讨论上节课的新家庭练习：

- 处理困难情绪，其中包括：①给情绪命名；②觉察身体里的情绪；③放松 – 安抚 – 允许。
- 处理羞愧感（可选）。

即使第6课没有讲"处理羞愧感"练习，教师也可以问问学员，他们在上周是否体验到了羞愧，如果有，他们又是如何应对的。

现在也是询问学员在过去的6周内，静观与自我关怀练习对他们的生活有何影响的好时机："自从课程开始以来，你们有没有注意到自己的生活发生了变化？"例如，有一名患有糖尿病的学员报告说，她每天都测血糖，随着每周课程的开展，她需要的胰岛素减少了。大多数仍在参与课程的学员都有成功的故事可以与人分享。

教师也应该邀请学员分享他们遇到的困难。下面有一个这样的例子。

安德烈：我想，现在很多人都已经知道了，我之所以参加这门课程，是因为我妻子叫我来。具体的原因我不想讲得太细，主要是我不信任她，她深深地伤害了我。她是个心理学家，她认为我需要更多的自我关怀才能克服我的猜疑。我觉得她是对的，但自从课程开始以来，我并没有学会更信任她。

教师：所以，你希望能够更信任妻子。你仍然不信任她，这是一种什么感觉？

安德烈：非常糟糕。我不喜欢自己这么多疑，我也知道她讨厌我的这种感觉，因为她对此无能为力。

教师：所以，你在试着变得不那么多疑，还是说，你想对自己好一些，正是因为吃了多疑的苦头？

安德烈：可能两者都有，但我不敢放下戒心。

教师：这一点非常重要，安德烈，我很高兴你提到了这一点。也许你需要保持警惕，这样你就不会再受伤了。也许你需要保持警惕，而不是为了你受到的痛苦，或者为了你对妻子的痛苦感受而安慰、安抚自己。自我关怀也是一种保护的力量。

安德烈：嗯。听你这么一说，也许真是这样。

教师：我也很欣赏你能提出这个话题，安德烈，因为我们今天要探索具有挑战性的关系。今天这节课要传达一个信息，那就是所有的关系中都有痛苦，而我们要看看，当我们用静观与关怀去面对痛苦的时候会发生什么。你可以在今天的课程中尝试一下这个方法，而不用改变你在家做事的方式。

安德烈：谢谢。

教师：应该谢谢你，安德烈。

在这次简短的问询中，教师提醒了安德烈和其他同学，自我关怀不是一种让自己感觉好起来的取巧之道；相反，与责备自己或徒劳地试图控制自己的情绪相比，自我关怀是一种更为健康的选择。这是静观自我关怀的核心信息，再怎么反复强调也不为过。

最后，在课程结束之前，可能有些"停车场"页面（见第10、16章）上的问题也需要关注。随着学员的静观与自我关怀的经验逐渐增长，多数问题会自行得到解答，但如果上周有学员表示有兴趣将课程延长30分钟来回答问题，那现在教师就可以告诉他们要不要答疑。

 探索有挑战性的关系

（1分钟）

由于第7课是一节需要情绪投入的课程，也有一个新的开场冥想（"心怀关爱的友人"），所以教师在介绍当天的主题之前，可以给学员一个短暂的休息时间。

在介绍了这节课的标题"探索有挑战性的关系"之后，教师可以指出，大多数情绪痛苦都是在关系中产生的，也可以在关系中缓解，这也包括我们与自己的关系。这节课会教大家如何运用已经学过的技能来探索关系中的痛苦，并且会教授新的技能。

有挑战性的关系
（5分钟）

所有的人际关系都偶尔会有痛苦。作为成年人，我们可以学着用新的方式来应对人际关系中的痛苦。由于我们比其他任何人都清楚自己需要什么，以及自己何时有需要，所以我们可以且应该尝试直接满足自己的需求。

如果关系中的痛苦难以承受，我们会本能地中止并努力减轻这种痛苦（不幸的是，甚至可能还会用静观与自我关怀的练习来达到这个目的），或者试图改变这段关系，或者改变给我们带来痛苦的人。教师需要坚持第 7 课所传达的理念，学员只能学着用静观和自我关怀来**面对**关系痛苦，而不能用这些工具来**修复**关系。这节课的目的是帮助学员种下善意与理解的种子，尤其是对自己的善意与理解，然后每个人要耐心等待，看看会发生什么。如果教师向学员暗示，这节课会改善他们的关系，那么每个人都会感到失望。关系的改善可能是自我关怀的结果，但这是练习的副作用，不能直接追求这个目标。

如果我们意识到关系痛苦的普遍性，就更有可能敞开心扉去面对它。下面有两句相关的（诙谐、讽刺的）名言：

- "他人即地狱！"（Sartre，1989）
- "每段婚姻都是一个错误。只是有些人能比其他人更好地应对他们的错误。"（Minuchin，引自 Pittman & Wagers，2005，p. 140）

教师也可以读一段叔本华描述的"豪猪困境"，在网上可以轻易找到很多版本。豪猪困境是指，豪猪想在寒冷的天气中挤在一起取暖，但它们锋利的刺却会使它们互相伤害。这里的重点是，冲突与痛苦在关系中是不可避免的。

这节课主要关注两大类关系痛苦：**失去联结**的痛苦（当我们被他人排斥，经历失落，或者有隔离感、分离感时的痛苦）以及**联结**的痛苦（当我们对别人的困境感同身受时产生的共情性痛苦）。

失去联结的痛苦
（10分钟）

这节课首先探讨失去联结的痛苦，因为与联结的痛苦相比，失去联结的痛苦更容易激起强烈的情绪，而教师不希望在学员的情绪被激起来之后就立即下课。

感到失去联结——排斥、背叛、失落、孤独，可能会导致一系列困难的情绪。愤怒是一种常见的反应，因为失去联结很痛苦，让我们感到不安全。愤怒是一种天然的自我保护（阳），但这种情绪在已经失去积极意义之后，依然会持续多年。在第7课中，我们要重点讨论失去联结的愤怒，以此作为例子，说明如何用静观和自我关怀来应对失去的联结。

愤怒不一定是"坏事"。就像所有情绪一样，愤怒有积极的作用。教师可以让学员列举一些例子，说明愤怒在人际关系中有益的一面。下面是一些可能的回答：

- "愤怒告诉我们，有人跨过了我们的边界，以某种方式伤害了我们。"
- "愤怒可以为我们提供必要的能量，用于保护自己或采取行动、做出改变。"教师可以让学员举一些例子，比如愤怒如何促使一个人逃离家庭暴力或为社会公平正义而奋斗。
- "如果愤怒能减少对他人的伤害，那这种愤怒就是明智的。"教师可以让学员举一些例子，比如用严厉的语气教育一个让自己陷入危险境地的孩子。这就是**有力**的关怀，或者阳性的关怀。
- "如果我们不把愤怒转化为严厉的自我批评，愤怒就有利于我们的一般幸福感。"

就像所有的情绪一样，我们**与愤怒的关系**决定了它是有益的还是有害的。

接下来，教师可以问学员，愤怒在什么情况下是**有害**的。下面是一些例子：

- "愤怒可能对我们的身体健康有害（升高血压等）。"
- "愤怒能破坏关系。"
- "愤怒会让我们脱离当下的情境。"

如果我们不断地让自己的情绪变得坚硬起来，试图保护自己免受攻击，久而久之我们可能会产生苦涩和怨恨的情绪。愤怒、苦涩和怨恨都是"坚硬的情绪"（Christensen，Doss & Jacobson，2014）。坚硬的情绪抗拒改变，即便我们不再需要这些情绪了，我们依然会在很长一段时间里带着它们。下面有一些相关的说法：

- "愤怒会腐蚀其流经的血管。"
- "愤怒是我们捡起来扔向他人的火炭。"
- "愤怒是我们为了毒死他人而饮下的毒药。"

用静观和自我关怀去面对愤怒

如果我们认定愤怒不再能帮助我们，不能保护我们，反而变成坚硬的苦涩情绪，我们就可以探索愤怒，学着用新的方式做出回应。如果我们在关系中体验到了无用的愤怒或苦涩，就可以通过下面的步骤打开自我关怀之门。

- **认可愤怒**。首先，我们需要充分认可我们的愤怒，然后才能采取行动。很多人知道自己生气了，但他们仍然会因为愤怒而用不易察觉的方式批评自己。对于女性和一些遭受歧视的群体来说尤其如此，愤怒会让他们付出高昂的代价。请**认可**愤怒拥有阳性的品质——当我们生气的时候，既要相信我们的确愤怒了，也要相信我们自身的价值。
- **柔软的情绪**。下一步是识别愤怒这种坚硬情绪背后的**柔软情绪**。愤怒通常会保护更为温柔、敏感的情绪。教师可以让学员举一些柔软情绪的例子，比如感到害怕、孤独或失落，对于这些情绪，愤怒可能会起到保护作用。
- **未被满足的需求**。在柔软情绪的背后，通常是**未被满足的需求**（Rosenberg，2015）。未被满足的需求包括被看到、被听到、被认可、建立联结、被尊重、被了解的需求。最普遍的需求是被爱的需求。大卫·怀特（David Whyte）在他的著作《安慰》（*Consolations*）中写了一篇关于愤怒的文章，他细致地重新审视了愤怒，教师可以读一段文中的话，这篇文章的开篇是："愤怒是最深刻的关怀。"教师应该邀请学员反思自己对爱的需求,并且思考如果他们在自己和他人身上看见了这种需求,他们的生活将会有何不同。学员通常会发现,如果他们能在心中一直记住我们所有人都需要被爱,他们就不会那么害怕他人,也不会那么孤独了。
- **自我关怀**。认可愤怒、找到柔软的情绪、发现未被满足的需求都是静观的技能,它们使最后一步——做出**关怀的回应**,成为可能。如果我们不再沉浸于愤怒之中,明白我们未被满足的需求是普遍的、合理的、有价值的,我们就更容易唤起对自己的关怀。如果我们能做到自我关怀,就能给予自己多年以来一直渴望从他人那里得到的爱与关怀。

满足未被满足的需求
(30 分钟)

这项练习的目的是认可愤怒的体验,并以自我关怀来满足潜在的需求,谨慎地将阴与阳的品质结合起来。这是一项课堂练习,因为其中有许多阶段,即使那些头脑清晰的学员也难以完成。教师应该清楚,这项练习的关键要点是在最后呈现的,即用自我关怀来满足未被满足的需求。在那个阶段,即使学员不完全清楚自己有什么未被满足的需求,或者愤怒之下隐藏了哪些柔软的情绪,他们依然可以用关怀来面对自己的痛苦。

为了让这个练习变得更容易、更安全,我们要让学员把注意力放在一段过去的关系上,在这段关系中,愤怒已经不能再起到保护作用了。尽管如此,这项练习之所以这样设计,是为了让学员在需要的时候,依然能运用自我关怀中具有保护性的一面。同样很重要的是,学员在这项练习中,应该选择困难程度介于轻度到中度的关系,不要选择创伤性的关系,否则他们将无法完成练习。即使学员选择了一种相对良性的关系来做练习,仍然可能激活旧日的伤痛或需求。因此,就像所有其他练习一样,如果学员在练习过程中情绪失控,他们可以自由选择跳过或中止练习。在练习的某些时刻,教师可以帮助学员决定是否要继续做下一阶段的练习。

指导语

- "请闭上眼睛，回想一段过去发生的、现在仍然让你感到愤怒或苦涩的关系，这段关系给你带来的困扰程度，要介于轻微到中等程度之间，不要选择给你带来创伤的关系。在你选择的关系中，愤怒已经**不再有意义了**，不能再保护你了，而你也准备好放下愤怒了。"（**停顿，给学员反思的时间**）
- "现在，在这段关系中选择一件依然困扰你的具体事件。如果你选择的事件不是太轻松，也不是太困难，你就更有可能保持专注，将练习进行下去。"（较长的停顿，给学员反思的时间）
- "尽可能回忆生动的细节，找到自己的愤怒，感受愤怒在身体里的感觉。"

认可愤怒

- "要知道，你现在有这种感觉是很自然的。让愤怒的能量自由地在体内流动，不要试图控制或抑制这种能量。你可以对自己说，'感到愤怒是完全合理的''我的愤怒在试图保护我'或者'我并不是孤身一人，许多人在这种情况下都会有这种感觉'。"
- "**充分认可**愤怒的体验，同时也不要太纠结于谁对谁说了什么或做了什么。"
- "如果你现在最需要做的就是认可你的愤怒，那就没必要再往前走了。也许你在过去压抑了自己的愤怒，现在需要充分地感受愤怒。如果是这样，就忽略接下来的指导语，让其融入背景之中，让愤怒流经自己的身体，不带任何评判。如果你愿意，可以给自己一个支持的手势，比如把一只拳头放在心上（表示力量），用另一只手捂住拳头（表示温暖）。"

找到柔软的情绪

- "如果你确信愤怒不能再保护自己，想要放下愤怒，那我们就看看愤怒的背后有什么。在愤怒的背后，有没有什么柔软的感受？"
  - "受伤？"

- ○ "害怕？"
- ○ "孤独？"
- ○ "悲伤？"
- ○ "羞愧？"
- "如果你能发现柔软的情绪，就试着用一种温柔、理解的声音把它说出来，就好像你在向一位亲爱的朋友表达支持，'哦，那是悲伤'或者'那是恐惧'。"(**停顿**)
- "同样地，如果你需要，可以停留在这里。你觉得怎样合适？"

发现未被满足的需求

- "如果你已经准备继续下去，就看看自己能否从这段伤痛的往事中走出来，哪怕只有一段时间也好。你可能会思考对与错。看看自己能否把这些想法放在一边，问问自己，'我有哪些**基本的**需求，或者当时我有哪些需求没被满足'。那种需求是……"
  - ○ "被看见？"
  - ○ "被听见？"
  - ○ "安全？"
  - ○ "联结？"
  - ○ "受到重视？"
  - ○ "感到自己是特别的？"
  - ○ "尊重？"
  - ○ "爱？"
- "再次试着用温和、理解的声音说出你的需要。"(**停顿**)

用关怀做出回应

- "如果你想继续下去，就试着将一只手或双手放在身体上，对自己表示支持。如果你还没这样做，就请这样做吧。这双手一直是向外伸出的，渴望从他人那里得到关怀，而现在，这双手能给你所需要的东西。即使你希望从对方那里得到善意和理解，而那个人却因为各种原因给不了你这些，你也依然能给予自己善意与理解。"
- "你还有另一种资源——你自己的关怀，你可以开始更直接地满足自己的需求。你想听到什么话？你能对自己说那些话吗？比如……"
  - "如果你需要被看到，心怀关爱的你可以对受伤的你说，'我看见你了'。"
  - "如果你需要联结，心怀关爱的你可以说，'我在这儿陪你'或者'你是有所归属的'。"
  - "如果你需要尊重，你可以说，'愿我知道自己的价值'。"
  - "如果你需要感受到爱，你可以说'我爱你''你对我很重要'或者'我看到你了'。"
- "也就是说，你现在就可以对自己，或对自己的一部分说出你一直渴望从别人那里听到的话，也许你已经等了很久很久。"(**停顿**)
- "你希望别人怎样对待你？你能否开始采取行动照顾自己，哪怕只做出一点点改变，就像你一直希望别人对待你的那样，这样做对你来说有意义吗？"(**停顿**)
- "如果你无法为自己未被满足的需求表达关怀，或者如果你感到困惑，找不出未被满足的需求，那你能为自己的这种困境而关怀自己吗？"
- "现在停止练习，在自己的体验里休息，让这一刻保持原样，也让自己保持原样。"
- "轻轻地睁开眼睛。"

沉淀与反思

在这项有挑战性的练习结束时，学员可能会感到疲惫。教师应该肯定学员的努力，同时邀请他们让自己的体验沉淀下来，并反思刚才的体验。为了准备接下来的问询，教师可以问下面的问题：

- "**认可**自己的愤怒，给你带来了什么感觉？"
- "你能在愤怒背后找到**柔软的情绪**吗？如果能，有哪些情绪？"
- "你能发现**未被满足**的需求吗？"
- "试着用自我关怀来满足未被满足的需求，给你带来了什么感觉？"

- "你现在有何感受？"

问询

与其他练习相比，"满足未被满足的需求"可能会在问询中引起许多不同的反应。有些学员觉得这是他们人生中第一次被允许生气，并且因为不加评判地让愤怒自由流动而改变了自己。有些学员想要放下愤怒，他们顺利地做完了练习，并且在每个阶段都体验到了相应的情绪释放。还有些学员完成了练习，但无法放下过去希望对方满足自己需求的愿望。还有一些人在走神或睡着了。

很重要的一点是，教师不能暗示"愤怒是坏的"，尤其不能对女性学员和其他处于劣势地位或遭受歧视的群体成员传达这样的信息。教师的认可是很重要的。请看下面的例子：

艾丽西亚：我在发抖。

教师：你还好吗？

艾丽西亚：我没事。其实，我感觉好极了。而且我气坏了！

教师：你能详细说说吗？

艾丽西亚：在我的生活中，一直有人告诉我，女人不应该生气，这样会让女人变丑。母亲一直不遗余力地向我传达这个信息。我男朋友最近做了一件让我很生气的事，我一直在试图原谅他、理解他、同情他，但你知道吗，我很生气！

教师：所以，你是否停留在了练习的第一部分，只是认可和感受自己的愤怒？

艾丽西亚：是的。这是我有生以来第一次允许自己的愤怒自由流动，不评判也不抑制。我意识到我需要这种愤怒！他不应该那样做，而我需要划清界限，需要说不。

教师：哇，这很棒。

艾丽西亚：真的很棒！我不知道自己要做什么，但我觉得愤怒是一种流淌在我体内的生命力，我需要它。这是一件好事。

教师：阳性的自我关怀出来保护我们，这是一件好事，也是自我照料的一个重要方面。

艾丽西亚：我需要在这种感觉里停留一会儿。最好还得仔细想想怎么和男朋友谈这件事。

教师：好，就在这种感觉里停留一会儿吧。你不需要改变任何东西。我相信，当你和男朋友谈话的时候，你可以运用你内在的智慧来决定如何表达自己的情绪是最好的。

艾丽西亚：谢谢你。这真是一份珍贵的礼物。

对于许多学员来说，这个练习的主要目的是帮助他们感受并拥抱自己的愤怒，尤其是如果愤怒起到了保护作用，那就更需要如此。我们很难将温柔的阴性关怀用在愤怒这种感受上，所以，如果学员产生了强烈的愤怒，他们最好停留在认可的阶段，让他们的愤怒自由地在体内流动。这项练习可以帮助学员直接利用自我关怀中具有保护性、为自己赋能的方面。如果教师能够认可他们的愤怒，那么在教师的帮助下，这种愤怒就可以发生转变。

还有些学员可能会在练习中感到不知所措，如果教师能在问询中帮助他们保持专注，给予他们支持和鼓励，他们就更容易消化"满足未被满足的需求"所带来的信息。如果学员在练习中没跟上指导语，教师可以带学员回到分心的步骤，然后陪伴学员进行下一阶段（或下几个阶段）的练习，如下面的例子所示。

吉姆：这个练习对我不太管用。当我们进行到用自我关怀来满足未被满足的需求那一步时，我感到很难过，因为我不想为前妻对我做的事而关怀自己。我需要她道歉。

教师：我能看出你受伤了。我很抱歉这么问，但你认为你能得到她的道歉吗？

吉姆：不，不太可能。她毛病太多了，不可能道歉……好吧，我很生气！

教师：你当然生气了。看来你在练习中选择了一段相当困难的关系，但既然我们已经做出了选择……我可以问你一个问题吗？

吉姆：可以。

教师：你能在自己的愤怒背后找到一种柔软的情绪吗？

吉姆：不行，我找不到。

教师：你觉得现在生你前妻的气很重要吗？这种愤怒在以某种方式保护你吗？还是说你想要放下一些愤怒？

吉姆：我想放下愤怒，因为我花了太多时间去想这些了。就像那句俗话说的，"她一直待在我的脑子里却不付房租"。这种情绪让我做噩梦。太痛苦了，我们十年前就分手了！

教师：好的，第一步就是找到痛苦的地方……你现在能在身体里感受到这种痛苦吗？

吉姆：能，我的肠胃一直在抽动。我觉得我的肚子好像被踢了一脚。

教师：你愿意把手放在肚子上吗？用一种温柔的方式与这种感觉待一会儿，好吗？（吉姆与教师一起做这个动作）婚姻可能会造成这样的伤痛。

吉姆：（一直把手放在肚子上）

教师：现在，如果你感觉合适，你是否愿意试着把另一只手放在心上或其他能安抚你的位置……因为不仅你的肚子在受苦，你自己也在受苦。

吉姆：（一只手放在心上，另一只手放在肚子上）

教师：当你这样做的时候，你能找到愤怒背后的其他情绪痛苦吗？能找到**柔软**的情绪吗？

吉姆：能，孤独。我觉得很孤独，我猜是这样。

教师：（停下来让吉姆有时间去感受他的孤独）你能否在身体某个特别的部位感到这种孤独？

吉姆：能，我的胸口有一个空洞。我很熟悉那种感觉。

教师：当你感到那种孤独的时候，你需要什么？包括现在……在这样的时刻你需要什么？

吉姆：（停顿）我只需要知道有人爱我。（开始流泪）

教师：吉姆，你能大声说出来，真的很勇敢。如果你向四周看看，你会发现你感动了我们许多人。

吉姆：（环顾四周，看到许多人的眼睛都湿润了）谢谢你们……谢谢你们每个人。

教师：我想知道，下次你有这种感觉的时候，你会对自己说什么，也许能说一些善意和理解的话？

吉姆：也许会说一句"想得到爱并不是犯罪"。

教师：谢谢你，吉姆。你现在感觉如何？

吉姆：好一点儿了。谢谢。

有些学员跟着大家做完了整个练习，但第一次的感觉并不是很深刻，吉姆正是其中之一。如果学员选择了一段非常有挑战性的关系，并且想在练习中解决其中的问题，就可能发生这样的情况。在问询的过程中，吉姆与教师重复了大部分的练习，但这一次，在教师和其他学员的支持下，吉姆与自身体验的联结更为紧密了。他在情绪上的真诚与其他学员产生了共鸣，而他也在当下得到了他渴望从前妻那里得到的接纳。通过分解"满足未被满足的需求"这个练习，教师也提醒了每一位学员，练习中有不同的元素，每种元素都可以运用于日常生活。

要为这项充满情绪的练习画上句号，教师可以读一读马克·尼波（Mark Nepo，2000，p.158）的《坦率》(*Being Direct*)中的一段话，这段话的开头是："我们浪费了太多的时间试图掩饰我们真实的自己。"这段话指出了我们愤怒背后的伤痛，以及我们都希望被爱的普遍愿望。

滑稽的动作（可选）
（5分钟）

课程进行到这个阶段，教师可以想出一些"滑稽的动作"，给教室里带来一些轻松、有趣的气氛。比如，教师可以带学员跳一些简单的舞步，然后逐渐加快速度，也可以邀请学员想出像巨蟒剧团（Monty Python）⊖一样的"滑稽行走"动作（可以使用关键词"silly walk"和"Monty Python"搜索相关视频）。

下面的指导语所讲的是一位名叫拉里·巴特勒（Larry Butler）的学员提出的关于"滑稽的动作"的示例。这项练习可以用幽默的方式呈现，也可以当作只传授给少数特殊的人的"神奇练习"。这样的指导语能在练习变成玩乐之前就勾起你的兴趣。教师应该一边说指导语，一边做出演示。

指导语

- "请大家起立。如果你不能站起来，就请坐着加入我们的练习。我们先

⊖ 英国六人喜剧团体。——译者注

对着地板**甩甩手**,就好像要把水从手上甩掉。"(**教师开始做出示范**)
- "现在,请注意整个身体如何随着手的动作而晃动,你每次甩手的时候,身体都在有节奏地上下跳动。"(**教师开始晃动身体**)
- "也许你会注意到每次晃动的时候,嘴里都会发出奇怪的声音。"(**教师发出咕噜咕噜的声音**)
- "现在请注意,你的脚可能已经自行**离开地板**——飞起来了!这就是这个练习神奇的地方。"(**教师开始上蹿下跳**)
- "现在你的**手臂**也动起来了,就好像手臂突然有了自己的生命一样。"(**教师开始在空中挥舞双臂**)
- "你的腿也动起来了,瞧啊!"(**教师开始踢腿,继续发出声音**)
- "你的身体也可以开始**旋转**。"(**教师挥舞着手臂,转着圈,发出滑稽的声音**)

很快每个人都笑了。当教师发现学员的动作开始慢下来的时候,他们可以带领大家鼓掌,并且对全班同学说:"女士们、先生们,这就是'神奇的气功'!"(教师还可以起其他的名字,比如"傻乎乎的瑜伽""花式上篮",等等。)

宽恕(可选)
(10 分钟)

当学员发现他们很难原谅某个给他们带来痛苦的人时,"宽恕"的话题自然而然地会在"满足未被满足的需求"练习之后出现。这个主题包含五个步骤,概括了如何宽恕他人给我们带来的痛苦,以及如何宽恕自己可能给他人带来的痛苦。在静观自我关怀课程中,宽恕并不是一个全新的主题,因为第 1 课已经介绍过这个主题,当时教师曾指出,我们会由于自身的差异(尤其是看不见的差异)而在无意中伤害彼此,然后为自己和全体学员提供了一些宽恕的话语。

宽恕这个主题是可选的,因为通常在休息之前没有足够的时间讲完这个主题。但是，如果学员提到了相关的话题，教师可以简明扼要地讲述下面的要点，也可以在课后通过电子邮件与学员分享下面的信息。(更多有关宽恕的信息，见 Aktar & Barlow，2018；Enright & Fitzgibbons，2000；McCullough，Pargament & Thoresen，2001。)

宽恕练习的核心是，如果我们不能对自己经历过的痛苦或给别人造成的痛苦敞开心扉，我们就无法宽恕他人或自己。要宽恕**他人**，我们必须首先面对一个简单的事实，那就是我们受到了伤害。要宽恕**自己**，我们必须先对伤害他人带来的内疚或羞愧敞开心扉。俗话说："宽恕就是放弃改变过去的幻想。"

宽恕并非接纳糟糕的行为，也不是要回到一段伤害过我们的关系中去。如果我们一直处于焦虑或恐惧的状态，我们就无法原谅任何人。换句话说，如果我们在一段关系中受到了伤害，我们需要先保护自己，才能宽恕他人。文化上的伤害尤其如此，我们需要先有安全感，才能看到压迫我们的人身上的人性，并且开始原谅他们。

虽然我们觉得来自他人的伤害是针对我们个人的、故意的，但这种伤害通常是许多因素（原因与条件）相互作用的产物，而这些因素可追溯至很久以前。比如，那些侵犯我们的人可能在一定程度上遗传了他们父母和祖父母的性情，而他们的行为可能是由他们的个人经历、文化认同、健康状况、当时的情况等因素共同造成的。因此，对于自己每时每刻的言行，他们缺乏足够的了解和充分的掌控。每个人都是如此，包括我们自己。

有时我们会在无意中伤害别人，但我们依然会为造成这样的痛苦而后悔。例如，一个坠入爱河的人选择和一个更适合她的人在一起，或者一个年轻人离开家，而他的父母感到失去了儿子、十分孤独。这种痛苦不是任何人的错，但我们依然可以承认这种痛苦，并且用自我关怀治愈它。

如上文所述，宽恕包含了五个步骤。教师可以为学员总结这些步骤，也可以为每个步骤举个例子加以说明。

步骤 1：**敞开心扉面对痛苦**——与某件事情带来的痛苦相处。

步骤 2：**自我关怀**——不论造成痛苦的原因和条件是什么，都要允许自己因为痛苦而心怀善意与理解,让自己的心随之融化。

步骤 3:**智慧**——开始认识到这件事并不完全是针对你个人的,而是许多相互依赖的原因和条件所导致的结果。

步骤 4:**宽恕的意愿**——"愿我原谅自己(他人),原谅自己(他们)有意或无意给我(他们)带来的痛苦。"

步骤 5:**保护的责任**——向自己承诺不重蹈覆辙,或者承诺尽力远离危险。

如果还有时间,教师可以指导学员用这五个步骤做练习。教师可以邀请学员回想一个他们想要原谅的人(这个人给他们带来的痛苦程度介于轻度到中度之间,而且他们已经无须再保护自己免受这个人的伤害),然后一同做完这些步骤。

时间是最重要的。比起带领宽恕练习,教师可能更愿意朗读大主教戴斯蒙德·图图(Desmond Tutu)和他的女儿姆福(Mpho)的一段祷文(Tutu & Tutu, 2015),其标题为《祈祷之前的祈祷》(*Prayer before the Prayer*)。这篇祈祷文可以帮助读者理解重温旧日伤痛时自然而然产生的矛盾心理,这种矛盾是真正宽恕的前兆。

休　　息
(15 分钟)

像往常一样,教师应该给学员恢复精神、与其他学员建立非正式联结的机会。休息在第 7 课中尤为重要,因为这节课很有挑战性。

软　着　陆
(2 分钟)

教师可以根据目前所学的内容自行设计软着陆练习,或者提供下面的练习列表，邀请学员自己做软着陆练习：

- 放松触摸。
- 温柔的声音。
- 即时自我关怀。
- 慈爱话语。
- 自我关怀呼吸。
- 脚底静观。
- 给情绪贴标签。
- 放松–安抚–允许。
- 询问"我需要什么"。
- 活出生命的誓言。
- 自我关怀身体扫描。
- 心怀关爱的友人。
- 自我关怀动作。
- 给予和接受关怀。

联结的痛苦
（10 分钟）

第 7 课后半部分的重点在于人际关系中的另一类痛苦——**联结**的痛苦。当我们亲近的人承受痛苦时，我们都会感受到这种痛苦。联结痛苦的基础，是我们与他人产生共情性共鸣的本能。

教师应该利用个人逸事、引用研究文献或使用其他教学方法（如视频或诗歌），让这个主题变得有趣一些。以下几个要点为探索联结的痛苦提供了概念框架。

人类的大脑是高度社会化的（Adolphs，2009；Lieberman，2013）。我们人类似乎有一些神经元，专门用来在自己的体内感受他人的情绪——**镜像神经**

元（Gallese，Eagle & Migone，2007；Rizzolatti，Fadiga，Gallese & Fogassi，1996）。除此以外，人们看见他人表达情绪，也会像他们体验自己的情绪一样，相似的神经回路也会被激活（Decety & Lamm，2006；Keysers，Kaas & Gazzola，2010；Lieberman，2007）。例如，如果目睹另一个人处于痛苦之中，观察者与处于痛苦中的人的脑结构激活是相似的（Bernhardt & Singer，2012；Decety & Cacioppo，2011；Saarela et al.，2007）。

我们与他人产生共鸣的能力具有演化上的适应性。我们不仅需要这种能力来抚养孩子，还需要相互理解与合作才能生存。虽然人们通常认为"适者生存"这一说法是查尔斯·达尔文（Charles Darwin）提出的，但实际上他认为**合作才是帮助一个物种生存下来的关键因素**——"善者生存"（Keltner，2009，p.52）。

情绪具有传染性（Hatfield，Cacioppo & Rapson，1993；Nummenmaa，Hirvonen，Parkkola & Hietanen，2008；Wild，Erb & Bartels，2001）。（教师可以给学员看一段关于共情性共鸣的幽默视频，这段视频可以通过搜索关键词"talking twin babies"在网络上找到。）大多数父母都见过孩子的情绪如何与自己的情绪产生同步，而他们也能通过改变自己的情绪来调节孩子的情绪（Calkins，1994；Morris，Silk，Steinberg，Myers & Robinson，2007）。请注意，共情发生在前语言的层面上，这也是在婴儿掌握语言之前，父母能够与婴儿进行情感交流的原因。

情绪共鸣也会发生在亲密的伴侣关系中。例如，假如你的伴侣带着好心情回家，而你却心情不好。你试图隐藏情绪，什么也不说。"怎么了？"你的伴侣问道，现在也变得闷闷不乐了。你说道："我怎么了？你又是怎么回事？"尽管我们已经尽了最大的努力，我们还是很难隐藏自己真实的感受，也很难抑制情绪的传染。我们会受到各种不易察觉的交流方式的影响，比如眨眼睛、长叹一声，或者一个人说话音调的轻微变化。因此，我们不可避免地要对别人的情绪负责（至少要负一部分责任），但他们也要对我们的感受负责。

这些传染性的情绪会让我们陷入恶性循环，消极情绪会让一个人产生负面的想法和评价，从而导致另一个人也产生类似或更糟的想法和感受（Fredrickson，Cohn；Coffey，Pek & Finkel，2008）。好消息是，自我关怀可以打破这种恶性循环,转而开启一个螺旋上升的过程。当我们产生关怀的时候,即对自己和他人产生善意与关心时,我们良好的态度会带来积极的想法,让我们与他人进行积极的互动。

关系中的即时自我关怀
（1分钟）

与其陷入恶性循环,不如把"即时自我关怀"(见第10章第1课)用在关系中,改变谈话的语气和方向。教师可以提醒学员在下次陷入激烈争执的情况下做一做"即时自我关怀"。例如,学员可以在互动中借机离开,把手放在心上或其他地方,表达对自己的善意或保护——提醒自己,自己的需要也很重要,然后默默地重复:"这是痛苦的时刻……任何关系都有痛苦……愿我坚强……愿我给予自己所需的关怀。"当一方或双方的威胁感消失,转变为一定程度的关怀和关心之后,双方就可以继续对话了。如果一看到对方,关怀的心境就会立即消失,那么练习"给予和接受关怀"(见第14章第5课)会有所帮助。

照料者疲劳
（15分钟）

照料者疲劳是人际联结痛苦的另一个例子。多数静观自我关怀课程的学员都是某种形式的照料者,比如照顾子女、年迈的父母,或者配偶,许多人也是医疗、精神健康和教育等领域的职业照料者。为了让这个主题保持趣味性和互动性,教师可以用提问的方式来介绍每个要点,可以从以下这两个问题开始:

- "在座的有多少人的工作就是照料他人——医生、护士、心理治疗师,诸如此类?"
- "有多少人在个人生活中也在照料他人——照顾孩子、年迈的父母、朋友、配偶或其他人?"

然后，教师可以讨论共情性共鸣如何成为**所有照料关系**的核心特征，以及当我们长时间感受他人的痛苦时，照料他人就会变得不堪重负，导致我们筋疲力尽。

教师可以提问："照料者疲劳有哪些迹象？"学员通常能找出沮丧、易怒、心不在焉、缺乏兴趣、回避、孤独、担忧和睡眠质量差等迹象和症状。然后，教师可以总结说，照料者疲劳不是一种弱点，而是一种人之常情。我们都有能够承受的共情性痛苦的极限。当痛苦太多时，我们会与这种体验对抗，进而变得疲惫、封闭。其结果是，我们可能会开始怨恨那些我们本应该照顾的人。这种态度上的转变，会让那些自认为天生善于关怀他人的人更加不安。

教师可以继续问："当我们感到照料者疲劳时，我们应该做什么？"常见的建议是自我照料——锻炼身体、和朋友待在一起，或者去度假。

"这些自我照料策略的主要局限是什么？"其主要的局限在于，自我照料往往需要你离开自己的职责。我们需要一些在履行职责的**同时**能帮助我们的策略。那么，问题就在于如何找到一种方法，让照料者这个角色本身不再那么劳神费力。

"有没有人觉得问题在于我们的关怀太多了，也就是说，我们是不是应该学着强硬一些？"这是一种常见的误解，这是由于人们混淆了**共情**与**关怀**这两个词。那这两者有什么区别呢？卡尔·罗杰斯（Carl Rogers，1961/1995）将**共情**定义为："对（另一个人的）世界的准确理解，就好像是从那个人的内心去看这个世界一样；对（另一个人的）世界的切身感受，就好像那是你自己的世界一样（P.248）。"**关怀**是一种共情的能力，并且还带有温暖与善意。如果我们只是感受别人的痛苦，却没有抱持这些痛苦的情绪资源，我们最终会感到耗竭。关怀是一种关心的感受，能够**拥抱**痛苦，而不是与之对抗（Bloom，2017）。共情说："我与你**感同身受**。"关怀说："我**抱持**着你。"

关怀是一种积极情绪，本身就充满了能量。神经科学家塔妮娅·辛格与奥尔加·克利梅茨基（Olga Klimecki）对两组人进行了几天的训练，让他们体验共情或关怀，然后给他们看一部描述他人痛苦的短片（Singer，Klimecki，

2014）。在这两组人中，影片激活了完全不同的大脑网络。接受共情训练的被试自述产生了消极情绪，而接受关怀训练的被试则产生了积极情绪。因此，更准确地说，人们常说的"关怀疲劳"应该叫"共情疲劳"（Klimecki & Singer，2012；Stebnicki，2007）。矛盾的是，要减轻照料者疲劳，我们需要**更多**的关怀，而不是**更少**。

接下来，教师可以提问："对于那些已经让我们疲惫不堪的人来说，我们如何增加对他们的关怀？"答案是"自我关怀"！共情性痛苦只是情绪痛苦的一个来源，对于这种痛苦，可能健康的反应是自我关怀。我们在照料他人的时候就能做到这一点。我们可以对自己说"这压力太大了，我觉得不堪重负了"，然后就在此时此地给予自己善意。作为照料者，我们常常认为自己只应该关心他人的需要，当我们认为自己付出的不够时，就会批评自己。然而，如果我们不照顾自己的情绪需求，我们的资源就会枯竭，无法为他人付出（Egan，Mantzios & Jackson，2017；Mills & Chapman，2016）。

重要的是，我们需要记住，我们照料的对象会与我们的精神状态产生共鸣。共情是双向的。如果我们感到沮丧和疲惫，对方就会与这些消极情绪产生共鸣，但如果我们的心态充满了善意与关怀，对方就会与这些积极情绪产生共鸣。这样一来，在照料他人的时候，拥有自我关怀实际上是我们给予他人的一份礼物。这不是自私。教师可以举例说明这一点，也许他们可以举自身经历的例子，比如抚养孩子或者照顾生病的配偶。

平静

处理照料者疲劳的另一项重要技能是**平静**。这个词是指在快乐与痛苦、成功与失败，或喜悦与悲伤等各种对立的事物之间保持平衡的心态。这是一种随着持续的静观练习而自然形成的豁达态度。平静不是冷漠的疏离，而是对于现实生活中转瞬即逝、相互依存的事物本质的深刻理解。这是一种不同的关爱，建立在亲密的情感与明智的洞察力的基础之上。

我们可以使用语言帮助自己从具有挑战性的情境中解脱出来，给自己足够的时间去客观地看待自己和他人，这样一来，我们就可以培养平静的品质。

赖因霍尔德·尼布尔（Reinhold Niebuhr，1943，p.xxiv）所写的《宁静祷文》（*Serenity Prayer*）就是一个这样的例子："上帝，请赐予我们雅量，让我们能平静地接纳无法改变的事情；请赐予我们勇气，让我们能改变应该改变的事情；请赐予我们智慧，让我们能分辨这两者的差异。"

平静给了我们情绪空间，让我们**选择**关怀并与他人保持联结。比如，有些学员也是心理治疗师，他们可能会联想到，即使他们很熟悉某位来访者，但当来访者提到自杀时，他们很快就会陷入情绪的纠缠。从那一刻起，治疗师的注意力就集中在了防止自杀上，或者一门心思地想要这样的来访者给出一个承诺，即在下一次治疗之前他们不会自杀。平静练习可以帮助临床工作者应对这样的情况，帮助他们从自然的恐惧反应中后退一步，与来访者保持共情性联结，一同为了制订有意义的安全计划而努力。

平静的关怀
（25 分钟）

"平静的关怀"是一项非正式练习，可以在照料他人的时候运用，以此作为一种自我关怀的反应，来回应共情性痛苦与疲劳。我们在讲授的时候，会将其作为一种有指导语的练习，这种练习结合了平静的话语以及"给予和接受关怀"冥想（见第 5 课）。

指导语

- "请找一个舒服的姿势，做几次深呼吸，把注意力放在自己的身体上，专注于此时此刻的感受。你可以把手放在心上，或者任何能够安抚、支持你的地方，提醒自己带着感情去觉察自己的体验与自我。"
- "让你照料的那个人出现在你的脑海里，他让你筋疲力尽或灰心丧气。你很关心这个人，而他正在忍受痛苦。在这个介绍性的练习里，不要想象自己的孩子，因为这样可能会带来更为复杂的动力。在脑海中清晰地想象这个人的样子，想象照顾他的场景，感受自己身体里的挣扎。"
- "现在，仔细倾听下面的文字，让文字轻轻地在你的脑海中浮现：
  - '我们在彼此的生命旅程中做伴。（**停顿**）我并非他痛苦的起因，也没有能力让他的痛苦完全消失，即使我希望如此，也无能为力。（**停顿**）这样的时刻让我难以忍受，但只要我力所能及，就会施以援手。'"
- "觉察身体里承受的压力，充分地、深深地吸气，将关怀吸入自己的体内，让关怀充满自己身体里的每一个细胞。允许自己通过深深的呼吸给予自己需要的关怀来得到安抚。"（**停顿**）
- "当你呼气时，为这个与不适感有关的人送去关怀。"
- "继续通过呼吸将关怀带入和送出，允许自己的身体逐渐找到一种自然的呼吸节奏——让身体按照本能呼吸。"
- "'为我吸一口气，为你呼一口气。''为我吸气，为你呼气。'"
- "偶尔扫描一下自己的身体内部，看看有没有不舒服的感觉，通过为自己吸入关怀、为对方呼出关怀的方式来回应不适感。"
- "如果你发现自己或者对方需要更多的关怀，就把注意力更多地放在朝向自己或对方的呼吸上。"
- "注意自己的呼吸正在体内抚慰着你的身体。"
- "让自己漂浮在关怀的海洋里，这片无边无际的海洋能将一切痛苦拥入怀中。"（**停顿**）
- "然后再次倾听这些文字：
  - '我们在彼此的生命旅程中做伴。（**停顿**）我并非他痛苦的起因，也没有能力让他的痛苦完全消失，即使我希望如此，也无能为力。（**停顿**）这样的时刻让我难以忍受，但只要我力所能及，就会施以援手。'"
- "现在，停止练习，允许自己做此时此刻最真实的自己。"
- "轻轻地睁开你的眼睛。"

沉淀与反思

教师给学员 1～2 分钟的时间，让练习在心中沉淀下来，尤其是要允许他们在那些让他们感到放松或自由的话语、感觉或情绪上停留一会儿。

问询

照料者通常会感谢"平静的关怀"让他们看到了自己的局限性,并允许他们在照料别人的同时照顾自己的需求(阳性的自我关怀)。这对于女性来说尤其具有挑战性,因为她们习惯于把别人的需求看得比自己的需求更重要。尽管教师不提倡这么做,但有些学员在做这项练习时依然会在脑海中想象自己的孩子。我们不鼓励学员在首次练习时就处理孩子的问题,因为年幼孩子的父母往往认为自己的确是孩子痛苦的唯一原因。然而,即使是年幼孩子的父母,在理解了平静的智慧之后,也能从这项练习中获益良多。也就是说,我们的想法和感受是由无数相互依赖的因素所决定的,其中大多数都超出了我们的理解和掌控。这种领悟释放了我们的心灵,让我们的关怀变得现实、可持续。请看下面的问询。

芭芭拉:我现在照料年迈的父母。他们仍然住在自己的家里,我父亲常常大小便失禁,而母亲拒绝把他送到养老院去,也不愿意和他一同去养老院生活。我能看出现在的状况对她造成了影响。我们的关系一直都不好,她比以前更爱生气了。

教师:听起来你的处境很艰难,芭芭拉。请问你在练习中听到平静的话语时有什么感觉?

芭芭拉:真是松了一口气!我好像发出了一声大大的叹息。希望我没有打扰别人!

教师:有没有哪些话语最能打动你?

芭芭拉:有,就是提醒我们有不同的人生旅程的那部分。我可以看到母亲的整个人生轨迹,以及她如何用强硬、有原则、时常生气的态度生活下去。我意识到她就是那样的人,当她生我的气时,其实我没有错。

教师:这听起来很重要,芭芭拉。为自己吸气、为妈妈呼气的时候有什么感觉?

芭芭拉:我觉得呼吸的部分还是挺容易的。我真想为自己吸气,因为我为自己的痛苦感到难过,为母亲对待我的方式感到难过,然后我开始为她的痛苦感到难过。我想对她再多敞开心扉一些,就像对自己感到关怀一样。我真的在为她呼气,为她的糟糕处境送去关怀。人上了年纪还得受那么多苦,真是一点儿也不公平。

教师：是的，这不公平。我很欣赏你能对自己的悲伤敞开心扉，让自己看到母亲愤怒背后的原因，这就是关怀。你好像第一次做就体验到了这项练习的精髓。你觉得自己能在去拜访父母的时候用上在这儿学到的东西吗？

芭芭拉：能，我觉得能。我想把这段平静的话语写在一张卡片上，放在车里，我也想在我去父母家的时候练习呼吸。到时候就知道会怎么样了。

教师：好的，让我们拭目以待吧。谢谢你，芭芭拉。

这段问询进行得很顺利，因为芭芭拉只想分享她的练习过程，以及练习带来的解脱。芭芭拉可能想要更多地分享她的故事，但教师得体地把话题引导回练习本身，而芭芭拉向全体学员讲述了平静的话语如何为她创造空间，让她更好地理解母亲，也更好地对待自己。这就是这项练习的目的，通过分享自己的体验，芭芭拉很好地说明了这一点。最后，教师肯定了芭芭拉的关怀能力，并帮助她把课堂体验与日常生活联系了起来。

有些照料者觉得自己没有资格为自己吸气。教师可以用在飞机上使用氧气面罩来比喻："当客舱内气压下降的时候，请在帮助他人之前，先戴上自己的氧气面罩。"教师还可以指出，新生儿必须先吸气才能呼气，产房里的每个人都在焦急地等待孩子吸气。吸气不仅是生存所必需的，而且在我们成年以后，他人也希望我们能为自己吸气！

家庭练习

（2分钟）

这节课的新练习有：

- 心怀关爱的友人。
- 关系中的即时自我关怀。
- 平静的关怀。

此外，有些学员可能想要"满足未被满足的需求"的指导语。这项练习可以在《静观自我关怀》一书中找到。

如果学员在这项练习中有一些残留的情绪，我们建议他们运用自己目前学到的技能——不以消除困难为目的，而仅仅是因为关怀是一种健康的回应方式。

下节课是静观自我关怀的最后一课。接下来的一周是学员复习所有在课程中学过的练习的好机会，他们也可以在这个时候记下哪些练习是他们愿意在课程结束后继续做的。我们也可以邀请学员把他们想在最后一节课分享的内容带到课堂上来，比如诗歌、短篇故事或者个人反思。学员不必觉得自己必须在最后一堂课带上什么东西，因为结课仪式已经为每个人提供了做出贡献的机会。

结　　束
（2 分钟）

教师可以用"一个词分享"、片刻的静默或者米勒·威廉斯（1997）的诗《关怀》（*Compassion*）来结束第 7 课。这首诗也被配上了音乐，由他的女儿露辛达·威廉斯（Lucinda Williams，2014）录制。有些教师喜欢修改米勒·威廉斯的诗中的几个关键的代词来指代自己，从而将其改为一首**自我关怀**的诗。

Teaching
the Mindful Self-Compassion
Program

第 18 章

拥抱你的生活 / 第 8 课

概 览

开场冥想： 关怀自我与他人
课程标题： 拥抱你的生活
主　　题： 培养幸福感
主　　题： 品鉴与感恩
非正式练习： 为小事感恩
主　　题： 自我欣赏
非正式练习： 欣赏我们的美好品质
休　　息
软　着　陆
课堂练习： 我想记住什么
主　　题： 坚持练习的建议
结　　束

开 始

- 在这节课中,学员要:
  - 学会练习品鉴、感恩与自我欣赏,以纠正人类与生俱来的负向偏差。
  - 思考自己在课程结束后想要记住的关键领悟与练习。
- 现在介绍这些主题是为了:
  - 帮助学员培养幸福感,支持关怀训练。
  - 鼓励学员在课程结束后继续练习。
  - 以积极向上的方式结束课程。
- 本节课的新练习:
  - 关怀自我与他人。
  - 为小事感恩。
  - 欣赏我们的美好品质。

 ## 关怀自我与他人

这个新的冥想扩展了慈爱与静观话语的应用范围,将学员脑海中可能出现的生命都包含在内,一个接一个地为他们送去祝愿,从而让学员的心灵变成一个友善、充满关怀的栖居之所。在学员自己对关怀的需求得到满足之后,我们邀请学员扩展关怀练习的范围,将其他人也包含在内。

教师可以表明,即使世界没有改变,我们依然可以对脑海中出现的每一个生命培养友善和关怀的态度,从而过上幸福的生活。

指导语

- "请找一个舒服的位置坐下,闭上眼睛,放松地深呼吸三次。"
- "将手放在心上,或其他能够安抚你的地方,让自己感受手掌温柔的触摸或手心的温暖。"
- "然后敞开心扉,面对身体里的所有感觉,感受所有的脉动与颤动,留

意此时拥有一副人类的身躯是什么感觉。"(**停顿**)
- "开始感受自己的呼吸，感受吸气和呼气的感觉。"(**停顿**)
- "现在，开始给自己一些善意——不断地为自己吸气，也可以在每次呼吸时在心里给自己一个微笑，或者在呼吸时对自己说善意的话语，比如'愿我幸福，远离苦难'。"(**较长的停顿**)
- "如果你准备好了，就让自己留意进入脑海的人或其他生命。如果有人出现了，就为他送去一些善意吧，可以是以此放松的呼气、一个内心的微笑，或者'愿你幸福，远离苦难'这样的话。"(**较长的停顿**)
- "与这个人在一起待一会儿，用你喜欢的方式为他送上美好的祝愿，你想祝福他多久，就祝福他多久，然后等待下一个出现在你脑海中的生命。"
- "让这个过程变得缓慢而轻松，和每个人都待一会儿，至少持续几次呼吸的时间。"
- "如果你需要，可以随时把注意力转移回自己身上——回到自己的家园，想待多久都可以。"(**较长的停顿**)
- "然后，再向出现在你脑海中的人敞开心扉。"
- "最后，停止冥想，让自己感受当下真实的感受，做真实的自己，哪怕只在此刻如此。"

沉淀与反思

像往常一样，教师应该给学员消化冥想体验、反思之前感受的机会。

问询

根据剩余的时间长短，教师可以自由选择是否跳过这次冥想的问询，直接进入当天的主题。不过，如果教师要做问询，可能会出现下面的情况。

佐伊：刚才的感触挺强烈的。

教师：你愿意分享一下吗？

佐伊：冥想一开始很简单。我的孩子出现了，我向他们表达了慈爱。我的朋友出现在脑海里，我也给他们送去了慈爱。我感觉很好。但后来那些我不太喜欢的人开始出现了，有我之前的老板，还有某个权威人物，我在这儿不提他们的名字。我试着向他们表达慈爱，但我做不到，我感觉很麻木。于是我照你说的做了，让注意力回到自己身上，因为自己的麻木而关注自己。从这时候起，事情就开始发生变化了，信不信由你，我甚至开始对这位权威人物怀有一些善意了。我说，"愿你在智慧和关怀方面有所成长"。但我的语气并不尖酸刻薄，我真的感觉到了真诚。我没想到会这样，然后我的心开始扩张了，就好像它没有边界一样，太神奇了。

教师：现在你的脸上充满了喜悦，看起来真的很美好。谢谢你的分享，佐伊。

在这次问询的过程中，教师唯一的任务就是见证佐伊的体验，并分享她的快乐。

"关怀自我和他人"不但是一种慈爱和关怀冥想，从某种角度上看，它还是一种静观冥想——**静观众生**，因为我们把爱的觉知带给了一个又一个出现在我们脑海中的生命。具有挑战性的人难免会出现在我们的脑海中，他们的出现为我们提供了一个练习的契机，我们可以借此学习让关怀在他人和自我之间转换（为自己补充能量），至于是关注他人还是关注自己，取决于我们需要什么来维持善意和关怀的心态。

拥抱你的生活
（1 分钟）

第 8 课 "拥抱你的生活"中的练习，能帮助学员发现并享受生活中的**积极**面，这些积极面也包括他们自身。这节课还会鼓励学员坚持做静观与自我关怀练习，帮助学员在课程结束后拥抱自己的生活。

培养幸福感
（5 分钟）

在之前的 7 节课里，静观自我关怀课程主要关注的是**消极**体验，以及静观和自我关怀将消极体验转变为积极体验的潜力。毕竟，关怀是一种积极的情绪。然而，生活中有好有坏，有苦有甜。这节课的重点是探讨如何最大限度地利用我们生活中的积极体验与我们的积极品质，这样我们才能充分地享受生活中的所有时刻。为了保有坚持关怀训练所需的能量与乐观精神，品鉴生活中的美好之处也是必要的。

第 2 课（见第 11 章）曾讨论过，大脑在演化中形成了关注问题的倾向。对于这种倾向，心理学的术语是**负向偏差**（negativity bias）（Rozin & Royzman，2001）。里克·汉森（2013，p.xxvi）巧妙地指出，对于我们来说，"坏事恒久远，好事转眼忘"。消极情绪（如恐惧、愤怒、羞愧）也会让我们的感知范围变得狭窄，而积极情绪（如喜悦、平和、爱）能拓宽我们的觉知（Fredrickson，2004a）。海伦·凯勒（Helen Keller，2000，p.25）写道："当一扇幸福之门关闭时，另一扇门就会打开，但我们常常眷恋那扇关闭的门，而对另一扇已经为我们打开的门视而不见。"

在这节课里，我们会教授三种通过矫正负向偏差来培养幸福感的方法：

- 品鉴。
- 感恩。
- 自我欣赏。

教师也可以诵读托尼·霍格兰（Tony Hoagland，2011）的诗《话语》（*The Word*）。这首诗说明了为我们生活中许许多多的待办事项增添快乐的重要性。

 品鉴与感恩
（10 分钟）

品鉴

品鉴是对积极体验的静观。它是指发现愉快的体验，**允许**自己被这些体验吸引，在这些体验中**停留**，然后再**放下**它们。研究表明，这种简单的练习可以极大地提高幸福感和生活满意度（Bryant & Veroff，2007；Quoidbach，Berry，Hansenne & Mikolajczak，2010）。研究也证明了品鉴（积极的回忆）能增加某些大脑区域（纹状体和内侧前额叶皮质）的活动，这些区域与积极情绪和抗逆力有关（Speer，Bhanji & Delgado，2014）。

我们在静修期间已经介绍了两个品鉴的例子："品鉴行走"和"品鉴食物"。在这两个练习中，包含"允许自己"享受这种体验的指导语，而没有让学员"试着自得其乐"。在积极的感受与情绪中停留，有一种简单的快乐，这对于努力练习静观与关怀的练习者来说，可能是一种根本性的发现。下面的例句就可以作为品鉴的指导语：

- "任何愉快的体验都可以成为一次品鉴练习。比如，我们可以摩擦自己的双手，仅仅留意我们此时手上的感觉。"（**演示这个动作**）
- "或者，我们可以慢慢地、轻轻地搓手，让自己**享受**双手摩擦的感觉。"（**继续演示**）
- "这种意图上的细微变化（这种品鉴的意图），是否在某种程度上改变了你的体验？"

然后，教师可以请全班同学发言。在这节课中，教师只需要指出，大多数静观练习都可以当作品鉴练习来做，不必引入新的品鉴练习。

感恩

感恩就是感谢生活给予我们的美好事物。如果我们只关注自己想要但没有的东西，那我们就会产生消极的心态。大量的研究表明，感恩练习可以增进身体和情绪的健康（Dickens，2017；Emmons & McCullough，2004；Jackowska，Brown, Ronaldson & Steptoe，2016；Wood, Froh & Geraghty，2010）。

感恩也是一种**智慧**的练习。智慧的一个组成部分就是理解事情的复杂性，也就是认识到每件事都与其他事件相互依赖（Olendzki，2012）。当我们练习感恩的时候，我们就承认了许多大大小小的因素都对我们的生活有所贡献。我们可以说，感恩就是智慧的**本质**，这就是智慧带给人的感觉。此外，感恩也是一种**关系**的练习、一种**联结**的练习。感恩之所以能带来喜悦，在一定程度上是因为感恩的人摆脱了与人分离的幻觉，对人与人之间的相互依赖产生了领悟。

教师可以给学员播放一段视频来说明感恩的力量。可以选择的视频有两个：

- 本笃会修士大卫·施泰因德尔–拉斯特（David Steindl-Rast）谈"感恩"的视频。访问 https://gratefulness.org 网站并点击"练习"（Practice），然后点击"美好的一天"（*A Good Day*），就可播放这个 5 分钟的视频。
- 冥想教师詹姆斯·巴拉兹（James Baraz）的 91 岁母亲塞尔玛·巴拉兹（Selma Baraz）描述儿子教她感恩练习的视频：如何用"……我的生活真的很幸福"这句话来结束抱怨。这个动人的视频可以在 YouTube 上找到。

 为小事感恩
（10 分钟）

下面"细数幸福"的非正式练习表明了感恩能够如何产生积极情绪（Fredrickson，2004b）。这项练习建立在科研的基础之上（Emmons & McCullough，2003；Krejtz，Nezlek，Michnicka，Holas & Rusanowska，2016），并且是由荷兰静观教师大卫·德维尔夫（David Dewulf）开发的一项练习改编而来的。

指导语

- "请写下 10 件**不起眼的小事物**——你经常忽略的事物，而这些事物让你心存感激，甚至可以是这间教室里的事物。比如按钮、橡胶轮胎、热水、真诚的微笑，或者眼镜。"（**等到全班 80% 的人都写完了再继续下一步**）
- "现在，请用'爆米花'式的回答大声说出你感恩的一两件事物。"

等到每个人都提到了至少一件事物之后，教师就可以问询学员，在发现和分享了他们所感恩的事物之后，他们有何感受。

讨论

大多数学员都表示,在做完这项练习之后,他们都感觉更幸福了,这也为感恩可以带来幸福感提供了体验性的证据。然而,如果有些学员因为自己没有感觉幸福而批评自己,那他们可能会感觉更糟。在这种情况下,教师可以指出其他人可能会有同样的反应,并鼓励他们用自我关怀来回应这种感受。

教师应该邀请学员每天坚持练习"为小事感恩",比如在每天晚上躺在床上睡觉的时候做这项练习。他们可以记下当天发生的10件令他们感恩的小事,用每根手指代表一件事。

自我欣赏
（10分钟）

在第8课中,自我欣赏是培养幸福感的第三种方法。前两种方法(品鉴与感恩)为自我欣赏打下了基础。欣赏我们自身的美好品质意味着我们有能力品鉴这些品质,并且我们需要对那些帮助过我们的人心怀感恩,这样才能欣赏我们自身的优点,而不感到脆弱和孤独。下面的教学要点为学员欣赏自身美好的品质做了铺垫。

教师可以首先询问:"在感恩练习中,有没有人注意到,你们忘记把个人的品质也归在感恩的事物中了?"我们可以为生活中大大小小的许多事情感恩,但我们很少会为自己身上的积极品质感恩。我们倾向于批评自己,关注自己的不足之处,认为自己拥有那些美好的品质是理所应当的。这样一来,我们就对自己形成了一种歪曲的看法。比如,教师可以问道:"教室里是否有人觉得很难接受赞美?"在通常情况下,当我们受到赞美时,我们一点儿也听不进去,甚至一想到自己的优点都会让我们感到不舒服。但当我们接收到哪怕最轻微的负面反馈时,我们都会全身心地专注于这种负面的信息。

然后教师可以提问:"为我们的美好品质感到高兴或感恩,为何如此之难?"

学员可能会提供许多答案：

- "我们不想因为好像在吹嘘自己，从而让朋友远离我们。"
- "美好的品质不是需要解决的问题。"
- "我们害怕把自己捧得太高，然后再重重地摔下来。"
- "这样可能会招人嫉妒。"
- "这样会让我们感到更孤独。"

如果我们将自我关怀的三个组成部分应用于我们的积极品质，我们就会更懂得欣赏自己。首先，我们需要**静观**自己的积极品质，而不要把它们视为理所当然。其次，我们需要通过对自己表达欣赏来**善待自己**。最后，我们需要记住**共通人性**，这样我们就不会感到自己与他人分离开来或者比他人更优越了。

在自我欣赏的练习里，共通人性显得尤为重要。我们的美好品质不是凭空产生的，也不完全是个人努力的结果。相反，这些品质是在许多人的帮助下形成的，也是在我们生活中的有利条件下形成的。当我们考虑到许多有助于我们形成美好品质的因素时，我们可能就不会感到那么孤独，并且更愿意接纳这些品质了。此外，我们欣赏自己的美好之处，并不是因为我们比别人更好，而是因为每个人除了有些不太美好的品质以外，都有许多美好的品质。我们只是普通人。俗话说："我可能并非完美无缺，但我有些部分非常优秀！"最后，自我欣赏不是自私，它为我们提供了我们所有人都需要的情绪能量与自信，这样我们才能为他人付出。

教师可以在做下面的练习之前或之后朗读玛丽安娜·威廉森（Marianne Williamson，1996）的《回归爱》(*A Return to Love*)（从"我们最大的恐惧不是我们不够好"开始），这部分强调了自我欣赏的重要性。

 欣赏我们的美好品质
（20 分钟）

这项非正式练习的目的是探索自己身上有哪些我们所欣赏的品质。与此同时，学员也会发现，如果我们能发现那些在生活中有助于我们形成美好品质的影响因素，自我欣赏就会变得容易得多。

指导语

- "请闭上眼睛，觉知自己的身体。"
- "请花一些时间想想你可以欣赏自己的三四件事。（**停顿**）刚开始想到的几件事可能会显得有些肤浅。看看你能否敞开心扉，发现你在内心深处真正喜欢自己的哪些方面。你不必和别人分享这些内容，所以请保持真诚。"（**较长的停顿**）
- "如果你在练习中感到不安，请给自己的感受一些空间，允许自己做真实的自己。记住，你并不是在说自己始终都能表现出这些美好的品质，也并不是在说自己比别人更好。你只是在承认你的确有这些品质。"
- "现在，请专注于你特别欣赏的**一种品质**。"
- "想想是否有人曾帮助你培养了这种美好的品质，也许是朋友、父母、教师，甚至是那些对你的生活产生积极影响的书籍的作者？当你想到这些对你产生积极影响的人时，请向他们表达谢意。"
- "我们认可自己的时候，也在认可那些培养过我们的人。"（**较长的停顿**）
- "此时此刻，允许自己品鉴、享受这种对于自己的积极感受——让这种感受真正进入心里。"

问询

对许多学员来说，自我欣赏是一项全新的练习，而且会激起许多情绪，所以应拿出一些时间来做问询，让学员在自己的体验里看到共通人性，这往往能起到安慰作用。

本：好吧，我就直说了……我是一个音乐专业的学生，我有一副好嗓子。我是一个很棒的男高音。（天哪，这真难说出口！）上天赐予了我优美的男高音。（**停顿**）

教师：谢谢你能说出来，本！正如你所说的，我在思考一个问题，对你来说，说出"上天**赐予**了我优美的男高音"更容易，还是说"我**有**一副好嗓子"更容易？

本：没错，说"赐予"更容易，也许这样就不会把功劳全归在自己身上了。

教师：有道理。本，我还想知道，在这项练习中，你能否感谢那些帮你走到今天的人？

本：有好多这样的人。我能走到今天，主要是因为我喜欢音乐，努力学习，但我来自一个音乐世家，有许多人帮助了我。

教师：当你扩大感谢的范围，把那些人纳入其中的时候，有什么感觉？

本：当我想到这些人的时候，我很开心，既感恩又幸福，有一种想要把这种善意传递下去的感觉。

教师：我相信你会有这个机会的，本。与此同时，在这里当着所有人的面认可自己的美妙嗓音感觉如何？

本：（深深地、大声地呼了一口气）真棒！（微笑）

教师：谢谢你，本。

和大多数学员一样，当自我欣赏让本觉得自己与他人产生了距离感的时候，他陷入了困境。教师借助问询为所有学员阐明了这项练习的这一方面——对他人的感恩能让我们更容易欣赏自己的优点。

有些学员在这项练习中遇到了更多的困难。下面是一位遇到困难的学员的例子。

米西：这项练习对我来说太难了。我成长的环境很严格，好像我做什么都不对。我记得有一次，我为能在学校的戏剧中扮演主角而感到自豪，而我妈却告诉我不要骄傲自满。我的童年一直都是这样过的。

教师：我能理解这种成长背景会让这项练习变得很难，米西。谢谢你说出其中的缘由。尽管如此，你能找到自己的一两项好的品质吗？

米西：能，但当我对自己承认这些品质时，我会感到恶心，好像有什么不好的事情会发生。我很害怕这种感觉。

教师：现在说起这件事，你觉得怎么样？

米西：和刚才一样。

教师：米西，在你的身体里，有没有一个地方最能感受到这种恐惧？

米西：有，我的肚子……恶心……就像有好多蝴蝶在飞……
教师：明白了。现在你能不能把手放在肚子上，试着让肚子平静下来，就像安慰一个害怕的孩子一样？
米西：（把手放在肚子上）
教师：也许我们可以一起做这个动作（看了一眼全班学员），因为欣赏自己美好的品质可能会让我们每个人都有些不自在。（较长的停顿，所有学员安静地坐着，一起把手放在肚子上）
米西：（眼泪轻轻地落下）谢谢你们，谢谢大家。
教师：我们不能指望恐惧会在一夜之间消失，但当恐惧出现的时候，你能向前迈一步，给自己一些安慰吗？
米西：我觉得可以，只要我能意识到恐惧，不是只陷入恍惚状态就可以。
教师：我知道你能做到，米西，因为你是一个值得发光发热的人，就像玛丽安娜·威廉森的诗所说的一样——世界需要你的光芒。
米西：我想还需要一些时间才能让这些话进入我的心里，不过我会尽力的。
教师：好的，米西。感谢你如此勇敢地说出了自己的恐惧。这项练习对你来说可能特别困难，但你真的说出了我们所有人都想说的话。
米西：谢谢你。

"欣赏我们的美好品质"算得上是静观自我关怀课程里最具挑战性的练习之一（见第6章），因为这项练习可能导致回燃。有时候，善待自己违背了我们与早年照料者之间的无形契约，当我们预期会遭到排斥或批评时，就会产生恐惧的情绪。在静观自我关怀课程的后期，回燃更容易处理，因为此时教室里的气氛是支持性的，而学员也已经在之前几周的课程里学习了许多自我关怀的技能。在对米西的问询中，教师充分利用了这些资源（在身体里寻找情绪、放松触摸）和团体的支持（共通人性）。在问询结束的时候，教师强调了米西的价值（利用师生关系促进**自我**欣赏），并邀请她继续在课堂外运用她自身的资源。

教师可以在问询结束时诵读德里克·沃尔科特（Derek Walcott，1986）的诗《爱无止境》（*Love After Love*）。这首诗的主题是问候和欢迎我们自身那个爱我们、了解我们、丰富我们生活的部分。

休　息
（15分钟）

除了像往常一样利用休息时间恢复精神，学员往往还会利用这个最后的机会增进彼此的联结，或对彼此和教师表达感激之情。

软　着　陆
（2分钟）

在最后一节课的轻松氛围里，教师可以让学员用他们喜欢的任何方式将觉知带入当下，用他们所知道的最轻松、最愉悦的方式"让飞机轻轻降落"。

坚持练习的建议
（12分钟）

我们鼓励学员每天坚持练习30分钟，将正式练习与非正式练习结合起来。由于自我关怀训练的益处与我们的练习量有关，所以我们在此提供一些关于如何坚持练习的建议。首先，教师可以提问："你有没有发现什么办法能帮助你定时练习？"教师可以带领学员进行开放式的对话，讨论课程中对他们有用的方法。下面是学员提到过的许多要点，教师也可以将这些要点加入讨论之中（也可以参见第7章的练习建议）：

- "让练习尽可能地简单，保持愉悦，就像自我强化一样。"
- "从小做起，简短的练习就能带来很大的不同。"
- "在日常生活中你最需要的时候练习。"
- "在练习中遇到挫折的时候要关怀自己，然后重新开始。"
- "放弃不必要的努力。"

- "每天选择一个固定的时间练习。"
- "明确练习的障碍,并思考跨过障碍的办法。"
- "练习带指导语的冥想,读书,或者写日记。"
- "去参加静修。"
- "保持联系,在静观自我关怀的社群中练习。"

静观和自我关怀的练习是永无止境的。对于我们所有人来说,最好的老师是我们的真实体验,最适合的练习是让我们最投入的练习。

在社群中练习

学员通常会表示,他们愿意在静观自我关怀课程结束之后继续聚会。为此,有些教师每周或每月都为他们的学员组织练习小组,他们可能也会鼓励学员建立自己的小组(有时也会提供阅读材料与咨询),或者,他们可能会在6~12个月后组织聚会。学员还可以通过电子邮件、网络社交平台、社交App或其他线上平台保持联系。静观自我关怀中心也为学员继续练习提供了许多线上的选择(参见附录D的"线上资源")。对于愿意继续深入练习的学员,我们鼓励他们去参加静修,尤其是那些明确专注于培养慈爱、静观、关怀和自我关怀的静修。

有些学员表示愿意继续聚会,只是因为他们还没有准备好说再见,但他们也没有准备好投入进一步的培训。对于这些学员,教师可以肯定一同学习自我关怀是有价值的,离开和道别也难免会让我们感到悲伤,并强调在生活中坚持自我关怀的重要性。

 我想记住什么
(25分钟)

这项练习的目的是帮助学员①记住课程中最重要的信息;②发现最有意义、最愉悦的练习;③通过分享静观自我关怀的旅程来相互鼓励。

指导语

- "静观自我关怀课程即将结束,你们已经学会了许多培养自我关怀的原则与练习。大量的新知识可能会让你们觉得有些不知所措。除此之外,学习过程是依赖于环境的,而今天是我们最后一天聚在一起,在这个地方学习。所以,为了将我们的所学与我们的余生联系在一起,让我们花一些时间来反思自己想要记住什么吧。"

关于内心的问题

- "请拿出纸笔。"
- "请闭上眼睛。然后,审视自己的内心,问自己这个问题:'在这门课程中,什么东西触动了我、感动了我,或者改变了我的内心?'"(**留出足够的写作时间**)

关于练习的问题

- "接下来,请写下最简单、最愉悦,或对你有意义的**所有练习**,这些练习是你在课程结束之后愿意记住和继续做的练习。你已经在课程中学过了许多冥想练习、课堂练习和非正式练习。我们要问自己的问题是:'哪些练习对我有效?'"(较长的停顿)
- "我们希望在课程结束后,你们能继续练习静观和自我关怀。请根据自己的需要随意调整练习。如果你们要调整练习,请记住让练习保持**简单、温暖**。"

小组讨论

- "现在,请分为3~4人的小组,然后随意分享你们最想在课程中记住的内容,每人分享5分钟左右。"

在小组分享之后,通常没必要做问询或讨论,但如果有足够的时间,教师也可以做这些。在课程结束的时候,学员还有一次分享对于课程的简要反思的机会。

结　束
（25 分钟）

原谅

如果教师在课程中发现学员之间的关系有任何紧张之处，或者有人际冲突的迹象，他们可以在这一环节重申第 1 课时提到的"原谅意愿"。不过，这样做可能会给结束环节带来不必要的严肃气氛。此外，有些学员可能也没准备好去原谅。因此，只有在感觉合适的情况下，教师才能代表自己和所有学员说出下面的话：

- "请原谅**我**在课程中可能在无意间对你们造成的伤害。"（**请求原谅**）
- "愿我们都能原谅**自己**在无意中对他人造成的伤害。"（**原谅自己**）
- "愿我们都能原谅**他人**在课程中对我们造成的伤害，或者对原谅的**可能性**保持开放的态度，这些伤害可能完全是无意的。"（**给予原谅**）

分享

课程应该以一项温暖的团体活动结束。如果教师在上周曾邀请学员今天上课带一些分享内容（如反思、诗歌、故事、歌曲），现在就是分享这些东西的时机了。根据全班的规模大小，教师可以限制每次分享的时间。

三个词分享

教师还可以让学员想几个词来表达他们在静观自我关怀课程中的一些体验——动人、有趣、深刻或者令人难忘。如果学员人数较多（超过 20 人），大家可以站起身来，把教室里的桌椅器具整理到一旁，围成一个圈（肩并肩），每人说三个词。

关怀之碗

教师还可以邀请学员各自拿两小张纸，分别在纸上写：

- 对**自己**的关怀祝愿:"愿我……"
- 对**他人**的关怀祝愿:"愿你/所有人……"

教师可以把一个碗放在地板上,也可以在旁边放一束鲜花,让学员围着碗组成一个圆圈,肩并肩站着。然后每个人(从教师开始)走到碗旁,说出对自己的祝愿,把写给自己的纸片放进碗里,然后说出对他人的祝愿,把写给他人的纸片放进碗中。我们也欢迎学员什么话也不说,安静地把祝愿放进碗中。大家还可以相互传递这个碗,不把碗放在圆心处。

赠言

在这个圆圈练习的最后,教师可以感谢学员参加课程,也可以加上一些鼓励和启发学员的话。教师也应该感谢彼此(如果有合作教师)和他们的助手。然后教师可以邀请学员环视全班同学,并进行下面的步骤:

- 要认识到这群人再也不会以这样的形式相聚了。
- 感谢这间教室里的每个人给我们的支持和滋养——没有他们每一个人在场,我们就不会有这样的学习经历。
- 感谢那些我们没有看见的、让我们每周为了学习得以相聚的人,比如家人、朋友、在经济上支持我们的人,以及许多其他人。
- 要认识到,以这种方式在一起学习,是一种难得的机会。
- 最后,我们要把自己努力的成果献给**所有人**,不要忘记把我们自己也包含在关怀的范围之内。

然后,每一位学员都可以举起手来,宣布:"我们成功了!"另一种做法是集体鞠躬:所有学员把手举起来,然后放在旁边的人的肩上,一起鞠躬。

有些团体喜欢合影留念。照片可以在网上与团体成员分享。

Teaching
the Mindful Self-Compassion
Program

第四部分

将自我关怀融入心理治疗

> 无论你有什么困难——伤心欲绝、经济损失、受到周遭冲突的影响，或者患上了看似无望痊愈的疾病，你都不要忘记，你的内心在每时每刻都是自由的，你始终能够志存高远。
>
> ——杰克·康菲尔德（2014, p.66）

　　自我关怀的益处很大，因此心理治疗师难免会问："我该怎样把自我关怀融入心理治疗？"研究无疑是支持这种做法的（见第3章）。例如，自我关怀是心理治疗中的一个关键且根本的行动机制（Schanche et al., 2011）；许多临床症状都与缺乏自我关怀有关（Døssing et al., 2015; Hoge et al., 2013; Krieger et al., 2013; Werner et al., 2012）；童年早期的经历在自我关怀的发展中起到了重要的作用（Kearney & Hicks, 2016; Pepping et al., 2015），并且自我关怀似乎有助于心理治疗师预防照料者疲劳（Beaumont et al., 2016b; Olson et al., 2015）。

第 19 章探讨了将自我关怀融入心理治疗的三种主要方式：①**治疗师**如何对待自己；②**治疗师**如何对待他们的**来访者**；③**来访者**如何对待自己。第 20 章则讨论了这样的融合可能会有的特殊问题，比如在治疗中将智慧与关怀进行结合的重要性，对我们自身某些"部分"的关怀，将自我关怀作为再度抚育（re-parenting）自我的过程，用自我关怀安全地处理创伤，以及在心理治疗中用自我关怀消除羞愧。

这些章节是专门为心理治疗师而写的。我们的同事克里斯蒂娜·布罗勒是一位临床心理学家，也是静观自我关怀的教师培训师，她在这一部分理念的发展中起到了重要的作用（见 Brähler & Neff, in press）。虽然我们关注的是心理治疗中的自我关怀，但我们希望从事其他助人行业的人，如医生、护士、社工、教练、教育者，也能在他们的专业领域发现类似的指导原则与工作过程。要进一步了解自我关怀与心理治疗的培训，请咨询静观自我关怀中心（https://centerformsc.org）或关怀之心基金会（Compassionate Mind Foundation，https://compassionatemind.co.uk）。

第 19 章

静观自我关怀与心理治疗

不要移开你的视线。
请直面缠满绷带的伤口。
那就是光照进你身体的地方。

——鲁米（引自 Barks，1990，p.97）

对于心理治疗而言，自我关怀并不新鲜；它是**自我接纳**的下属概念，一个多世纪以来，它一直是心理治疗史上很重要的一部分。威廉·詹姆斯（William James）、西格蒙德·弗洛伊德以及 B. F. 斯金纳（B. F. Skinner）都认为自我接纳对心理健康有益（Williams & Lynn，2010）。卡尔·罗杰斯（1951）等人本主义治疗师将自我接纳的地位提升为心理治疗的核心改变过程。有趣的是，弗洛伊德（1914/1958b）和罗杰斯都认为自我接纳是接纳他人的先兆，一直到 20 世纪 80 年代，这种观点都是实证研究的焦点。在 20 世纪 90 年代，随着静观以及基于接纳的治疗方法的引入，比如辩证行为疗法（dialectical behavior therapy，DBT）、接纳承诺疗法与正念认知疗法的出现，临床研究的重点不再是对自我的接纳，而变成了对**即时体验**的接纳。近年来，研究的重点又回到了之前的主题上，既包括对体验者的接纳（关怀），也包含对即时体验的接纳

(静观)。自从保罗·吉尔伯特（2000）将关怀直接融入认知疗法，以及克里斯汀·内夫的研究（2003a，2003b）为自我关怀给出操作性定义以来，这个领域又有了激动人心的新进展：临床科学家和实践工作者正在搭建坚实的研究基础（见第4章），并且开发了一系列在心理治疗中培养自我接纳与自我关怀的实用技能。

自我关怀符合以静观、接纳、关怀为基础的新兴心理治疗模式（Germer & Siegel，2012；Germer，Siegel & Fulton，2013；Gilbert & Proctor，2006；Hayes et al.，2012）。在这种治疗模式中，至于将哪种元素作为治疗中的主要改变机制，有些人倾向于静观，有些人倾向于接纳，还有些人倾向于关怀。比如，以静观为基础的临床工作者（Segal et al.，2013；Shapiro & Carlson，2009；Siegel，2010）倾向于强调注意力与觉知在我们产生与减轻情绪痛苦方面的作用。以接纳为基础的临床工作者（Hayes et al.，2012；Roemer，Orsillo & Salters-Pedneault，2008）则强调不对抗、不回避即时体验的作用，而他们也不太可能要求来访者做正式的冥想。那些以关怀为基础的临床工作者（Desmond，2016；Gilbert，2009；Kirby，2017；Tirch，Schoendorff & Silberstein，2014）将照料与友善作为管理困难情绪的核心机制，而不是注意力与觉知。尽管如此，我们对静观、接纳和关怀的概念性理解仍有许多共同之处，所以基于自我关怀的心理治疗师在与上述同事一同工作时也会感到得心应手。

自我关怀对大多数治疗师来说都是有意义的。大多数治疗师都希望能与来访者建立一种真诚的、感同身受的治疗关系，并且希望这种关系最终能影响来访者，帮助他们与自己建立起友善的内部关系。如果你是一名心理治疗师，请想象一下，几年前因焦虑或抑郁前来求助的来访者在治疗过程中变得非常关怀自己。这意味着来访者学会了在痛苦出现的时候发现并承认痛苦，产生了一种"即便在困难的时刻，我也并不孤单"的内在感觉，并且内心的大部分对话已经变得充满善意和尊重。此外，来访者还学会了在困难的时刻安慰、安抚自己，以及保护、满足和激励自己的技能。在这种情况下，作为治疗师，你很可能会得出结论：这位来访者已经不再需要治疗了，因为他已经拥有了独立面对生活中不可避免的挑战的资源。

静观自我关怀与心理治疗之间的界限

对于静观自我关怀的教师，尤其是同时也是心理治疗师的教师，在接受教师培训的时候，要**尽可能避免把静观自我关怀变成心理治疗**——关注如何**仅用静观与自我关怀来应对情绪痛苦**，而不是试图揭开并治愈旧日的创伤。做出这种区分的原因有很多，其中包括，大多数静观自我关怀教师都不是临床工作者，以及学员参加静观自我关怀课程并不是为了接受某种团体心理治疗。然而，即使学员的确想接受治疗，临床工作者也没有足够的时间在八周的技能培训课程中为每个需要深入治疗的人提供足够的个人关注。因此，我们鼓励那些想要深入探索个人生活的学员寻求个人咨询或心理治疗。

心理治疗与开发资源的课程（如静观自我关怀）之间的界限在哪里？请看下面关于"与困难情绪相处"练习的问询，其中包含了对于教师决策过程的反思。

努尔：我选了一个让我非常生气的生活情境。当我生气的时候，我想起了一件多年以前发生的事情，我对这件事一直难以忘怀。我不断地问自己，"他为什么要这样对我"。我觉得自己现在陷入了困境，不知道该怎么办。

（教师的决策过程：在这个练习中，我们要求学员回想一件在当前生活中困难程度介于轻微和中等之间的情境。尽管如此，这项练习似乎还是勾起了努尔的创伤记忆。心理治疗师可能会问努尔是否愿意分享，或如果她开始分享会发生什么。作为一名静观自我关怀教师，比如这位教师，更有可能引导努尔回到"处理困难情绪"这项练习本身，并且希望这项练习所教授的内容至少能为她提供一些可能需要的情绪支持。）

教师：可以看出，愤怒唤起了一段痛苦的回忆。我能问你一个问题吗？

努尔：可以。（小心翼翼的样子）

教师：你身体里有没有一个地方，比其他地方更能够感受到这种愤怒？

努尔：嗯，这种愤怒最开始在我的肚子里，是一种紧绷的感觉，但后来转移到了我的胸口。其实我做完了整个练习，但我依然感觉胸口紧绷。

教师：你胸口里还有愤怒的感觉，或者有了不同的感觉呢？

（教师的决策过程：教师怀疑，当情绪在努尔体内改变位置的时候，它就发生了变化，可能转变成了一种更柔软的情绪，努尔可能在与这种新的情绪对抗。）

努尔：（停顿）它变成了……悲伤，我想……是困惑、悲伤……诸如此类的情绪。

（教师的决策过程：此时，心理治疗师可能会等着听努尔接下来会说什么，也可能过一会儿再问"我能问一下你现在在想什么吗"，从而进一步了解努尔可能存在的创伤。这位静观自我关怀教师选择不过问努尔的生活细节，因为那样可能会让她更痛苦，或者让她以不舒服的方式在团体中暴露自我。相反，教师专注于**用自我关怀来回应她的痛苦**，这就是练习里的下一步。通过让努尔回到练习的过程中，而不让她再次沉浸在她所体验到的内容里，教师也让全班再次回顾了这项练习。）

教师：我想知道，如果你让胸口的区域稍微放松一些，允许困惑或悲伤的感觉待在那里，会有什么感觉？（停顿，努尔开始流泪）

（教师的决策过程：心理治疗师可能会好奇，当努尔开始哭泣时，她有哪些想法或回忆。然而，静观自我关怀的教师会把对话的重点放在当时的感觉与情绪上。）

努尔：好一点儿了……更放松了。

教师：我能问你一个问题吗？

努尔：问吧。

教师：我想知道，如果有个朋友和你有相同的遭遇，你会对她说什么？

（教师的决策过程：教师决定继续进行下一部分的练习——用关怀的话语来安抚努尔，深化努尔自我安慰的体验，并且让全班学员反思他们自己的练习体验。）

努尔：可能什么都不说……我会抱着她。（停顿，然后用强调的语气说）我还会说，"这不是你的错，这根本不是你的错。他没有权利这样做"。（停顿，然后又流下了一些眼泪）这一点儿也不公平。这种事根本不应该发生在我身上。

教师：（点头，用长时间的沉默表示同情）不知道你听见刚才那些话是什么感觉？

（教师的决策过程：就像之前一样，心理治疗师可能会探索"不公平"的是什么，认同这的确不公平，并且同意努尔不应受到责备。相反，静观自我关怀教师只是允许自己坐在那儿，与努尔的痛苦待在一起，然后被这种痛苦所触动。）

努尔：我感觉松了一大口气……我想听到这些话已经有很多年了。我已经有很久没为这件事哭泣了……我一直都很生气。

教师：你可能**需要**生气，现在你可以哭了。听起来你被伤得很深。

（教师的决策过程：教师认可了努尔容纳脆弱情绪，并对这些情绪敞开心扉的能力，这反映了静观自我关怀中"不解决问题"的目标——无论学员有什么感受，都要与之"相处"。心理治疗师，尤其是以静观为基础的治疗师可能也会这样做。）

努尔：没错，的确很深。

教师：你说过你会抱着你的朋友。你现在能对自己这样做吗？也许你可以给自己一些抚慰、支持的触摸？（停顿，努尔将双手放在心上，轻轻地前后晃动；她开始点头，脸上露出了一丝微笑）

教师：你现在有什么感觉？

（教师的决策过程：努尔能够通过对朋友的关怀话语以及放松触摸唤起自我关怀，所以教师觉得应该结束问询了，但觉得应该问清楚一些。）

努尔：我感觉还好，放松了一些，但我觉得我还得再哭上很长时间。（害羞地微笑）

教师：可能的确如此。在前进的道路上，你是否需要什么东西来安慰自己，或者让自己感到安全？

努尔：哦，说实话，我只是很庆幸能哭出来。我想这是因为我在这个团体里感到很舒服，也是因为我在学习自我关怀。

教师：好，如果你不介意，我们在这节课结束的时候再聊聊，一起回顾一下你可以如何在接下来的一周里照顾自己，好吗？

（教师的决策过程：教师不知道努尔所受创伤的程度，所以她想确保努尔是安全的。心理治疗师对他们每一位来访者的心理历史都有更完整的了解。这位教师也想鼓励努尔运用她在课程中所学到的技能，从而将努尔的安全责任交到了她自己的手中。心理治疗师可能会采用类似的做法，不过治疗的情境会让心理治疗师和来访者更加充分地依赖他们的关系，从而支持来访者度过困难的时期。）

努尔：我很愿意，谢谢。

教师：谢谢你！

这次问询说明了静观自我关怀教师可能会选择如何支持学员，而不会故意揭开旧日的伤痛。心理治疗师可能会注意到，教师错过了一些帮助努尔治愈旧日创伤的机会。但是，在静观自我关怀课程的限制下，努尔依然能够学到重要的技能，让她得以处理过去的创伤，用更安全、有效的方式去面对创伤。她已经习得了静观与自我关怀的资源。

在资源开发的过程中加入心理治疗

当我们在练习自我关怀的时候，通常只需要大致地明确自身的情绪痛苦就可以了，只要在陷入挣扎时意识到我们的挣扎就可以了，然后我们就能做出善待自我的回应。然而，我们有时需要更**具体**地知晓我们的困扰是什么，我们需要找出隐藏在我们生活表面之下的情绪痛苦。心理治疗很擅长揭示隐藏的痛苦，并以关怀的态度对待痛苦。下面请看看本书作者之一（克里斯）在读研究生时的一次治疗经历（Germer，2015）：

> 这是一个神秘的故事，这个故事始于几十年前的一滴眼泪。这滴眼泪不是我的，也不是我任何一位来访者的。当我面无表情地告诉我的第一位心理治疗师，我的父亲从我高中的运动会颁奖典礼上离开了时，这滴眼泪从心理治疗师的脸颊上滑落了下来。我怀揣着第一封大学足球代表队的邀请信，满怀骄傲地从颁奖台上走下来，却发现父亲的座位空着。母亲试图为他的行为开脱，但我知道父亲只是厌倦了，离开了。在我成长的过程中，我已经习惯了父亲的冷漠与缺位。这种教养方式在《广告狂人》⊖（*Mad Men*）流行的年代实在是太普遍了，但这次我和母亲需要搭别人的车回家，我心中感到尤其羞耻。
>
> 在治疗师面前，我试图淡化这段经历对我的影响，所以当我瞥

⊖ 美国电视剧。这部电视剧的故事背景设定在20世纪60年代的一家广告公司里，以一群广告人的事业、生活为中心，展现他们在追寻"美国梦"的过程中的种种遭遇。——译者注

见泪水从他脸颊上流下时，我的第一个想法是："哇，这家伙自己肯定有很严重的父亲情结。"但随后我突然感觉到他不是在为自己哭泣，而是在为我哭泣，为我在很长一段时间里从不允许为自己感受到的愤怒与悲伤而哭泣，我的内心产生了某些不一样的感觉。很快，我也开始啜泣，直到泪水逐渐被一种深深的平静和联结感所取代。之后，我和治疗师并没有谈太多那些眼泪究竟为何而流，但当我走在回家的路上时，这个温暖的夏夜给我的感觉完全不同，那感觉就像一个充满爱意的拥抱。

在我和治疗师相处的所有时间里，那一刻无言的交流让我感受到了完全的理解和深切的关心，在我们说过的所有话都早已从记忆中消逝之后，那个时刻依然停留在我的心中。多年以来，我无法用语言来形容当时所发生的事情，也无法用语言说清那件事如何唤醒了我内心某些从未意识到的东西，而我心中的这种东西改变了我对于这件事的直接感受。多年以后，当我感到迷失、不知何去何从的时候，我就会回到那一刻，感受那种指向自己的善意，无论那种善意有多模糊不清，那种善意让我对自己怀有希望，也让我对这份刚刚开始了解的职业怀有希望。

这段发生在我（克里斯）治疗师生涯早期的经历，让我明白了我们能把自己的痛苦隐藏得多深，甚至连自己都不会发现，有时我们需要一段治疗关系才能弄清这些痛苦。这段经历也告诉了我，治疗师片刻真诚的关怀可以播下自我关怀的种子。

如果情绪痛苦太过强烈或复杂，我们难以独自应对，心理治疗也能成为学习自我关怀的有效工具。大多数临床问题都属于这个类别，如惊恐障碍、重度抑郁或物质滥用。即便是精神病患者也能通过学习自我关怀获益（Brähler et al., 2013; Gumley, Braehler, Laithwaite, MacBeth & Gilbert, 2010），尤其是通过学习自我安抚的技巧来减少恐惧，这对他们更有益处。心理治疗给了我们一个同训练有素的专业人士一起工作的机会，这位专业人士提供支持和专业帮助的时间，比静观自我关怀课程的时间更长（希望如此），能够解决更为棘手的情绪困扰。

下面我们来浏览一下如何为来访者教授静观与自我关怀——借助治疗师对待自己的方式（临在）、治疗师对待来访者的方式（治疗关系），以及来访者对待他们自己的方式（家庭练习）。

治疗师对待自己的方式

全然接纳

全然接纳是指一种不评判、不解决问题的态度（见第9章）。这是改变的基础——一种难以言喻的心理品质，既接纳我们是谁，也接纳我们需要改变。全然接纳是一种与**一切事物**共处的方式。

为了全然接纳我们的来访者，我们首先需要全然接纳**我们自己**。这说起来容易，做起来难。比如，请设想以下这些情况：你的治疗计划不奏效，你离开一位脆弱的来访者去度假，或者你刚刚和伴侣因为钱的问题吵了一架，而你现在必须为一对有经济问题的夫妇提供咨询，在这些时候，你会有什么感觉。你可能会感到绝望、无助、困惑或羞愧，也可能会因为没有达到自己为人处事和作为一个专业人士的标准而自我批评。有时候，身为一名治疗师的感觉，就像是受到一次又一次的侮辱。治疗师需要大量的自我关怀。

临在

临在是指用一种清晰、开放和直接的方式，与此时此刻的体验相处，不带任何想法或言语。临在也有一种人际层面的意义。**治疗性临在**（therapeutic presence）（Geller，2017）是一种进行心理治疗的方式，即治疗师"首先要对来访者的体验保持开放和接纳的态度，调整自身的表达，与来访者的言语和非言语表达相匹配；然后要调整自己的内在状态，与来访者此时此刻的体验产生共鸣，而来访者此刻的体验则是深化和促进沟通的指南"（p.19）。心理治疗的这个方面常常受到低估，但如果我们思考自己最希望从心理治疗师那里得到什么，答案很可能就是临在。

在治疗过程中，我们作为治疗师，可能有很多原因造成我们做不到临在。例如，为了理解来访者在说什么，我们需要在他所说的话与我们个人的经历之间建立联系，而我们可能会迷失在自己的故事里。还有另一个分散我们注意力的原因，那就是我们在应对共情性痛苦的时候，可能会动用我们的大脑，去解决来访者的问题，而没有关注我们身体里对来访者的感觉。然而，我们意识到自己走神的时候，就是一个值得庆祝的时刻，此时我们就可以回到临在状态了。

自我关怀能帮助我们回到治疗性临在的状态（Bibeau, Dionne & Leblanc 2016）。例如，当我们在治疗中感到焦虑的时候，我们的知觉范围就会缩小，而我们会专注于消除威胁，这种威胁通常影响我们自己的幸福感。这种情况与静观或临在是南辕北辙的。相反，关怀建立在照料行为的生理基础之上，而照料行为能激活催产素和内啡肽（见第 10 章）。当我们因为情绪困扰而感受到威胁时，花一些时间来关怀自己，能安抚和安慰神经系统，让我们更充分地感受自己的想法与情绪，即使这些想法和情绪具有挑战性。

我们知道，自我关怀对治疗师和来访者都是有益的。与一个心怀关爱的人在一起，比如和治疗师在一起，可以得到额外的好处。研究表明，人类天生就能通过自己的身体来感受他人的情绪状态（Bernhardt & Singer, 2012；Decety & Cacioppo, 2011；Nummenmaa et al., 2008；Singer & Lamm, 2009）。这意味着，在合适的条件下，来访者与心理治疗师坐在同一间屋子里，就能训练自己的精神状态（Davidson & McEwen, 2012；Gonzalez-Liencres, Shamay-Tsoory & Brüne 2013；Lamm, Batson & Decety, 2007）。因此，对于以关怀为基础的治疗师来说，他们的首要任务就是培养自身的关怀性临在。

治疗师对待来访者的方式

我们生活中的大多数情绪痛苦，都是在人际关系中产生的，也能在人际关系中得到缓解，尤其是在**充满关怀**的关系里。想想看，如果我们的愤怒能够得到尊重而不被压制，我们的脆弱能够得到抱持而不受羞辱，我们的创伤能够得到正视而不被忽视，那种感觉有多好。

奇怪的是，"**关怀**"这个词在临床研究结果中出现得相对较少。我们可以认为，在心理治疗中，关怀并没有消失；相反，它隐含在了我们对**共情**的定义里。卡尔·罗杰斯（1980）将**共情**定义为"治疗师从来访者的视角去理解他的想法、感受和困境的敏感能力与意愿，这是一种完全通过来访者的双眼去看问题，并采用他的参照框架的能力"（p.85）。研究表明，共情是有效治疗关系中的关键因素（Elliott, Bohart, Watson & Greenberg, 2011; Lambert & Barley, 2001; Norcross & Wampold, 2011）。

关怀被定义为"由四个关键部分组成的、多维度的过程：①对痛苦的**觉知**（认知/共情性觉知）；②因为被痛苦所感动而产生的同情和关切（情感成分）；③希望看到痛苦得到缓解（意图）；④愿意或准备好伸出援手、减轻痛苦（动机）"。在这个关怀的定义中，**觉知**和**关切**指的是共情，而**希望**和**愿意**减轻痛苦则是关怀的特殊属性。由于心理治疗的出发点一直是努力减轻痛苦，所以我们可以认定关怀已经隐含在了共情的临床概念中。

在心理治疗的历史中，**咨访关系**一直是主要的治疗手段，尤其是在心理动力学的治疗中。心理动力学治疗背后的假设是，思维、感受和行为的隐含模式会在我们与他人的关系中显现（尤其是在治疗性的情境里），临床工作者不会侵扰来访者内心的现实情况，而是会为他们的内心体验创造一个安全的环境，让这些体验自由地呈现。理解那些隐含的模式，用健康的新方法与治疗师互动，能为来访者创造一种矫正性的情绪体验（Alexander & French, 1946/1980）。

现代神经科学已经开始为治疗关系的运作方式提供了非常引人注目的线索（Fuchs, 2004; Grawe, 2017; Siegel, 2006）。我们的大脑不仅天生会感受他人的情绪，而且由于我们的神经拥有基于经验的可塑性，大脑也会因为与我们互动的人而改变。对于这一点，洛乌·科佐利诺（Lou Cozolino, 2017）解释得很好：

> 在过去的一个世纪里，心理治疗师已经证明，在一段充满关爱的关系里巧妙地运用治疗技术，能够抵消大脑的许多缺陷。由此可见，

通过赋予我们联结、协调与调节彼此大脑的能力，演化也为我们提供了一种治愈彼此的方法。因为我们知道，人际关系能够建立和重建神经结构，所以心理治疗现在则可以被视为一种具有深厚文化历史的神经生物学干预。在心理治疗中，我们所运用的原则和过程与每一段人际关系完全相同，这些原则和过程能让我们联结并治愈另一个人的大脑（p.361）。

因此，在来访者与治疗师的互动，以及静观自我关怀的学员和教师的互动之间，可能正发生着相似的神经生物学过程。

心理治疗与静观自我关怀问询的相似点

治疗师经常想知道，他们怎样才能把静观自我关怀问询过程中的微妙关系特性（见第 9 章）带入治疗关系中。要做到这一点，从问询的"三个 R"（**全然接纳**、**共鸣**和**资源开发**）着手是一个很好的出发点。

如上文所述，**全然接纳**已经成为心理治疗的基础。如果来访者知道他们得到了接纳，不会受到评判，他们就会以一种全新的、开放的方式去探索他们的体验，真正理解他们为什么会受苦，以及他们能够如何应对痛苦，并且在这种理解的基础上改变自己的生活。早在精神分析的起源之时，就已经有了全然接纳的理念。彼时，注意力"均匀悬浮"（evenly suspended）或"均匀悬停"（evenly hovering）被认为是精神分析师的理想态度（Freud，1912/1958a）；弗洛伊德指出，如果治疗师做不到这一点，"那么除了他们已经知道的东西以外，可能就什么都找不到了"（1912/1958，pp.111–112）。卡尔·罗杰斯（1962）拓展了这个概念（并为之增添了温暖）。他提出，所谓的"无条件的积极关注"是有效治疗的关键因素："我的意思是，咨询师重视来访者的整个人，这种重视是没有条件的。他不会接纳来访者的某些感受，而否定其他的感受（P.181）。" **全然接纳**这个术语是由玛莎·莱恩汉（1993）首次创造的，指的是治疗师对于边缘型人格障碍患者所需要采取的态度，以便让他们投入和配合治疗，除此之外，这也是通往情绪健康的途径。"全然接纳……就是不加以区别对待。换句话说，一个人不会只选择接纳现实的一部分，而排斥另一部分……

全然接纳的意思就是'接纳此刻的一切'（Robins et al., 2004, pp.40–41）。"

全然接纳是一种理想的心理状态，治疗师则不断地进入和离开这种状态。全然接纳是指，在治疗师与来访者一同努力为来访者创造更有意义、更健康或更幸福的生活时，接纳**此时此刻**。这些全然接纳的时刻不仅能让来访者停止挣扎、放松下来，还能帮助治疗师暂时放下内心的紧张感，而这种紧张感正源于对来访者的期待，期待他们在某个特定时刻里不是本来的模样。有一种观点认为，如果治疗方法（或治疗学派）沦为改进的策略，失去了全然接纳的品质，那它们就会逐渐失去自己的效用。

共鸣是指治疗师与来访者之间协调的共情——"被感觉到了的感觉"（Siegel，2010，p.136）。本章前面讲述的"一滴眼泪"的治疗经历，就是一个治疗师与来访者产生共鸣的例子。共鸣的体验能帮助来访者内化与治疗师的谈话，并且与自己心中更温和、更有关爱的声音建立联结。

资源开发一直是心理治疗的一部分，治疗师需要欣赏来访者的优势与资源，以平衡他们对于心理缺陷的关注。随着积极心理学运动的开展（Seligman，2002）以及基于静观的心理治疗的出现，心理治疗开始直接培养优势与资源。开发资源的治疗方法对临床工作者自身也有好处，这是因为，如果治疗师能始终记得来访者的优势与能力，他们就更容易对来访者心怀希望。只要来访者能改变他们与自身困扰之间的**关系**，无论他们的生活变得多么艰难，就总有希望。有一些资源能够改变来访者与看似无法忍受的环境之间的关系，其中最重要的资源就是静观与自我关怀。

在静观自我关怀的问询中，还有一些方面可以有效地整合到治疗关系中，例如**关怀的倾听**过程。在第5课（见第14章）中，学员已经以非正式练习的形式（"自我关怀倾听"）学过了关怀的倾听方法，对于教师培训的受训教师而言，这也是引导问询的基本技能。关怀的倾听是一种**具身**倾听——通过自身的耳朵、眼睛和身体感觉来理解学员。在关怀倾听的过程中，静观自我关怀教师会关注一些重要的时刻或身体里的"砰鸣"，这些重要时刻或"砰鸣"可能反映了倾诉者话语中隐藏的、片刻的痛苦，也可能是倾诉者拥有关怀、勇气或智慧这些资源的证明。当轮到教师说话时，找到合适的语言来表达这些"砰鸣"，可以让对话变得更加深刻——离开头脑，进入身体。当教师欣赏学员的优点时，学员可能会在这样的对话里感到教师直接传达的**慈爱**，也可能感受到关怀，因为他的心理痛苦得到了认可和温柔的抱持。具身倾听、寻找合适的语言来表达身体的"砰鸣"，这些过程也可以应用于心理治疗，以保持临在感，即治疗性临在（Geller & Greenberg，2012）。即使在对话的时候，这些方法也有这样的功效。

最后值得一提的是，静观自我关怀问询中**相互**和**依存**的态度也能很好地融入心理治疗。从这个角度看来，所有有益的领悟都来自"你"和"我"组成的独特的人际场域，但这个场域的总体却大于这两部分之和。这种方法类似于现代精神分析的主体间性元理论（Atwood & Stolorow，2014）。来访者和治疗师都是自己生活的专家，没有人能垄断真理。无论是在静观自我关怀问询中还是治疗性谈话中，如果双方能保持好奇、谦逊，意识到每个人的局限性，携手合作，这两种对话都能顺利进行。

心理治疗与静观自我关怀问询的差异

静观自我关怀问询与心理治疗之间存在着一些重要的差别。其中最主要的区别是，心理治疗的目的是**缓解**或**治愈**障碍，而静观自我关怀问询的目的是用静观和关怀的方式去**抱持**痛苦。在心理治疗中，消除痛苦、解决问题的意图会在不易察觉的情况下带来朝向特定结果的努力，让治疗师和来访者从此刻的体验中脱离出来。因此，对于以静观或关怀为基础的心理治疗师来说，他们所面临的挑战不是放弃治愈的目标，而是专注于**如何**实现这个目标，继续让对话充满静观与关怀的态度。这样一来，治疗师和来访者就能从两个方面受益：既能深入探索来访者生活中隐藏的细节，又能享受治疗性临在的益处。

静观自我关怀问询和心理治疗的另一个差异在于**解释**的作用。在问询中，教师只问学员在练习的经历中发生了"什么"，而治疗师还会问某件事"为什么"会发生。比如，一个遭受童年虐待的人可能会为自己的遭遇而责备自己，形成自己是一个"坏人"的信念。在静观自我关怀课程中，学员通常希望能养成一种对自己更为关怀的一般性态度；在心理治疗中，来访者可以探索这种负面核心信念当初**为什么**会产生，并与受伤的内在小孩建立更为亲密的关系。也许那个孩子受了创伤——曾有一个施虐者明确地对这个孩子说，她得到这种对待是活该的；也可能那个孩子遭受了忽视而不是虐待，她虽然没有听到这样的话，但她断定自己肯定是一个坏人，因为她感觉很糟糕。在心理治疗中，我们有机会重新解释来访者的生活模式，并创造一种新的个人故事。

在静观自我关怀中，提问的**契机**也不同于心理治疗。在静观自我关怀课程中，问询通常发生在小组练习或课堂练习之后，着重探讨学员之前练习的直接体验。换句话说，问询所探讨的内容是有限的。在心理治疗中，来访者倾向于谈论在当时最有意义的话题，而治疗师对来访者生活的了解通常远远超过教师对学员的了解，所以他们也能跟上谈话的节奏。

处理共情性痛苦

对于临床工作者来说，在治疗中分心就像在冥想中走神一样，是很自然的现象。分心本身不是问题，只要治疗师能够回到治疗性临在的状态就好。有时治疗师对来访者的痛苦太过感同身受，于是过度认同来访者的痛苦，以至于不堪重负，无法与来访者或他们自身保持情感联结。在一个小时接一个小时地聆听他人的痛苦之后，这是很自然的结果。不熟悉心理治疗的人常常感到疑惑，这种工作怎么能做得下去。这个答案就是，共情与关怀是有区别的，而且关怀能够缓解共情性痛苦（见第 17 章）。

共情疲劳 vs. 关怀疲劳

如前所述，共情是一种将他人的体验**视为**自己的体验，并与之**感同身受**的能力。共情的定义并没有区别对待快乐与痛苦，我们能感受到所有的情绪。但当他人忍受痛苦的时候，我们会体验到**共情性痛苦**。关怀可能始于共情性痛苦，但关怀还会增添一种善意的元素——减轻痛苦的**愿望**与**努力**。

关怀中的善意元素似乎能减轻共情性痛苦的负面影响。塔妮娅·辛格及其同事（Klimecki, Leiberg, Lamm & Singer, 2012；Singer & Klimecki, 2014）发现，共情性痛苦与关怀会激活完全不同的神经网络。共情性痛苦激活了与共情和消极情绪相关的脑区（前脑岛与前中扣带皮层），而关怀激活了与积极情绪和亲密感相关的脑区（内侧眶额皮层与腹侧纹状体）。辛格（私人交流，2017年11月16日）解释说，虽然当共情性痛苦和关怀完全呈现时，它们所激活的大脑网络并不重叠，但片刻的共情性痛苦却是产生关怀的必要条件。

治疗师在聆听痛苦的故事时，有时会受到触动，其原因是他们产生了关怀之情，而关怀是一种积极的、给人能量的情绪。然而，即使是最慈爱的照料者也有极限。如果他们体验的共情性痛苦太多，并开始与之对抗的时候，他们就可能变得分心、烦躁、焦虑、冷漠或疲劳。有一个常见的术语能形容这一系列现象，即**关怀疲劳**，但我们最好将其理解为**共情疲劳**（Klimecki & Singer，2012；见第17章）。

为共情性痛苦而关怀自己

作为心理治疗师，当我们陷入共情性痛苦时，我们该如何回到治疗性临在的状态？问题的关键在于激活关怀之情，并从关怀自己做起。第7课（见第17章）就教了一项这样的练习——平静的关怀。首先，当我们意识到自己与来访者失去联结、产生距离的时候，也就是当我们走神的时候，我们可以通过感受身体的吸气，让每一次吸气都为自己而吸，每一次呼气都为对方而呼。当我们感到与自己重新建立联结的时候，我们就可以开始感受呼出的气息，并通过每一次呼气将轻松的感觉带给来访者。最后，我们让自己的身体"为我吸气，为你呼气"，通过呼吸自然的起伏与来访者保持联结。

通常我们只需要做几次呼吸就能回到治疗性临在状态，然后我们可以让自己的呼吸自然地融入当下的觉知，继续倾听来访者的诉说。如果我们需要与咨询室里发生的事情保持一些距离，或者需要一些更客观的视角，我们也可以默默地对自己说一些平静的话语，如"我并非他痛苦的起因，也没有能力让他的痛苦完全消失"。自我关怀与平静结合在一起，可以减轻过度认同来访者情绪痛苦的倾向，并保持情感投入。

转变回关怀的心态，其实是让受到威胁的心态转变为照料的心态。在关怀聚焦疗法中（Gilbert，2009）有一个核心概念，即动机的三圆模型（威胁、驱动、关爱），其中的每一种动机都有自己的生理特征。用关怀的方式与自己相处（阴性自我关怀）似乎能激活"照料"的生理机制。因此，当我们在咨询室内感到情绪失控时，激活照料状态最简单的方法就是**照料自己**，一旦我们平静下来、得到安抚，我们就处于一种合适的心态，可以照料来访者。请看下面的例子：

> 普丽希拉患有严重的抑郁症，有时只有自杀的想法才能帮助她忍受痛苦的生活。为了证明自己的观点，普丽希拉在一次治疗的结束前说，她把所有的药都放在床头柜上，一字排开，知道自己可以在需要的时候随时"结束这一切"，反而能让她感到有些宽慰。听到这番话，我的第一反应是害怕，因为很明显这位来访者既有自杀的计划，也有自杀的手段。我本能地开始思考怎样才能防止她自杀（把她送进医院，要她保证自己不会自杀，让她的朋友和其他照料者一同参与制订安全计划）。尽管这些安全策略非常重要，而且常常能救人一命，但我最终意识到，普丽希拉还在倾诉，而我一句话都没听进去。此外，我知道与普丽希拉保持联结很重要——知道世上还有另外一个人明白我们的感觉有多糟糕，有时可以让一个人熬过漫漫长夜。
>
> 为了与普丽希拉重新建立联结，我开始为自己吸气，认可我自己的恐惧，提醒自己，心理治疗是一项艰难的工作，并告诉自己：如果人们决心要伤害自己，归根结底，我是没有能力保护他们的。我一遍又一遍地为自己吸气，直到我能真正听见普丽希拉在说什么为止。然后我开始为普丽希拉呼气，一口气接一口气。接着，为自己吸气，为普丽希拉呼气，来回往复。
>
> 在我呼吸的时候，我发现自己的关注点从自我中心的恐惧转变为了对普丽希拉的钦佩，我钦佩她能忍受这么深的绝望。我对普丽希拉说了一番发自内心的话："你让我感到惊讶……面对这么多的困难，我真不知道你是如何应对的。我知道你有时会感到绝望，但你可能是我认识的最坚强的人之一。你是怎么做到这一切的？"在她的回答中，普丽希拉讲述了她的狗，她施舍食物给无家可归的人，以及她的祈祷，这些都给了她安慰。她在说话的时候，情绪好转了，然后我们讨论了她下次陷入绝望、想要自杀的时候，她可以做些什么。在普丽希拉离开之前，我们短暂地互相看了一眼，通过眼神表达了真诚的、相

互的感激与欣赏。我知道她会没事的。

这则简短的故事说明了害怕如何让治疗师与来访者失去联结,以及片刻的自我关怀能够如何让治疗师回到治疗性临在的状态。

来访者对待自己的方式

将自我关怀融入心理治疗的最后一种方式,是创造一些练习或者**干预方法**,让来访者可以在家里练习,培养自我关怀。这种做法是有道理的,因为我们知道,借助经验(包括冥想这样的心理经验),人类的大脑是可塑的、可改变的(Kang et al., 2015; Lazar et al., 2005; Valk et al., 2017)。如果没有家庭练习,来访者每周可能只有 1 小时的时间在治疗师的陪伴下享受关怀带来的好处。有了家庭练习,治疗关系就能随时随地伴随来访者,来访者每周就能有很多个小时可以享受关怀。

如何创造干预方法

当治疗师第一次发现自我关怀的转化力量时,他们可能会忍不住冲动,想要迫切地教所有来访者做家庭练习。这种努力的意图是好的,但并非总是有益的,因为来访者可能把这种做法解读为治疗师轻视了他们的困境与生活的复杂性。最近有一种很常见的现象,例如一位来访者因为焦虑障碍前来治疗,而治疗师在第一次治疗时对他说:"你应该学习静观冥想。"在这种情况下,来访者是带着一个问题(焦虑)来治疗的,离开的时候却带走了两个问题(焦虑,外加缺乏静观)。治疗师不需要在来访者心中的自我缺陷中再加上一条"自我关怀"。在有效的治疗中,教授静观和自我关怀练习是一个重要的部分,但在开始的时候,更好的做法是,治疗师要仔细倾听来访者所说的话,并深入理解来访者的困境。换句话说,最好的做法就是全然接纳。

对于治疗师而言,当我们考虑教授来访者静观与自我关怀练习的时候,本章在前面讨论过的全然接纳、共鸣、临在、不解决问题、谦逊、相互性等关系品质同样很重要。也许，放下我们在教授自我关怀的想法，将这个过程看作我们在"消除障碍""发掘来访者的资源"也许会更有帮助，这其实是一种临床工作者的自律——减少不必要的努力，与来访者保持情感共鸣。还有一种方法能在治疗中减少不必要的努力，那就是完全避免使用"静观"和"自我关怀"这样的词，除非来访者在对话中提起这些词。这样一来，治疗师和来访者就可以关注问题的实质，即用静观与关怀的态度看待来访者的体验。如果我们能像这样，让干预方法**"贴近体验"**，这些方法就能完美地融入治疗关系之中。

露丝可能就是一个这样的临床案例。她来治疗的原因是她与伴侣吵得很厉害。这些争吵让露丝越来越愤怒、越来越怨恨伴侣。她的治疗师认为，学习"关系中的即时自我关怀"（见第7课）能帮助露丝把注意力从争论中转移出来，让她的心境从愤怒状态转变为照料状态——从照料自己开始做起，从而帮助她从这样的争吵中解脱出来。不过，治疗师并没有立即教授这项练习，他决定从继续探索露丝的愤怒入手。在讨论中，露丝发现了愤怒背后的孤独感，以及害怕失去伴侣、更加孤独的绝望，这一切的感受让她不断地与伴侣争执。当露丝领悟到这一点时，她松了一口气。然后治疗师问道，如果她下次和伴侣吵架的时候，能记得自己不仅很生气，还很孤独和害怕，那会发生什么。露丝认为，只要她能对自己说"孤独……孤独……"，就能改变自己的心境。治疗师补充道，如果她感觉合适，也可以捏捏自己的手，对自己表达同情和支持。

露丝回到家，真的做了"关系中的即时自我关怀"中的这一小部分。在下次治疗的时候，她说这样做让她失去了吵架的想法。治疗师没有提及这项练习本身，只是邀请露丝再尝试一些其中的其他元素，比如"这就是痛苦"（静观）、"这就是孤独的感觉"（共通人性），以及一些关怀的话语，例如"我爱你，我在这儿陪你"。不过，露丝还是更愿意做她已经学过的内容：她希望能强化"感受愤怒背后的情绪"这一习惯，她也对这整个学习过程感到好奇。

有趣的是，如果治疗师没有花时间去探索露丝的真实体验，露丝可能就不会有这样的发现。设计干预方法的一项经验准则是，我们要**通过**

来访者的切身体验来传授自我关怀，而不是**教**来访者什么是自我关怀。

正如自我关怀的练习者会经历不同的进步阶段（如第13章所述），以关怀为基础的治疗师也会经历不同的进步阶段。起初，治疗师迫切地想证明自己是有能力的治疗师，当来访者的状况有所改善的时候，他们会感到极大的愉悦。这就是**努力**阶段，这可能会阻碍真正的进步，因为再遇到障碍时，治疗师可能会责怪自己或他们的来访者缺乏进展。这就到了第二个阶段——**幻灭**："我做错了什么"或"为什么来访者要妨碍治疗"。如果治疗师能敞开心扉、面对来访者的全部困境（或者来访者的改变为何如此缓慢），并更加清晰地看到来访者的优势与弱点，最后一个阶段（**全然接纳**）就出现了。如此一来，治疗师就能少一些先入为主的看法，或者不切实际的期望，更好地探索怎样真正帮助来访者。治疗师的三个发展阶段反映了治疗意图的微妙变化，从"解决"来访者的问题到用关怀的态度与来访者"相处"，这种动机的转变就是从"驱动"到"关爱"的转变（Gilbert，2009）。

干预的类型

在静观自我关怀课程中，有27个冥想和非正式练习，本书都有所涉及。这些练习中的任意一个，都可以根据每位来访者的需求进行调整（其实，应该进行这样的调整）。在这27个练习之中有7个正式冥想，愿意做冥想的来访者可以在本书的配套网站（见附录C）上找到多个冥想的指导语录音。

有些简短的练习特别适合心理治疗的来访者或者对正式冥想不感兴趣的人。静观自我关怀中的20个非正式练习都可以融入来访者的生活，用来培养静观与自我关怀。此外，课程中的14个课堂练习的一些组成部分也可以用于在非正式情境下的练习。比如，在"满足未被满足的需求"（见第7课）中，学员要①认可自己的愤怒体验，②探索可能隐藏在愤怒背后的柔软情绪，③发现未被满足的需求，④学着在口头上或行动上给予自己这些可能已经缺失很久的东西。这些元素都可以应用于日常生活。

每节静观自我关怀课程中也包含一个简短的"软着陆"练习，就在每次休息之后。"软着陆"练习是一个凝练学习内容的机会，学员可以借此机会将自己在静观自我关怀中所学的内容压缩在 1～2 分钟。例如，在第 2 课里学习了"自我关怀呼吸"之后，学员可以通过简单地品鉴呼吸在体内的摇晃感，将这个冥想缩短为 2 分钟。在静修中学习了"自我关怀身体扫描"之后，学员可以简单地触摸疼痛的身体部位，对那个部位说一句善意的话。治疗师可以根据来访者的需求、兴趣和生活现状，与来访者一同设计基于静观自我关怀原则与练习的简短干预。

心理治疗，尤其是认知行为疗法，拥有丰富的技术，也可以用于基于关怀的干预。例如，如果教来访者在进入恐惧情境的时候安抚自己，暴露疗法就可以变成关怀暴露疗法；或者，行为激活可以加入"写一封关怀的信"（见第 4 课），从而增强动机。当干预变成关怀练习时，其**目的**会产生微妙的变化。治疗师并不是仅仅通过关怀来强化脱敏或行为激活的效果，关怀干预背后的动机也要发生改变，这样才能达到最好的效果。关怀干预的直接关注点仅仅是用关怀抱持我们的痛苦，症状的减少只是关怀的**副产品**。减轻情绪痛苦的长期目标依然没有改变，但我们减轻症状的手段则是对现实的全然接纳，以及为此而给予关怀。

可以在家做的自我关怀练习是无穷无尽的。关怀聚焦疗法（Gilbert, 2009, 2012）为来访者提供了大量干预方法。这些练习包括：①**培养内在的关怀自我**——把自己想象成一个心怀关爱的人；②**让关怀流向他人**——品鉴自己的关怀，并使之向外扩展；③**让关怀流入自我**——想象一个理想的、心怀关爱的人，并且从这个人的视角来看待自己；④**对自我的关怀**——从心怀关爱的自我的角度，为遇到困难的自我部分送去关怀。

为心理治疗设计干预方法的另一个资源，就是《静观自我关怀》（Neff & Germer, 2018），来访者可以阅读该书，用于辅助心理治疗。由于共通人性的力量，静观自我关怀以团体课程的形式呈现效果最好，但一些治疗师也可以用结构化的方式使用那本书，帮助那些决心学习自我关怀的来访者。

本章要点

- 自我关怀是心理治疗中的一种内在行动机制。
- 静观自我关怀具有治疗作用,但不是心理治疗。在心理治疗中,来访者有机会更全面地探索自己的个人生活,并且可以随着时间的推移揭开隐藏的伤口,让这些创伤显现出来,以便做出转换性的、关怀的回应。
- 自我关怀可以从三个层面上融入心理治疗:①治疗师对待自己的方式(关怀的临在);②治疗师对待来访者的方式(关怀的关系);③来访者对待自己的方式(干预/家庭练习)。
- 治疗师的**临在**(即慈爱的、联结的临在)是首要的。自我关怀的个人练习可以帮助治疗师在治疗时保持临在状态。临在可以通过共情协调的机制对来访者产生积极影响。
- 静观自我关怀问询的"三个R"(全然接纳、共鸣、资源开发)可以支持治疗关系。心理治疗有一项挑战,那就是保持全然接纳的同时,不放弃治愈的理念。心理治疗还有一个额外的好处,那就是允许来访者与治疗师一起创造一个全新的个人故事。
- 许多治疗师天生具有对痛苦感同身受的能力,这可能导致共情疲劳和倦怠。关怀,尤其是**自我**关怀,可以为治疗师减轻共情疲劳的影响。
- 家庭练习(或**干预**)应该在治疗的对话中自然地出现,并且应该根据来访者的需要做出个性化的调整,融入来访者的生活。

Teaching
the Mindful Self-Compassion
Program

第 20 章

心理治疗中的特殊问题

虽然世界满是苦难,但战胜苦难的办法也很多。

——海伦·凯勒(1903/2015,p.5)

本章所讨论的问题很容易在静观自我关怀的课程中出现,在本书前面的章节也有所提及。这些问题也是心理治疗领域的常见主题:在世间明智地行事,与我们自身的各个部分合作,依恋与再度抚育自我,以及治愈创伤和羞愧。本章探讨了心理治疗能够从自我关怀训练的哪些方面受益,以及上述临床问题能为非治疗师的静观自我关怀教师和练习者提供哪些启示。

关怀与智慧

参加静观自我关怀课程的学员经常会问:"从关怀的角度来看,我应该对某问题做些什么?"这种问题不应该由静观自我关怀的教师来回答,因为教师很少能足够了解来访者的生活情况，难以解答这种问题。治疗师对来访者的生活了解更多，但他们仍然会避免给建议，因为他们不可能知道，对另一个人来说，在另一个时间点、另一个情况下最好的行动方案是什么。事到临头的时候，我们所有人（学员、教师、来访者、治疗师）能做的最好的事情，就是运用我们所有的智慧和关怀，自己决定该如何行事。

智慧有很多定义（Siegel & Germer，2012）。其中的一个定义是：①理解事物的复杂性；②找到解决问题的方法。如果我们对于自身行为的短期和长期后果，缺乏足够的了解，我们就无法确定应该如何行事，但尝试理解情况的复杂性则是做出明智决定的良好开端。

智慧和关怀就像"鸟儿的两只翅膀"（Ricard，出自 Luisi，2008，p.94）。这意味着，要做一个真正明智的人，我们还需要关怀，要真正做到关怀，我们就需要智慧。请看下面这个缺乏智慧的关怀的临床案例：

> 在我（克里斯）作为临床心理学家的早年间，我曾有一位来访者，名叫安娜，她患有边缘型人格障碍。我天生就是一个热心肠的心理治疗师，在那时，我就相信善意的力量。我无法理解的是，为什么这位来访者在治疗中的状况越来越糟糕。起初，我们每周做一次治疗，在感觉安全之后，安娜讲述了她童年早期的创伤。在接下来的几个月里，安娜变得越来越焦躁不安，甚至影响到了她的正常工作。我以为安娜可能需要更多的支持，于是提出每周见她两次，安娜欣然接受了。最后，随着安娜不断地沉浸在过往的创伤中，以前的自杀念头又出现了。在她开始威胁到自身生命安全的时候，安娜同意去住院。医院里有一位明智的医生提出，我们的心理治疗是安娜精神状况恶化的原因，并建议我们停止治疗，我们照做了。安娜则被介绍到了一位更有经验的医生那里。

这个临床错误发生的时候，玛莎·莱恩汉的辩证行为疗法（1993）还没有开发出来，这种疗法告诉我们如何帮助来访者调节自己的情绪，而不是一切都依赖治疗关系。我记得多年后听莱恩汉说过："如果关怀在实际上没有帮助，那还有什么用呢？"我们的关怀需要智慧的指引。

临床上的智慧，包括透彻理解心理病理学（在安娜的案例中，则是理解复杂型创伤）、治疗关系（尤其是移情），以及必要的常识。要在治疗中**保持**关怀的态度，智慧也是必需的。比如，有时童年早期受过创伤的来访者能正常生活的唯一方法，就是把羞愧感投射给治疗师（投射性认同），如果我们能理解这一点，我们的反应就会大不相同。临床上的智慧能让我们看到恶毒情绪背后的痛苦，并做出关怀的回应，而不是习惯性地做出恐惧和愤怒的回应。

智慧常常与观点采择有关。塔妮娅·辛格及其同事的神经成像研究（见Valk et al., 2017，含补充材料）表明，关怀和观点采择会激活大脑中的不同网络。在一项为期九个月的研究中，他们还发现他们的静观/临在与关怀/情绪训练不一定能增强观点采择能力，而专门增强观点采择的训练（尤其是"心理理论"的训练）则取得了更好的结果（Hildebrandt et al., 2017）。这项研究表明，不同类型的训练能带来不同的结果，而单一的练习，如关怀练习，并不足以实现所有的目标。

对于那些想要更加关怀自己的来访者，通过心理治疗透彻地了解自身的心理模式是有帮助的。对于我们所有人来说，如果我们退后一步，进一步了解自身的困境和境况，我们就更有可能把自己的行为看作应对困难情境而做出的无辜努力，并且对自己产生关怀。

带着关怀之心与自身的各部分合作

作为心理治疗师，当我们与来访者一同工作的时候，我们会发现人类的人格有许多不同的部分，也就是不同的自我。比如，一部分自我可能想戒酒，而另一部分可能想喝得烂醉如泥。当发生家庭危机的时候，一部分自我可能会惊慌失措，而另一部分自我可能会依然坚强可靠。一般而言，不同的部分会在不同的情况下表现出来。哈里·斯塔克·沙利文（Harry Stack Sullivan, 1950/1964）曾说："据我所知，每个人所拥有的人格，与他所拥有的人际关系一样多（p. 221）。"

对于这些不同自我的领悟，也会在冥想中出现。学习冥想的人甚至可能在冥想之前就发现自己就有许多不同的部分。每天早上，这些部分都可能发生这样典型的争吵：一部分自我可能只想喝一杯咖啡，听听早间新闻，而另一部分自我想要冥想，享受定时冥想的益处。心理治疗（以及冥想练习）有一项特殊的功效，即让我们更好地理解自己的不同部分，这样我们就不会让自己陷入莫名其妙的矛盾之中。研究还表明，更多地了解自我的部分，可以提高我们理解他人的能力（Böckler，Herrmann，Trautwein，Holmes & Singer，2017）。

内在家庭系统是理查德·施瓦茨（1995；Schwartz & Falconer，2017）开发的一种心理治疗模式，该模式将我们的各个部分分为不同的类别，施瓦茨将这些类别称为"保护者"（包括"管理者"与"消防员"）与"被放逐者"。被放逐者通常是儿童的部分——被锁起来、困在过去的时间里，背负着羞愧、恐惧或无价值感的负担。保护者保护被放逐者免受伤害，并保护整个人免受被放逐者的痛苦侵扰。举例来说，管理者通常是"内在的批评者""讨好他人的人"或者"理智的人"，管理者的作用就是让这个人举止得体。消防员经常生气，并试图用让人成瘾或麻木的问题行为来淹没或掩盖困难的情绪。尽管各个部分通常都被困在过去的时间里，但所有的部分都有良好的意愿。

我们可以将自我关怀的概念理解为关怀我们所有的部分，无论这些部分有什么性质或作用。静观自我关怀与心理治疗的一个差异，就在于我们探索这些部分的深度不同。一般而言，我们不会在静观自我关怀课程中涉及被放逐者的部分，而会试图**理解**保护者，如内在的批评者（见第 4 课）。我们可以承认被放逐者的部分可能在承受痛苦，但教师不能在静观自我关怀的课堂上提供足够安全的"容器"，让学员的各部分敞开心扉，分享它们所背负的负担。这是心理治疗的工作。

然而，有一些部分的确会在静观自我关怀中出现。例如，课堂练习可能会激活旧日的创伤，在练习结束后，学员的喉咙里可能会有一种挥之不去的哽咽感。在问询的过程中，教师可以邀请学员把一只手轻轻地放在自己的喉咙上，对她的这个部位正在进行的斗争表达关怀。如果学员仍然感到不适，教师可以温柔地邀请学员对内心讲话，向喉咙里的哽咽表达关怀，就好像那里是她自己的一部分一样。如果足够安全，教师甚至可以邀请这位学员去倾听那个部位有什么要说的话，但时间不要超过 10～20 秒，以限制投入的深度。然而，在内在家庭系统治疗中，来访者可以发现每个部分的故事，并用关怀的态度来面对这些故事。运用部分心理学的心理治疗师会发现，当来访者练习自我关怀的时候，他们就更善于用关怀来面对那些有挑战性的部分。换句话说，越来越多的人将内在家庭系统与静观自我关怀视为相互补充的关怀照料系统。

依恋与再度抚育

如第 11 章（第 2 课）所述，回燃指的是我们给予自己善意和关怀时出现的痛苦——往往是很久以前的痛苦。回燃可以表现为负面的信念（"我一文不值"）、压抑的情绪（羞愧、恐惧、悲伤）或者身体记忆（疼痛）。回燃也是指当我们得到无条件的爱时，我们会发现我们在什么情况下是得不到爱的。

大多数治疗师都听说过这种说法："有时情况需要恶化，然后才能好转。"如果治疗师明白这种现象发生的原因，他们就能让治疗对脆弱的来访者来说变得更加安全，尤其是那些在童年早期遭受过虐待和忽视的人。前面关于安娜的小故事就是对回燃处理不当的例子，随着她在治疗中得到的温暖与善意越来越多，她的创伤也变得越来越明显。因此，为了保证治疗的安全，来访者通常需要"慢慢地感受温暖"。

幸运的是，回燃只是一种暂时的状态。回燃通常是由于重温过往的记忆形成的，而不是当前的一种问题。矛盾的是，恰恰是因为我们觉得足够安全，可以放松我们的防御，对旧日的创伤敞开心扉，所以我们才会体验到回燃。静观和自我关怀提供了一种内在的安全感，当旧日的创伤再度出现的时候，我们可以用一种全新的、静观的、关怀的方式来面对创伤，而不再过度陷入过往的体验里。在自我关怀转化情绪痛苦的过程中，回燃是一个内在的组成部分。

我们可以把自我关怀训练理解为一种再度抚育自我的方式。在儿童时期，当我们陷入情绪痛苦时，我们的本能是向主要照料者寻求安慰。然而，由于我们的照料者有自身的局限，或者照料环境不理想，这种行为并非总能得到预期的结果。在童年期，每一次令人沮丧或痛苦的互动，最终会汇集为一种内化的模式，即依恋类型（Mikulincer Shaver & Pereg，2003）。作为成年人，当我们给予自己小时候希望得到的关怀时，我们的依恋创伤往往会显露出来。当我们用孩童时期所希望得到的善意和理解去面对这些创伤时，我们就能在自己内心建立一种更为安全的基础（Ainsworth & Marvin，1995；Bowlby，1988；Fay，2017；Holmes，2001；Mikulincer & Shaver，2017）。这就是自我关怀的练习者常说的那种强大、自信的体验。

在我们能够关怀自己之前，我们通常需要从他人那里得到关怀。这就是为什么静观自我关怀的教师会注重在课堂上创造一种"善意的文化"，这也是为什么教师在问询过程中要十分关注保持关怀的态度。对于一些人来说，尤其是那些有严重情绪困扰的人，这些关怀还不够。在这种情况下，与心理治疗师建立更为个人化的关系，则是培养自我关怀的有效选择。

以上的再度抚育过程，也会出现在所有基于关怀的心理治疗中。旧日的创伤会在安全、关怀的关系中出现；治疗师与来访者能用更温和、理解的方式来回应这些创伤；渐渐地，来访者会内化与治疗师的谈话，形成自己的关怀的声音。然而，这一过程可能需要数年时间才能实现。不幸的是，如果来访者没有建立起一个内在的安全基础，来处理困难情绪，他们可能就缺乏足够的内在力量，无法处理在相对安全的咨询室内浮现的创伤记忆。（这就是安娜的情况。）此时，自我关怀练习，尤其是行为上的自我关怀（见第 11 章），可以成为心理治疗的一种重要辅助方法。随着时间的推移，诸如"培养内在的关怀之声"这样的心理训练能够让来访者随时随地都处在治疗关系之中，真正做到让心理治疗的效果一直伴随着来访者。

处理创伤

在自我关怀训练中，创伤记忆可能会浮现。在美国群体中，有 89.7% 的人曾接触过创伤事件（例如火灾、身体侵犯、性侵犯、战争、自然灾难），反复遭遇创伤事件已成为常态，美国 PTSD 的发病率则是 8.3%（Kilpatrick et al.,

2013）。因此，静观自我关怀教师需要知道如何处理训练中可能出现的创伤，也需要知道何时要将创伤幸存者介绍给心理治疗师。

对于未解决的创伤而言，自我关怀训练既是诱因，也是解决之道。近年来的研究表明，个人如何**解读**和**调节**创伤体验，能预测他们是否会患上 PTSD（Barlow et al., 2017）。自我关怀是情绪调节的重要资源（见第 2 章）。例如，研究发现，与暴露于战争的程度相比，自我关怀的特质水平对于 PTSD 有着更强的预测作用（Hiraoka et al., 2015）。在经历过严重、反复的人际创伤的女性临床群体中，自我关怀与 PTSD 症状的严重程度、情绪失调的程度呈负相关（Scoglio et al., 2018）。巴洛及其同事（Barlow et al., 2017）发现，自我关怀与负面的创伤评价（如羞愧）和情绪调节问题呈负相关。一项针对 PTSD 的认知疗法研究表明，在治疗的过程中，对自我的善意增加了，对自我的评判就会减少（Hoffart et al., 2015）。还有一些其他的研究表明，自我关怀练习可以减少与创伤有关的内疚与 PTSD（Held & Owens, 2015; Kearney et al., 2013）。

传统的观点认为，有三个症状群与 PTSD 是相关的：①生理唤醒；②回避；③侵入性思维。有趣的是，这三类症状与前面提到的应激反应（战斗—逃跑—僵住）以及对内的应激反应（自我批评—孤立—反刍思维）有着密切的对应关系（见表 20-1）。这些症状表明，自我关怀是一种针对创伤的健康反应。善待自我能让过度唤醒的自主神经系统平静下来，共通人性能避免受创伤者躲藏在羞愧情绪之中，而静观能让受创伤者从侵入性的记忆和情绪之中脱离出来。汤普森和华尔兹（Thompson & Waltz, 2008）针对符合 PTSD 诊断标准的大学本科生做了一项研究，该研究发现，回避症状群与自我关怀呈负相关。自我关怀似乎可以预防 PTSD 的发展，产生作用的主要途径是减少对于情绪不适的回避，并促进脱敏。

表 20-1 应激反应、PTSD 与自我关怀的组成部分

应激反应	对内的应激反应	PTSD 症状	自我关怀
战斗	自我批评	生理唤醒	善待自我
逃跑	孤立	回避	共通人性
僵住	反刍思维	侵入性思维	静观

注：来自 Germer & Neff, 2015, p.46。Copyright © 2015 The Guilford Press。已许可转载。

对于受过创伤的来访者，尤其是那些经历过童年早期创伤的来访者，他们已经将遭受的虐待内化了（例如，他们觉得自己所受的虐待是自己活该），并且对照料者形成了不安全的依恋，在与他们工作时，治疗关系是复原的关键载体（Briere，1992；Cloitre，Cohen & Koenen，2006）。有些受过创伤的来访者在童年时就知道，"追求完美"是回避创伤的有效策略，但过度努力地追求自我关怀可能会导致严重的回燃。因此，治疗师可能需要鼓励受过创伤的来访者"学得慢一些"，从而在治疗中获益的同时，还能保证安全。治疗师可能还需要让创伤幸存者放慢复述创伤事件的速度，以便与心怀关爱的治疗师一起消化复述过程中的体验（Mendelsohn et al.，2011）。

对于以关怀为基础的创伤治疗来说，回到安全状态的能力是至关重要的。正如静观自我关怀教师给学员讲的一样，治疗师也可以把"安全的区域"教给来访者（见第 6 章，图 6-2），并与来访者携手合作，帮助他们停留在"安全"或"挑战"的区域，远离"不堪重负"的区域。静观自我关怀中有关"开放"和"封闭"的比喻也适用于心理治疗（见第 10 章）。为了安全起见，治疗师应该允许来访者封闭自己，即允许他们从正在思考和做的事情中脱离出来，因为这些事情激起了他们的痛苦。

如果受过创伤的人想做家庭练习，心理治疗师和静观自我关怀教师应该牢记什么原则？创伤幸存者应问问自己的首要问题是："我需要什么？"如果创伤幸存者无法回答这个问题，我们可以把这个问题变得更具体一些："我需要什么东西……**才能感到安全**"或者"我需要什么东西……**才能安慰和安抚自己**"。最简单的问题是："我已经做了哪些照料自己的事情？"此时的重点应该是自我关怀的**行为**——做一些愉悦、平常的事情，将其作为对痛苦的关怀性回应，例如听音乐、打个盹，或者做些运动。如果创伤幸存者想要做**心理**训练，比如冥想，我们通常建议练习时间不要太长（也许每天不要超过 10～15 分钟）。心理训练的量是调节回燃的关键因素。一般而言，非正式的家庭练习是最安全的，例如第 1 课（第 10 章）中教的"即时自我关怀"，或者静修里的"品鉴行走"（见第 15 章）。

治疗师与来访者应该注意分辨，练习是不是**真正的**自我关怀——练习对于每个人的效果如何。一位静观自我关怀的学员曾泪流满面地告诉我们,他一天通常会有好几次与自己的身体解离。在静观自我关怀的课程中,他把手放在心上,轻轻地揉着胸膛,终于有生以来第一次成功地待在自己的身体里。这个简单的动作能安抚他(也就是说,这是真正的自我关怀)。然而,另一位创伤幸存者的创伤,却被同样的练习激活了。他的名字叫卢克,当时正在接受心理治疗,他曾在童年时遭受过严重的虐待。只要卢克一想到他可以通过把手放在心上来安慰自己,他脑海里的声音就会变得非常响亮,那些声音说他是个"垃圾","不配活下去"。得到了这样的反馈,卢克的治疗师放弃了家庭练习的想法,转而专注于保持治疗关系的安全与支持。

静观自我关怀教师何时应该把学员转介绍去做心理治疗?仔细筛选课程的报名者(如第 5 章所述)可以显著减少转介治疗的需要。不过,如果参与课程学习似乎有损于学员正常生活的能力(例如增加了焦虑、抑郁,或者减弱了专注的能力),而且他们根据教师的建议,缩减了练习的时长,不做某些练习,却依然没有好转,那教师和学员就应该谈谈中止学习或接受心理治疗的可能性。在训练中遇到不良影响的学员更有可能不来上课,或者在情绪上出现退缩现象,没有向教师报告他们的困难,所以教师应该定期请学员分享他们的**各种体验**——积极与消极的体验。关于冥想训练中可能出现的、与冥想相关的挑战,可参见林达尔及其同事的综述(Lindahl et al., 2017)。

用自我关怀来消除羞愧

羞愧在心理治疗中无处不在。从来访者进门的那一刻起,羞愧通常就会出现,也许他们会觉得自己有缺陷,如果不花钱请人帮忙,自己就不能解决问题。羞愧也有很多面具。它可能隐藏在自我批评、敌意、自恋或自杀的背后,也可能悄悄地躲在觉知的表面之下,表现为局促不安或尴尬。羞愧就像胶水一样,常常为其他困难的情绪增添"黏性",如焦虑、悲伤或愤怒。羞愧不仅会影响来访者,也同样会影响治疗师(Alonso & Rutan, 1988;Hahn, 2000)。因此,识别羞愧并看清它的本质是很有用的(Dearing & Tangney, 2011;

DeYoung，2011；Tangney & Dearing，2002；见第 16 章）。

羞愧的正式定义是"一种情感生理反应和想象的复杂组合，这通常与真实的或想象的关系破裂相关"（Hahn，2000，p. 10）。朱迪丝·赫曼（Judith Herman，2011）是一位治疗创伤专家，她写了下面这段关于羞愧的话：

> 相对而言，羞愧是一种难以用语言表达的状态，在这种状态下，言语和思维都会受到抑制。这也是一种强烈的局促不安的状态：这个人希望自己能"钻进地板里去"或者"爬到洞里去等死"。不为人知的是，羞愧始终是一种关系的体验。刘易斯（Lewis，1987）是羞愧研究的先驱之一，他认为羞愧是"一个人内心产生的、对他人蔑视的替代性体验……'在他人眼中的自我'是羞愧意识的焦点"（p.15）……因此，羞愧是一种复杂的心理表征，这种心理表征代表了人们对他人心理的想象（p.263）。

羞愧通常是在人际关系中形成的。它往往是很没道理的情绪，比如，如果有些人在特定文化中属于被忽视或被低估的少数群体，或者照料者无法给予孩子发展健康的自我感知所需要的关注，羞愧情绪就会产生。

羞愧是 PTSD 的关键组成部分。例如，在犯罪事件后，羞愧是受害者在 6 个月后的 PTSD 症状的最强预测因素（Andrews，Brewin，Rose & Kirk，2000）。

羞愧尤其与童年早期创伤所造成的 PTSD 有关。塔尔伯特（Talbot，1996）曾描述过这样一个过程：孩子无法控制发生在他们身上的事情，因而失去了掌控感带来的自信，没有机会通过他人的情感协调和关怀的回应来发展健康的自我感知。在这种情况下，孩子很可能会得出这样的结论：他们活该有那样的遭遇，而且他们毫无价值。正如第 16 章所述，羞愧的认知成分通常是负面的核心信念，如"我没有价值""我有缺陷""我很愚蠢"或者"我不讨人喜欢"。

在消除羞愧这方面，自我关怀有着独特的效果（Gilbert & Procter，2006；Johnson & O'Brien，2013）。这是因为从自我关怀中得到的自我价值不依赖于外界的评价（见第 3 章）。相反，这种自我价值来自一种被支持、被爱的感觉，尤其是在事情不如意的时候得到支持和爱。通过激活自我关怀的资源，我们的想法就能从"我没有价值"变为"我**感觉**自己没有价值"，再变为"我**有**价值"。

用自我关怀来面对羞愧的第一步是**心理教育**，即消除对羞愧情绪的羞愧感。在心理治疗中，发现来访者的羞愧可能是一种拨云见日的体验。例如，在我（克里斯）与公开演讲焦虑斗争的日子里，发现我的焦虑其实是一种羞愧障碍，让我更容易接纳自己的焦虑，感觉不再那么难为情，并能专注于手头的任务（演讲）了。

透过自我关怀的视角，我们可以从积极的角度重新解读羞愧，这对于心理治疗有重要的影响。这种方法并不否认，未得到正视的羞愧可能会导致残酷、可怕的后果，如暴力、物质滥用、抑郁和自杀。然而，如果我们深入探究羞愧（也见第 16 章），我们就可能会发现以下悖论：

- 羞愧让我们觉得自己**应该受到责备**，但这是一种**无辜**的情绪。
- 羞愧让我们觉得**与世隔绝**，但它让我们与所有人**联系**在一起。
- 羞愧的感觉好像是**永恒不变**的，但它是一种**暂时**的状态，就像所有情绪一样。

这些悖论大致能够对应自我关怀的三个组成部分——善待自我、共通人性、静观当下。它们也为心理治疗处理羞愧感指明了方向。例如，羞愧是一种无辜的情绪，这个理念源于一种观察结果：在造成羞愧的关系破裂的背后，有一种与人建立有爱的、关怀的联结的渴望。自婴儿期开始，这种渴望就是我们得以生存的必要条件。当成年人感到羞愧的时候，他们可以说"我只是想要被爱"，然后羞愧可能就会消退，让他们可以开始解决实际发生的问题。同样，认识到羞愧是一种普遍的情绪，以及我们所有人偶尔都会感到格格不入，能让我们从羞愧引起的孤独中解放出来。最后，记住羞愧只是一种情绪，有开始也有结束，能帮助我们摆脱对于羞愧的认同，令羞愧自行消退。

关于发现羞愧背后有着对爱的无辜渴望，有一个特别深刻的例子，这个例子发生在之前提到的来访者卢克身上。在一次治疗中，卢克（再次）提到他觉得自己像个垃圾，因为他脑海里的声音是这样说的，而他的治疗师问道："尽管你感觉自己像个垃圾,但我想知道,即使你没有得到爱,你是否一直都希望有人爱你?"卢克轻轻地点了点头。然后治疗师补充道:"所以,你的意思是,即使你相信那些声音所说的话,但你心里一直有一个部分渴望被爱,尽管你经历了这一切,但从未停止过对爱的渴望?"卢克的眼中含着泪水,温柔地答道:"是的。"尽管卢克感觉自己不值得被爱,但他决心让身边的爱和关怀进入自己的内心,以此作为走向自我关怀的第一步。在童年的糟糕处境里,他都生存了下来,现在他更不会放弃他最深切的渴望。

自我关怀的疗愈功效

从本质上讲,自我关怀是用爱来抱持痛苦的过程,所以它有一种独特而强大的治愈功效。不需要摆脱痛苦,或者让痛苦消失,自我关怀能让我们勇敢地与痛苦相处。它利用温暖和善意的力量,帮助我们在困境中保持坚强,让我们在生而为人、在所难免的痛苦中感受与他人的联结。痛苦是人生的一部分。无论是小如日常琐事,还是大如临床障碍,痛苦都会让我们感到难受。这就是为什么我们所有人都需要关怀,需要这种在痛苦时刻里的智慧与爱的回应。这种回应可以给予学员、给予来访者、给予陌生人,但最重要的是,要给予自己。

本章要点

- 当我们决定要在生活中采取什么行动时,我们需要在关怀中加入智慧。**智慧**,包括临床上的智慧,是指理解情况的复杂性,并选择最有益的行动。智慧与观点采择密切相关。
- 人格由许多部分(或者说自我)组成。心理治疗和静观自我关怀都为我们提供了一个发现不同部分,并给它们带去关怀的机会,但心理治疗为更深入地探索"部分"提供了安全的"容器",尤其适合减轻受伤的孩童部分所背负的负担。

- 自我关怀训练是再度抚育自我的机会——建立安全的内在基础。再度抚育也可以在治疗关系中出现。自我关怀练习可以模拟治疗关系，让心理治疗的效果随时陪伴在来访者的身边。
- 创伤在社会中普遍存在，自我关怀训练很可能会引发旧日的创伤。在自我关怀训练和心理治疗中，回到安全状态的能力都是很重要的。在自我关怀训练中，过度的热情会导致严重的回燃。自我关怀是防止创伤发展成 PTSD 的一个重要因素。
- 自我关怀是消除羞愧的良药，而羞愧是人类最困难的情绪。从基于关怀的视角来看，羞愧是一种无辜的情绪，源于被爱的渴望。羞愧在心理治疗中普遍存在，这种看待羞愧的积极视角对心理治疗有着重要的启示。
- 自我关怀让我们有力量用爱去抱持任何痛苦。

附 录

附录 A　伦理原则

作为静观自我关怀教师，我知道自己对学员应负的责任。为此，我承诺遵守以下伦理原则：

1. **透明与开放**。在课程开始之前，我将准确告知所有学员课程的内容、形式、持续时间和费用。我也将坦率地公开我教授静观自我关怀课程的资质与所受的培训。

2. **拥抱多样性**。静观自我关怀是一个包容所有人的学习环境。我会尊重人与人之间的差异（包括看得见的和看不见的），在教学中尽我所能地不因差异而产生任何偏见。在我们一同学习如何拥抱我们的共通人性时，我将尊重每个人所面临的独特挑战。

3. **财务公平**。虽然我承认我有权为我教授静观自我关怀课程所付出的时间收取恰当的报偿，但我的主要目标是为他人服务；在做出诸如为需要的人减少学费、授予奖学金这样的财务决定时，我同意始终兼顾我自身和学员的经济需求。

4. **尊重课程的完整性**。作为这个教师组织中的一员，我的教学将根植于我所接受的静观自我关怀教师培训以及随后的其他培训。我尊重静观自我关怀课程的完整性，在使用"静观自我关怀"的商标时，我将至少保证85%的教学内容与原本的课程一致，如若不然，我会征求静观自我关怀中心的许可。

⊖ 注：经过许可，改编自德国的正念减压—正念认知疗法协会（MBSR/MBCT Verband，www.mbsr-verband.de）的伦理原则。

5. **承认课程的局限性**。我知道静观自我关怀不能取代医学治疗或精神健康治疗,我也将努力确保我在公共场合发出的信息(例如广告、文章、演讲)向所有潜在和目前的学员清楚地传达这一点。

6. **坚持学习与个人练习**。为了保持教学的资格,我将紧随静观与自我关怀领域的发展,并参与静观自我关怀教师的专业社群。我也知道坚持静观、关怀和自我关怀练习是有效教学的基础。

7. **对师生关系负责**。我明白要教授自我关怀,就必须对学员怀有关怀之心。我会对师生关系负责,不寻求进一步的物质或非物质回报。最重要的是,我将把学员的情绪安全、心理安全视为重中之重。因此,在教授静观自我关怀课程时,我会与每一位学员保持专业的师生关系。

8. **尊重其他教师和项目**。我知道,要做一个心怀关爱的教师,就要对自己有所要求,其中包括对于其他教师,以及其他基于静观与自我关怀的项目的态度。这包括秉持尊重与欣赏的态度,认识到我们的共同目标是把静观与关怀带给世界,不应用贬低的方式谈论其他教师或项目。我将努力以建设性和关怀的方式,直接解决任何现存的或潜在的冲突。

9. **保持意识形态的中立**。在教授静观自我关怀课程时,我会避免灌输政治、意识形态或宗教的理念。当然,如果有人问及,我也可以谈论静观自我关怀或我自己实践的背景信息。

附录 B　延伸阅读

在报名参加静观自我关怀课程的时候,我们鼓励学员阅读《静观自我关怀》(Neff & Germer,2018),该书与本书所呈现的静观自我关怀的内容与结构非常接近。

在学习这门课时,学员还可以阅读《自我关怀的力量》(Neff,2011)或《不与自己对抗,你就会更强大》(Germer,2009)。下面的概览呈现了这些书与静观自我关怀各节课相对应的章节。

《自我关怀的力量》

第 1 课——第 1 章、第 2 章

第 2 课——第 5 章

第 3 课——第 3 章、第 4 章

第 4 课——第 8 章

第 5 课——第 12 章

第 6 课——第 6 章

第 7 课——第 9 章

第 8 课——第 13 章

《不与自己对抗，你就会更强大》

第 1 课——第 1 章

第 2 课——第 2 章

第 3 课——第 4 章、第 6 章

第 4 课——第 5 章

第 5 课——附录 B

第 6 课——第 3 章

第 7 课——第 7 章

第 8 课——第 8 章、第 9 章

附录 C　音频文件清单

1. 英文音频文件清单

本节英文音频文件（见表 C-1）可以在吉尔福德出版社网站下载或播放，网址为 www.guilford.com/germer4-materials。

表 C-1　英文音频文件清单

音频序号	标题	播放时长	教师
1	即时自我关怀	5:20	克里斯汀·内夫

（续）

音频序号	标题	播放时长	教师
2	即时自我关怀	12:21	克里斯托弗·杰默
3	自我关怀呼吸	21:28	克里斯汀·内夫
4	自我关怀呼吸	18:24	克里斯托弗·杰默
5	给所爱的人慈爱	17:08	克里斯汀·内夫
6	给所爱的人慈爱	14:47	克里斯托弗·杰默
7	找到自己的慈爱话语	23:02	克里斯托弗·杰默
8	给自己慈爱	20:40	克里斯托弗·杰默
9	自我关怀身体扫描	23:55	克里斯汀·内夫
10	自我关怀身体扫描	43:36	克里斯托弗·杰默
11	给予和接受关怀	20:48	克里斯汀·内夫
12	给予和接受关怀	21:20	克里斯托弗·杰默
13	处理困难情绪	16:01	克里斯汀·内夫
14	处理困难情绪	16:09	克里斯托弗·杰默
15	心怀关爱的友人	18:09	克里斯汀·内夫
16	心怀关爱的友人	15:05	克里斯托弗·杰默
17	平静的关怀	14:38	克里斯托弗·杰默

2. 中文音频文件清单

为方便中国读者更好地体验书中练习，本书增加中文音频文件（见表C-2）。读者可查找本书封底二维码，扫码进入数字资源页面，点击"有声书"，获得音频素材。

表 C-2 中文音频文件清单

音频序号	标题	播放时长	录制方
1	即时自我关怀	9:36	海蓝幸福家
2	放松触摸	5:26	海蓝幸福家
3	自我关怀呼吸	11:24	海蓝幸福家
4	脚底静观	5:43	海蓝幸福家
5	日常生活中的静观和自我关怀	10:35	海蓝幸福家
6	自我关怀身体扫描	26:30	海蓝幸福家
7	处理困难情绪	22:29	海蓝幸福家
8	平静的关怀/淡定的关怀	18:59	海蓝幸福家

更多静观自我关怀的资源，可登陆静观自我关怀中国战略合作伙伴海蓝幸福家官网 http://www.hailanxfj.com 的"静观自我关怀"板块进行下载。

3. 可下载音频文件使用条款

出版社授予本书的个人购买者在 www.guilford.com/germer4-materials 网站和本书数字资源页面在线播放或下载音频文件的许可。该许可仅授予购买者本人，供个人使用或与来访者（客户）一同使用。该许可条款不允许购买者复制这些材料，将其音频或文字转录用于转售、再度发行、传播或其他用途（包括但不限于书籍、手册、文章、视频或音频制品、播客、文件分享网站、互联网或内网、演讲文字资料或幻灯片、工作坊、网络研讨会，不论是否收费都不允许）。若要复制这些材料用于上述用途或其他任何用途，必须向吉尔福德出版社及机械工业出版社华章公司授权部门提起申请，获得书面授权。

附录 D　相关资源

书　籍

Baraz, J. (2012). *Awakening joy.* Berkeley, CA: Parallax Press.
Bluth, K. (2017). *The self-compassion workbook for teens.* Oakland, CA: New Harbinger.
Brach, T. (2003). *Radical acceptance: Embracing your life with the heart of a Buddha.* New York: Bantam Books.
Brown, B. (2010). *The gifts of imperfection.* Center City, MI: Hazelden.
Cozolino, L. (2017). *The neuroscience of psychotherapy: Healing the social brain* (3rd ed.). New York: Norton.
Davidson, R., & Begley, S. (2012). *The emotional life of your brain.* New York: Plume.
Dearing, R. L., & Tangney, J. P. (Eds.). (2011). *Shame in the therapy hour.* Washington, DC: American Psychological Association.
Desmond, T. (2016). *Self-compassion in psychotherapy.* New York: Norton.
Desmond, T. (2017). *The self-compassion skills workbook.* New York: Norton.
Doty, J. (2016). *Into the magic shop.* New York: Avery.
Engel, B. (2010). *It wasn't your fault.* Oakland, CA: New Harbinger.
Epstein, M. (2013). *The trauma of everyday life.* New York: Penguin.

Feldman, C. (2017). *Boundless heart.* Boston: Shambhala.
Geller, S. M., & Greenberg, L. S. (2012). *Therapeutic presence: A mindful approach to effective therapy.* Washington, DC: American Psychological Association.
Germer, C. (2009). *The mindful path to self-compassion.* New York: Guilford Press.
Germer, C., & Siegel, R. (Eds.). (2012). *Wisdom and compassion in psychotherapy.* New York: Guilford Press.
Germer, C., Siegel, R., & Fulton, P. (Eds.). (2013). *Mindfulness and psychotherapy* (2nd ed.). New York: Guilford Press.
Gilbert, P. (2009). *The compassionate mind.* Oakland, CA: New Harbinger.
Gilbert, P. (Ed.). (2017). *Compassion: Concepts, research and applications.* London: Routledge.
Hanh, T. N. (1976). *The miracle of mindfulness.* Boston: Beacon Press.
Hanh, T. N. (1998). *Teaching on love.* Berkeley, CA: Parallax Press.
Hanson, R. (2009). *The Buddha's brain.* Oakland, CA: New Harbinger.
Hanson, R. (2013). *Hardwiring happiness.* New York: Harmony Books.
Hayes, S. (2005). *Get out of your mind and into your life.* Oakland, CA: New Harbinger.
Jinpa, T. (2015). *A fearless heart.* New York: Avery.
Kabat-Zinn, J. (1990). *Full catastrophe living.* New York: Dell.
Keltner, D. (2009). *Born to be good.* New York: Norton.
Kolts, R. (2016). *CFT made simple.* Oakland, CA: New Harbinger.
Kornfield, J. (1993a). *A path with heart.* New York: Bantam Books.
Kornfield, J. (1993b). *No time like the present.* New York: Atria Books.
Lieberman, M. D. (2013). *Social: Why our brains are wired to connect.* New York: Crown.
Linehan, M. M. (2015). *DBT skills training manual* (2nd ed.). New York: Guilford Press.
Makransky, J. (2007). *Awakening through love.* Somerville, MA: Wisdom.
Neff, K. (2011). *Self-compassion: The proven power of being kind to yourself.* New York: Morrow.
Neff, K. (2013). *Self-compassion: Step by step.* Louisville, CO: Sounds True.
Rosenberg, M. (2003). *Nonviolent communication: A language of life.* Encinitas, CA: Puddledancer Press.
Salzberg, S. (1995). *Lovingkindness: The revolutionary art of happiness.* Boston: Shambhala.
Salzberg, S. (2017). *Real love: The art of mindful connection.* New York: Flatiron Books.
Schwartz, R. C. (1995). *Internal family systems therapy.* New York: Guilford Press.
Schwartz, R. C., & Falconer, R. (2017). *Many minds, one self.* Oak Park, IL: Center for Self Leadership.
Seppälä, E., Simon-Thomas, E., Brown, S. L., Worline, M. C., Cameron, C. D., & Doty, J. R. (Eds.). (2017). *The Oxford handbook of compassion science.* New York: Oxford University Press.
Siegel, D. J. (2010). *Mindsight.* New York: Bantam Books.

Teasdale, J., Williams, J. M., & Segal, Z. (2014). *The mindful way workbook*. New York: Guilford Press.

Tirch, D., Schoendorff, B., & Silberstein, L. (2014). *The ACT practitioner's guide to the science of compassion: Tools for fostering psychological flexibility*. Oakland, CA: New Harbinger.

Treleaven, D. (2018). *Trauma-sensitive mindfulness*. New York: Norton.

van den Brink, E., & Koster, R. (2015). *Mindfulness-based compassionate living*. New York: Routledge.

Welford, M. (2013). *The power of self-compassion: Using compassion-focused therapy to end self-criticism and build self-confidence*. Oakland, CA: New Harbinger.

Worline, M., & Dutton, J. (2017). *Awakening compassion at work*. Oakland, CA: Berrett-Koehler.

线上资源

静观自我关怀中心

- 网站：https://centerformsc.org
  - 静观自我关怀练习的音频或视频
  - 静观自我关怀的线上直播课程
  - 支持继续学习和练习的资源
  - 关于即将开展的静修、工作坊和其他与自我关怀相关的活动信息
  - 支持搜索功能的全球静观自我关怀教师与课程数据库
- 社交媒体
  - Facebook 页面：www.facebook.com/centerformsc
  - Twitter：@centerformsc

作者的网站

- 克里斯托弗·杰默博士：https://chrisgermer.com
  - 练习与指导性冥想

㊀ 此处所涉及的网站均为英文原书内容，选择保留在本书中的目的是为中国读者提供更丰富的资源，但由于多种原因，个别网站可能无法顺利访问，特此说明。

- 视频
- 克里斯汀·内夫博士：https://self-compassion.org
  - 自我关怀测验（"自我关怀量表"）
  - 练习与指导性冥想
  - 视频
  - 自我关怀研究的 PDF 文件

相关网站

- 情境行为科学协会接纳承诺疗法 www.contextualscience.org/act
- 斯坦福大学医学院关怀与利他主义研究与教育中心 http://ccare.stanford.edu
- 威斯康星大学麦迪逊分校健康心灵中心 www.centerhealthyminds.org
- 哈佛医学院教学医院与剑桥健康联盟静观与关怀中心 www.chacmc.org
- 马萨诸塞大学医学院医疗、卫生保健与社会静观中心 www.umassmed.edu/cfm
- 埃默里大学认知关怀训练 www.tibet.emory.edu/cognitively-based-compassion-training
- 关怀研究所关怀培养训练 www.compassioninstitute.com
- 关怀之心基金会关怀聚焦疗法 https://.compassionatemind.co.uk
- 加州大学伯克利分校至善科学中心《至善》杂志 www.greatergood.berkeley.edu
- 冥想与心理治疗研究所 www.meditationandpsychotherapy.org
- 真我领导力中心（Center for Self Leadership），内在家庭系统 https://selfleadership.org
- 静观关怀生活法 www.compassionateliving.info
- 静观认知疗法 www.mbct.com

Teaching
the Mindful Self-Compassion
Program

参 考 文 献

Adams, C. E., & Leary, M. R. (2007). Promoting self-compassionate attitudes toward eating among restrictive and guilty eaters. *Journal of Social and Clinical Psychology, 26,* 1120–1144.

Adolphs, R. (2009). The social brain: Neural basis of social knowledge. *Annual Review of Psychology, 60,* 693–716.

Ainsworth, M., & Marvin, R. S. (1995). On the shaping of attachment theory and research: An interview with Mary D. S. Ainsworth (Fall 1994). *Monographs of the Society for Research in Child Development, 60*(2–3), 2–21. Retrieved June 17, 2017, from *www.jstor.org/stable/1166167*.

Akhtar, S., & Barlow, J. (2018). Forgiveness therapy for the promotion of mental well-being: A systematic review and meta-analysis. *Trauma, Violence, and Abuse, 19*(1), 107–122.

Albertson, E. R., Neff, K. D., & Dill-Shackleford, K. E. (2015). Self-compassion and body dissatisfaction in women: A randomized controlled trial of a brief meditation intervention. *Mindfulness, 6*(3), 444–454.

Alexander, F., & French, T. M. (1980). *Psychoanalytic therapy: Principles and application.* Lincoln: University of Nebraska Press. (Original work published 1946)

Allen, A., Barton, J., & Stevenson, O. (2015). Presenting a self-compassionate image after an interpersonal transgression. *Self and Identity, 14*(1), 33–50.

Allen, A., Goldwasser, E. R., & Leary, M. R. (2012). Self-compassion and well-being among older adults. *Self and Identity, 11*(4), 428–453.

Allen, A., & Leary, M. R. (2010). Self-compassion, stress, and coping. *Social and Personality Psychology Compass, 4*(2), 107–118.

Allen, A., & Leary, M. R. (2014). A self-compassionate response to aging. *The Gerontologist, 54*(2), 190–200.

Allen, M., Bromley, A., Kuyken, W., & Sonnenberg, S. J. (2009). Participants' experiences of mindfulness-based cognitive therapy: "It changed me in just about every way possible." *Behavioural and Cognitive Psychotherapy, 37*(4), 413–430.

Alonso, A., & Rutan, J. S. (1988). Shame and guilt in psychotherapy supervision. *Psychotherapy: Theory, Research, Practice, Training, 25*(4), 576–581.

Anderson, J. C. (2012, May 15). Maya Angelou opens women's health and wellness center, calls disparities "embarrassing." *HuffPost*. Retrieved January 23, 2019, from *www.huffingtonpost.com/2012/05/15/maya-angelou-opens-womens-health-center-calls-disparities-embarrassing_n_1517418.html?ref=black-voices*.

Andrews, B., Brewin, C. R., Rose, S., & Kirk, M. (2000). Predicting PTSD symptoms in victims of violent crime: The role of shame, anger, and childhood abuse. *Journal of Abnormal Psychology, 109*(1), 69–73.

Arao, B., & Clemens, K. (2013). From safe spaces to brave spaces. In B. Arao & K. Clemens (Eds.), *The art of effective facilitation: Reflections from social justice educators*. (pp. 135–150). Sterling, VA: Stylus.

Arch, J. J., Brown, K. W., Dean, D. J., Landy, L. N., Brown, K. D., & Laudenslager, M. L. (2014). Self-compassion training modulates alpha-amylase, heart rate variability, and subjective responses to social evaluative threat in women. *Psychoneuroendocrinology, 42*, 49–58.

Arimitsu, K., & Hofmann, S. G. (2015). Effects of compassionate thinking on negative emotions. *Cognition and Emotion, 31*(1), 160–167.

Armstrong, K. (2010). *Twelve steps to a compassionate life*. New York: Knopf.

Astin, J. (2013). This constant lover. In J. Astin, *This is always enough*. Scotts Valley, CA: CreateSpace Independent Publishing Platform.

Atkinson, D. M., Rodman, J. L., Thuras, P. D., Shiroma, P. R., & Lim, K. O. (2017). Examining burnout, depression, and self-compassion in Veterans Affairs mental health staff. *Journal of Alternative and Complementary Medicine, 23*(7), 551–557.

Atwood, G. E., & Stolorow, R. D. (2014). *Structures of subjectivity: Explorations in psychoanalytic phenomenology and contextualism*. London: Routledge.

Avalos, L., Tylka, T. L., & Wood-Barcalow, N. (2005). The Body Appreciation Scale: Development and psychometric evaluation. *Body Image, 2*(3), 285–297.

Baer, R. A. (2010). Self-compassion as a mechanism of change in mindfulness- and acceptance-based treatments. In R. A. Baer (Ed.), *Assessing mindfulness and acceptance processes in clients* (pp. 135–154). Oakland, CA: New Harbinger.

Baer, R. A., Lykins, E. L. B., & Peters, J. R. (2012). Mindfulness and self-compassion as predictors of psychological wellbeing in long-term meditators and match nonmeditators. *Journal of Positive Psychology, 7*(3), 230–238.

Baker, L. R., & McNulty, J. K. (2011). Self-compassion and relationship maintenance: The moderating roles of conscientiousness and gender. *Journal of Personality and Social Psychology, 100*, 853–873.

Barks, C. (1990). Childhood friends. In *Delicious laughter: Rambunctious teaching stories from the mathnawi of Jelaluddin Rumi*. Athens, GA: Maypop Books.

Barlow, M. R., Turow, R. E. G., & Gerhart, J. (2017). Trauma appraisals, emotion regulation difficulties, and self-compassion predict posttraumatic stress symptoms following childhood abuse. *Child Abuse and Neglect, 65*, 37–47.

Barnard, L., & Curry, J. (2011). Self-compassion: Conceptualizations, correlates, and interventions. *Review of General Psychology, 15*(4), 289–303.

Bartels-Velthuis, A. A., Schroevers, M. J., van der Ploeg, K., Koster, F., Fleer, J., & van den Brink, E. (2016). A mindfulness-based compassionate living training in a heterogeneous sample of psychiatric outpatients: A feasibility study. *Mindfulness, 7*(4), 809–818.

Beaumont, E., Durkin, M., Hollins Martin, C. J., & Carson, J. (2016a). Compassion for others, self-compassion, quality of life and mental well-being measures and their association with compassion fatigue and burnout in student midwives: A quantitative survey. *Midwifery, 34,* 239–244.

Beaumont, E., Durkin, M., Hollins Martin, C. J., & Carson, J. (2016b). Measuring relationships between self-compassion, compassion fatigue, burnout and well-being in student counsellors and student cognitive behavioural psychotherapists: A quantitative survey. *Counselling and Psychotherapy Research, 16*(1), 15–23.

Beaumont, E., Galpin, A., & Jenkins, P. (2012). Being kinder to myself: A prospective comparative study, exploring post-trauma therapy outcome measures, for two groups of clients, receiving either cognitive behaviour therapy or cognitive behaviour therapy and compassionate mind training. *Counseling Psychology Review, 27*(1), 31–43.

Beaumont, E., Irons, C., Rayner, G., & Dagnall, N. (2016). Does compassion-focused therapy training for health care educators and providers increase self-compassion and reduce self-persecution and self-criticism? *Journal of Continuing Education in the Health Professions, 36*(1), 4–10.

Bennett, D. S., Sullivan, M. W., & Lewis, M. (2010). Neglected children, shame-proneness, and depressive symptoms. *Child Maltreatment, 15*(4), 305–314.

Bernhardt, B. C., & Singer, T. (2012). The neural basis of empathy. *Annual Review of Neuroscience, 35,* 1–23.

Berry, W. (2012). The silence. In W. Berry, *New collected poems* (p. 127). Berkeley, CA: Counterpoint Press.

Bessenoff, G. R., & Snow, D. (2006). Absorbing society's influence: Body image self-discrepancy and internalized shame. *Sex Roles, 54*(9–10), 727–731.

Bhikku, T. (2013). With each and every breath: A guide to meditation. Retrieved January 1, 2018, from *www.dhammatalks.org/Archive/Writings/withEachAndEveryBreath_v160221.pdf.*

Bibeau, M., Dionne, F., & Leblanc, J. (2016). Can compassion meditation contribute to the development of psychotherapists' empathy?: A review. *Mindfulness, 7*(1), 255–263.

Biber, D. D., & Ellis, R. (2017). The effect of self-compassion on the self-regulation of health behaviors: A systematic review. *Journal of Health Psychology.* [Epub ahead of print]

Birnie, K., Speca, M., & Carlson, L. E. (2010). Exploring self-compassion and empathy in the context of mindfulness-based stress reduction (MBSR). *Stress and Health, 26,* 359–371.

Bishop, S. R., Lau, M., Shapiro, S., Carlson, L., Anderson, N. D., Carmody, J., et al. (2004). Mindfulness: A proposed operational definition. *Clinical Psychology: Science and Practice, 11,* 191–206.

Blatt, S. J. (1995). Representational structures in psychopathology. In D. Cicchetti & S. Toth (Eds.), *Rochester Symposium on Developmental Psychopathology: Vol. 6. Emotion, cognition, and representation* (pp. 1–34). Rochester, NY: University of Rochester Press.

Bloom, P. (2017). Empathy and its discontents. *Trends in Cognitive Sciences, 21*(1), 24–31.

Blum, L. (1980). Compassion. In A. O. Rorty (Ed.), *Explaining emotions* (pp. 507–517). Berkeley: University of California Press.

Bluth, K., & Blanton, P. W. (2015). The influence of self-compassion on emotional well-being among early and older adolescent males and females. *Journal of Positive Psychology, 10*(3), 219–230.

Bluth, K., Campo, R. A., Futch, W. S., & Gaylord, S. A. (2016). Age and gender differences in the associations of self-compassion and emotional well-being in a large adolescent sample. *Journal of Youth and Adolescence, 46*(4), 840–853.

Bluth, K., & Eisenlohr-Moul, T. A. (2017). Response to a mindful self-compassion intervention in teens: A within-person association of mindfulness, self-compassion, and emotional well-being outcomes. *Journal of Adolescence, 57*, 108–118.

Bluth, K., Gaylord, S. A., Campo, R. A., Mullarkey, M. C., & Hobbs, L. (2016). Making friends with yourself: A mixed methods pilot study of a mindful self-compassion program for adolescents. *Mindfulness, 7*(2), 479–492.

Böckler, A., Herrmann, L., Trautwein, F. M., Holmes, T., & Singer, T. (2017). Know thy selves: Learning to understand oneself increases the ability to understand others. *Journal of Cognitive Enhancement, 1*(2), 197–209.

Boellinghaus, I., Jones, F. W., & Hutton, J. (2014). The role of mindfulness and loving-kindness meditation in cultivating self-compassion and other-focused concern in health care professionals. *Mindfulness, 5*(2), 129–138.

Bowlby, J. (1988). *A secure base: Parent–child attachment and healthy human development.* New York: Basic Books.

Boykin, D. M., Himmerich, S. J., Pinciotti, C. M., Miller, L. M., Miron, L. R., & Orcutt, H. K. (2018). Barriers to self-compassion for female survivors of childhood maltreatment: The roles of fear of self-compassion and psychological inflexibility. *Child Abuse and Neglect, 76*, 216–224.

Brach, T. (2003). *Radical acceptance: Embracing your life with the heart of a Buddha.* New York: Bantam Books.

Brähler, C. (2015). *Selbstmitgefühl entwickeln.* Munich: Scorpio Verlag.

Brähler, C., Gumley, A., Harper, J., Wallace, S., Norrie, J., & Gilbert, P. (2013). Exploring change processes in compassion focused therapy in psychosis: Results of a feasibility randomized controlled trial. *British Journal of Clinical Psychology, 52*(2), 199–214.

Brähler, C., & Neff, K. (in press). Self-compassion in PTSD. In M. T. Tull & N. Kimbrel (Eds.), *Emotion in posttraumatic stress disorder.* New York: Elsevier.

Brandsma, R. (2017). *The mindfulness teaching guide.* Oakland, CA: New Harbinger.

Braun, T. D., Park, C. L., & Gorin, A. (2016). Self-compassion, body image, and disordered eating: A review of the literature. *Body Image, 17*, 117–131.

Breen, W. E., Kashdan, T. B., Lenser, M. L., & Fincham, F. D. (2010). Gratitude and forgiveness: Convergence and divergence on self-report and informant ratings. *Personality and Individual Differences, 49*(8), 932–937.

Breines, J. G., & Chen, S. (2012). Self-compassion increases self-improvement motivation. *Personality and Social Psychology Bulletin, 38*(9), 1133–1143.

Breines, J. G., & Chen, S. (2013). Activating the inner caregiver: The role of support-giving schemas in increasing state self-compassion. *Journal of Experimental Social Psychology, 49*(1), 58–64.

Breines, J. G., McInnis, C. M., Kuras, Y. I., Thoma, M. V., Gianferante, D., Hanlin, L., et al. (2015). Self-compassionate young adults show lower salivary alpha-amylase responses to repeated psychosocial stress. *Self and Identity, 14*(4), 390–402.

Breines, J. G., Thoma, M. V., Gianferante, D., Hanlin, L., Chen, X., & Rohleder, N. (2014). Self-compassion as a predictor of interleukin-6 response to acute psychosocial stress. *Brain, Behavior, and Immunity, 37,* 109–114.

Breines, J., Toole, A., Tu, C., & Chen, S. (2014). Self-compassion, body image, and self-reported disordered eating. *Self and Identity, 13*(4), 432–448.

Brewer, J. A., Garrison, K. A., & Whitfield-Gabrieli, S. (2013). What about the "self" is processed in the posterior cingulate cortex? *Frontiers in Human Neuroscience, 7,* 647.

Brewer, J. A., Mallik, S., Babuscio, T. A., Nich, C., Johnson, H. E., Deleone, C. M., et al. (2011). Mindfulness training for smoking cessation: Results from a randomized controlled trial. *Drug and Alcohol Dependence, 119*(1–2), 72–80.

Briere, J. (1992). *Child abuse trauma: Theory and treatment of the lasting effects.* Newbury Park, CA: SAGE.

Brion, J. M., Leary, M. R., & Drabkin, A. S. (2014). Self-compassion and reactions to serious illness: The case of HIV. *Journal of Health Psychology, 19*(2), 218–229.

Brito-Pons, G., Campos, D., & Cebolla, A. (2018). Implicit or explicit compassion?: Effects of compassion cultivation training and comparison with mindfulness-based stress reduction. *Mindfulness, 9*(5), 1494–1508.

Brooks, M., Kay-Lambkin, F., Bowman, J., & Childs, S. (2012). Self-compassion amongst clients with problematic alcohol use. *Mindfulness, 3*(4), 308–317.

Brown, L., Huffman, J. C., & Bryant, C. (2018). Self-compassionate aging: A systematic review. *The Gerontologist.* [Epub ahead of print]

Bryant, F., & Veroff, J. (2007). *Savoring: A new model of positive experience.* Mahwah, NJ: Erlbaum.

Buckner, R. L., Andrews-Hanna, J. R., & Schacter, D. L. (2008). The brain's default network. *Annals of the New York Academy of Sciences, 1124*(1), 1–38.

Burt, C. H., Lei, M. K., & Simons, R. L. (2017). Racial discrimination, racial socialization, and crime: Understanding mechanisms of resilience. *Social Problems, 64*(3), 414–438.

Calkins, S. D. (1994). Origins and outcomes of individual differences in emotion regulation. *Monographs of the Society for Research in Child Development, 59*(2–3), 53–72.

Campo, R. A., Bluth, K., Santacroce, S. J., Knapik, S., Tan, J., Gold, S., et al. (2017). A mindful self-compassion videoconference intervention for nationally recruited posttreatment young adult cancer survivors: Feasibility, acceptability, and psychosocial outcomes. *Supportive Care in Cancer, 25*(6), 1759–1768.

Campos, D., Cebolla, A., Quero, S., Bretón-López, J., Botella, C., Soler, J., et al. (2016). Meditation and happiness: Mindfulness and self-compassion may mediate the meditation–happiness relationship. *Personality and Individual Differences, 93*, 80–85.

Cassell, E. J. (2002). Compassion. In C. R. Snyder & S. J. Lopez (Eds.), *Handbook of positive psychology* (pp. 434–445). New York: Oxford University Press.

Chang, E. C., Yu, T., Najarian, A. S. M., Wright, K. M., Chen, W., Chang, O. D., et al. (2016). Understanding the association between negative life events and suicidal risk in college students: Examining self-compassion as a potential mediator. *Journal of Clinical Psychology, 73*(6), 745–755.

Chesterton, G. K. (2015). *Orthodoxy*. Scotts Valley, CA: CreateSpace Independent Publishing Platform. (Original work published 1908)

Chiesa, A., & Serretti, A. (2009). Mindfulness-based stress reduction for stress management in healthy people: A review and meta-analysis. *Journal of Alternative and Complementary Medicine, 15*, 593–600.

Chittister, J. (2000). *Illuminated life: Monastic wisdom for seekers of light*. Maryknoll, NY: Orbis Books.

Christensen, A., Doss, B., & Jacobson, N. (2014). *Reconcilable differences* (2nd ed.). New York: Guilford Press.

Claesson, K., & Sohlberg, S. (2002). Internalized shame and early interactions characterized by indifference, abandonment and rejection: Replicated findings. *Clinical Psychology and Psychotherapy, 9*(4), 277–284.

Cleare, S., Gumley, A., Cleare, C. J., & O'Connor, R. C. (2018). An investigation of the factor structure of the Self-Compassion Scale. *Mindfulness, 9*(2), 618–628.

Cloitre, M., Cohen, L. R., & Koenen, K. C. (2006). *Treating survivors of childhood abuse: Psychotherapy for the interrupted life*. New York: Guilford Press.

Collett, N., Pugh, K., Waite, F., & Freeman, D. (2016). Negative cognitions about the self in patients with persecutory delusions: An empirical study of self-compassion, self-stigma, schematic beliefs, self-esteem, fear of madness, and suicidal ideation. *Psychiatry Research, 239*, 79–84.

Collins, B. (2014). Aimless love. In B. Collins, *Aimless love: New and selected poems* (pp. 9–10). New York: Random House.

Compson, J. (2014). Meditation, trauma and suffering in silence: Raising questions about how meditation is taught and practiced in Western contexts in the light of a contemporary trauma resiliency model. *Contemporary Buddhism, 15*(2), 274–297.

Cornell, A. (2013). *Focusing in clinical practice: The essence of change*. New York: Norton.

Costa, J., Marôco, J., Pinto-Gouveia, J., Ferreira, C., & Castilho, P. (2015). Validation of the psychometric properties of the Self-Compassion Scale: Testing the factorial validity and factorial invariance of the measure among borderline personality disorder, anxiety disorder, eating disorder and general populations. *Clinical Psychology and Psychotherapy, 23*(5), 460–468.

Costa, J., & Pinto-Gouveia, J. (2011). Acceptance of pain, self-compassion and psychopathology: Using the Chronic Pain Acceptance Questionnaire to identify patients subgroups. *Clinical Psychology and Psychotherapy, 18,* 292–302.

Cousins, N. (1991). *The celebration of life: A dialogue on hope, spirit, and the immortality of the soul.* New York: Bantam Books. (Original work published 1974)

Covello, V. T., & Yoshimura, Y. (2009). *The Japanese art of stone appreciation: Suiseki and its use with bonsai.* North Clarendon, VT: Tuttle.

Covey, S. R. (2013). *The 7 habits of highly effective people: Powerful lessons in personal change.* New York: Simon & Schuster.

Cozolino, L. (2017). *The neuroscience of psychotherapy: Healing the social brain* (3rd ed.). New York: Norton.

Crane, R. S., Eames, C., Kuyken, W., Hastings, R. P., Williams, J. M. G., Bartley, T., et al. (2013). Development and validation of the Mindfulness-Based Interventions—Teaching Assessment Criteria (MBI: TAC). *Assessment, 20*(6), 681–688.

Creswell, J. D. (2015). Biological pathways linking mindfulness with health. In K. W. Brown, J. D. Creswell, & R. M. Ryan (Eds.), *Handbook of mindfulness: Theory, research, and practice* (pp. 426–440). New York: Guilford Press.

Creswell, J. D., Way, B. M., Eisenberger, N. I., & Lieberman, M. D. (2007). Neural correlates of dispositional mindfulness during affect labeling. *Psychosomatic Medicine, 69*(6), 560–565.

Crews, D., & Crawford, M. (2015). Exploring the role of being out on a queer person's self-compassion. *Journal of Gay and Lesbian Social Services, 27*(2), 172–186.

Crews, D. A., Stolz-Newton, M., & Grant, N. S. (2016). The use of yoga to build self-compassion as a healing method for survivors of sexual violence. *Journal of Religion and Spirituality in Social Work: Social Thought, 35*(3), 139–156.

Crocker, J., & Canevello, A. (2008). Creating and undermining social support in communal relationships: The role of compassionate and self-image goals. *Journal of Personality and Social Psychology, 95,* 555–575.

Crocker, J., Luhtanen, R. K., Cooper, M. L., & Bouvrette, S. (2003). Contingencies of self-worth in college students: Theory and measurement. *Journal of Personality and Social Psychology, 85,* 894–908.

Crocker, J., & Park, L. E. (2004). The costly pursuit of self-esteem. *Psychological Bulletin, 130,* 392–414.

Dahm, K., Meyer, E. C., Neff, K. D., Kimbrel, N. A., Gulliver, S. B., & Morissette, S. B (2015). Mindfulness, self-compassion, posttraumatic stress disorder symptoms, and functional disability in U.S. Iraq and Afghanistan war veterans. *Journal of Traumatic Stress, 28*(5), 460–464.

Damasio, A. R. (2004). Emotions and feelings: A neurobiological perspective. In A. S. R. Manstead, N. Frijda, & A. Fischer (Eds.), *Studies in emotion and social interaction: Feelings and emotions: The Amsterdam symposium* (pp. 49–57). Cambridge, UK: Cambridge University Press.

Davidson, R. J., & McEwen, B. S. (2012). Social influences on neuroplasticity: Stress and interventions to promote well-being. *Nature Neuroscience, 15*(5), 689–695.

Davis, D. M., & Hayes, J. A. (2011). What are the benefits of mindfulness?: A practice review of psychotherapy-related research. *Psychotherapy, 48*(2), 198–208.

Daye, C. A., Webb, J. B., & Jafari, N. (2014). Exploring self-compassion as a refuge against recalling the body-related shaming of caregiver eating messages on dimensions of objectified body consciousness in college women. *Body Image, 11*(4), 547–556.

Dearing, R. L., & Tangney, J. P. (Eds.). (2011). *Shame in the therapy hour.* Washington, DC: American Psychological Association.

Decety, J., & Cacioppo, J. T. (Eds.). (2011). *The Oxford handbook of social neuroscience.* New York: Oxford University Press.

Decety, J., & Lamm, C. (2006). Human empathy through the lens of social neuroscience. *Scientific World Journal, 6*, 1146–1163.

Deci, E. L., & Ryan, R. M. (1995). Human autonomy: The basis for true self-esteem. In M. H. Kernis (Ed.), *Efficacy, agency, and self-esteem* (pp. 31–49). New York: Plenum Press.

Delaney, M. C. (2018). Caring for the caregivers: Evaluation of the effect of an eight-week pilot mindful self-compassion (MSC) training program on nurses' compassion fatigue and resilience. *PLOS ONE, 13*(11), e0207261.

Denkova, E., Dolcos, S., & Dolcos, F. (2014). Neural correlates of "distracting" from emotion during autobiographical recollection. *Social Cognitive and Affective Neuroscience, 10*(2), 219–230.

Desbordes, G., Negi, L. T., Pace, T. W., Wallace, B. A., Raison, C. L., & Schwartz, E. L. (2012). Effects of mindful-attention and compassion meditation training on amygdala response to emotional stimuli in an ordinary, non-meditative state. *Frontiers in Human Neuroscience, 6*, 292.

Desmond, T. (2016). *Self-compassion in psychotherapy.* New York: Norton.

DeYoung, P. (2011). *Understanding and treating chronic shame: A relational, neurobiological approach.* New York: Routledge.

Diac, A. E., Constantinescu, N., Sefter, I. I., Raşia, E. L., & Târgoveçu, E. (2017). Self-compassion, well-being and chocolate addiction. *Romanian Journal of Cognitive Behavioral Therapy and Hypnosis, 4*(1–2).

Dickens, L. R. (2017). Using gratitude to promote positive change: A series of meta-analyses investigating the effectiveness of gratitude interventions. *Basic and Applied Social Psychology, 39*(4), 193–208.

Dickinson, E. (1872). Dickinson/Higginson correspondence: Late 1872. Dickinson Electronic Archives, Institute for Advanced Technology in the Humanities (IATH), University of Virginia. Retrieved July 21, 2004, from *http://jefferson.village.virginia.edy/cgi-bin/AT-Dickinsonsearch.cgi*.

Diedrich, A., Burger, J., Kirchner, M., & Berking, M. (2016). Adaptive emotion regulation mediates the relationship between self-compassion and depression in individuals with unipolar depression. *Psychology and Psychotherapy: Theory, Research and Practice, 90*(3), 247–263.

Diedrich, A., Grant, M., Hofmann, S. G., Hiller, W., & Berking, M. (2014). Self-compassion as an emotion regulation strategy in major depressive disorder.

Behaviour Research and Therapy, 58, 43–51.

Diedrich, A., Hofmann, S. G., Cuijpers, P., & Berking, M. (2016). Self-compassion enhances the efficacy of explicit cognitive reappraisal as an emotion regulation strategy in individuals with major depressive disorder. *Behaviour Research and Therapy, 82,* 1–10.

Dodds, S. E., Pace, T. W., Bell, M. L., Fiero, M., Negi, L. T., Raison, C. L., et al. (2015). Feasibility of cognitively-based compassion training (CBCT) for breast cancer survivors: A randomized, wait-list controlled pilot study. *Supportive Care in Cancer, 23*(12), 3599–3608.

Dolcos, S., & Albarracin, D. (2014). The inner speech of behavioral regulation: Intentions and task performance strengthen when you talk to yourself as a you. *European Journal of Social Psychology, 44*(6), 636–642.

Døssing, M., Nilsson, K. K., Svejstrup, S. R., Sørensen, V. V., Straarup, K. N., & Hansen, T. B. (2015). Low self-compassion in patients with bipolar disorder. *Comprehensive Psychiatry, 60,* 53–58.

Dowd, A. J., & Jung, M. E. (2017). Self-compassion directly and indirectly predicts dietary adherence and quality of life among adults with celiac disease. *Appetite, 113,* 293–300.

Dozois, D. J., & Beck, A. T. (2008). Cognitive schemas, beliefs and assumptions. *Risk Factors in Depression, 1,* 121–143.

Duarte, C., Ferreira, C., Trindade, I. A., & Pinto-Gouveia, J. (2015). Body image and college women's quality of life: The importance of being self-compassionate. *Journal of Health Psychology, 20*(6), 754–764.

Duarte, J., McEwan, K., Barnes, C., Gilbert, P., & Maratos, F. A. (2015). Do therapeutic imagery practices affect physiological and emotional indicators of threat in high self-critics? *Psychology and Psychotherapy: Theory, Research and Practice, 88*(3), 270–284.

Duckworth, A. (2016). *Grit: The power of passion and perseverance.* New York: Simon & Schuster.

Dugo, J. M., & Beck, A. P. (1997). Significance and complexity of early phases in the development of the co-therapy relationship. *Group Dynamics: Theory, Research, and Practice, 1*(4), 294–305.

Dundas, I., Binder, P. E., Hansen, T. G., & Stige, S. H. (2017). Does a short self-compassion intervention for students increase healthy self-regulation?: A randomized control trial. *Scandinavian Journal of Psychology, 58*(5), 443–450.

Dunne, S., Sheffield, D., & Chilcot, J. (2018). Brief report: Self-compassion, physical health and the mediating role of health-promoting behaviours. *Journal of Health Psychology, 23*(7), 993–999.

Durkin, M., Beaumont, E., Hollins Martin, C. J., & Carson, J. (2016). A pilot study exploring the relationship between self-compassion, self-judgement, self-kindness, compassion, professional quality of life and wellbeing among UK community nurses. *Nurse Education Today, 46,* 109–114.

Dweck, C. S. (1986). Motivational processes affecting learning. *American Psychologist, 41,* 1040–1048.

Egan, H., Mantzios, M., & Jackson, C. (2017). Health practitioners and the directive towards compassionate healthcare in the UK: Exploring the need to educate health practitioners on how to be self-compassionate and mindful alongside mandating compassion towards patients. *Health Professions Education, 3*(2), 61–63.

Ehret, A. M., Joormann, J., & Berking, M. (2018). Self-compassion is more effective than acceptance and reappraisal in decreasing depressed mood in currently and formerly depressed individuals. *Journal of Affective Disorders, 226,* 220–226.

Eicher, A. E., Davis, L. W., & Lysaker, P. H. (2013). Self-compassion: A novel link with symptoms in schizophrenia? *Journal of Nervous and Mental Disease, 201*(5), 1–5.

Elliott, R., Bohart, A. C., Watson, J. C., & Greenberg, L. S. (2011). Empathy. *Psychotherapy, 48*(1), 43–49.

Elwafi, H. M., Witkiewitz, K., Mallik, S., Thornhill, T. A., IV, & Brewer, J. A. (2013). Mindfulness training for smoking cessation: Moderation of the relationship between craving and cigarette use. *Drug and Alcohol Dependence, 130*(1–3), 222–229.

Emerson, R. W. (1883). Spiritual laws. In R. W. Emerson, *Works of Ralph Waldo Emerson* (pp. 30–37). London: Routledge. (Original work published 1841)

Emmons, R. A., & McCullough, M. E. (2003). Counting blessings versus burdens: An experimental investigation of gratitude and subjective well-being in daily life. *Journal of Personality and Social Psychology, 84*(2), 377.

Emmons, R. A., & McCullough, M. (Eds.). (2004). *The psychology of gratitude.* New York: Oxford University Press.

Enright, R. D., & Fitzgibbons, R. P. (2000). *Helping clients forgive: An empirical guide for resolving anger and restoring hope.* Washington, DC: American Psychological Association.

Evans, S., Wyka, K., Blaha, K. T., & Allen, E. S. (2018). Self-compassion mediates improvement in well-being in a mindfulness-based stress reduction program in a community-based sample. *Mindfulness, 9*(4), 1280–1287.

Ewert, C., Gaube, B., & Geisler, F. C. M. (2018). Dispositional self-compassion impacts immediate and delayed reactions to social evaluation. *Personality and Individual Differences, 125,* 91–96.

Falconer, C. J., Slater, M., Rovira, A., King, J. A., Gilbert, P., Antley, A., et al. (2014). Embodying compassion: A virtual reality paradigm for overcoming excessive self-criticism. *PLOS ONE, 9*(11), e111933.

Faulds, D. (2002). Allow. In D. Faulds, *Go in and in: Poems from the heart of yoga.* Berkeley, CA: Peaceable Kingdom Press.

Fay, D. (2017). *Attachment-based yoga and meditation for trauma recovery: Simple, safe, and effective practices for therapy.* New York: Norton.

Fein, S., & Spencer, S. J. (1997). Prejudice as self-image maintenance: Affirming the self through derogating others. *Journal of Personality and Social Psychology, 73,* 31–44.

Ferguson, L. J., Kowalski, K. C., Mack, D. E., & Sabiston, C. M. (2015). Self-compassion and eudaimonic well-being during emotionally difficult times in sport. *Journal of Happiness Studies, 16*(5), 1263–1280.

Ferrari, M., Dal Cin, M., & Steele, M. (2017). Self-compassion is associated with optimum self-care behaviour, medical outcomes and psychological well-being in a cross-sectional sample of adults with diabetes. *Diabetic Medicine, 34*(11), 1546–1553.

Ferreira, C., Pinto-Gouveia, J., & Duarte, C. (2013). Self-compassion in the face of shame and body image dissatisfaction: Implications for eating disorders. *Eating Behaviors, 14*(2), 207–210.

Finlay-Jones, A., Kane, R., & Rees, C. (2017). Self-compassion online: A pilot study of an Internet-based self-compassion cultivation program for psychology trainees. *Journal of Clinical Psychology, 73*(7), 797–816.

Finlay-Jones, A. L., Rees, C. S., & Kane, R. T. (2015). Self-compassion, emotion regulation and stress among Australian psychologists: Testing an emotion regulation model of self-compassion using structural equation modeling. *PLOS ONE, 10*(7), e0133481.

Finlay-Jones, A., Xie, Q., Huang, X., Ma, X., & Guo, X. (2018). A pilot study of the 8-week Mindful Self-Compassion training program in a Chinese community sample. *Mindfulness, 9*(3), 993–1002.

Fredrickson, B. L. (2004a). The broaden-and-build theory of positive emotions. *Philosophical Transactions of the Royal Society of London, Series B, Biological Sciences, 359,* 1367–1378.

Fredrickson, B. L. (2004b). Gratitude, like other positive emotions, broadens and builds. In R. Emmons & M. McCullough (Eds.), *The psychology of gratitude* (pp. 145–166). New York: Oxford University Press.

Fredrickson, B. L., Cohn, M. A., Coffey, K. A., Pek, J., & Finkel, S. M. (2008). Open hearts build lives: Positive emotions, induced through loving-kindness meditation, build consequential personal resources. *Journal of Personality and Social Psychology, 95*(5), 1045–1062.

Fresnics, A., & Borders, A. (2016). Angry rumination mediates the unique associations between self-compassion and anger and aggression. *Mindfulness, 8*(3), 554–564.

Freud, S. (1958a). Recommendations to physicians on practicing psycho-analysis. In J. Strachey (Ed. & Trans.), *The standard edition of the complete psychological works of Sigmund Freud* (Vol. 12, pp. 109–120). London: Hogarth Press. (Original work published 1912)

Freud, S. (1958b). Remembering, repeating and working-through (further recommendations on the technique of psycho-analysis II). In J. Strachey (Ed. & Trans.), *The standard edition of the complete psychological works of Sigmund Freud* (Vol. 12, pp. 145–156). London: Hogarth Press. (Original work published 1914)

Friis, A. M., Johnson, M. H., Cutfield, R. G., & Consedine, N. S. (2015). Does kindness matter?: Self-compassion buffers the negative impact of diabetes-distress on HbA1c. *Diabetic Medicine, 32*(12), 1634–1640.

Friis, A. M., Johnson, M. H., Cutfield, R. G., & Consedine, N. S. (2016). Kindness matters: A randomized controlled trial of a Mindful Self-Compassion intervention improves depression, distress, and HbA1c among patients with diabetes. *Diabetes Care, 39*(11), 1963–1971.

Fuchs, T. (2004). Neurobiology and psychotherapy: An emerging dialogue. *Current Opinion in Psychiatry, 17*(6), 479–485.

Füstös, J., Gramann, K., Herbert, B. M., & Pollatos, O. (2013). On the embodiment of emotion regulation: Interoceptive awareness facilitates reappraisal. *Social Cognitive and Affective Neuroscience, 8*(8), 911–917.

Galhardo, A., Cunha, M., Pinto-Gouveia, J., & Matos, M. (2013). The mediator role of emotion regulation processes on infertility-related stress. *Journal of Clinical Psychology in Medical Settings, 20*(4), 497–507.

Galili-Weinstock, L., Chen, R., Atzil-Slonim, D., Bar-Kalifa, E., Peri, T., & Rafaeli, E. (2018). The association between self-compassion and treatment outcomes: Session-level and treatment-level effects. *Journal of Clinical Psychology, 74*(6), 849–866.

Galla, B. M. (2016). Within-person changes in mindfulness and self-compassion predict enhanced emotional well-being in healthy, but stressed adolescents. *Journal of Adolescence, 49*, 204–217.

Gallant, M. P. (2014). Social networks, social support, and health-related behavior. In L. R. Martin & M. R. DiMatteo (Eds.), *The Oxford handbook of health communication, behavior change, and treatment adherence* (pp. 305–322). New York: Oxford University Press.

Gallese, V., Eagle, M. N., & Migone, P. (2007). Intentional attunement: Mirror neurons and the neural underpinnings of interpersonal relations. *Journal of the American Psychoanalytic Association, 55*(1), 131–175.

Gard, T., Brach, N., Hölzel, B. K., Noggle, J. J., Conboy, L. A., & Lazar, S. W. (2012). Effects of a yoga-based intervention for young adults on quality of life and perceived stress: The potential mediating roles of mindfulness and self-compassion. *Journal of Positive Psychology, 7*(3), 165–175.

Garland, E. L., Fredrickson, B., Kring, A. M., Johnson, D. P., Meyer, P. S., & Penn, D. L. (2010). Upward spirals of positive emotions counter downward spirals of negativity: Insights from the broaden-and-build theory and affective neuroscience on the treatment of emotion dysfunctions and deficits in psychopathology. *Clinical Psychology Review, 30*(7), 849–864.

Geller, S. M. (2017). *A practical guide to cultivating therapeutic presence*. Washington, DC: American Psychological Association.

Geller, S. M., & Greenberg, L. S. (2012). *Therapeutic presence: A mindful approach to effective therapy*. Washington, DC: American Psychological Association.

Gendlin, E. T. (1990). The small steps of the therapy process: How they come and how to help them come. In G. Lietaer, J. Rombauts, & R. Van Balen (Eds.), *Client-centered and experiential psychotherapy in the nineties* (pp. 205–224). Leuven, Belgium: Leuven University Press.

Gerber, Z., Tolmacz, R., & Doron, Y. (2015). Self-compassion and forms of concern for others. *Personality and Individual Differences, 86*, 394–400.

Germer, C. (2009). *The mindful path to self-compassion*. New York: Guilford

Press.

Germer, C. (2013). Mindfulness: What is it? What does it matter? In C. Germer, R. Siegel, & P. Fulton (Eds.), *Mindfulness and psychotherapy* (2nd ed., pp. 3–35). New York: Guilford Press.

Germer, C. (2015, September–October). Inside the heart of healing: When moment-to-moment awareness isn't enough. *Psychotherapy Networker,* Article No. 3. Retrieved January 23, 2019, from *www.psychotherapynetworker.org/magazine/article/3/inside-the-heart-of-healing.*

Germer, C., & Barnhofer, T. (2017). Mindfulness and compassion: Similarities and differences. In P. Gilbert (Ed.), *Compassion: Concepts, research and applications* (pp. 69–86). London: Routledge.

Germer, C., & Neff, K. (2013). Self-compassion in clinical practice. *Journal of Clinical Psychology, 69*(8), 856–867.

Germer, C., & Neff, K. (2015). Cultivating self-compassion in trauma survivors. In V. Follette, J. Briere, D. Rozelle, J. Hopper, & D. Rome (Eds.), *Mindfulness-oriented interventions for trauma: Integrating contemplative practices* (pp. 43–58). New York: Guilford Press.

Germer, C., & Siegel, R. (Eds.). (2012). *Wisdom and compassion in psychotherapy.* New York: Guilford Press.

Germer, C., Siegel, R., & Fulton, P. (Eds.). (2013). *Mindfulness and psychotherapy* (2nd ed.). New York: Guilford Press.

Gharraee, B., Tajrishi, K. Z., Farani, A. R., Bolhari, J., & Farahani, H. (2018). A randomized controlled trial of compassion focused therapy for social anxiety disorder. *Iranian Journal of Psychiatry and Behavioral Sciences, 12*(4).

Gilbert, P. (2000). Social mentalities: Internal "social" conflicts and the role of inner warmth and compassion in cognitive therapy. In P. Gilbert & K. G. Bailey (Eds.), *Genes on the couch: Explorations in evolutionary psychotherapy* (pp. 118–150). Hove, UK: Psychology Press.

Gilbert, P. (Ed.). (2005). *Compassion: Conceptualisations, research and use in psychotherapy.* London: Routledge.

Gilbert, P. (2009). *The compassionate mind: A new approach to life's challenges.* Oakland, CA: New Harbinger.

Gilbert, P. (2012). Depression: Suffering in the flow of life. In C. Germer & R. Siegel (Eds.), *Wisdom and compassion in psychotherapy* (pp. 249–264). New York: Guilford Press.

Gilbert, P., & Andrews, B. (Eds.). (1998). *Shame: Interpersonal behavior, psychopathology, and culture.* New York: Oxford University Press.

Gilbert, P., Catarino, F., Duarte, C., Matos, M., Kolts, R., Stubbs, J., et al. (2017). The development of compassionate engagement and action scales for self and others. *Journal of Compassionate Health Care, 4*. Retrieved March 27, 2019, from *https://jcompassionatehc.biomedcentral.com/articles/10.1186/s40639-017-0033-3.*

Gilbert, P., & Choden. (2014). *Mindful compassion.* Oakland, CA: New Harbinger.

Gilbert, P., Clarke, M., Hempel, S., Miles, J. N., & Irons, C. (2004). Criticizing and reassuring oneself: An exploration of forms, styles and reasons in female

students. *British Journal of Clinical Psychology, 43*(1), 31–50.
Gilbert, P., & Irons, C. (2009). Shame, self-criticism, and self-compassion in adolescence. In N. Allen & L. Sheeber (Eds.), *Adolescent emotional development and the emergence of depressive disorders* (pp. 195–214). Cambridge, UK: Cambridge University Press.
Gilbert, P., McEwan, K., Matos, M., & Rivis, A. (2011). Fears of compassion: Development of three self-report measures. *Psychology and Psychotherapy: Theory, Research and Practice, 84,* 239–255.
Gilbert, P., & Procter, S. (2006). Compassionate mind training for people with high shame and self-criticism: Overview and pilot study of a group therapy approach. *Clinical Psychology and Psychotherapy, 13,* 353–379.
Gillanders, D. T., Sinclair, A. K., MacLean, M., & Jardine, K. (2015). Illness cognitions, cognitive fusion, avoidance and self-compassion as predictors of distress and quality of life in a heterogeneous sample of adults, after cancer. *Journal of Contextual Behavioral Science, 4*(4), 300–311.
Goetz, J. L., Keltner, D., & Simon-Thomas, E. (2010). Compassion: An evolutionary analysis and empirical review. *Psychological Bulletin, 136*(3), 351–374.
Gonzalez-Hernandez, E., Romero, R., Campos, D., Burichka, D., Diego-Pedro, R., Baños, R., et al. (2018). Cognitively-based compassion training (CBCT) in breast cancer survivors: A randomized clinical trial study. *Integrative Cancer Therapies, 17*(3), 684–696.
Gonzalez-Liencres, C., Shamay-Tsoory, S. G., & Brüne, M. (2013). Towards a neuroscience of empathy: Ontogeny, phylogeny, brain mechanisms, context and psychopathology. *Neuroscience and Biobehavioral Reviews, 37*(8), 1537–1548.
Goodman, J. H., Guarino, A., Chenausky, K., Klein, L., Prager, J., Petersen, R., et al. (2014). CALM Pregnancy: Results of a pilot study of mindfulness-based cognitive therapy for perinatal anxiety. *Archives of Women's Mental Health, 17*(5), 373–387.
Grawe, K. (2017). *Neuropsychotherapy: How the neurosciences inform effective psychotherapy.* London: Routledge.
Greenberg, J., Datta, T., Shapero, B. G., Sevinc, G., Mischoulon, D., & Lazar, S. W. (2018). Compassionate hearts protect against wandering minds: Self-compassion moderates the effect of mind-wandering on depression. *Spirituality in Clinical Practice, 5*(3), 155–169.
Greenberg, L. S. (1983). Toward a task analysis of conflict resolution in Gestalt therapy. *Psychotherapy: Theory, Research and Practice, 20*(2), 190–201.
Greenberg, L., & Iwakabe, S. (2011). Emotion-focused therapy and shame. In R. L. Dearing & J. P. Tangney (Eds.), *Shame in the therapy hour* (pp. 69–90). Washington, DC: American Psychological Association.
Greene, D. C., & Britton, P. J. (2015). Predicting adult LGBTQ happiness: Impact of childhood affirmation, self-compassion, and personal mastery. *Journal of LGBT Issues in Counseling, 9*(3), 158–179.
Greeson, J. M., Juberg, M. K., Maytan, M., James, K., & Rogers, H. (2014). A randomized controlled trial of Koru: A mindfulness program for college students and other emerging adults. *Journal of American College Health, 62*(4),

222–233.

Grossman, P., Niemann, L., Schmidt, S., & Walach, H. (2004). Mindfulness-based stress reduction and health benefits: A meta-analysis. *Journal of Psychosomatic Research, 57*(1), 35–43.

Gumley, A., Braehler, C., Laithwaite, H., MacBeth, A., & Gilbert, P. (2010). A compassion focused model of recovery after psychosis. *International Journal of Cognitive Therapy, 3*(2), 186–201.

Gunnell, K. E., Mosewich, A. D., McEwen, C. E., Eklund, R. C., & Crocker, P. R. (2017). Don't be so hard on yourself!: Changes in self-compassion during the first year of university are associated with changes in well-being. *Personality and Individual Differences, 107,* 43–48.

Gusnard, D. A., & Raichle, M. E. (2001). Searching for a baseline: Functional imaging and the resting human brain. *Nature Reviews Neuroscience, 2*(10), 685–694.

Hafiz. (1999). With that moon language. In Hafiz, *The gift: Poems by Hafiz, the great Sufi master* (D. Ladinsky, Trans.). Melbourne, Australia: Penguin Books.

Hahn, W. K. (2000). Shame: Countertransference identifications in individual psychotherapy. *Psychotherapy, 37*(1), 10–21.

Halifax, J. (2012a, May 12). *Compassion and challenges to compassion: The art of living and dying.* Paper presented at the Meditation and Psychotherapy conference, Harvard Medical School, Boston, MA.

Halifax, J. (2012b, September 19). Practicing G.R.A.C.E.: How to bring compassion into your interaction with others. *The Blog, Huffington Post.* Retrieved May 31, 2017, from *https://www.huffpost.com/entry/compassion_n_1885877*.

Hall, C. W., Row, K. A., Wuensch, K. L., & Godley, K. R. (2013). The role of self-compassion in physical and psychological well-being. *Journal of Psychology, 147*(4), 311–323.

Hanh, T. N. (2014). *No mud, no lotus: The art of transforming suffering.* Berkeley, CA: Parallax Press.

Hanson, R. (2013). *Hardwiring happiness: The new brain science of contentment, calm, and confidence.* New York: Harmony Books.

Harter, S. (1999). *The construction of the self: A developmental perspective.* New York: Guilford Press.

Harwood, E. M., & Kocovski, N. L. (2017). Self-compassion induction reduces anticipatory anxiety among socially anxious students. *Mindfulness, 8*(6), 1544–1551.

Hasenkamp, W., & Barsalou, L. W. (2012). Effects of meditation experience on functional connectivity of distributed brain networks. *Frontiers in Human Neuroscience, 6,* 38.

Hatfield, E., Cacioppo, J. T., & Rapson, R. L. (1993). Emotional contagion. *Current Directions in Psychological Science, 2*(3), 96–100.

Hayes, S. C., Strosahl, K. D., & Wilson, K. G. (2012). *Acceptance and commitment therapy: The process and practice of mindful change* (2nd ed.). New York: Guilford Press.

Hayter, M. R., & Dorstyn, D. S. (2013). Resilience, self-esteem and self-compassion in adults with spina bifida. *Spinal Cord, 52*(2), 167–171.

Heath, P. J., Brenner, R. E., Vogel, D. L., Lannin, D. G., & Strass, H. A. (2017). Masculinity and barriers to seeking counseling: The buffering role of self-compassion. *Journal of Counseling Psychology, 64*(1), 94–103.

Heatherton, T. F., & Polivy, J. (1990). Chronic dieting and eating disorders: A spiral model. In J. H. Crowther, D. L. Tennenbaum, S. E. Hobfoll, & M. A. P. Stephens (Eds.), *The etiology of bulimia nervosa: The individual and familial context* (pp. 133–155). Washington, DC: Hemisphere.

Heffernan, M., Griffin, M., McNulty, S., & Fitzpatrick, J. J. (2010). Self-compassion and emotional intelligence in nurses. *International Journal of Nursing Practice, 16*, 366–373.

Heine, S. J., Lehman, D. R., Markus, H. R., & Kitayama, S. (1999). Is there a universal need for positive self-regard? *Psychological Review, 106*, 766–794.

Held, P., & Owens, G. P. (2015). Effects of self-compassion workbook training on trauma-related guilt in a sample of homeless veterans: A pilot study. *Journal of Clinical Psychology, 71*, 513–526.

Herman, J. L. (2011). Posttraumatic stress disorder as a shame disorder. In R. L. Dearing & J. P. Tangney (Eds.), *Shame in the therapy hour* (pp. 261–275). Washington, DC: American Psychological Association.

Herriot, H., Wrosch, C., & Gouin, J. P. (2018). Self-compassion, chronic age-related stressors, and diurnal cortisol secretion in older adulthood. *Journal of Behavioral Medicine, 41*(6), 850–862.

Hertenstein, M. J., Keltner, D., App, B., Bulleit, B. A., & Jaskolka, A. R. (2006). Touch communicates distinct emotions. *Emotion, 6*(3), 528–533.

Hildebrandt, L., McCall, C., & Singer, T. (2017). Differential effects of attention-, compassion-, and socio-cognitively based mental practices on self-reports of mindfulness and compassion. *Mindfulness, 8*(6), 1488–1512.

Hiraoka, R., Meyer, E. C., Kimbrel, N. A., DeBeer, B. B., Gulliver, S. B., & Morissette, S. B. (2015). Self-compassion as a prospective predictor of PTSD symptom severity among trauma-exposed US Iraq and Afghanistan war veterans. *Journal of Traumatic Stress, 28*(2), 127–133.

Hoagland, T. (2011). The word. *The writer's almanac with Garrison Keillor*. Retrieved on June 16, 2017, from *http://writersalmanac.publicradio.org/index.php?date=2011/09/10*.

Hobbs, L., & Bluth, K. (2016). *Making friends with yourself: A Mindful Self-Compassion program for teens and young adults*. Unpublished training manual.

Hoffart, A., Øktedalen, T., & Langkaas, T. F. (2015). Self-compassion influences PTSD symptoms in the process of change in trauma-focused cognitive-behavioral therapies: A study of within-person processes. *Frontiers in Psychology, 6*, 1273.

Hofmann, S. G., Grossman, P., & Hinton, D. E. (2011). Loving-kindness and compassion meditation: Potential for psychological interventions. *Clinical Psychology Review, 31*, 1126–1132.

Hofmann, S. G., Sawyer, A. T., Witt, A. A., & Oh, D. (2010). The effect of mindfulness-based therapy on anxiety and depression: A meta-analytic review. *Journal of Consulting and Clinical Psychology, 78*, 169–183.

Hoge, E. A., Hölzel, B. K., Marques, L., Metcalf, C. A., Brach, N., Lazar, S. W., et al. (2013). Mindfulness and self-compassion in generalized anxiety disorder: Examining predictors of disability. *Evidence-Based Complementary and Alternative Medicine, 2013*, 576258.

Hollis-Walker, L., & Colosimo, K. (2011). Mindfulness, self-compassion, and happiness in non-meditators: A theoretical and empirical examination. *Personality and Individual Differences, 50*, 222–227.

Holmes, J. (2001). *The search for the secure base*. London: Routledge.

Hölzel, B. K., Lazar, S. W., Gard, T., Schuman-Olivier, Z., Vago, D. R., & Ott, U. (2011). How does mindfulness meditation work?: Proposing mechanisms of action from a conceptual and neural perspective. *Perspectives on Psychological Science, 6*(6), 537–559.

Homan, K. J., & Sirois, F. M. (2017). Self-compassion and physical health: Exploring the roles of perceived stress and health-promoting behaviors. *Health Psychology Open, 4*(2), 2055102917729542.

Homan, K. J., & Tylka, T. L. (2015). Self-compassion moderates body comparison and appearance self-worth's inverse relationships with body appreciation. *Body Image, 15*, 1–7.

Hope, N., Koestner, R., & Milyavskaya, M. (2014). The role of self-compassion in goal pursuit and well-being among university freshmen. *Self and Identity, 13*(5), 579–593.

Horney, K. (1950). *Neurosis and human growth: The struggle toward self-realization*. New York: Norton.

Howell, A. J., Dopko, R. L., Turowski, J. B., & Buro, K. (2011). The disposition to apologize. *Personality and Individual Differences, 51*(4), 509–514.

Hurd, B. (2008). *Stirring the mud: On swamps, bogs, and human imagination*. Athens: University of Georgia Press.

Isgett, S. F., Algoe, S. B., Boulton, A. J., Way, B. M., & Fredrickson, B. L. (2016). Common variant in OXTR predicts growth in positive emotions from loving-kindness training. *Psychoneuroendocrinology, 73*, 244–251.

Jackowska, M., Brown, J., Ronaldson, A., & Steptoe, A. (2016). The impact of a brief gratitude intervention on subjective well-being, biology and sleep. *Journal of Health Psychology, 21*(10), 2207–2217.

James, K., & Rimes, K. A. (2018). Mindfulness-based cognitive therapy versus pure cognitive behavioural self-help for perfectionism: A pilot randomised study. *Mindfulness, 9*(3), 801–814.

Jazaieri, H., Jinpa, G. T., McGonigal, K., Rosenberg, E. L., Finkelstein, J., Simon-Thomas, E., et al. (2013). Enhancing compassion: A randomized controlled trial of a compassion cultivation training program. *Journal of Happiness Studies, 14*(4), 1113–1126.

Jazaieri, H., Lee, I. A., McGonigal, K., Jinpa, T., Doty, J. R., Gross, J. J., & Goldin, P. R. (2016). A wandering mind is a less caring mind: Daily experience sampling during compassion meditation training. *Journal of Positive Psychology, 11*(1), 37–50.

Jazaieri, H., McGonigal, K., Jinpa, T., Doty, J. R., Gross, J. J., & Goldin, P. R. (2014). A randomized controlled trial of compassion cultivation training:

Effects on mindfulness, affect, and emotion regulation. *Motivation and Emotion, 38*(1), 23–35.
Jazaieri, H., McGonigal, K., Lee, I. A., Jinpa, T., Doty, J. R., Gross, J. J., et al. (2018). Altering the trajectory of affect and affect regulation: The impact of compassion training. *Mindfulness, 9*(1), 283–293.
Jiang, Y., You, J., Hou, Y., Du, C., Lin, M. P., Zheng, X., et al. (2016). Buffering the effects of peer victimization on adolescent non-suicidal self-injury: The role of self-compassion and family cohesion. *Journal of Adolescence, 53*, 107–115.
Jinpa, T. (2016). *A fearless heart: How the courage to be compassionate can change your life*. New York: Avery.
Joeng, J. R., Turner, S. L., Kim, E. Y., Choi, S. A., Lee, Y. J., & Kim, J. K. (2017). Insecure attachment and emotional distress: Fear of self-compassion and self-compassion as mediators. *Personality and Individual Differences, 112*, 6–11.
Johnson, E. A., & O'Brien, K. A. (2013). Self-compassion soothes the savage EGO-threat system: Effects on negative affect, shame, rumination, and depressive symptoms. *Journal of Social and Clinical Psychology, 32*(9), 939–963.
Jones, E. (1955). *The life and work of Sigmund Freud: Vol. 2. Years of maturity, 1901–1919*. London: Hogarth Press.
Jung, C. G. (2014a). *Collected works of C. G. Jung: Vol. 11. Psychology and religion: West and East*. Princeton, NJ: Princeton University Press. (Original work published 1958)
Jung, C. G. (2014b). *Memories, dreams, reflections*. New York: Vintage Books. (Original work published 1963)
Kabat-Zinn, J. (1990). *Full catastrophe living: Using the wisdom of your body and mind to face stress, pain, and illness*. New York: Dell.
Kabat-Zinn, J. (1994). *Wherever you go, there you are: Mindfulness meditation in everyday life*. New York: Hyperion.
Kabat-Zinn, J. (2003). Mindfulness-based interventions in context: Past, present, and future. *Clinical Psychology: Science and Practice, 10*(2), 144–156.
Kabat-Zinn, J. (2005). *Coming to our senses*. New York: Hyperion.
Kahneman, D. (2011, October 23). Don't blink!: The hazards of confidence. *New York Times*. Retrieved December 26, 2018, from www.nytimes.com/2011/10/23/magazine/dont-blink-the-hazards-of-confidence.html.
Kang, Y., Gray, J. R., & Dovidio, J. F. (2015). The head and the heart: Effects of understanding and experiencing lovingkindness on attitudes toward the self and others. *Mindfulness, 6*(5), 1063–1070.
Kant, I. (2016). Critique of pure reason (J. M. D. Meiklejohn, Trans.). Retrieved from *https://ebooks.adelaide.edu.au/k/kant/immanuel/k16p/index.html*. (Original work published 1781)
Kearney, D. J., Malte, C. A., McManus, C., Martinez, M. E., Felleman, B., & Simpson, T. L. (2013). Loving-kindness meditation for posttraumatic stress disorder: A pilot study. *Journal of Traumatic Stress, 26*(4), 426–434.
Kearney, K. G., & Hicks, R. E. (2016). Early nurturing experiences, self-compassion, hyperarousal and scleroderma the way we relate to ourselves

may determine disease progression. *International Journal of Psychological Studies, 8*(4), 16.

Kearney, K. G., & Hicks, R. E. (2017). Self-compassion and breast cancer in 23 cancer respondents: Is the way you relate to yourself a factor in disease onset and progress? *Psychology, 8,* 14–26.

Keller, H. (2000). *To love this life: Quotations by Helen Keller.* New York: AFB Press.

Keller, H. (2015). *Optimism: An essay.* Scotts Valley, CA: CreateSpace Independent Publishing Platform. (Original work published 1903)

Kelliher Rabon, J., Sirois, F. M., & Hirsch, J. K. (2018). Self-compassion and suicidal behavior in college students: Serial indirect effects via depression and wellness behaviors. *Journal of American College Health, 66*(2), 114–122.

Kelly, A. C., & Carter, J. C. (2014). Eating disorder subtypes differ in their rates of psychosocial improvement over treatment. *Journal of Eating Disorders, 2,* 1–10.

Kelly, A. C., & Carter, J. C. (2015). Self-compassion training for binge eating disorder: A pilot randomized controlled trial. *Psychology and Psychotherapy, 88,* 285–303.

Kelly, A. C., Carter, J. C., & Borairi, S. (2014). Are improvements in shame and self-compassion early in eating disorders treatment associated with better patient outcomes? *International Journal of Eating Disorders, 47,* 54–64.

Kelly, A. C., Carter, J. C., Zuroff, D. C., & Borairi, S. (2013). Self-compassion and fear of self-compassion interact to predict response to eating disorders treatment: A preliminary investigation. *Psychotherapy Research, 23*(3), 252–264.

Kelly, A. C., Wisniewski, L., Martin-Wagar, C., & Hoffman, E. (2017). Group-based compassion-focused therapy as an adjunct to outpatient treatment for eating disorders: A pilot randomized controlled trial. *Clinical Psychology and Psychotherapy, 24*(2), 475–487.

Kelly, A. C., Zuroff, D. C., Foa, C. L., & Gilbert, P. (2009). Who benefits from training in self-compassionate self-regulation?: A study of smoking reduction. *Journal of Social and Clinical Psychology, 29,* 727–755.

Keltner, D. (2009). *Born to be good.* New York: Norton.

Kemper, K. J., Mo, X., & Khayat, R. (2015). Are mindfulness and self-compassion associated with sleep and resilience in health professionals? *Journal of Alternative and Complementary Medicine, 21*(8), 496–503.

Keng, S., Smoski, M. J., Robins, C. J., Ekblad, A. G., & Brantley, J. G. (2012). Mechanisms of change in mindfulness-based stress reduction: Self-compassion and mindfulness as mediators of intervention outcomes. *Journal of Cognitive Psychotherapy, 26*(3), 270–280.

Kernis, M. H., Cornell, D. P., Sun, C. R., Berry, A., & Harlow, T. (1993). There's more to self-esteem than whether it is high or low: The importance of stability of self-esteem. *Journal of Personality and Social Psychology, 65,* 1190–1204.

Kernis, M. H., Paradise, A. W., Whitaker, D. J., Wheatman, S. R., & Goldman, B. N. (2000). Master of one's psychological domain?: Not likely if one's self-esteem is unstable. *Personality and Social Psychology Bulletin, 26,* 1297–1305.

Keysers, C., Kaas, J. H., & Gazzola, V. (2010). Somatosensation in social perception. *Nature Reviews Neuroscience, 11*(6), 417–428.

Killingsworth, M. A., & Gilbert, D. T. (2010). A wandering mind is an unhappy mind. *Science, 330*, 932.

Kilpatrick, D. G., Resnick, H. S., Milanak, M. E., Miller, M. W., Keyes, K. M., & Friedman, M. J. (2013). National estimates of exposure to traumatic events and PTSD prevalence using DSM-IV and DSM-5 criteria. *Journal of Traumatic Stress, 26*(5), 537–547.

Kim, J., Talbot, N. L., & Cicchetti, D. (2009). Childhood abuse and current interpersonal conflict: The role of shame. *Child Abuse and Neglect, 33*(6), 362–371.

King, M. L., Jr. (1965, June). *Remaining awake through a great revolution.* Commencement address for Oberlin College, Oberlin, OH. Retrieved January 31, 2019, from www2.oberlin.edu/external/EOG/BlackHistoryMonth/MLK/CommAddress.html.

King, M. L., Jr. (2014). *The papers of Martin Luther King, Jr.: Vol. 7. To save the soul of America, January 1961–August 1962* (C. Carson, Ed.). Berkeley: University of California Press.

King, S. D. (1964). *Training within the organization.* London: Tavistock.

Kirby, J. N. (2017). Compassion interventions: The programmes, the evidence, and implications for research and practice. *Psychology and Psychotherapy: Theory, Research and Practice, 90*(3), 432–455.

Kirby, J. N., Tellegen, C. L., & Steindl, S. R. (2017). A meta-analysis of compassion-based interventions: Current state of knowledge and future directions. *Behavior Therapy, 48*(6), 778–792.

Kirschner, H., Kuyken, W., Wright, K., Roberts, H., Brejcha, C., & Karl, A. (2019). Soothing your heart and feeling connected: A new experimental paradigm to study the benefits of self-compassion. *Clinical Psychological Science.* [Epub ahead of print]

Klimecki, O. M., Leiberg, S., Lamm, C., & Singer, T. (2012). Functional neural plasticity and associated changes in positive affect after compassion training. *Cerebral Cortex, 23*(7), 1552–1561.

Klimecki, O., & Singer, T. (2012). Empathic distress fatigue rather than compassion fatigue?: Integrating findings from empathy research in psychology and social neuroscience. In B. Oakley, A. Knafo, G. Mahdavan, & D. Wilson (Eds.), *Pathological altruism* (pp. 368–383). New York: Oxford University Press.

Knabb, J. (2018). *The compassion-based workbook for Christian clients: Finding freedom from shame and negative self-judgments.* New York: Routledge.

Knox, M., Neff, K., & Davidson, O. (2016, June). *Comparing compassion for self and others: Impacts on personal and interpersonal well-being.* Paper presented at the 14th annual Association for Contextual Behavioral Science World Conference, Seattle, WA.

Kolb, D. A. (2015). *Experiential learning: Experience as the source of learning and development* (2nd ed.). Upper Saddle River, NJ: Pearson Education.

Kornfield, J. (1993). *A path with heart.* New York: Bantam Books.

Kornfield, J. (2008, May 16). *Buddhist practices at the heart of psychotherapy.*

Paper presented at the Meditation and Psychotherapy conference, Harvard Medical School, Boston, MA.

Kornfield, J. (2014). *A lamp in the darkness: Illuminating a path through difficulties in hard times.* Louisville, CO: Sounds True.

Kornfield, J. (2017). *Freedom of the heart: Heart wisdom, Episode 11.* Retrieved on June 29, 2017, from *https://jackkornfield.com/freedom-heart-heart-wisdom-episode-11.*

Krakovsky, M. (2017, May–June). The self-compassion solution. *Scientific American Mind,* pp. 65–70.

Kraus, M. (2017). Voice-only communication enhances empathic accuracy. *American Psychologist, 72*(7), 644–654.

Kraus, S., & Sears, S. (2009). Measuring the immeasurables: Development and initial validation of the Self–Other Four Immeasurables (SOFI) scale based on Buddhist teachings on loving kindness, compassion, joy, and equanimity. *Social Indicators Research, 92*(1), 169–181.

Kreemers, L. M., van Hooft, E. A., & van Vianen, A. E. (2018). Dealing with negative job search experiences: The beneficial role of self-compassion for job seekers' affective responses. *Journal of Vocational Behavior, 106,* 165–179.

Krejtz, I., Nezlek, J. B., Michnicka, A., Holas, P., & Rusanowska, M. (2016). Counting one's blessings can reduce the impact of daily stress. *Journal of Happiness Studies, 17*(1), 25–39.

Krieger, T., Altenstein, D., Baettig, I., Doerig, N., & Holtforth, M. (2013). Self-compassion in depression: Associations with depressive symptoms, rumination, and avoidance in depressed outpatients. *Behavior Therapy, 44*(3), 501–513.

Krieger, T., Berger, T., & Holtforth, M. G. (2016). The relationship of self-compassion and depression: Cross-lagged panel analyses in depressed patients after outpatient therapy. *Journal of Affective Disorders, 202,* 39–45.

Krieger, T., Hermann, H., Zimmermann, J., & Holtforth, M. G. (2015). Associations of self-compassion and global self-esteem with positive and negative affect and stress reactivity in daily life: Findings from a smart phone study. *Personality and Individual Differences, 87,* 288–292.

Krieger, T., Martig, D. S., van den Brink, E., & Berger, T. (2016). Working on self-compassion online: A proof of concept and feasibility study. *Internet Interventions, 6,* 64–70.

Kross, E., Bruehlman-Senecal, E., Park, J., Burson, A., Dougherty, A., Shablack, H., et al. (2014). Self-talk as a regulatory mechanism: How you do it matters. *Journal of Personality and Social Psychology, 106*(2), 304–324.

Kuyken, W., Watkins, E., Holden, E., White, K., Taylor, R. S., Byford, S., et al. (2010). How does mindfulness-based cognitive therapy work? *Behaviour Research and Therapy, 48,* 1105–1112.

Kyeong, L. W. (2013). Self-compassion as a moderator of the relationship between academic burn-out and psychological health in Korean cyber university students. *Personality and Individual Differences, 54*(8), 899–902.

Lambert, M. J., & Barley, D. E. (2001). Research summary on the therapeutic relationship and psychotherapy outcome. *Psychotherapy: Theory, Research,*

Practice, Training, 38(4), 357–361.

Lamm, C., Batson, C. D., & Decety, J. (2007). The neural substrate of human empathy: Effects of perspective-taking and cognitive appraisal. *Journal of Cognitive Neuroscience, 19*(1), 42–58.

Lamott, A. (1997, March 13). My mind is a bad neighborhood I try not to go into alone. *Salon.* Retrieved June 7, 2017, from *www.salon.com/1997/03/13/lamott970313.*

Lapsley, D. K., FitzGerald, D., Rice, K., & Jackson, S. (1989). Separation-individuation and the "new look" at the imaginary audience and personal fable: A test of an integrative model. *Journal of Adolescent Research 4,* 483–505.

Larsson, H., Andershed, H., & Lichtenstein, P. (2006). A genetic factor explains most of the variation in the psychopathic personality. *Journal of Abnormal Psychology, 115*(2), 221–230.

Lazar, S. W., Kerr, C. E., Wasserman, R. H., Gray, J. R., Greve, D. N., Treadway, M. T., et al. (2005). Meditation experience is associated with increased cortical thickness. *NeuroReport, 16*(17), 1893–1897.

Leadbeater, B. J., Kuperminc, G. P., Blatt, S. J., & Hertzog, C. (1999). A multivariate model of gender differences in adolescents' internalizing and externalizing problems. *Developmental Psychology, 35*(5), 1268–1282.

Leary, M. R. (1999). Making sense of self-esteem. *Current Directions in Psychological Science, 8,* 32–35.

Leary, M. R., Tate, E. B., Adams, C. E., Allen, A. B., & Hancock, J. (2007). Self-compassion and reactions to unpleasant self-relevant events: The implications of treating oneself kindly. *Journal of Personality and Social Psychology, 92,* 887–904.

Leaviss, J., & Uttley, L. (2015). Psychotherapeutic benefits of compassion-focused therapy: An early systematic review. *Psychological Medicine, 45*(5), 927–945.

Lee, T., Leung, M., Hou, W., Tang, J., Yin, J., So, K., et al. (2012). Distinct neural activity associated with focused-attention meditation and loving-kindness meditation. *PLOS ONE, 7*(8), e40054.

Leung, M. K., Chan, C. C., Yin, J., Lee, C. F., So, K. F., & Lee, T. M. (2013). Increased gray matter volume in the right angular and posterior parahippocampal gyri in loving-kindness meditators. *Social Cognitive and Affective Neuroscience, 8*(1), 34–39.

Lewis, H. B. (1987). Introduction: Shame, the "sleeper" in psychopathology. In H. B. Lewis (Ed.), *The role of shame in symptom formation* (pp. 1–28). Hillsdale, NJ: Erlbaum.

Lieberman, M. D. (2007). Social cognitive neuroscience: A review of core processes. *Annual Review of Psychology, 58,* 259–289.

Lieberman, M. D. (2013). *Social: Why our brains are wired to connect.* New York: Crown.

Lindahl, J. R., Fisher, N. E., Cooper, D. J., Rosen, R. K., & Britton, W. B. (2017). The varieties of contemplative experience: A mixed-methods study of meditation-related challenges in Western Buddhists. *PLOS ONE, 12*(5), e0176239.

Lindsay, E. K., & Creswell, J. D. (2014). Helping the self help others: Self-affirmation increases self-compassion and pro-social behaviors. *Frontiers in Psychology, 5,* 421.

Linehan, M. M. (1993). *Cognitive-behavioral treatment of borderline personality disorder.* New York: Guilford Press.

Lloyd, J., Muers, J., Patterson, T. G., & Marczak, M. (2018). Self-compassion, coping strategies, and caregiver burden in caregivers of people with dementia. *Clinical Gerontologist, 42*(1), 47–59.

Lockard, A. J., Hayes, J. A., Neff, K. D., & Locke, B. D. (2014). Self-compassion among college counseling center clients: An examination of clinical norms and group differences. *Journal of College Counseling, 17,* 249–259.

LoParo, D., Mack, S. A., Patterson, B., Negi, L. T., & Kaslow, N. J. (2018). The efficacy of cognitively-based compassion training for African American suicide attempters. *Mindfulness, 9*(6), 1951–1954.

Luckner, J. L., & Nadler, R. S. (1997). *Processing the experience: Strategies to enhance and generalize learning.* Dubuque, IA: Kendall/Hunt.

Luisi, P. L. (2008). The two pillars of Buddhism—consciousness and ethics. *Journal of Consciousness Studies, 15*(1), 84–107.

Luo, X., Qiao, L., & Che, X. (2018). Self-compassion modulates heart rate variability and negative affect to experimentally induced stress. *Mindfulness, 9*(5), 1522–1528.

Luoma, J. B., & Platt, M. G. (2015). Shame, self-criticism, self-stigma, and compassion in acceptance and commitment therapy. *Current Opinion in Psychology, 2,* 97–101.

Lutz, A., Slagter, H. A., Dunne, J. D., & Davidson, R. J. (2008). Attention regulation and monitoring in meditation. *Trends in Cognitive Sciences, 12*(4), 163–169.

MacBeth, A., & Gumley, A. (2012). Exploring compassion: A meta-analysis of the association between self-compassion and psychopathology. *Clinical Psychology Review, 32,* 545–552.

Mackintosh, K., Power, K., Schwannauer, M., & Chan, S. W. (2018). The relationships between self-compassion, attachment and interpersonal problems in clinical patients with mixed anxiety and depression and emotional distress. *Mindfulness, 9*(3), 961–971.

Macy, J. (2007). *World as lover, world as self.* Berkeley, CA: Parallax Press.

Magnus, C. M. R., Kowalski, K. C., & McHugh, T.-L. F. (2010). The role of self-compassion in women's self-determined motives to exercise and exercise-related outcomes. *Self and Identity, 9,* 363–382.

Magyari, T. (2016). Teaching individuals with traumatic stress. In D. McCown, D. Reibel, & M. Micozzi (Eds.), *Resources for teaching mindfulness: An international handbook* (pp. 339–358). New York: Springer.

Mak, W. W., Tong, A. C., Yip, S. Y., Lui, W. W., Chio, F. H., Chan, A. T., et al. (2018). Efficacy and moderation of mobile app–based programs for mindfulness-based training, self-compassion training, and cognitive behavioral psychoeducation on mental health: Randomized controlled noninferiority trial. *JMIR Mental Health, 5*(4), e60.

Maratos, F. A., Duarte, J., Barnes, C., McEwan, K., Sheffield, D., & Gilbert, P. (2017). The physiological and emotional effects of touch: Assessing a hand-massage intervention with high self-critics. *Psychiatry Research, 250,* 221–227.

Marsh, I. C., Chan, S. W., & MacBeth, A. (2018). Self-compassion and psychological distress in adolescents—a meta-analysis. *Mindfulness, 9*(4), 1011–1027.

Marshall, S. L., Parker, P. D., Ciarrochi, J., Sahdra, B., Jackson, C. J., & Heaven, P. C. (2015). Self-compassion protects against the negative effects of low self-esteem: A longitudinal study in a large adolescent sample. *Personality and Individual Differences, 74,* 116–121.

Marta-Simões, J., Ferreira, C., & Mendes, A. L. (2016). Exploring the effect of external shame on body appreciation among Portuguese young adults: The role of self-compassion. *Eating Behaviors, 23,* 174–179.

Marta-Simões, J., Ferreira, C., & Mendes, A. L. (2018). Self-compassion: An adaptive link between early memories and women's quality of life. *Journal of Health Psychology, 23*(7), 929–938.

Mascaro, J. S., Kelley, S., Darcher, A., Negi, L. T., Worthman, C., Miller, A., et al. (2018). Meditation buffers medical student compassion from the deleterious effects of depression. *Journal of Positive Psychology, 13*(2), 133–142.

Mascaro, J. S., Rilling, J. K., Negi, L. T., & Raison, C. L. (2013). Compassion meditation enhances empathic accuracy and related neural activity. *Social Cognitive and Affective Neuroscience, 8*(1), 48–55.

Matos, M., Duarte, J., Duarte, C., Gilbert, P., & Pinto-Gouveia, J. (2018). How one experiences and embodies compassionate mind training influences its effectiveness. *Mindfulness, 9*(4), 1224–1235.

Mayer, P. (2010). Japanese bowl. On *Heaven below* [Audio CD]. Stillwater, MN: Blueboat.

McCullough, M. E., Pargament, K. I., & Thoresen, C. E. (Eds.). (2001). *Forgiveness: Theory, research, and practice.* New York: Guilford Press.

McEwan, K., & Gilbert, P. (2016). A pilot feasibility study exploring the practising of compassionate imagery exercises in a nonclinical population. *Psychology and Psychotherapy: Theory, Research and Practice, 89*(2), 239–243.

McGehee, P., Germer, C., & Neff, K. (2017). Core values in mindful self-compassion. In L. Montiero, J. Compson, & F. Musten (Eds.), *Practitioner's guide to ethics and mindfulness-based interventions* (pp. 279–294). New York: Springer.

Mendelsohn, M., Herman, J. L., Schatzow, E., Kallivayalil, D., Levitan, J., & Coco, M. (2011). *The trauma recovery group: A guide for practitioners.* New York: Guilford Press.

Merton, T. (1975). *My argument with the Gestapo.* New York: New Directions.

Michaels, L. (Producer), & Waters, M. (Director). (2004). *Mean girls* [Motion picture]. United States: Paramount Pictures.

Mikulincer, M., & Shaver, P. R. (2017). Adult attachment and compassion: Normative and individual difference components. In E. M. Seppälä, E. Simon-Thomas, S. L. Brown, M. C. Worline, C. D. Cameron, & J. R. Doty (Eds.), *The Oxford handbook of compassion science* (pp. 79–90). New York: Oxford University Press.

Mikulincer, M., Shaver, P. R., & Pereg, D. (2003). Attachment theory and affect regulation: The dynamics, development, and cognitive consequences of attachment-related strategies. *Motivation and Emotion, 27*(2), 77–102.

Miller, W., Matthews, D., C'de Baca, J., & Wilbourne, P. (2011). Personal values card sort. Retrieved June 18, 2017, from *www.guilford.com/add/miller2/values.pdf*.

Mills, J., & Chapman, M. (2016). Compassion and self-compassion in medicine: Self-care for the caregiver. *Australasian Medical Journal, 9*(5), 87–91.

Moffitt, R. L., Neumann, D. L., & Williamson, S. P. (2018). Comparing the efficacy of a brief self-esteem and self-compassion intervention for state body dissatisfaction and self-improvement motivation. *Body Image, 27,* 67–76.

Møller, S. A. Q., Sami, S., & Shapiro, S. L. (2019). Health benefits of (mindful) self-compassion meditation and the potential complementarity to mindfulness-based interventions: A review of randomized-controlled trials. *OBM Integrative and Complementary Medicine, 4*(1), 1–20.

Morgan, W. D. (1990). *Change in meditation: A phenomenological study of vipassana meditators' views of progress* (Order No. 0568811). ProQuest Dissertations and Theses Global (No. 303920675). Retrieved from *http://search.proquest.com.ezp-prod1.hul.harvard.edu/docview/303920675?accountid=11311*.

Morris, A. S., Silk, J. S., Steinberg, L., Myers, S. S., & Robinson, L. R. (2007). The role of the family context in the development of emotion regulation. *Social Development, 16*(2), 361–388.

Mosewich, A. D., Crocker, P. E., Kowalski, K. C., & DeLongis, A. (2013). Applying self-compassion in sport: An intervention with women athletes. *Journal of Sport and Exercise Psychology, 35*(5), 514–524.

Mosewich, A. D., Kowalski, K. C., Sabiston, C. M., Sedgwick, W. A., & Tracy, J. L. (2011). Self-compassion: A potential resource for young women athletes. *Journal of Sport and Exercise Psychology, 33,* 103–123.

Moyers, W., with Ketcham, K. (2006). *Broken: My story of addiction and redemption.* New York: Viking.

Muris, P. (2015). A protective factor against mental health problems in youths?: A critical note on the assessment of self-compassion. *Journal of Child and Family Studies, 25*(5), 1461–1465.

Nairn, R. (2009, September). [Lecture as part of foundation training in compassion]. Lecture presented at Kagyu Samye Ling Monastery, Dumfriesshire, Scotland, UK.

Nathanson, D. (Ed.). (1987). *The many faces of shame.* New York: Guilford Press.

Neely, M. E., Schallert, D. L., Mohammed, S. S., Roberts, R. M., & Chen, Y. (2009). Self-kindness when facing stress: The role of self-compassion, goal regulation, and support in college students' well-being. *Motivation and Emotion, 33,* 88–97.

Neff, K. D. (2003a). Development and validation of a scale to measure self-compassion. *Self and Identity, 2,* 223–250.

Neff, K. D. (2003b). Self-compassion: An alternative conceptualization of a healthy attitude toward oneself. *Self and Identity, 2,* 85–102.

Neff, K. D. (2011a). *Self-compassion: The proven power of being kind to yourself.* New York: Morrow.

Neff, K. D. (2011b). Self-compassion, self-esteem, and well-being. *Social and Personality Compass, 5,* 1–12.

Neff, K. D. (2015, September–October). The 5 myths of self-compassion. *Psychotherapy Networker.* Retrieved June 6, 2017, from *www.psychotherapynetworker.org/magazine/article/4/the-5-myths-of-self-compassion.*

Neff, K. D. (2016a). Does self-compassion entail reduced self-judgment, isolation, and over-identification?: A response to Muris, Otgaar, and Petrocchi. *Mindfulness, 7*(3), 791–797.

Neff, K. D. (2016b). The Self-Compassion Scale is a valid and theoretically coherent measure of self-compassion. *Mindfulness, 7*(1), 264–274.

Neff, K. D., & Beretvas, S. N. (2013). The role of self-compassion in romantic relationships. *Self and Identity, 12*(1), 78–98.

Neff, K. D., & Faso, D. J. (2014). Self-compassion and well-being in parents of children with autism. *Mindfulness, 6*(4), 938–947.

Neff, K. D., & Germer, C. (2013). A pilot study and randomized controlled trial of the Mindful Self-Compassion program. *Journal of Clinical Psychology, 69*(1), 28–44.

Neff, K. D., & Germer, C. (2018). *The Mindful Self-Compassion workbook.* New York: Guilford Press.

Neff, K. D., Hsieh, Y., & Dejitterat, K. (2005). Self-compassion, achievement goals, and coping with academic failure. *Self and Identity, 4,* 263–287.

Neff, K. D., Kirkpatrick, K., & Rude, S. S. (2007). Self-compassion and its link to adaptive psychological functioning. *Journal of Research in Personality, 41,* 139–154.

Neff, K. D., Long, P., Knox, M., Davidson, O., Kuchar, A., Costigan, A., et al. (2018). The forest and the trees: Examining the association of self-compassion and its positive and negative components with psychological functioning. *Self and Identity, 17*(6), 627–645.

Neff, K. D., & McGehee, P. (2010). Self-compassion and psychological resilience among adolescents and young adults. *Self and Identity, 9,* 225–240.

Neff, K. D., Pisitsungkagarn, K., & Hseih, Y. (2008). Self-compassion and self-construal in the United States, Thailand, and Taiwan. *Journal of Cross-Cultural Psychology, 39*(3), 267–285.

Neff, K. D., & Pommier, E. (2013). The relationship between self-compassion and other-focused concern among college undergraduates, community adults, and practicing meditators. *Self and Identity, 12*(2), 160–176.

Neff, K. D., Rude, S. S., & Kirkpatrick, K. (2007). An examination of self-compassion in relation to positive psychological functioning and personality traits. *Journal of Research in Personality, 41,* 908–916.

Neff, K., & Tirch, D. (2013). Self-compassion and ACT. In T. B. Kashdan & J. Ciarrochi (Eds.), *Mindfulness, acceptance, and positive psychology: The seven foundations of well-being* (pp. 78–106). Oakland, CA: Context Press/New Harbinger.

Neff, K. D., Tóth-Király, I., & Colisomo, K. (2018). Self-compassion is best measured as a global construct and is overlapping with but distinct from neuroticism: A response to Pfattheicher, Geiger, Hartung, Weiss, and Schindler (2017). *European Journal of Personality, 32*(4), 371–392.

Neff, K. D., Tóth-Király, I., Yarnell, L. M., Arimitsu, K., Castilho, P., Ghorbani, N., et al. (2018). Examining the factor structure of the Self-Compassion Scale using exploratory SEM bifactor analysis in 20 diverse samples: Support for use of a total score and six subscale scores. *Psychological Assessment, 31*(1), 27–45.

Neff, K. D., & Vonk, R. (2009). Self-compassion versus global self-esteem: Two different ways of relating to oneself. *Journal of Personality, 77,* 23–50.

Neff, K. D., Whittaker, T., & Karl, A. (2017). Evaluating the factor structure of the Self-Compassion Scale in four distinct populations: Is the use of a total self-compassion score justified? *Journal of Personality Assessment, 99*(6), 596–607.

Negi, L. T. (2009, 2016). *CBCT® (cognitively-based compassion training) manual*. Unpublished manuscript, Emory University, Atlanta, GA.

Nepo, M. (2000). Being direct. In M. Nepo, *The book of awakening*. Newburyport, MA: Conari Press.

Nery-Hurwit, M., Yun, J., & Ebbeck, V. (2018). Examining the roles of self-compassion and resilience on health-related quality of life for individuals with multiple sclerosis. *Disability and Health Journal, 11*(2), 256–261.

Niebuhr, R. (1986). *The essential Reinhold Niebuhr: Selected essays and addresses*. New Haven, CT: Yale University Press.

Nolen-Hoeksema, S. (1991). Responses to depression and their effects on the duration of depressive episodes. *Journal of Abnormal Psychology, 100,* 569–582.

Nolen-Hoeksema, S., Larson, J., & Grayson, C. (1999). Explaining the gender difference in depressive symptoms. *Journal of Personality and Social Psychology, 77,* 1061–1072.

Nolen-Hoeksema, S., & Morrow, J. (1991). A prospective study of depression and posttraumatic stress symptoms after a natural disaster: The 1989 Loma Prieta earthquake. *Journal of Personality and Social Psychology, 61*(1), 115–121.

Nolen-Hoeksema, S., Wisco, B. E., & Lyubomirsky, S. (2008). Rethinking rumination. *Perspectives on Psychological Science, 3*(5), 400–424.

Norcross, J. C., & Wampold, B. E. (2011). Evidence-based therapy relationships: Research conclusions and clinical practices. *Psychotherapy, 48*(1), 98–102.

Nouwen, H. (2004). *Out of solitude: Three meditations on the Christian life*. Notre Dame, IN: Ave Maria Press.

Nummenmaa, L., Glerean, E., Hari, R., & Hietanen, J. K. (2014). Bodily maps of emotions. *Proceedings of the National Academy of Sciences of the USA, 111*(2), 646–651.

Nummenmaa, L., Hirvonen, J., Parkkola, R., & Hietanen, J. K. (2008). Is emotional contagion special?: An fMRI study on neural systems for affective and cognitive empathy. *NeuroImage, 43*(3), 571–580.

Nye, N. S. (1995). Kindness. In N. S. Nye, *Words under the words: Selected poems* (pp. 42–43). Portland, OR: Eighth Mountain Press.

O'Donohue, J. (2008). For belonging. In J. O'Donohue, *To bless the space between us: A book of blessings* (p. 44). New York: Harmony Books.

O'Donohue, J. (2011). Beannacht. In J. O'Donohue, *Echoes of memory* (pp. 8–9). New York: Harmony Books.

Odou, N., & Brinker, J. (2014). Exploring the relationship between rumination, self-compassion, and mood. *Self and Identity, 13*(4), 449–459.

Odou, N., & Brinker, J. (2015). Self-compassion, a better alternative to rumination than distraction as a response to negative mood. *Journal of Positive Psychology, 10*(5), 447–457.

Ogden, P., Minton, K., & Pain, C. (2009). *Trauma and the body: A sensorimotor approach to psychotherapy*. New York: Norton.

Olendzki, A. (2012). Wisdom in Buddhist psychology. In C. Germer & R. Siegel (Eds.), *Wisdom and compassion in psychotherapy* (pp. 121–137). New York: Guilford Press.

Oliver, M. (2004a). The journey. In M. Oliver, *New and selected poems* (Vol. 1, pp. 114–115). Boston: Beacon Press.

Oliver, M. (2004b). Wild geese. In M. Oliver, *New and selected poems* (Vol. 1, p. 110). Boston: Beacon Press.

Olson, K., Kemper, K. J., & Mahan, J. D. (2015). What factors promote resilience and protect against burnout in first-year pediatric and medicine-pediatric residents? *Journal of Evidence-Based Complementary and Alternative Medicine, 20*(3), 192–198.

Ozawa-de Silva, B., & Dodson-Lavelle, B. (2011). An education of heart and mind: Practical and theoretical issues in teaching cognitive-based compassion training to children. *Practical Matters, 4,* 1–28.

Pace, T. W., Negi, L. T., Adame, D. D., Cole, S. P., Sivilli, T. I., Brown, T. D., et al. (2009). Effect of compassion meditation on neuroendocrine, innate immune and behavioral responses to psychosocial stress. *Psychoneuroendocrinology, 34*(1), 87–98.

Pace, T. W., Negi, L. T., Dodson-Lavelle, B., Ozawa-de Silva, B., Reddy, S. D., Cole, S. P., et al. (2013). Engagement with cognitively-based compassion training is associated with reduced salivary C-reactive protein from before to after training in foster care program adolescents. *Psychoneuroendocrinology, 38*(2), 294–299.

Palmeira, L., Pinto-Gouveia, J., & Cunha, M. (2017). Exploring the efficacy of an acceptance, mindfulness and compassionate-based group intervention for women struggling with their weight (Kg-Free): A randomized controlled trial. *Appetite, 112,* 107–116.

Parrish, M. H., Inagaki, T. K., Muscatell, K. A., Haltom, K. E., Leary, M. R., & Eisenberger, N. I. (2018). Self-compassion and responses to negative social feedback: The role of fronto-amygdala circuit connectivity. *Self and Identity, 17*(6), 723–738.

Parry, S. L., & Malpus, Z. (2017). Reconnecting the mind and body: A pilot study of developing compassion for persistent pain. *Patient Experience Journal, 4*(1), 145–153.

Parzuchowski, M., Szymkow, A., Baryla, W., & Wojciszke, B. (2014). From the heart: Hand over heart as an embodiment of honesty. *Cognitive Processing,*

15(3), 237–244.
Patzak, A., Kollmayer, M., & Schober, B. (2017). Buffering impostor feelings with kindness: The mediating role of self-compassion between gender-role orientation and the impostor phenomenon. *Frontiers in Psychology, 8,* 1289.
Pepping, C. A., Davis, P. J., O'Donovan, A., & Pal, J. (2015). Individual differences in self-compassion: The role of attachment and experiences of parenting in childhood. *Self and Identity, 14*(1), 104–117.
Petrocchi, N., Ottaviani, C., & Couyoumdjian, A. (2016). Compassion at the mirror: Exposure to a mirror increases the efficacy of a self-compassion manipulation in enhancing soothing positive affect and heart rate variability. *Journal of Positive Psychology, 12*(6), 525–536.
Phelps, C. L., Paniagua, S. M., Willcockson, I. U., & Potter, J. S. (2018). The relationship between self-compassion and the risk for substance use disorder. *Drug and Alcohol Dependence, 183,* 78–81.
Pires, F. B., Lacerda, S. S., Balardin, J. B., Portes, B., Tobo, P. R., Barrichello, C. R., et al. (2018). Self-compassion is associated with less stress and depression and greater attention and brain response to affective stimuli in women managers. *BMC Women's Health, 18*(1), 195.
Pisitsungkagarn, K., Taephant, N., & Attasaranya, P. (2013). Body image satisfaction and self-esteem in Thai female adolescents: The moderating role of self-compassion. *International Journal of Adolescent Medicine and Health, 26*(3), 333–338.
Pittman, F. S., III, & Wagers, T. P. (2005). The relationship, if any, between marriage and infidelity. In F. P. Piercy, K. M. Hertlein, & J. L. Wetchler (Eds.), *Handbook of the clinical treatment of infidelity* (pp. 135–148). Binghamton, NY: Haworth Press.
Porges, S. W. (2003). The polyvagal theory: Phylogenetic contributions to social behavior. *Physiology and Behavior, 79*(3), 503–513.
Porges, S. W. (2007). The polyvagal perspective. *Biological Psychology, 74,* 116–143.
Powers, T. A., Koestner, R., & Zuroff, D. C. (2007). Self-criticism, goal motivation, and goal progress. *Journal of Social and Clinical Psychology, 26,* 826–840.
Proeve, M., Anton, R., & Kenny, M. (2018). Effects of mindfulness-based cognitive therapy on shame, self-compassion and psychological distress in anxious and depressed patients: A pilot study. *Psychology and Psychotherapy: Theory, Research and Practice, 91*(4), 434–449.
Przezdziecki, A., & Sherman, K. A. (2016). Modifying affective and cognitive responses regarding body image difficulties in breast cancer survivors using a self-compassion-based writing intervention. *Mindfulness, 7*(5), 1142–1155.
Przezdziecki, A., Sherman, K. A., Baillie, A., Taylor, A., Foley, E., & Stalgis-Bilinski, K. (2013). My changed body: Breast cancer, body image, distress and self-compassion. *Psycho-Oncology, 22*(8), 1872–1879.
Pujji/O'Shea, J. (2007). My balm. In J. Pujji/O'Shea, *Follow yourself home.* Jacksonville, FL: Living Well.
Quoidbach, J., Berry, E. V., Hansenne, M., & Mikolajczak, M. (2010). Positive

emotion regulation and well-being: Comparing the impact of eight savoring and dampening strategies. *Personality and Individual Differences, 49*(5), 368–373.

Raab, K. (2014). Mindfulness, self-compassion, and empathy among health care professionals: A review of the literature. *Journal of Health Care Chaplaincy, 20*(3), 95–108.

Raab, K., Sogge, K., Parker, N., & Flament, M. F. (2015). Mindfulness-based stress reduction and self-compassion among mental healthcare professionals: A pilot study. *Mental Health, Religion and Culture, 18*(6), 503–512.

Raes, F. (2010). Rumination and worry as mediators of the relationship between self-compassion and depression and anxiety. *Personality and Individual Differences, 48*, 757–761.

Raes, F., Pommier, E., Neff, K. D., & Van Gucht, D. (2011). Construction and factorial validation of a short form of the Self-Compassion Scale. *Clinical Psychology and Psychotherapy, 18*, 250–255.

Raque-Bogdan, T. L., Ericson, S. K., Jackson, J., Martin, H. M., & Bryan, N. A. (2011). Attachment and mental and physical health: Self-compassion and mattering as mediators. *Journal of Counseling Psychology, 58*, 272–278.

Reddy, S. D., Negi, L. T., Dodson-Lavelle, B., Ozawa-de Silva, B., Pace, T. W., Cole, S. P., et al. (2013). Cognitive-based compassion training: A promising prevention strategy for at-risk adolescents. *Journal of Child and Family Studies, 22*(2), 219–230.

Reid, R. C., Temko, J., Moghaddam, J. F., & Fong, T. W. (2014). Shame, rumination, and self-compassion in men assessed for hypersexual disorder. *Journal of Psychiatric Practice, 20*(4), 260–268.

Reilly, E. D., Rochlen, A. B., & Awad, G. H. (2014). Men's self-compassion and self-esteem: The moderating roles of shame and masculine norm adherence. *Psychology of Men and Masculinity, 15*, 22–28.

Richardson, C. M., Trusty, W. T., & George, K. A. (2018). Trainee wellness: Self-critical perfectionism, self-compassion, depression, and burnout among doctoral trainees in psychology. *Counselling Psychology Quarterly*. [Epub ahead of print]

Rimes, K. A., & Wingrove, J. (2011). Pilot study of mindfulness-based cognitive therapy for trainee clinical psychologists. *Behavioural and Cognitive Psychotherapy, 39*(2), 235–241.

Ringenbach, R. T. (2009). *A comparison between counselors who practice meditation and those who do not on compassion fatigue, compassion satisfaction, burnout and self-compassion.* Unpublished doctoral dissertation, University of Akron, Akron, OH.

Rizzolatti, G., Fadiga, L., Gallese, V., & Fogassi, L. (1996). Premotor cortex and the recognition of motor actions. *Cognitive Brain Research, 3*(2), 131–141.

Robins, C. J., Schmidt, H., & Linehan, M. M. (2004). Dialectical behavior therapy: Synthesizing radical acceptance with skillful means. In S. C. Hayes, V. M. Follette, & M. M. Linehan (Eds.), *Mindfulness and acceptance: Expanding the cognitive-behavioral tradition* (pp. 30–43). New York: Guilford Press.

Robinson, K. J., Mayer, S., Allen, A. B., Terry, M., Chilton, A., & Leary, M. R.

(2016). Resisting self-compassion: Why are some people opposed to being kind to themselves? *Self and Identity, 15*(5), 505–524.

Rockliff, H., Gilbert, P., McEwan, K., Lightman, S., & Glover, D. (2008). A pilot exploration of heart rate variability and salivary cortisol responses to compassion-focused imagery. *Clinical Neuropsychiatry, 5,* 132–139.

Rodgers, R. F., Donovan, E., Cousineau, T., Yates, K., McGowan, K., Cook, E., et al. (2018). BodiMojo: Efficacy of a mobile-based intervention in improving body image and self-compassion among adolescents. *Journal of Youth and Adolescence, 47*(7), 1363–1372.

Roemer, L., Orsillo, S. M., & Salters-Pedneault, K. (2008). Efficacy of an acceptance-based behavior therapy for generalized anxiety disorder: Evaluation in a randomized controlled trial. *Journal of Consulting and Clinical Psychology, 76*(6), 1083–1089.

Rogers, C. (1951). A research program in client-centered therapy. *Research Publications of the Association for Research in Nervous and Mental Disease, 31,* 106–113.

Rogers, C. (1962). The interpersonal relationship: The core of guidance. *Harvard Educational Review, 32*(4), 416–429.

Rogers, C. (1980). *A way of being.* Boston: Houghton Mifflin.

Rogers, C. (1995). *On becoming a person: A therapist's view of psychotherapy.* Boston: Houghton Mifflin. (Original work published 1961)

Rose, C., Webel, A., Sullivan, K. M., Cuca, Y. P., Wantland, D., Johnson, M. O., et al. (2014). Self-compassion and risk behavior among people living with HIV/AIDS. *Research in Nursing and Health, 37*(2), 98–106.

Rosenberg, M. (2015). *Non-violent communication: A language of life* (3rd ed.). Encinitas, CA: PuddleDancer Press.

Rothe, K. (2012). Anti-Semitism in Germany today and the intergenerational transmission of guilt and shame. *Psychoanalysis, Culture and Society, 17*(1), 16–34.

Rowe, A. C., Shepstone, L., Carnelley, K. B., Cavanagh, K., & Millings, A. (2016). Attachment security and self-compassion priming increase the likelihood that first-time engagers in mindfulness meditation will continue with mindfulness training. *Mindfulness, 7*(3), 642–650.

Rozin, P., & Royzman, E. B. (2001). Negativity bias, negativity dominance, and contagion. *Personality and Social Psychology Review, 5*(4), 296–320.

Rubia, K. (2009). The neurobiology of meditation and its clinical effectiveness in psychiatric disorders. *Biological Psychology, 82*(1), 1–11.

Ruijgrok-Lupton, P., Crane, R., & Dorjee, D. (2017). Impact of mindfulness-based teacher training on MBSR participant well-being outcomes and course satisfaction. *Mindfulness, 9*(1), 117–128.

Rumi, J. (1999). The guest house. In J. Rumi, *The essential Rumi* (C. Barks, Trans.) (p. 109). New York: Penguin Arkana.

Saarela, M. V., Hlushchuk, Y., Williams, A. C., Schürmann, M., Kalso, E., & Hari, R. (2007). The compassionate brain: Humans detect intensity of pain from another's face. *Cerebral Cortex, 17*(1), 230–237.

Safran, J. D. (1998). *Widening the scope of cognitive therapy: The therapeutic rela-

tionship, emotion, and the process of change. Northvale, NJ: Jason Aronson.
Salmivalli, C., Kaukiainen, A., Kaistaniemi, L., & Lagerspetz, K. M. J. (1999). Self-evaluated self-esteem, peer-evaluated self-esteem, and defensive egotism as predictors of adolescents' participation in bullying situations. *Personality and Social Psychology Bulletin, 25,* 1268–1278.
Salzberg, S. (1995). *Lovingkindness: The revolutionary art of happiness.* Boston: Shambhala.
Salzberg, S. (2011a). Mindfulness and loving-kindness. *Contemporary Buddhism, 12*(1), 177–182.
Salzberg, S. (2011b). *Real happiness: The power of meditation.* New York: Workman.
Santerre-Baillargeon, M., Rosen, N. O., Steben, M., Pâquet, M., Macabena Perez, R., & Bergeron, S. (2018). Does self-compassion benefit couples coping with vulvodynia?: Associations with psychological, sexual, and relationship adjustment. *Clinical Journal of Pain, 34*(7), 629–637.
Santorelli, S., Meleo-Meyer, F., & Koerbel, L. (2017). *Mindfulness-based stress reduction (MBSR): Authorized curriculum guide.* Worcester: University of Massachusetts Medical School, Center for Mindfulness in Medicine, Health Care and Society.
Sartre, J.-P. (1989). *No exit and three other plays* (S. Gilbert, Trans.). New York: Vintage Books.
Sbarra, D. A., Smith, H. L., & Mehl, M. R. (2012). When leaving your ex, love yourself: Observational ratings of self-compassion predict the course of emotional recovery following marital separation. *Psychological Science, 23,* 261–269.
Scarlet, J., Altmeyer, N., Knier, S., & Harpin, R. E. (2017). The effects of Compassion Cultivation Training (CCT) on health-care workers. *Clinical Psychologist, 21*(2), 116–124.
Schanche, E., Stiles, T. C., McCullough, L., Svartberg, M., & Nielsen, G. (2011). The relationship between activating affects, inhibitory affects, and self-compassion in patients with Cluster C personality disorders. *Psychotherapy, 48*(3), 293–303.
Scheff, T., & Mateo, S. (2016). The S-word is taboo: Shame is invisible in modern societies. *Journal of General Practice, 4,* 217.
Schellekens, M. P., Karremans, J. C., van der Drift, M. A., Molema, J., van den Hurk, D. G., Prins, J. B., et al. (2016). Are mindfulness and self-compassion related to psychological distress and communication in couples facing lung cancer?: A dyadic approach. *Mindfulness, 8*(2), 325–336.
Scherer, K. R. (2005). What are emotions?: And how can they be measured? *Social Science Information, 44*(4), 695–729.
Schoenefeld, S. J., & Webb, J. B. (2013). Self-compassion and intuitive eating in college women: Examining the contributions of distress tolerance and body image acceptance and action. *Eating Behaviors, 14*(4), 493–496.
Schuling, R. (2018, October). *Mindfulness-based compassionate living.* Paper presented at the Compassion in Connection conference, Rhinebeck, NY.
Schuling, R., Huijbers, M., Jansen, H., Metzemaekers, R., Van Den Brink, E.,

Koster, F., et al. (2018). The co-creation and feasibility of a compassion training as a follow-up to mindfulness-based cognitive therapy in patients with recurrent depression. *Mindfulness, 9*(2), 412–422.

Schuling, R., Huijbers, M. J., van Ravesteijn, H., Donders, R., Kuyken, W., & Speckens, A. E. (2016). A parallel-group, randomized controlled trial into the effectiveness of mindfulness-based compassionate living (MBCL) compared to treatment-as-usual in recurrent depression: Trial design and protocol. *Contemporary Clinical Trials, 50*, 77–83.

Schwartz, R. C. (1995). *Internal family systems therapy*. New York: Guilford Press.

Schwartz, R. C. (2013). Moving from acceptance toward transformation with internal family systems therapy (IFS). *Journal of Clinical Psychology, 69*(8), 805–816.

Schwartz, R. C., & Falconer, R. (2017). *Many minds, one self*. Oak Park, IL: Center for Self Leadership.

Scoglio, A. A., Rudat, D. A., Garvert, D., Jarmolowski, M., Jackson, C., & Herman, J. L. (2018). Self-compassion and responses to trauma: The role of emotion regulation. *Journal of Interpersonal Violence, 33*(13), 2016–2036.

Seara-Cardoso, A., & Viding, E. (2015). Functional neuroscience of psychopathic personality in adults. *Journal of Personality, 83*(6), 723–737.

Segal, Z. V., Williams, J. M. G., & Teasdale, J. D. (2013). *Mindfulness-based cognitive therapy for depression* (2nd ed.). New York: Guilford Press.

Seligman, M. E. (2002). Positive psychology, positive prevention, and positive therapy. In C. R. Snyder & S. J. Lopez (Eds.), *Handbook of positive psychology* (pp. 3–12). New York: Oxford University Press.

Senge, P., Kleiner, A., Roberts, C., Ross, R., Roth, G., & Smith, B. (1999). *The dance of change*. New York: Crown Business.

Shahar, B., Szsepsenwol, O., Zilcha-Mano, S., Haim, N., Zamir, O., Levi-Yeshuvi, S., et al. (2015). A wait-list randomized controlled trial of loving-kindness meditation programme for self-criticism. *Clinical Psychology and Psychotherapy, 22*(4), 346–356.

Shapira, L., & Mongrain, L. (2010). The benefits of self-compassion and optimism exercises for individuals vulnerable to depression. *Journal of Positive Psychology, 5*(5), 377–389.

Shapiro, S. L., Astin, J. A., Bishop, S. R., & Cordova, M. (2005). Mindfulness-based stress reduction for health care professionals: Results from a randomized trial. *International Journal of Stress Management, 12*, 164–176.

Shapiro, S. L., Brown, K. W., & Biegel, G. M. (2007). Teaching self-care to caregivers: Effects of mindfulness-based stress reduction on the mental health of therapists in training. *Training and Education in Professional Psychology, 1*(2), 105–115.

Shapiro, S. L., & Carlson, L. E. (2009). *The art and science of mindfulness: Integrating mindfulness into psychology and the helping professions*. Washington, DC: American Psychological Association.

Sharples, B. (2003). *Meditation: Calming the mind*. Melbourne, Australia: Lothian Books.

Shonin, E., & Van Gordon, W. (2016). Thupten Jinpa on compassion and mindful-

ness. *Mindfulness, 7*, 279–283.
Siegel, D. J. (2012). *The developing mind: How relationships and the brain interact to shape who we are* (2nd ed.). New York: Guilford Press.
Siegel, D. J. (2006). An interpersonal neurobiology approach to psychotherapy. *Psychiatric Annals, 36*(4).
Siegel, D. J. (2010). *The mindful therapist.* New York: Norton.
Siegel, R., & Germer, C. (2012). Wisdom and compassion: Two wings of a bird. In C. Germer & R. Siegel (Eds.), *Wisdom and compassion in psychotherapy* (pp. 7–34). New York: Guilford Press.
Singer, T., & Klimecki, O. M. (2014). Empathy and compassion. *Current Biology, 24*(18), R875–R878.
Singer, T., & Lamm, C. (2009). The social neuroscience of empathy. *Annals of the New York Academy of Sciences, 1156*(1), 81–96.
Singh, A. A., Hays, D. G., & Watson, L. S. (2011). Strength in the face of adversity: Resilience strategies of transgender individuals. *Journal of Counseling and Development, 89*(1), 20–27.
Singh, N. N., Wahler, R. G., Adkins, A. D., Myers, R. E., & The Mindfulness Research Group. (2003). Soles of the feet: A mindfulness-based self-control intervention for aggression by an individual with mild mental retardation and mental illness. *Research in Developmental Disabilities, 24*, 158–169.
Sirois, F. M. (2014). Procrastination and stress: Exploring the role of self-compassion. *Self and Identity, 13*(2), 128–145.
Sirois, F., Bogels, S., & Emerson, L. (2018). Self-compassion improves parental well-being in response to challenging parenting events. *Journal of Psychology.* [Epub ahead of print]
Sirois, F. M., & Hirsch, J. K. (2019). Self-compassion and adherence in five medical samples: The role of stress. *Mindfulness, 10*(1), 46–54.
Sirois, F. M., Kitner, R., & Hirsch, J. K. (2015). Self-compassion, affect, and health-promoting behaviors. *Health Psychology, 34*(6), 661–669.
Sirois, F. M., Molnar, D. S., & Hirsch, J. K. (2015). Self-compassion, stress, and coping in the context of chronic illness. *Self and Identity, 14*(3), 334–347.
Slepian, M. L., Kirby, J. N., & Kalokerinos, E. K. (2019). Shame, guilt, and secrets on the mind. *Emotion.* [Epub ahead of print]
Smeets, E., Neff, K., Alberts, H., & Peters, M. (2014). Meeting suffering with kindness: Effects of a brief self-compassion intervention for female college students. *Journal of Clinical Psychology, 70*(9), 794–807.
Sommers-Spijkerman, M. P. J., Trompetter, H. R., Schreurs, K. M. G., & Bohlmeijer, E. T. (2018). Compassion-focused therapy as guided self-help for enhancing public mental health: A randomized controlled trial. *Journal of Consulting and Clinical Psychology, 86*(2), 101.
Speer, M., Bhanji, J., & Delgado, M. (2014). Savoring the past: Positive memories evoke value representations in the striatum. *Neuron, 84*(4), 847–856.
Spence, N. D., Wells, S., Graham, K., & George, J. (2016). Racial discrimination, cultural resilience, and stress. *Canadian Journal of Psychiatry, 61*(5), 298–307.
Stafford, W. (2013). The way it is. In W. Stafford, *Ask me: 100 essential poems of*

William Stafford. Minneapolis, MN: Greywolf Press.

Stebnicki, M. A. (2007). Empathy fatigue: Healing the mind, body, and spirit of professional counselors. *American Journal of Psychiatric Rehabilitation, 10*(4), 317–338.

Stutts, L. A., Leary, M. R., Zeveney, A. S., & Hufnagle, A. S. (2018). A longitudinal analysis of the relationship between self-compassion and the psychological effects of perceived stress. *Self and Identity, 17*(6), 609–626.

Sullivan, H. S. (1964). The illusion of personal individuality. In H. S. Sullivan, *The fusion of psychiatry and social science* (pp. 198–228). New York: Norton. (Original work published 1950)

Svendsen, J. L., Osnes, B., Binder, P. E., Dundas, I., Visted, E., Nordby, H., et al. (2016). Trait self-compassion reflects emotional flexibility through an association with high vagally mediated heart rate variability. *Mindfulness, 7*(5), 1103–1113.

Swann, W. B. (1996). *Self-traps: The elusive quest for higher self-esteem*. New York: Freeman.

Sweezy, M., & Ziskind, E. (Eds.). (2013). *IFS: Internal family systems therapy: New dimensions*. New York: Routledge.

Talbot, N. L. (1996). Women sexually abused as children: The centrality of shame issues and treatment implications. *Psychotherapy: Theory, Research, Practice, Training, 33*(1), 11–18.

Tanaka, M., Wekerle, C., Schmuck, M. L., Paglia-Boak, A., & MAP Research Team. (2011). The linkages among childhood maltreatment, adolescent mental health, and self-compassion in child welfare adolescents. *Child Abuse and Neglect, 35,* 887–898.

Tandler, N., & Petersen, L. E. (2018). Are self-compassionate partners less jealous?: Exploring the mediation effects of anger rumination and willingness to forgive on the association between self-compassion and romantic jealousy. *Current Psychology*. [Epub ahead of print]

Tangney, J. P., & Dearing, R. L. (2002). *Shame and guilt*. New York: Guilford Press.

Taylor, B. L., Strauss, C., Cavanagh, K., & Jones, F. (2014). The effectiveness of self-help mindfulness-based cognitive therapy in a student sample: A randomised controlled trial. *Behaviour Research and Therapy, 63,* 63–69.

Taylor, V. A., Daneault, V., Grant, J., Scavone, G., Breton, E., Roffe-Vidal, S., et al. (2013). Impact of meditation training on the default mode network during a restful state. *Social Cognitive and Affective Neuroscience, 8*(1), 4–14.

Terry, M. L., & Leary, M. R. (2011). Self-compassion, self-regulation, and health. *Self and Identity, 10,* 352–362.

Terry, M. L., Leary, M. R., & Mehta, S. (2013). Self-compassion as a buffer against homesickness, depression, and dissatisfaction in the transition to college. *Self and Identity, 12*(3), 278–290.

Terry, M. L., Leary, M. R., Mehta, S., & Henderson, K. (2013). Self-compassionate reactions to health threats. *Personality and Social Psychology Bulletin, 39*(7), 911–926.

Thompson, B. L., & Waltz, J. (2008). Self-compassion and PTSD symptom severity. *Journal of Traumatic Stress, 21*(6), 556–558.

Tirch, D., Schoendorff, B., & Silberstein, L. R. (2014). *The ACT practitioner's guide to the science of compassion: Tools for fostering psychological flexibility.* Oakland, CA: New Harbinger.

Toole, A. M., & Craighead, L. W. (2016). Brief self-compassion meditation training for body image distress in young adult women. *Body Image, 19,* 104–112.

Treleaven, D. (2018). *Trauma-sensitive mindfulness.* New York: Norton.

Trockel, M., Hamidi, M., Murphy, M. L., de Vries, P. P., & Bohman, B. (2017). *2016 Physician Wellness Survey: Full report.* Stanford, CA: Stanford Medicine, Well MD Center.

Trommer, R. W. (2013). One morning. Retrieved June 10, 2017, from *https://ahundredfallingveils.com/2013/06/11/one-morning.*

Tutu, D., & Tutu, M. (2015). *The book of forgiving.* San Francisco: Harper One.

Twenge, J. M., & Campbell, W. K. (2009). *The narcissism epidemic: Living in the age of entitlement.* New York: Free Press.

Twenge, J. M., Konrath, S., Foster, J. D., Campbell, W. K., & Bushman, B. J. (2008). Egos inflating over time: A cross-temporal meta-analysis of the Narcissistic Personality Inventory. *Journal of Personality, 76,* 875–902.

Umphrey, L. R., & Sherblom, J. C. (2014). The relationship of hope to self-compassion, relational social skill, communication apprehension, and life satisfaction. *International Journal of Wellbeing, 4*(2), 1–18.

Valk, S. L., Bernhardt, B. C., Trautwein, F.-M., Böckler, A., Kanske, P., Guizard, N., et al. (2017). Structural plasticity of the social brain: Differential change after socio-affective and cognitive mental training. *Science Advances, 3*(10), e1700489.

Van Dam, N. T., Sheppard, S. C., Forsyth, J. P., & Earleywine, M. (2011). Self-compassion is a better predictor than mindfulness of symptom severity and quality of life in mixed anxiety and depression. *Journal of Anxiety Disorders, 25,* 123–130.

van den Brink, E., & Koster, F. (2015). *Mindfulness-based compassionate living.* New York: Routledge.

Van Doren, M. (1961). *The happy critic and other essays.* New York: Hill & Wang.

Vazeou-Nieuwenhuis, A., & Schumann, K. (2018). Self-compassionate and apologetic?: How and why having compassion toward the self relates to a willingness to apologize. *Personality and Individual Differences, 124,* 71–76.

Vettese, L. C., Dyer, C. E., Li, W. L., & Wekerle, C. (2011). Does self-compassion mitigate the association between childhood maltreatment and later emotion regulation difficulties?: A preliminary investigation. *International Journal of Mental Health and Addiction, 9*(5), 480.

Viskovich, S., & Pakenham, K. I. (2018). Pilot evaluation of a Web-based acceptance and commitment therapy program to promote mental health skills in university students. *Journal of Clinical Psychology, 74*(12), 2047–2069.

Walcott, D. (1986). Love after love. In D. Walcott, *Collected poems: 1948–1984* (p. 328). New York: Farrar, Straus & Giroux.

Wallmark, E., Safarzadeh, K., Daukantaite, D., & Maddux, R. E. (2012). Promoting altruism through meditation: An 8-week randomized controlled pilot study. *Mindfulness, 4*(3), 223–234.

Wang, S. (2005). A conceptual framework for integrating research related to the physiology of compassion and the wisdom of Buddhist teachings. In P. Gilbert (Ed.), *Compassion: Conceptualisations, research and use in psychotherapy* (pp. 75–120). New York: Routledge.

Wang, X., Chen, Z., Poon, K. T., Teng, F., & Jin, S. (2017). Self-compassion decreases acceptance of own immoral behaviors. *Personality and Individual Differences, 106,* 329–333.

Waring, S. V., & Kelly, A. C. (2019). Trait self-compassion predicts different responses to failure depending on the interpersonal context. *Personality and Individual Differences, 143,* 47–54.

Wasylkiw, L., MacKinnon, A. L., & MacLellan, A. M. (2012). Exploring the link between self-compassion and body image in university women. *Body Image, 9*(2), 236–245.

Wayment, H. A., West, T. N., & Craddock, E. B. (2016). Compassionate values as a resource during the transition to college: Quiet ego, compassionate goals, and self-compassion. *Journal of the First-Year Experience and Students in Transition, 28*(2), 93–114.

Webb, J. B., Fiery, M. F., & Jafari, N. (2016). "You better not leave me shaming!": Conditional indirect effect analyses of anti-fat attitudes, body shame, and fat talk as a function of self-compassion in college women. *Body Image, 18,* 5–13.

Webb, J. B., & Forman, M. J. (2013). Evaluating the indirect effect of self-compassion on binge eating severity through cognitive–affective self-regulatory pathways. *Eating Behaviors, 14*(2), 224–228.

Wei, M., Liao, K., Ku, T., & Shaffer, P. A. (2011). Attachment, self-compassion, empathy, and subjective well-being among college students and community adults. *Journal of Personality, 79,* 191–221.

Weibel, D. T. (2008). A loving-kindness intervention: Boosting compassion for self and others. *Dissertation Abstracts International, 68*(12), 8418B.

Weingarten, K. (2004). Witnessing the effects of political violence in families: Mechanisms of intergenerational transmission and clinical interventions. *Journal of Marital and Family Therapy, 30*(1), 45–59.

Welp, L. R., & Brown, C. M. (2014). Self-compassion, empathy, and helping intentions. *Journal of Positive Psychology, 9*(1), 54–65.

Welwood, J. P. (2019). Unconditional. Retrieved March 11, 2019, from *http://jenniferwelwood.com/poetry*. (Original work published 1998)

Werner, K. H., Jazaieri, H., Goldin, P. R., Ziv, M., Heimberg, R. G., & Gross, J. J. (2012). Self-compassion and social anxiety disorder. *Anxiety, Stress and Coping, 25*(5), 543–558.

Westphal, M., Leahy, R. L., Pala, A. N., & Wupperman, P. (2016). Self-compassion and emotional invalidation mediate the effects of parental indifference on psychopathology. *Psychiatry Research, 242,* 186–191.

Wetterneck, C. T., Lee, E. B., Smith, A. H., & Hart, J. M. (2013). Courage, self-compassion, and values in obsessive–compulsive disorder. *Journal of Contextual Behavioral Science, 2*(3), 68–73.

Whitesman, S., & Mash, R. (2016). Examining the effects of a mindfulness-based professional training module on mindfulness, perceived stress, self-compassion and self-determination. *African Journal of Health Professions Education, 7*(2), 220–223.

Whittle, S., Liu, K., Bastin, C., Harrison, B. J., & Davey, C. G. (2016). Neurodevelopmental correlates of proneness to guilt and shame in adolescence and early adulthood. *Developmental Cognitive Neuroscience, 19*, 51–57.

Whyte, D. (1992). *The poetry of self-compassion* [Audio CD]. Langley, WA: Many Rivers Press.

Whyte, D. (2012). *River flow: New and selected poems.* Langley, WA: Many Rivers Press.

Whyte, D. (2015). *Consolations: The solace, nourishment and underlying meaning of everyday words.* Langley, WA: Many Rivers Press.

Wild, B., Erb, M., & Bartels, M. (2001). Are emotions contagious?: Evoked emotions while viewing emotionally expressive faces: Quality, quantity, time course and gender differences. *Psychiatry Research, 102*(2), 109–124.

Williams, J., & Lynn, S. (2010). Acceptance: An historical and conceptual review. *Imagination, Cognition, and Personality, 30*(1), 5–56.

Williams, J. G., Stark, S. K., & Foster, E. E. (2008). Start today or the very last day?: The relationships among self-compassion, motivation, and procrastination. *American Journal of Psychological Research, 4*, 37–44.

Williams, L. (2014). Compassion. On L. Williams, *Down where the spirit meets the bone* [Audio CD]. Nashville, TN: Highway 20 Records/Thirty Tigers.

Williams, M. (1997). *The ways we touch: Poems.* Champaign: University of Illinois Press.

Williams, M. (2014). *The velveteen rabbit.* New York: Doubleday Books for Young Readers. (Original work published 1922)

Williamson, M. (1996). *A return to love: Reflections on the principles of "A course in miracles."* San Francisco: Harper One.

Wilson, A. C., Mackintosh, K., Power, K., & Chan, S. W. (2018). Effectiveness of self-compassion related therapies: A systematic review and meta-analysis. *Mindfulness.* [Epub ahead of print]

Wong, C. C. Y., & Yeung, N. C. (2017). Self-compassion and posttraumatic growth: Cognitive processes as mediators. *Mindfulness, 8*(4), 1078–1087.

Wood, A. M., Froh, J. J., & Geraghty, A. W. (2010). Gratitude and well-being: A review and theoretical integration. *Clinical Psychology Review, 30*(7), 890–905.

Wood, J. V., Perunovic, W. Q., & Lee, J. W. (2009). Positive self-statements: Power for some, peril for others. *Psychological Science, 20*(7), 860–866.

Woodruff, S. C., Glass, C. R., Arnkoff, D. B., Crowley, K. J., Hindman, R. K., & Hirschhorn, E. W. (2014). Comparing self-compassion, mindfulness, and psychological inflexibility as predictors of psychological health. *Mindfulness, 5*(4), 410–421.

Woods, H., & Proeve, M. (2014). Relationships of mindfulness, self-compassion, and meditation experience with shame-proneness. *Journal of Cognitive Psychotherapy, 28*(1), 20–33.

Wren, A. A., Somers, T. J., Wright, M. A., Goetz, M. C., Leary, M. R., Fras, A. M., et al. (2012). Self-compassion in patients with persistent musculoskeletal pain: Relationship of self-compassion to adjustment to persistent pain. *Journal of Pain and Symptom Management, 43*(4), 759–770.

Xavier, A., Gouveia, J. P., & Cunha, M. (2016). Non-suicidal self-injury in adolescence: The role of shame, self-criticism and rear of self-compassion. *Child and Youth Care Forum, 45*(4), 571–586.

Yadavaia, J. E., Hayes, S. C., & Vilardaga, R. (2014). Using acceptance and commitment therapy to increase self-compassion: A randomized controlled trial. *Journal of Contextual Behavioral Science, 3*(4), 248–257.

Yang, X., & Mak, W. W. (2016). The differential moderating roles of self-compassion and mindfulness in self-stigma and well-being among people living with mental illness or HIV. *Mindfulness, 8*(3), 595–602.

Yang, Y., Zhang, M., & Kou, Y. (2016). Self-compassion and life satisfaction: The mediating role of hope. *Personality and Individual Differences, 98,* 91–95.

Yarnell, L. M., & Neff, K. D. (2013). Self-compassion, interpersonal conflict resolutions, and well-being. *Self and Identity, 12*(2), 146–159.

Yarnell, L. M., Neff, K. D., Davidson, O. A., & Mullarkey, M. (2018). Gender differences in self-compassion: Examining the role of gender role orientation. *Mindfulness.* [Epub ahead of print]

Yarnell, L. M., Stafford, R. E., Neff, K. D., Reilly, E. D., Knox, M. C., & Mullarkey, M. (2015). Meta-analysis of gender differences in self-compassion. *Self and Identity, 14*(5), 499–520.

Yerkes, R. M., & Dodson, J. D. (1908). The relation of strength of stimulus to rapidity of habit-formation. *Journal of Comparative Neurology and Psychology, 18,* 459–482.

Young, J. E., Klosko, J. S., & Weishaar, M. E. (2003). *Schema therapy: A practitioner's guide.* New York: Guilford Press.

Young, S. (2017). Break through pain. Retrieved June 6, 2017, from *http://shinzen.org/Articles/artPain.htm.*

Zeller, M., Yuval, K., Nitzan-Assayag, Y., & Bernstein, A. (2015). Self-compassion in recovery following potentially traumatic stress: Longitudinal study of at-risk youth. *Journal of Abnormal Child Psychology, 43*(4), 645–653.

Zessin, U., Dickhauser, O., & Garbade, S. (2015). The relationship between self-compassion and well-being: A meta-analysis. *Applied Psychology: Health and Well-Being, 7*(3), 340–364.

Zhang, H., Carr, E. R., Garcia-Williams, A. G., Siegelman, A. E., Berke, D., Niles-Carnes, L. V., et al. (2018). Shame and depressive symptoms: Self-compassion and contingent self-worth as mediators? *Journal of Clinical Psychology in Medical Settings, 25*(4), 408–419.

Zhang, J. W., & Chen, S. (2016). Self-compassion promotes personal improvement from regret experiences via acceptance. *Personality and Social Psychology Bulletin, 42*(2), 244–258.

Zhang, J. W., Chen, S., Tomova, T. K., Bilgin, B., Chai, W. J., Ramis, T., et al. (2019). A compassionate self is a true self?: Self-compassion promotes subjective authenticity. *Personality and Social Psychology Bulletin.* [Epub ahead of print]

静观自我关怀

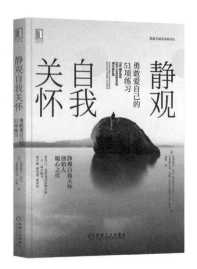

静观自我关怀专业手册

作者：（美）克里斯托弗·杰默（Christopher Germer）克里斯汀·内夫（Kristin Neff）著
ISBN：978-7-111-69771-8

静观自我关怀（八周课）权威著作

静观自我关怀：勇敢爱自己的51项练习

作者：（美）克里斯汀·内夫（Kristin Neff）克里斯托弗·杰默（Christopher Germer）著
ISBN：978-7-111-66104-7

静观自我关怀系统入门练习，循序渐进，从此深深地爱上自己

正念

多舛的生命：正念疗愈帮你抚平压力、疼痛和创伤（原书第2版）

作者：（美）乔恩·卡巴金（Jon Kabat-Zinn）著　ISBN：978-7-111-59496-3

正念减压（八周课）权威著作

正念：此刻是一枝花

作者：（美）乔恩·卡巴金（Jon Kabat-Zinn）著　ISBN：978-7-111-49922-0

正念练习入门书

创伤与疗愈